DANKSAGUNG

Wir danken den Körperspendern, ohne die diese Ausstellung nicht möglich wäre.

Gunther von Hagens'

KÖRPERWELTEN

Das Original

Katalog zur Ausstellung

KÖRPERWELTEN ist in einigen Ländern auch als
BODY WORLDS und LE MONDE DU CORPS bekannt.

Gunther von Hagens'
BODY WORLDS
The Original

Gunther von Hagens'
LE MONDE DU CORPS
Exposition Anatomique de Corps Humains Véritables

INHALTSVERZEICHNIS

Wilhelm Kriz

Vorwort

KÖRPERWELTEN und somit dieser Katalog zeigen Außergewöhnliches: anatomische Präparate, erstellt und konserviert nach einem neuen Verfahren, das Gunther von Hagens entwickelt hat. Dieses Verfahren – die Plastination – ermöglicht es, auch Weichteilen (also einem Muskel, einem Organ wie der Lunge, einem Nerv) Festigkeit zu geben; dadurch lassen sich selbst Präparate des gesamten Körpers in sich stabilisieren und derart gestalten, dass sie aufrecht stehen können wie früher nur Skelette.

Eine Kollektion von Plastinaten war unter dem Titel KÖRPERWELTEN in der Bundesrepublik erstmals im Winter 1997/98 im Mannheimer Museum für Technik und Arbeit zu sehen. Diese Ausstellung wurde über die Maßen erfolgreich.

Das gilt zum einen für die Zahl der Interessierten: Nahezu 780.000 kamen in der relativ kurzen Zeit von vier Monaten; um dies überhaupt zu ermöglichen, musste die Ausstellung gegen Ende rund um die Uhr geöffnet bleiben. Das gilt zum anderen für die Bewertung: Eine repräsentative Umfrage erbrachte, dass 95% der Besucher diese Demonstration des menschlichen Körperinneren als gut oder sehr gut beurteilten. Kritik kam von wenigen, von diesen allerdings um so heftiger; am heftigsten von solchen, die sich die Exponate gar nicht angeschaut hatten.

Aus dieser Mischung von aufrührendem Bruch mit einer gesellschaftlichen Konvention, begeisterter Zustimmung und vehementer Ablehnung – so mediensüffig wie kaum eine andere – entstand eine teils hoch emotional, teils ernsthaft nachdenklich geführte öffentliche Diskussion, die schließlich das ganze Land ergriff. Ich möchte hier von der Warte eines Anatomen aus und auch als der langjährige Mentor von Gunther von Hagens auf beides eingehen, auf die Zustimmung und auf die Kritik.

Die durchgehend positive Resonanz beim Publikum hatte sicherlich mehrere Gründe. Drei möchte ich herausstellen: Urheber der Plastinate ist eine ungewöhnliche Persönlichkeit; seine Werke zeigen Neues, nie vorher Gesehenes, und deren Ausstellung ermöglicht dem medizinisch nicht vorgebildeten Betrachter auch, sich von einem Tabu zu befreien.

Der Plastinator

Gunther von Hagens, der Ausstellungsmacher, hatte 1978 im Institut für Anatomie und Zellbiologie der Universität Heidelberg die Stelle eines wissenschaftlichen Mitarbeiters übernommen. Gleich zu Beginn stieß er rein durch Zufall auf ein brachliegendes Feld, nämlich die Verwendung von Kunststoffen für das dauerhafte Konservieren anatomischer Präparate. Die bis dahin nicht genutzten Möglichkeiten faszinierten ihn derart, dass er sich binnen kurzem – und damit kommen wir direkt zum Kern seiner Persönlichkeit – in diese Thematik geradezu verbiss.

Das musste ich akzeptieren, was mir nicht unbedingt schwerfiel, weil das Herstellen anatomischer Dauerpräparate durchaus als eine wesentliche Aufgabe unseres Faches anerkannt ist. Ein Versuch, von Hagens davon abzubringen und ihn für andere Forschungsvorhaben zu interessieren, wäre – das war mir schnell klar – vergeblich gewesen. Unbedingte Hingabe an das Verfolgen des einmal gesteckten Ziels kennzeichnet ihn wie keine andere Eigenschaft. Die Identifikation mit dem, was er damals zu seiner Sache gemacht hatte, erreichte im Laufe der Jahre einen Grad, der eine Trennung von Beruf und Person kaum noch zulässt. Gunther von Hagens verkörpert seine Arbeit.

Ich habe ihn fast 20 Jahre bei seiner Tätigkeit im Institut begleitet. Da er mir jeden noch so kleinen Fortschritt immer sofort begeistert berichtete und erwartete, dass wir darüber ausführlich redeten, entstand ein permanentes Fachgespräch. Dies hat mich in einem diese ganze Zeit über dissonanzenfreien Verhältnis sowohl zu seinem Kritiker wie zu seinem Partner und Widerpart gemacht. Sein Engagement, seine Hingabe wuchsen von Jahr zu Jahr; trotz vieler Fehlschläge, trotz vielem, was nicht gelang – sein Durchhaltevermögen war nicht zu erschüttern. So fand und erfand er immer neue Verbesserungen, neue Modifikationen seiner Präparations- und Konservierungstechniken, die schließlich auch die Herstellung solch spektakulärer Ganzkörper-Plastinate wie jener ermöglichten, die hauptsächlich den Erfolg der Mannheimer Ausstellung bestimmten.

Das Neue
Der zweite Grund für das Publikums- und Medieninteresse an KÖRPERWELTEN ist, wie gesagt, dass die Exponate nie vorher Gesehenes zeigen. Ein kurzer historischer Exkurs mag das verständlicher machen.

Noch bevor Andreas Vesalius (1514 bis 1564) das erste Lehrbuch der Anatomie veröffentlichte, sezierte Leonardo da Vinci (1452 bis 1519) Leichen, um das vitale Relief des menschlichen Körpers aus seinem Bau unter der Oberfläche heraus zu verstehen, und zeichnete, was er dabei entdeckte. Das war zu einer Zeit, als man gegen die Verwesung gar nichts zu tun vermochte – keine angenehme Tätigkeit, wie er notierte: "... wenn Du Lust zu solchen Sachen haben solltest, wird Dich vielleicht Dein Magen daran hindern; und wenn dieser Dich nicht hindert, wird Dich vielleicht die Angst hindern, zu nächtlicher Zeit mit solchen gevierteilten und enthäuteten, schrecklich anzusehenden Toten zusammen zu sein." Aber aus solchen Anfängen ist die anatomische Wissenschaft, ist die moderne Medizin entstanden.

Seit dem letzten Jahrhundert hat die Anatomie mit Hilfe des Mikroskops den Feinbau der Organe und Gewebe zum Hauptgegenstand ihrer Forschung gemacht, wandte sich in diesem Jahrhundert den submikroskopischen Zellen und ihren Verbänden zu und ist mittlerweile – wie alle anderen Grundlagenfächer der Medizin – mit molekularen Strukturen sowie deren Funktion befasst. Allerdings ist die klassische, also die makroskopische Anatomie nach wie vor eine unabdingbare Grundlage der ärztlichen Ausbildung. Die erforderlichen Kenntnisse werden im Präparierkurs mit Hilfe anatomischer Modelle und Präparaten sehr unterschiedlicher Art verdeutlicht.

Sammlungen solcher Präparate in anatomischen und pathologischen Instituten sind von jeher auch Laien ohne weiteres zugänglich; und darunter gibt es sehr beachtliche, zum Beispiel an der Charité in Berlin, in Basel und in Wien. Sie erwecken aber häufig die Vorstellung eines Horrorkabinetts, denn vielerorts dominiert die Demonstration von Missbildungen: Ein totgeborenes Kind mit Anenzephalie, bei dem sich also das Gehirn nicht entwickelt hat, dazu aufbewahrt in einem mit Formalin gefüllten Glas – das ist häufig der prägende Eindruck, der sich dem unvorbereiteten Besucher vermittelt.

Das änderte sich mit den Plastinaten radikal: In ihnen verbindet sich gekonnte Detailpräparation mit innovativer Dauerkonservierung und ästhetischer Darbietung. Ihre Herstellung beruht freilich auf einem differenzierten Prozess mit sehr vielen Einzelschritten; Ersinnen, Erproben und Entwickeln dieses neuartigen Verfahrens – das ist der substantielle Gewinn der unermüdlichen Arbeit von Gunther von Hagens.

Besucher einer Ausstellung bewundern allerdings kaum je die Technik, mit der ein Exponat verfertigt wurde, sondern das fertige Objekt selbst. Deshalb möchte ich die Ursachen für die Attraktivität von Ganzkörper-Plastinaten an einem konkreten Beispiel erörtern, an dem sogenannten Schachspieler oder Denker.

Dabei handelt es sich um einen Körper in sitzender Haltung, an dem das Rückenmark und die peripheren Nerven in allen Details zu erkennen sind. Von mehreren Fachkollegen habe ich das Urteil gehört, dies sei das beste Präparat der Rückenmarksnerven, das sie je gesehen hätten. Ein solches Plastinat offenbart also zunächst Präparationskunst, handwerkliches Können in Perfektion.

Bis hierhin hat das jedoch wenig mit Plastination zu tun. Diese kommt erst nach der Präparation ins Spiel, nämlich mit der Möglichkeit, dem Ganzen Festigkeit und eine Gestalt zu geben. Damit gewinnt das Präparat einen natürlichen Aspekt: Das Ganzkörper-Plastinat erweckt tatsächlich die Vorstellung, sitzend zu denken oder Schach zu spielen.

Derartige anatomische Präparate sind nicht nur neu, sondern eröffnen jedermann eine nie zuvor erfahrene Zugänglichkeit. Auch für den medizinischen Laien verliert sich der Eindruck, dies sei eine Leiche. Es fällt ihm leicht, seine Scheu vor dem Anblick zu überwinden, sich dem Präparat zu nähern und sich die freigelegten und hervorgehobenen Strukturen des Körperinneren anzuschauen. Er sieht Dinge die er vorher nie gesehen hat und die er sich nicht vorstellen konnte: Er staunt.

Ist es verwunderlich, dass viele Besucher von KÖRPERWELTEN manche der Exponate für Kunstwerke halten? Als Anatom kann ich dem Schachspieler oder Denker genannten Plastinat attestieren, dass es mit hoher handwerklicher Kunstfertigkeit präpariert wurde und dass das gesetzte Ziel, nämlich die Darstellung des peripheren Nervensystems, in fachlich hervorragender und überdies ansprechender Weise erreicht ist.

Der Tabubruch
Der dritte Grund für den Erfolg der öffentlichen Präsentation solcher Präparate: Sie rührt an das Tabu des Todes. In unserer Gesellschaft wird der Tod verdrängt, gleichsam ausgeblendet; und zumindest einen fremden menschlichen Leichnam betrachtet man – eingeübt durch immer gleiche Medienbilder – mit Schaudern.

Mit entsprechender Erwartung waren auch viele Besucher in die Mannheimer Ausstellung gegangen und machten dann die Erfahrung, dass beim Betrachten der Plastinate das Schaudern abnahm, sich verlor und sich statt dessen Verwunderung und Wissbegier zu regen begannen.

Dies war für jeden Besucher sozusagen ein persönlicher Erfolg: Er hatte sich über das Tabu, das den menschlichen Leichnam umgibt, hinweggesetzt. Er vermochte sich diese Präparate in Ruhe und mit Interesse für anatomische Details anzuschauen; er konnte sich dabei jene Organe oder sonstigen Gewebestrukturen aussuchen, die ihn aus einer persönlichen Krankheitsgeschichte oder aus welchem Grunde auch immer besonders berührten, und es gelang ihm, dies ohne Abwehrhaltung und in aller Offenheit zu tun. Dieser Übergang vom erwarteten Schaudern bis zum freien Hinschauen ist der persönliche Tabubruch, über den viele Besucher von KÖRPERWELTEN erzählten und damit wiederum Angehörige, Freunde und Bekannte zum selben Erlebnis ermunterten.

Einwände und Antworten

Eben daran, an dem Bruch mit den Tabus Tod und Leichnam, hat sich aber auch die Opposition gegen die Mannheimer Ausstellung entzündet. Zwar war die Zahl der Gegner vergleichsweise klein, doch um so heftiger fiel die Kritik Einzelner aus. Sie kam vor allem von Akademikern – von Theologen sowie von Pathologen und Anatomen.

Gerade die vehemente und emotionale Ablehnung, die manche Anatomen äußerten, ist mir, je länger das Ereignis zurückliegt, um so weniger verständlich. Die dafür häufig angebotene Erklärung, damit sollte der Verlust eines Gralswissens abgewendet werden, überzeugt mich nicht: Zwar sind Sektion und Obduktion ein Privileg von Medizinern, aber Kenntnis der Anatomie ist schon lange kein elitäres Bildungsgut mehr, auf das sich die Identität der Anatomen gründen könnte.

Was auch immer die Motive waren – Heftigkeit und Art der Kritik aus dem anatomischen Lager bleiben bedauerlich, denn unvoreingenommen gesehen, präsentieren sich mit KÖRPERWELTEN anatomisches Präparationskönnen und ein innovatives Konservierungsverfahren der allgemeinen Bevölkerung in sehr respektabler Weise, die das bei der Mannheimer Ausstellung mit immensem Interesse und weit überwiegend positiver Resonanz honorierte.

Hauptargument der Gegner von KÖRPERWELTEN war, die öffentliche Ausstellung authentischer anatomischer Präparate verletze die Würde des Menschen, genauer des Verstorbenen. Für einen Anatomen hat dieses Argument einen besonderen Aspekt: Das Präparieren von Leichen gehört, wie erwähnt, seit je zum Medizinstudium; aus inzwischen dreißigjähriger Erfahrung kann ich versichern, dass es bei den Studentinnen und Studenten in der anatomischen Ausbildung nie etwas anderes als Hochachtung vor den Menschen gab, die ihren Leichnam dafür zur Verfügung gestellt hatten.

An dieser Achtung haben es auch die Besucher der Mannheimer Ausstellung nicht mangeln lassen; ganz im Gegenteil, sie war durchgehend zu erkennen und mitunter geradezu unmittelbar zu spüren. Die Sektion und Präparation von Leichen im Rahmen des Medizinstudiums wird mit der Dienlichkeit für die Ausbildung der angehenden Ärztinnen und Ärzte begründet und gerechtfertigt; in einer modernen Gesellschaft hat jedoch die Unterrichtung der Bevölkerung insgesamt keinen geringeren Stellenwert und keinen geringeren ethischen Rang als die akademische. Auch der medizinische Laie darf fragen, wie ein Mensch von innen aussieht, und er darf es sehen wollen; er hat ein Recht zu erfahren, wo und wie sich eine Krankheit abspielt und wie ihr womöglich vorzubeugen wäre oder wo was bei einem chirurgischen Eingriff geschieht. Daraus ein Privileg der Mediziner zu machen ist nicht mehr begründbar. Vielmehr besteht für die Laienaufklärung über körperliche Fakten großer Bedarf und auch für eine sachliche, freie und offene Diskussion über die bisherigen Tabus Tod und Umgang mit dem Leichnam.

Kontroverse Reaktionen wie seinerzeit auf die Mannheimer Ausstellung erweisen nur, dass Information über die natürlichen Tatsachen unseres Leibes immer neu zu leisten ist. Denn Erwartung des Schauderns und dann doch Faszination finden sich zum Beispiel bereits in einem vor 260 Jahren erschienenen Lehrgedicht über ein vergleichbares Ereignis, nämlich eine öffentliche anatomische Leichenpräparation:

Kaum warf ich meinen Blick auf das zerstückte Weib, kaum sah ich den zum Teil von Haut entblößten Leib, ich konnte kaum sobald die blut'gen Muskeln schauen, als mich ein widriges und ekelhaftes Grauen den Augenblick befiel.

Allein, es hatte kaum der kluge Anatom begonnen, er ließ uns kaum so bald die weisen Wunder sehn, die von der bildenden Natur daran geschehn, so macht die Regung gleich weit süßrer Regung Raum.

Furcht, Grauen, Ekel war im Augenblick vergangen, mich nahm Bewundrung erst, darauf Erstaunen ein, dem folgt Erniedrigung und Ehrfurcht allgemach und diesen auf dem Fuß Lob, Inbrunst, Andacht nach.

Es fing ein helles Feuer von einer heilgen Lust in meiner Gott zum Ruhm mit Dank erfüllter Brust zur Ehre des, der hier so wunderbar des Körpers Wunderbau gefüget, an zu brennen.

Ich wusste selber nicht, wie mir zu Mute war. Dem Mensch gibet sich der Schöpfer hell und klar am aller deutlichsten am Menschen zu erkennen.

Es scheint, als könne man in diesen Wunderwerken, in diesem Meisterstück der bildenden Natur von unserem Schöpfer selbst hier eine helle Spur ganz überzeugend klar und gleichsam sichtbar merken.

Ach, rief ich, lasst denn hier an diesem Schauplatz schreiben: Hier kann kein Atheist ein Atheiste bleiben!

Der Verfasser Barthold Hinrich Brockes (1680 bis 1747) war ein der Aufklärung verpflichteter Hamburger Patrizier und Gelehrter. Das Zitat entstammt seinem Hauptwerk „Irdisches Vergnügen in Gott", Band 6, Hamburg 1739, Seite 298.

Wilhelm Kriz ist seit 2006 Kommissarischer Direktor der Abteilung Anatomie und Entwicklungsbiologie am Zentrum für Biomedizin und Medizintechnik Mannheim(CBTM), eine Abteilung der Medizinischen Fakultät Mannheim an der Ruprecht-Karls-Universität Heidelberg. Zuvor war er von 1974 bis 2005 Professor für Anatomie an der Universität Heidelberg. Dort hatte er den Lehrstuhl I am Institut für Anatomie und Zellbiologie inne und war gleichzeitig Direktor des Instituts. Er hat an der Universität Gießen und an der Freien Universität Berlin Medizin studiert und 1963 promoviert. 1971 habilitierte er sich an der Universität Münster, wo er als Dozent, wissenschaftlicher Rat und Professor tätig war, bevor er nach Heidelberg berufen wurde. Er hat unter anderem bislang rund 150 wissenschaftliche Arbeiten und drei Fachbücher publiziert. Seine Forschungsschwerpunkte sind die funktionelle Struktur der Niere, die Entwicklung dieses Organs und dessen Funktionsverlust beim chronischen Nierenversagen. Die Universität Göttingen verlieh Kriz 1990 die Jakob-Henle-Medaille, die Deutsche Dialysegesellschaft 1998 den Bernd-Tersteegen-Preis und die Gesellschaft für Nephrologie 2007 die Franz-Volhard-Medaille.

Gunther von Hagens

Anatomie und Plastination

1. Anatomiegeschichte

Jagdanatomie und kultische Anatomie

Unter Anatomie versteht man die Lehre vom Bau des Körperinneren. Spezialisten des Körperinneren gab es zu allen Zeiten; zu ihnen gehörten schon in der frühen Menschheitsgeschichte die Jäger. Auf der Jagd erlegte Tiere mussten ausgenommen und das Fleisch von den Knochen gelöst werden, wobei anatomische Kenntnisse von Vorteil waren. So war die „Kochtopfanatomie" eine tierische. Die ersten human anatomischen Interessierten waren vermutlich die Kannibalen. Bei ihnen waren kultisch geprägte Motive vorherrschend; sie hatten die Vorstellung, die Stärke ihrer Feinde zu inkorporieren, indem sie diese verspeisten. Von den ersten zivilisierten Kulturen wurden Verfahren entwickelt, mit denen man den Leib Verstorbener – zumindest denjenigen bedeutender Personen – zu verewigen suchte. Solche Ganzkörperkonservierungen finden sich in vielen Kulturen. Zu den berühmtesten zählen die Mumien altägyptischer Pharaonen und Würdenträger, deren ausgeweidete Körper mit duftenden Harzen und Natronlauge behandelt und anschließend getrocknet wurden, um den Verstorbenen ein Weiterleben im Jenseits zu ermöglichen. Die Mumifizierung Verstorbener in Südamerika gipfelte gar in der Etablierung ganzer Totenstädte. Die kultische Anatomie schaffte jedoch keine großen anatomischen Einsichten. Denn es stand die Konservierung der sterblichen Hülle, insbesondere die der Haut im Zentrum des Bemühens. Gerade die Organe, an deren Versagen der Mensch stirbt, fielen alsbald der Verrottung anheim.

Die Hauptmotivation für den Erwerb detaillierter anatomischer Kenntnisse ging stets von der Heilkunde aus. Diese lag zunächst in der Hand von Schamanen und Priestern. Kurz vor der Zeitenwende bildete sich der Berufsstand der Mediziner heraus, deren Ausbildung zunächst philosophisch geprägt war.

Erste Anatomie in Griechenland und Ägypten

Um 500 v. Chr. gründeten die Griechen ärztliche Schulen, so in Kroton (Unteritalien) und Kyrene (Afrika). Die Anatomie wurde an Tieren erforscht. Selbst solch feine Strukturen wie das im Schläfenknochen sitzende Gleichgewichtsorgan wurde von ihnen untersucht. Der erste bekannte Anatom war Aristoteles (384-322 v. Chr.), der heute jedoch mehr von seinen philosophischen Schriften her bekannt ist. Er war ein Schüler Platos und ein Lehrer Alexander des Großen. Er unterschied bereits Nerven von Sehnen und beschrieb die Aufzweigung der Hauptschlagader in kleinere Blutgefäße.

Kurz nach 400 v. Chr. kam der griechische Philosoph Plato zu der Überzeugung, dass es einen fundamentalen Unterschied zwischen Leib und Seele geben müsse. Der Leib galt ihnen als nur vorübergehende Behausung der Seele. Diese als Leib-Seele-Dualismus bezeichnete Denkrichtung schuf die Grundlage für die Präparation des Menschen. Denn die Überzeugung, dass die Seele unabhängig vom Körper existierte, erlaubte die Leichenöffnung spätestens dann, wenn die Seele den Körper nach dem Tod verlassen hat. Vor diesem Hintergrund wurden in dieser Zeit erste systematische Sektionen des Menschen vorgenommen, und zwar von Herophilos und Erasistratos in Alexandria. Dort hatte nach dem Tod Alexander des Großen der ägyptische König Ptolemäos I. um 320 v. Chr. eine medizinische Schule etabliert. Die Sektionen erfolgten an Hingerichteten, wahrscheinlich öffentlich.

Der von Plato erstmals geäußerte philosophische Grundgedanke des Leib-Seele-Dualismus findet sich später in der Bibel wieder, wo es über den neuen Leib bei der Auferstehung heißt: "Es könnte aber jemand fragen: Wie werden die Toten auferstehen, und mit was für einem Leib werden sie kommen? ... Gott aber gibt ihm dann seinen Leib, wie er bestimmt hat" (Kor. 15.35/38).

Anatomie in Europa nach der Zeitenwende

Mit der Eroberung Ägyptens durch die Römer 30 v. Chr. verlor die medizinische Schule von Alexandria ihre Bedeutung. Fortan dominierte die auf tieranatomischen Studien basierende Lehre des Arztes Galen aus Pergamon (131 bis 201 n. Chr.). Er studierte in Alexandria und ließ sich später in Rom nieder. Er verfasste etwa 150 medizinische Schriften. Vermutlich hat er nie Menschen, dafür aber Affen und andere Tiere präpariert. Entsprechend fehlerhaft waren seine anatomischen Werke. Galen war von selbstherrlichem und schwierigem Charakter. Seine Arroganz kommt in einem seiner Bücher so zum Ausdruck: "Wer den Ruhm sucht, muss sich einfach nur mit all dem vertraut machen, was ich erreicht habe". Tatsächlich genoss Galen als Mediziner einen hervorragenden Ruf. Sogar Kaiser Marc Aurel wollte auf seine Dienste als Arzt nicht verzichten.

Im Laufe der Zeit veröffentlichte Galen zweihundert Bücher. Er beeinflusste das anatomische Denken und die Medizin für die folgenden 1300 Jahre. Sektionen des menschlichen Leibes blieben während dieser Zeit die Ausnahme. Nur einige wenige historische Quellen belegen, dass immer wieder auch Sektionen an Menschen von Medizinern durchgeführt wurden. Doch dienten diese Sektionen mehr dem Selbstverständnis des damaligen medizinischen Berufsstandes. Der Professor las aus den Büchern Galens vor, während Anatomiegehilfen die Präparation am Leichnam vornahmen. Dabei wurde den verlesenen Worten des alten Meisters mehr Bedeutung beigemessen als den tatsächlichen anatomischen Befunden, die bei der Leichenöffnung zutage traten. Dementsprechend fehlerhaft waren die anatomischen Darstellungen.

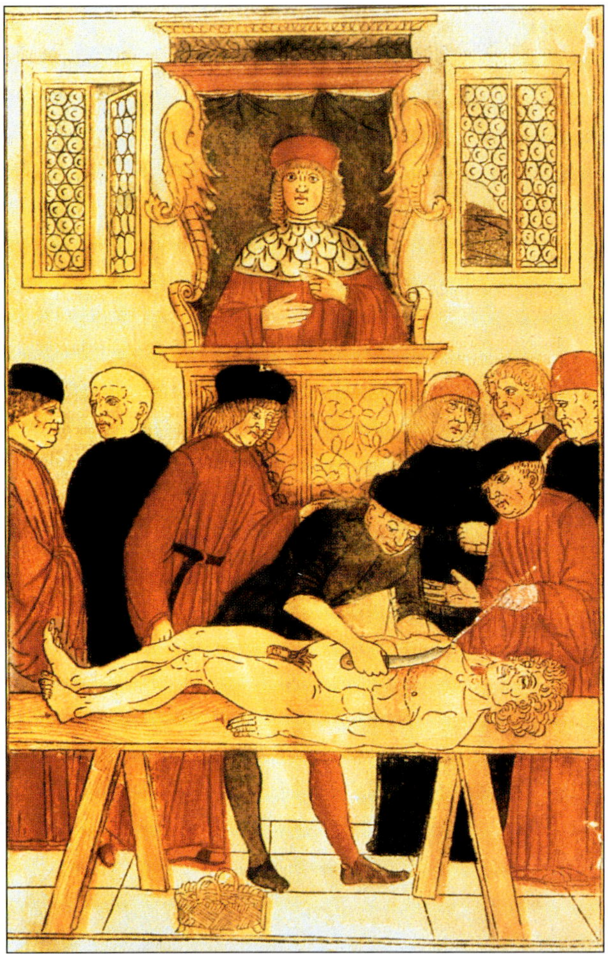

Abb. 1: Fasciolo de Medicina, Darstellung einer Anatomievorlesung, 1493. Der Professor las aus den Büchern Galens vor, während Anatomiegehilfen die Leichenöffnung vornahmen.

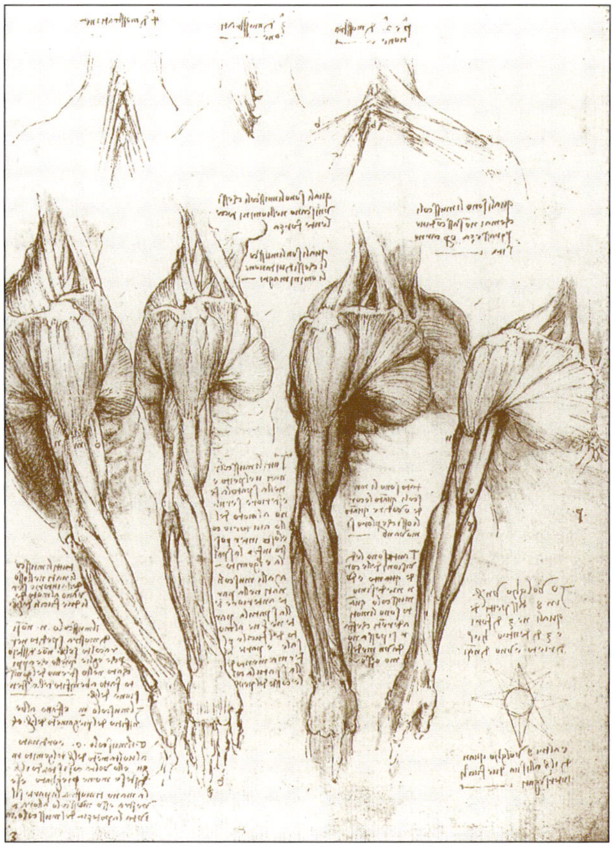

Abb. 2: Anatomische Studien von Leonardo da Vinci, 1510

Abb 3: Im ausgehenden Mittelalter begannen Künstler den Körperbau des Menschen zu erforschen. dieses Bild zeigt vermutlich Michelangelo bei einer Sektion eines Leichnams.

Ein Wandel der anatomischen Lehrmeinung trat erst mit dem ausgehenden Mittelalter ein, als vor allem Künstler begannen, den menschlichen Körperbau zu erforschen. Der heute bekannteste Künstler und Wissenschaftler jener Zeit war Leonardo da Vinci (1452 bis 1519), der private anatomische Sektionen an menschlichen Leichen durchführte. Sie waren Grundlage für seine berühmten detailreichen anatomischen Zeichnungen. Er stellte erstmals das Körper innere realistisch und in den natürlichen Proportionen dar, wenngleich seine Zeichnungen im Detail häufig falsch waren. Leonardo da Vinci leistete mit seinen Arbeiten einen wesentlichen Beitrag zur gesellschaftlichen Akzeptanz des Studiums an menschlichen Körpern.

Wenig später war es der berühmte Anatom Andreas Vesal (1514 bis 1564), der den Mut hatte, die Beschränkung der anatomischen Sektion auf Tiere öffentlich zu kritisieren. In seinem monumentalen Werk "De fabrica humani corporis" beschreibt er die Anatomie des menschlichen Körpers entsprechend seinen Erfahrungen bei den damals eingeführten öffentlichen Sektionen im "Anatomischen Theater". Er gilt als der Begründer der wissenschaftlichen Anatomie. Die von seinem Zeichner Kalkar geschaffenen Darstellungen waren in ihrer Exaktheit bis dato unerreicht. Zudem erreichten die Zeichnungen eine neue ästhetische Qualität; sie zeigten die präparierten Körper in lebensnaher Pose, in der Natur stehend und mit Alltagsgegenständen ausgestattet. Nach den vorliegenden Zeugnissen war Andreas Vesal auch der erste, der echte Knochen zu aufrecht stehenden Knochengestalten zusammenfügte. Diese nannte er Skelette, nach "ho skeletos" (griech.) = das Getrocknete. Das war revolutionär, denn nie zuvor hatte man Vergleichbares mit Toten anzustellen gewagt. Er holte quasi die Toten aus den Gräbern, um sie zurück in die Gesellschaft zu stellen. Ein von Vesal zusammengefügtes Skelett findet sich noch heute im Anatomischen Institut der Universität in Basel.
Die in den Zeichnungen jener Zeit dargestellte Anatomie war zunächst eine individuelle Anatomie. Das Präparat wurde genauestens mit all seinen individuellen anatomischen Besonderheiten abgezeichnet. Auf die Authentizität, die Individualität der Abbildung wurde mit zeichnerischen Mitteln hingewiesen. Der durch das Fenster auf das Präparat fallende Schatten machte die Stunde deutlich, zu der dieses und kein anderes Präparat entstand. Die Fliege auf der Abbildung symbolisiert fotoähnlich die Augenblicklichkeit des zeichnerischen Schaffens.

Dies änderte sich mit Bernhard Albinus (1697 bis 1747), dessen Zeichner Wandelaer zum einen das Szenario anatomischer Darstellungen mit Tieren bereicherte und zum anderen die vielen Formvarianten der Anatomie zu einer

Abb. 4: Andreas Vesal (1514–1564), Begründer der wissenschaftlichen Anatomie

Standardanatomie stilisierte. Es begann der Weg zur statistischen Durchschnittsanatomie. Organe wurden nicht mehr nur einzeln oder in ihrer gefundenen Lage im Körper gezeichnet, sondern die dazugehörigen funktionalen Strukturen als Organsysteme herausgezeichnet; die Niere nicht mehr mit Nebenniere in der Fettkapsel, sondern mit Harnleitern und Blase. Das Gehirn schaute nicht mehr nur aus dem geöffneten Schädel heraus, sondern es wurde separat mit anhängendem Rückenmark und den peripheren Nerven gezeichnet. Damit war die Grundlage für die Entwicklung anatomischer Schemata gelegt. Die anatomische Schemazeichnung war geboren – eine Abstrahierung, die sich aus dem funktionalen Verständnis für Anatomie entwickelte.
Urvater der Scheibenanatomie war der russische Anatom Nikolas Pirogoff (1810 bis 1881). In seiner "Anatomia topographica, sectionibus per corpus humanum" veröffentlichte er 216 Abbildungen von Scheiben des menschlichen Körpers, darunter auch die einer Schwangeren. Die Leichen wurden dazu im russischen Winter von St. Petersburg eingefroren. Die steinernen Druckstöcke seines Werkes existieren noch heute.

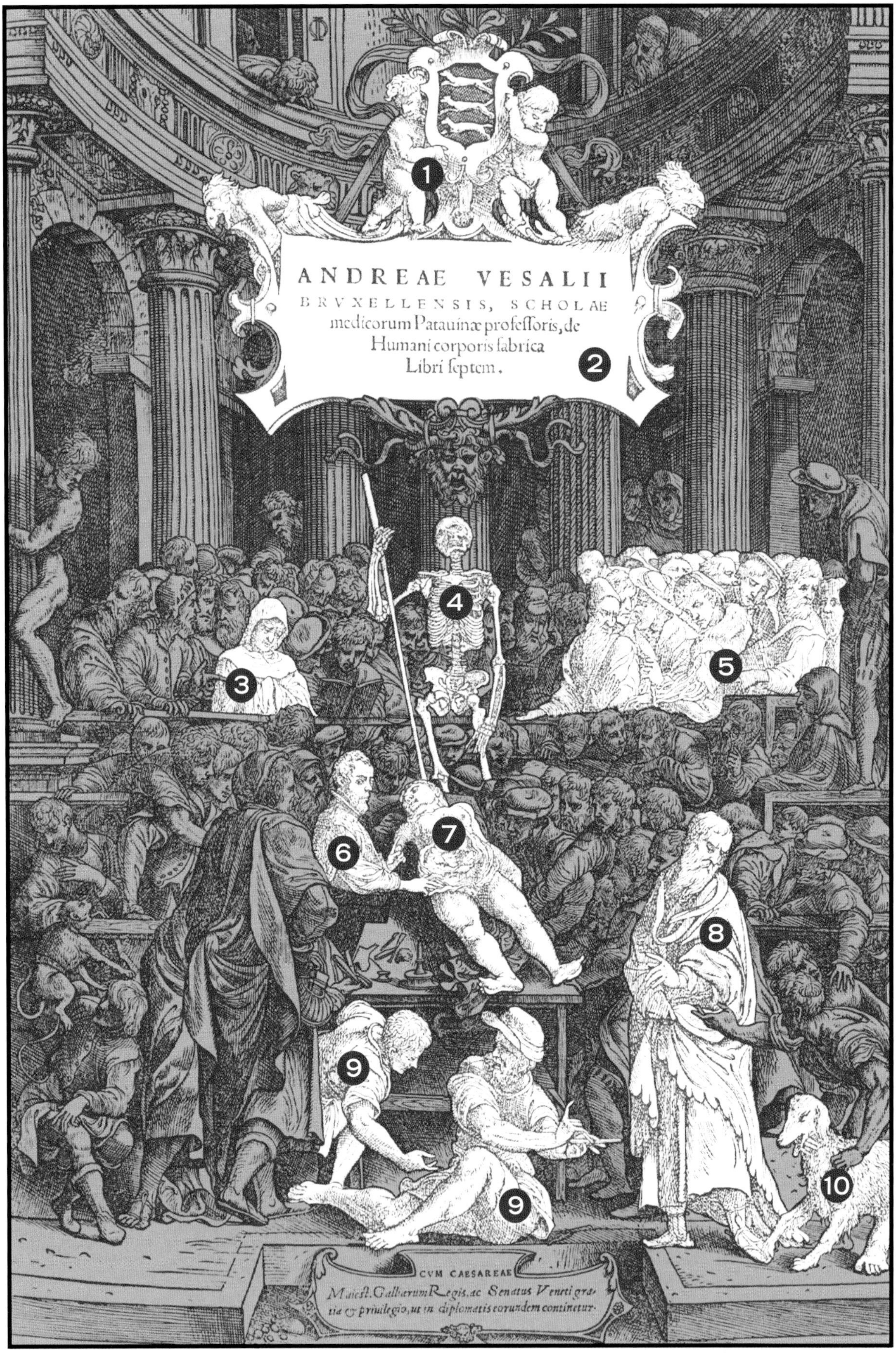

Titelbild von Andreas Vesalius' Lehrbuch der Anatomie des Menschen "De fabrica humani corporis"

Anatomisches Theater

Die in der Renaissance üblich gewordenen Sektionen waren nicht nur für ein medizinisches Forum bestimmt, sondern waren einem breiteren Publikum zugänglich. Dies zeigt auch das Titelblatt von Andreas Vesalius' illustriertem Lehrbuch De Humani Corporis Fabrica aus dem Jahre 1543. Vesalius steht am Seziertisch, dicht umringt von Menschen der unterschiedlichsten Stände.

Die Abbildung auf der linken Seite zeigt das Titelbild von Andreas Vesalius' monumentalem Werk "De fabrica humani corporis". Es zeigt Vesalius bei einer Sektion in einem Anatomischen Theater. Wie viele Bilder aus der Renaissancezeit zeigt auch diese Illustration eine Vielzahl von Symbolen und Allegorien:

(1) Cherubim, Wächter des Paradieses und Träger des Throns Gottes, tragen das Wappen von Vesalius. Es zeigt drei Wiesel, denn der Name Vesalius ist eine lateinisierte Form des Familiennamens „von Wesel".

(2) Die Tafel trägt die Inschrift „Andreas Vesalius aus Brüssel, Professor an der Schule für Ärzte in Padua; seine sieben Bände De Humani Corporis Fabrica".

(3) Die Figur mit der Kapuze, wahrscheinlich ein Mönch, steht für die Kirche, die Vesalius' Arbeit überwacht.

(4) Das große Skelett symbolisiert die Sterblichkeit des Menschen und die Gegenwart des Todes im Raum. Das Skelett schaut in einer Haltung zum Himmel, die von Renaissancekünstlern zur Darstellung von Heiligen oder von Christus verwendet wurde.

(5) Man geht davon aus, dass es sich bei vielen Personen in der Menge im Hintergrund um wohlhabenden Adel handelt. Einige dieser Adligen haben Vesalius' Arbeit wahrscheinlich finanziell oder politisch unterstützt.

(6) Andreas Vesalius führt die Autopsie selbst durch. In früheren Zeiten hätte ein Handwerkschirurg oder Wundarzt die Autopsie vorgenommen und der Professor hätte von einem nahe gelegenen Lesepult aus doziert.

(7) Während der Renaissance galt die Natur als weiblich. Die Sektion einer weiblichen Leiche symbolisiert, dass Vesalius die Natur erforscht und Teil einer Abstammungslinie großartiger Naturwissenschaftler ist.

(8) Dieser Mann stellt vermutlich den klassischen Anatom Galen (129 bis 200) dar. Galens Bücher zur menschlichen Anatomie beherrschten die Medizin bis zur Renaissance. Seine Informationen hatte er aus Sektionen von Schweinen, großen Affen und anderen Tieren gewonnen, da nach römischem Gesetz das Sezieren von Menschen verboten war. Vesalius veröffentlichte als Erster Arbeiten zur menschlichen Anatomie, die auf Grundlage von Sektionen menschlicher Leichen beruhten.

(9) Diese beiden Männer sind Handwerkschirurgen. Da Vesalius die Sektion selbst durchführt, bleibt diesen beiden nur übrig, die Skalpelle für ihn zu schärfen.

(10) Dieser Hund (wie auch der Affe links) symbolisiert die Studien Galens zur menschlichen Anatomie anhand der Sektion von Tieren. Vesalius bewunderte Galen, erkannte aber aufgrund seiner Untersuchungen an menschlichen Leichen, dass diesem etliche Fehler unterlaufen waren. Diese Fehler werden durch den hinteren Fuß des Hundes symbolisiert, der eindeutig zu einem Menschen gehört.

Mit der Einführung des Mikroskops in die Anatomie im 17. Jahrhundert, das die fein strukturelle Untersuchung des Körpers ermöglichte, verloren viele Anatomen das Interesse an der makroskopischen Anatomie. Sie galt zunehmend als ausgeforscht. In den westlichen Ländern verstärkte sich dieser Trend in den 50er Jahren mit der anatomischen Nutzung des Elektronenmikroskops sowie mit der seit den letzten 20 Jahren sich entwickelnden zellbiologischen und molekularbiologischen anatomischen Forschung. So kommt es, dass die Anatomen des Westens mit ihren zellbiologischen Forschungen heute das Interesse an der Leichenanatomie fast vollständig verloren haben.

Anatomie und Kunst

Im 16. Jahrhundert stand der menschliche Leib im Zentrum einer ganzen Kunstepoche. Genau zu dem geschichtlichen Zeitpunkt, an dem die Skulpturen und Bildnisse der Renaissance die Schönheit des menschlichen Leibes zum ästhetischen Maßstab erhoben und das Naturschöne im Zentrum künstlerischen Verständnisses stand, entdeckten die Künstler auch die Schönheit des Leibesinneren. In ihrem Wunsch nach Perfektion suchten Maler und Bildhauer die Muskeln, nach denen sie ihre Kunstwerke formten, selbst zu sehen. Zunächst sahen sie den Anatomen zu. Doch bald nahmen sie das Skalpell selbst in die Hand. In Italien und in den Niederlanden schlossen sich gar die Gilden (Berufsvereinigungen) von Medizinern, Apothekern und Künstlern zusammen.

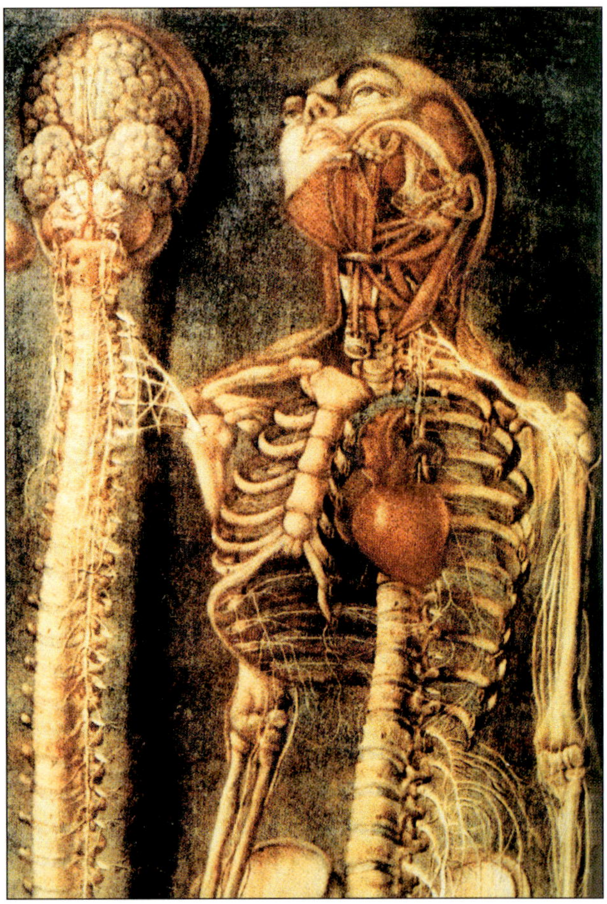

Abb. 6: Bernhard Siegfried Albinus. Mit zunehmenden anatomischen Kenntnissen wurden die Organe mehr und mehr in ihrem funktionalen Verbund herausgezeichnet.

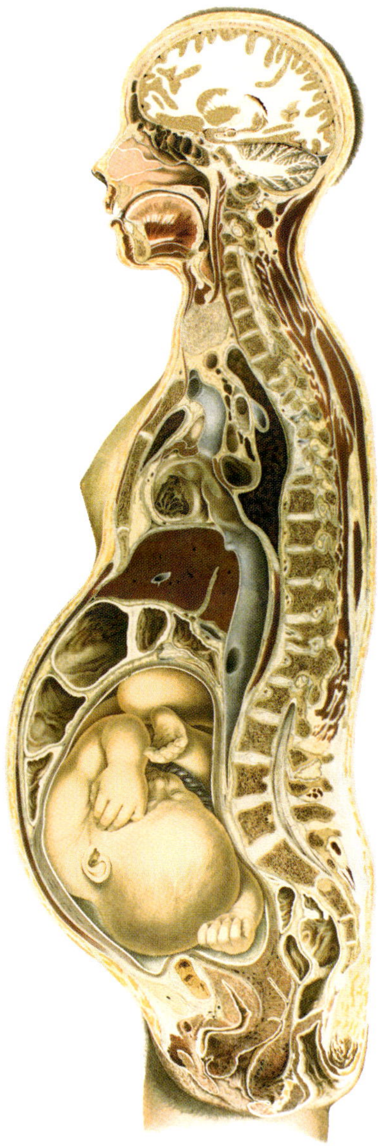

Abb. 7: Zeichnung eines Schnittes durch den Körper einer schwangeren Frau von dem russischen Anatomen Nikolas Pirogoff, 1855

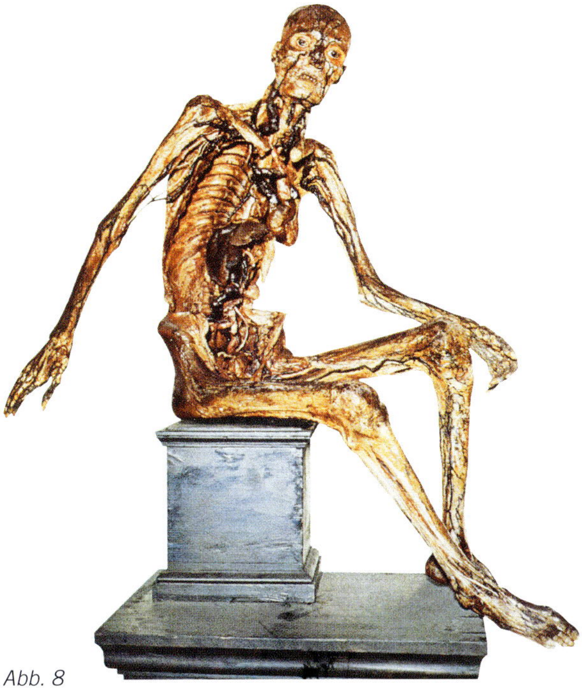

Abb. 8

parierten Menschen gegenüberzustellen. KÖRPERWELTEN werden uns hier als Naturkunst präsentiert. Die Schönheit der mittelalterlichen Präparate manifestierte sich in ihrer Vollkommenheit, dem Ebenmaß der präparierten Formen, der wohlgefälligen, perfekten Übereinstimmung ihrer Teile miteinander und der präparatorischen Klarheit der Details. Indem die Anatomiekünstler die anatomischen Verhältnisse genauestens studierten und ihre Ergebnisse bildlich dokumentierten, begründeten sie die wissenschaftliche Anatomie. Sie suchten die Quelle der Wahrheit im Original und machten das Selbstsehen, die „Autopsie" zur Grundlage ihres anatomisch-wissenschaftlichen Handelns. In der weiteren Entwicklung der anatomischen Wissenschaft trat die Bedeutung des Künstlers zunehmend in den Hintergrund. Die Anatomie wurde allmählich in studentische Präparierkurse und pathologische Sektionen transformiert und damit sukzessive zum Privileg der Mediziner. Später war es die Fotografie, die den Künstler weitgehend entbehrlich machte.

Erst durch das direkte Studium des Muskel- und Knochenreliefs ganzer Körper konnten die berühmten Menschenbilder und Statuen dieser Zeit entstehen. Als sich bildnerisches Talent mit anatomischem Wissen paarte, entstanden die bis heute kunstvollsten Werke der Anatomiegeschichte. Die überlieferten anatomischen Abbildungen, die heute zum Kulturerbe der Menschheit gehören, zeigen, dass sie nicht aus der Erinnerung heraus geschaffen wurden, sondern das reale Präparate als Vorbilder dienten. Mangels adäquater Konservierungstechniken verdorrten jedoch die befleischten Leiber schon kurz nachdem sie präpariert worden waren.

Nur wenige von ihnen konnten erhalten werden und sind noch heute in italienischen Anatomiemuseen zu sehen. Sie wurden meist getrocknet und ihre Oberflächen mit Firnis behandelt; an einigen Präparaten finden sich Injektionen metallischer Legierungen zur Darstellung der Arterien.

Die präparierten Körper wurden in lebensnahen, dynamisch-ästhetischen Posen dargestellt und ihr anatomisch-individueller Charakter durch ausdrucksstarke Gestik verstärkt. Gelegentlich scheinen die dargestellten Körper sogar Charme und Humor auszustrahlen. Die Faszination der überlieferten anatomischen Abbildungen schöpft sie zusätzlich zur detaillierten präparatorischen Darstellung aus dem Ambiente antiker Landschaften, in die die Präparate hineingestellt wurden. Die Irrationalität der Bildkonzeption erstaunt, wenn ein Nashorn ins Bild drängt, um die sprichwörtliche Dicke seiner Haut dem enthäuteten, prä-

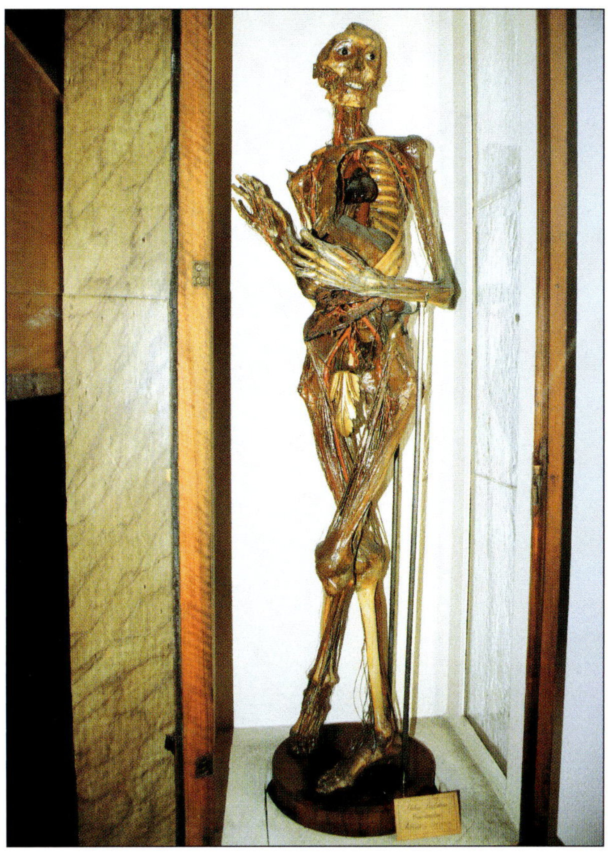

Abb. 8 u. 9: Rund 200 Jahre alte anatomische Ganzkörperpräparation mit Metallinjektion, noch heute zu sehen im "Museo Anatomico di Napoli" (Abb.8) und in Modena (Abb.9).

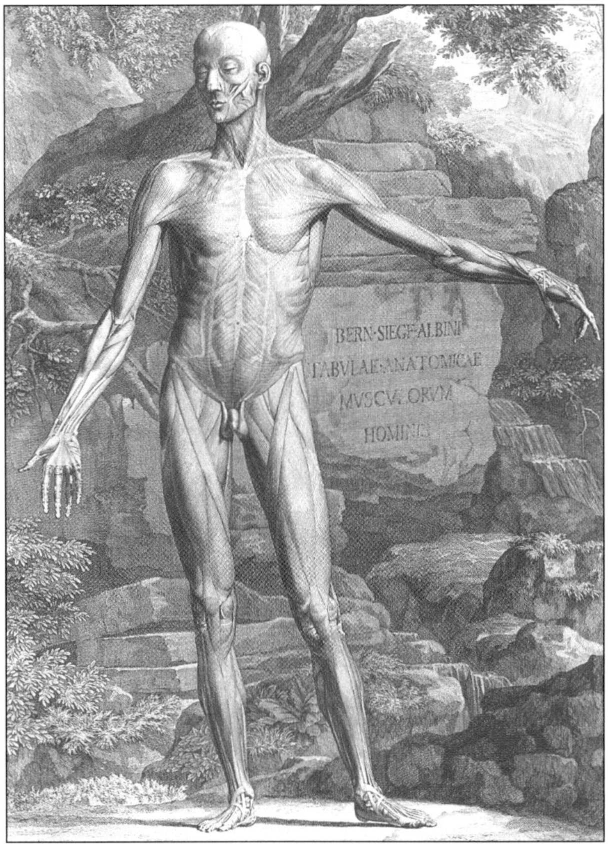

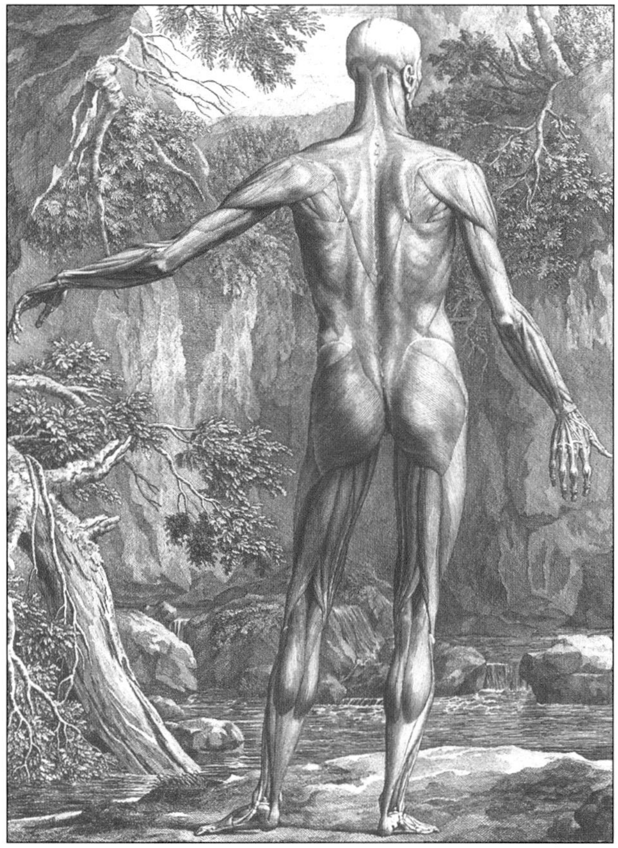
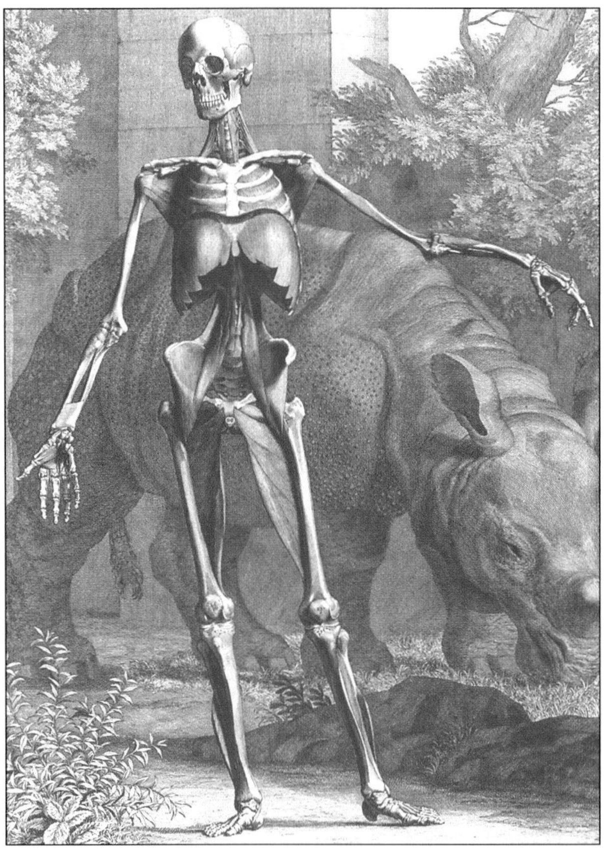
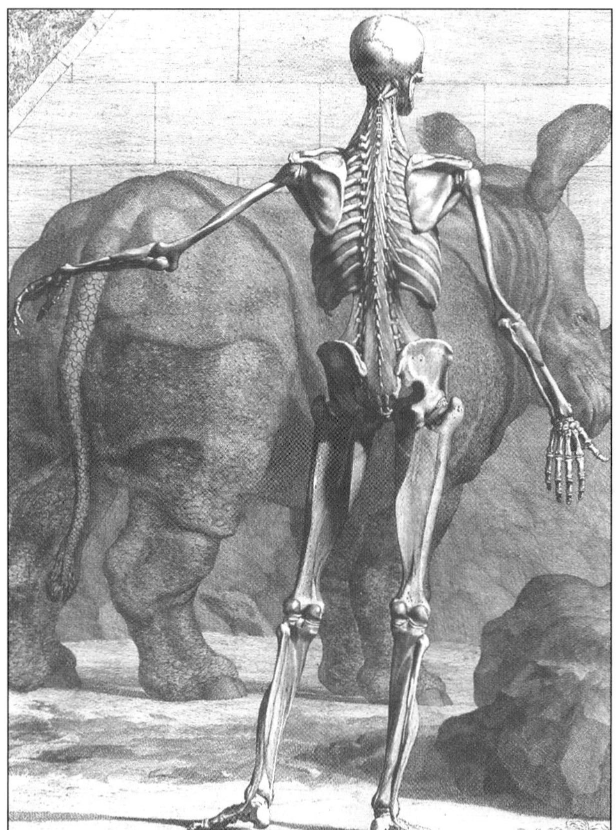

Abb. 10 bis 13: Zeichnungen von Bernhard Siegfried Albinus (1697 bis 1747), Anatom an der niederländischen Universität Leiden, aus dem Jahre 1747

Abb. 14: Die präparierten Körper wurden in lebendigen Posen dargestellt und ihr anatomisch-individueller Charakter durch Gestik verstärkt

Heute beschränkt sich das Schaffen eines Künstlers in der Anatomie im wesentlichen auf das gelegentliche Abändern bereits vorhandener anatomischer Abbildungen oder auf das Skizzieren chirurgisch-anatomischer Forschungsergebnisse. Wollen Künstler an einer echten Leiche studieren, müssen sie nunmehr bei den Anatomen darum betteln, doch wird es ihnen meist nur in Ausnahmefällen gewährt. Es ist deshalb nicht verwunderlich, dass die anatomischen Körperdarstellungen aus der Renaissance in ihrer ästhetischen Qualität unerreicht geblieben sind.

Anatomiefreundliche Päpste

Der durchaus eitle medizinische Berufsstand schiebt heute gerne der Kirche die alleinige Schuld für das mehr als tausend Jahre lange Darniederliegen der Anatomie zu. Gern wird die päpstliche Bulle „De sepulturis" von Papst Bonifacius VIII. von 1300 als Beweis für die angebliche Anatomiefeindlichkeit der Kirche angeführt. Dabei zielte dieses Kirchendekret in eine ganz andere Richtung: Bei den Kreuzrittern hatte sich der Brauch eingebürgert, die Leichen im Kampf gefallener Kameraden zu zergliedern, die Gebeine auszukochen und nach Hause zu schicken. Damit konnten diese zwar in heimatlicher, heiliger Erde begraben werden, doch schwächte der zeitraubende Brauch die Truppe. Dem sollte die Bulle entgegenwirken. Übereifrige Kleriker interpretierten sie als generelles Präparierverbot.

Ein bemerkenswertes Beispiel für die Anatomiefreundlichkeit der Kirche drückt sich in der Sektion des Leichnams von Papst Alexander V. im Jahre 1410 aus. Die Päpste Sixtus IV. und Clemens VII. erlaubten ausdrücklich die Sektion menschlicher Leichen in Padua und Bologna. Das Anatomische Museum in Bologna verdankt seine Existenz der Unterstützung von Papst Benedikt XIV., der den modernen Wissenschaften stets sehr aufgeschlossen gegenüber gewesen war. Schon als er noch Erzbischof von Bologna war, hatte Benedikt auf die Bedeutung der Anatomie hingewiesen und die Notwendigkeit von Leichensektionen betont. Während der Pestepidemien erlaubte der Heilige Stuhl die Leichenöffnung ausdrücklich.

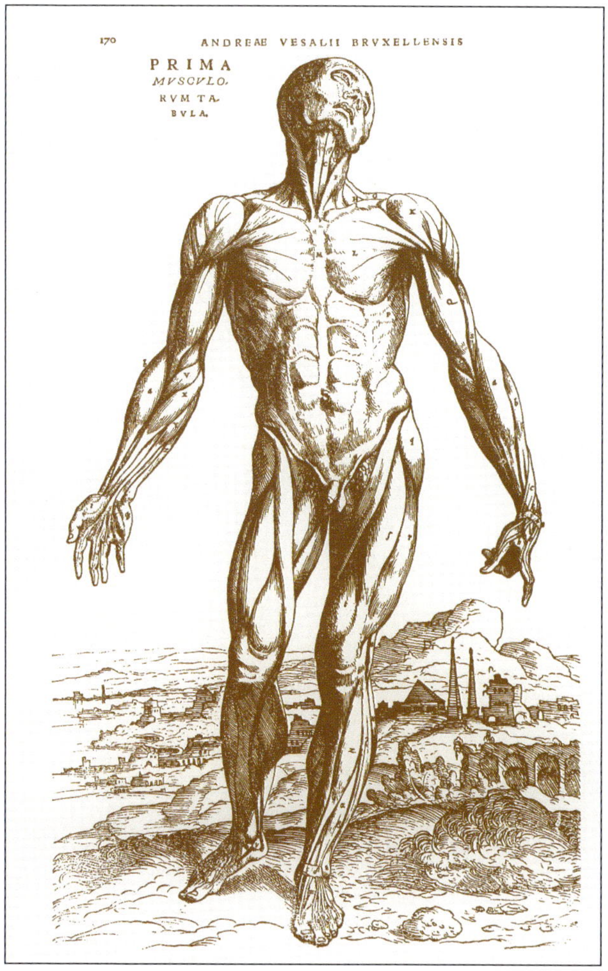

Abb. 15: Andreas Vesalius' Muskelmann, aus: Fabrica, 1543

Abb. 16: Das Beinhaus der Allerheiligen-Kirche in Kunta Hora, Tschechische Republik, hat 1860 der Schnitzer Frantisek Rint mit Knochen von 40.000 Menschen kunstvoll geschmückt

Der eingangs erwähnte Glaube des Christentums an einen Leib-Seele-Dualismus war Voraussetzung dafür, dass die anatomische Sektion im Papstland Italien ihren Ursprung fand und sich etablieren konnte. Ebenso war er auch Voraussetzung dafür, dass sich über die Jahrhunderte in der katholischen Kirche eine Konservierungstradition kultischer Reliquien entwickelte. Noch heute finden sich in vielen katholischen Kirchen Reliquien und auf manchen alten Friedhöfen Beinhäuser mit wandhohen Stapeln von Knochen und Schädeln, sogenannte Ossuarien.

Geschichte der Leichenbeschaffung

Die Anatomen der Renaissance präparierten die Körper Hingerichteter und machten die Leichen den Galgenvögeln streitig. So auch in England, wo Heinrich VIII. (1491 bis 1547) verfügte, dass „die unter den Galgen hängenden Körper von Verbrechern" den Anatomen zu übergeben seien. Das „Anatomieren" wurde so populär, dass Sektionen in Anatomischen Theatern öffentlich wurden und jeder "den die Neugier dazu veranlassen würde, sich zu unterrichten", ihnen beiwohnen konnte. Bald wurden Anatomieleichen so knapp, dass sie von den Friedhöfen geraubt wurden. Klagen vor den Kirchenvorständen wie diese waren nicht selten: "In der Nacht vom Donnerstag, den 12., auf den Freitag, den 13. Januar 1786, hat es Diebstähle von sieben großen Leichen und drei Kindern gegeben ... Um die Reste vor den Augen der Nachbarn zu verbergen, verbrennen die jungen Anatomen die Knochen. Im Winter heizen sie mit dem Fett der Toten". Es etablierte sich der Beruf der Grabräuber ("resurrectionmen"). Wegen des öffentlichen Interesses an der Ausbildung von Medizinstudenten wurde diese Praxis zunächst stillschweigend geduldet, bis die beiden Schotten Burke und Hare 1828 Menschen erdrosselten, um sie direkt in der Anatomie abzuliefern. Das Entsetzen der Öffentlichkeit war so groß, dass das englische Parlament umgehend ein Gesetz verabschiedete, das die Versorgung der Anatomen mit Leichen sicherte. Mit diesem „Anatomy Act" von 1832 wurde den Leichenräubern die ökonomische Basis entzogen. Seither gibt es in England den Anatomieinspektor seiner Majestät („Her Majesty's Inspector of Anatomy"). Auch in Deutschland war es staatliches Bemühen, einer Leichenverknappung in der Anatomie entgegenzuwirken. In Preußen sorgten zum Beispiel die Runderlasse des Jahres 1889 dafür, dass insbesondere herrenlose Leichen an die Anatomischen Institute abgeliefert wurden. Diese aufgefundenen Leichen ohne Angehörige waren dann bis in die sechziger Jahre dieses Jahrhunderts die Grundlage des Leichenfundus Anatomischer Institute. Sie wurden den Anatomischen Instituten von öffentlichen Einrichtungen wie dem Sozialamt übereignet.

In den sechziger Jahren gingen deutsche Anatomische Institute dazu über, für Körpervermächtnisse zu werben. Personen verfügten zu Lebzeiten, dass ihr Körper nach dem Tod dem nächstgelegenen Anatomischen Institut zu übereignen sei. Da das Angebot inzwischen den Leichenbedarf bei weitem übersteigt, verzichten mittlerweile die meisten Institute auf herrenlose Leichen.

Die Leichenbeschaffung für anatomische Zwecke wird je nach kulturellem und religiösem Hintergrund von Land zu Land sehr unterschiedlich gehandhabt. In den USA zum Beispiel, wo das Leichenwesen wie in Deutschland Ländersache ist, haben Anatomische Institute entweder eigene Körperspendeprogramme, oder sie erhalten Anatomieleichen von unabhängigen staatlichen Institutionen (State Anatomy Boards), die für die Leichenversorgung interessierter Institutionen zuständig sind. Auch diese erhalten Leichen über ein spezielles Spendeprogramm. Mitunter werden aber auch entsprechend der Bundesgesetzgebung alle aufgefundenen herrenlosen Leichen dem State Anatomy Board zugestellt, so im Bundesstaat Maryland. Dort werden sie chemisch fixiert und gegen Entgelt (Aufwandsentschädigung) an interessierte anatomische Institute abgegeben.

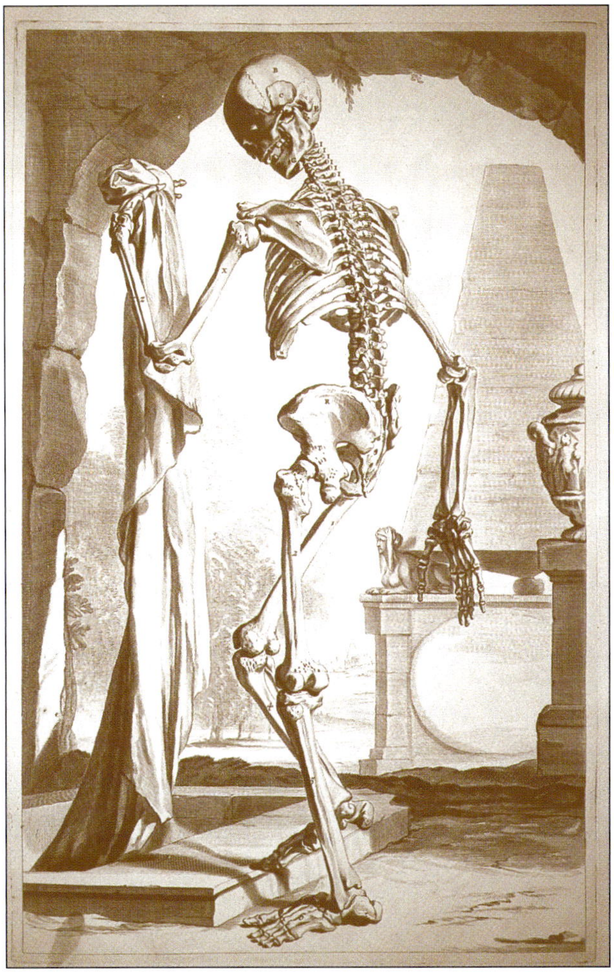

Abb. 17: Aus Unkenntnis der Vorgänge beim Verwesungsprozess glaubte man lange Zeit an ein reduziertes Fortleben der Leiche

Geschichte der Leichenkonservierung

Das Bedürfnis des Menschen sich zu verewigen, ist so alt wie der Mensch selbst. Felsmalereien, ägyptische Pyramiden, Kunstsammlungen, Stiftungen und Denkmäler legen davon Zeugnis ab. So ist es nicht verwunderlich, dass in allen Zivilisationen seit jeher der Wunsch besteht, den eigenen Körper und den der Angehörigen vor Verwesung zu schützen oder diese zumindest zu verlangsamen. Der Körper soll durch den Tod nicht plötzlich zur vergänglichen Sache werden. Eine dauerhaftere Konservierung blieb in der Vergangenheit jedoch nur wenigen Wohlhabenden vergönnt. Jedoch waren es nicht nur die Totenkulte, die zur Entwicklung von Leichenkonservierungsmethoden beitrugen, sondern auch die Angst vor einem möglichen Scheintod. Bis zum 18. Jahrhundert gab es große Unklarheit und Unsicherheit über die Vorgänge beim Sterben und darüber, wann der Tod genau eintrat. Man glaubte an ein reduziertes Fortleben der Leiche, insbesondere solange sie noch „befleischt“ war. In Dokumenten dieser Zeit finden sich Kommentare wie diese: “Leichen sind hungrig und fressen im Grab ihre Gewänder auf!” “Die Leichen sind in der Lage zu hören!” Sackte die Erde ein oder hob sie sich aufgrund der Fäulnisgase (Massengräber waren damals häufig und die Fäulnisgasbildung damit erheblich), so gaben die Leichen durch Heben und Senken der Grabsteine verschlüsselte Botschaften. Erst mit dem Wissen um Blutkreislauf und Gehirnfunktion konnte der Todeszeitpunkt als zeitliches Ereignis definiert werden. Schließlich war die Entwicklung geeigneter Konservierungsmethoden für den medizinischen Fortschritt von erheblicher Bedeutung, denn das Studium der Anatomie des menschlichen Körpers wurde früher durch Verwesungsprozesse erheblich behindert.

Den natürlichen Konservierungsarten stehen die künstlichen, von Menschen vorgenommenen Konservierungsmethoden gegenüber. Voraussetzung für eine natürliche Konservierung ist eine langsame, keimarme Austrocknung des Leichnams, wie sie beispielsweise an Leichen in luftdichten Sarkophagen oder in trocken belüfteten Gruften beobachtet werden kann. Dasselbe trifft für Moorleichen zu; sie sind zusätzlich durch die im Moor vorkommenden Huminsäuren konserviert. Viele natürliche Mumien, darunter der Ötzi als bekannteste und älteste europäische Mumie, beweisen, dass ihr Erhaltungszustand nicht schlechter sein muss als bei den aufwendig konservierten Mumien der Pharaonen.

Abb. 18: "Der kleine Inkaprinz", rund 500 Jahre alte Eismumie. Nationalmuseum in Santiago de Chile

Abb. 19: Mann aus Tollund, eine der besterhaltenen Moorleichen aus vorchristlicher Zeit

Kultische Leichenkonservierung

Durch nahezu alle Epochen, Kulturen und Religionen zieht sich der Gedanke, dass der Tod nicht das Ende unserer individuellen Existenz bedeutet. Wird der Tod als der Übergang der Seele in eine geistige Welt angesehen wie es bei Juden, Christen, Buddhisten und anderen religiösen Gemeinschaften der Fall ist, so ist der Körper von geringerer Bedeutung, und die Todeszeremonien werden verhältnismäßig einfach gehalten.

Anders ist es bei den frühen Kulturen, die oftmals von einem leiblichen Weiterleben nach dem Tode überzeugt waren. Hier wurde der Tote, je nach seinem sozialen Rang, mit reichen Grabbeigaben ausgestattet. Außerdem stellte sich die Frage, wie der Körper des Toten vor der Verwesung bewahrt werden konnte. Besonders die Ägypter haben über Jahrtausende hinweg Methoden zur Einbalsamierung und Mumifizierung entwickelt, deren Resultate wir bis heute weltweit in Museen bewundern können.

Warum gerade die Ägypter derartige Methoden entwickelten, liegt vermutlich in Folgendem begründet: Durch die alljährlichen Überschwemmungen des Niltals waren die Bewohner gezwungen, ihre Toten außerhalb der Reichweite des Nilwassers zu begraben, also im trockenen und heißen Sand beziehungsweise im Gestein der umgebenden Wüstengebiete. Hier herrschten ideale Bedingungen für eine natürliche Mumifikation: warmer, trockener Sand, der dem Leichnam Feuchtigkeit entzog und ihn zudem noch in seiner äußeren Form stabilisierte. Der beständig herrschende Luftzug in den Wüstenregionen förderte zusätzlich den Austrocknungsprozess. Schließlich dürfte der Fund natürlicher Mumien durch die Ägypter selbst dazu

Abb. 20: "Ginger" – die älteste, voll erhaltene Trockenmumie der Welt. Vor etwa 3200 Jahren wurde sie im heißen ägyptischen Wüstensand beerdigt. Britisches Museum, London

beigetragen haben, den Gedanken vom leiblichen Fortleben nach dem Tode zu einem zentralen Punkt ihrer religiösen Vorstellungswelt zu machen.

Einen Höhepunkt erreichte die Kunst des Einbalsamierens in Ägypten in der Zeit von 1700 bis 1100 v. Chr.. Sie beschränkte sich jedoch auf die "sterbliche Hülle" der Leichen. Die Organe, an deren Versagen der Mensch stirbt, wie Lunge, Leber, Niere, Herz, Gehirn, konnten nur unzureichend konserviert werden. Ihr Schicksal war folgendes: Zuerst wurde das Gehirn mit einem Haken durch die Nase entfernt. Nach Eröffnung der Bauchhöhle durch einen Schnitt an der linken Flanke wurden die Eingeweide mit Ausnahme des Herzens entnommen, in Palmwein gewaschen und in speziellen Vasen (Kanopen) in alkoholischer Flüssigkeit aufbewahrt. Sie fielen dennoch sehr schnell der Verrottung anheim, weil die zum Einlegen verwendeten Essenzen (Natron, Baumharze) nur eine geringe Tiefenwirkung hatten. Auch die Körperhöhle wurde ausgewaschen und mit Myrrhepulver, Harzen und Parfüms gefüllt, und der

Schnitt danach wieder vernäht. Dann kam der Körper für 70 Tage in eine Lösung von Kaliumnitrat oder Salpeter. Anschließend wurde er gewaschen, mit Ölen oder Harz eingerieben und mehrfach in komplizierte Lagen von Leinenbandagen eingehüllt. So konnten schließlich nur die Haut und die ohnehin in Trockenheit kaum verwesenden Knochen langfristig erhalten werden.

Ähnliche Konservierungsmethoden wie die der alten Ägypter wurden von den Guanachen auf den kanarischen Inseln, von Eingeborenen in Afrika (Guinea, Kongo, Sudan, Elfenbeinküste), in Asien (u.a. Indien, Sri Lanka, Tibet),

Abb. 21: Ägyptische Mumie. Vatikanische Museen, Rom

Abb. 22: Schrumpfkopf der Jivaro. Die Kopftrophäe sollte die Kraft und Stärke des Feindes auf den Sieger übertragen

Abb. 23: Kanopen. Sie dienten zum Aufbewahren der Eingeweide ägyptischer Mumien

Ozeanien (u.a. Melanesien, Polynesien), Amerika (bei vielen Indianerstämmen Nord- und Südamerikas) und in Europa verwandt. Sie werden teilweise noch bis auf den heutigen Tag ausgeübt, so von Kopfjägern am Amazonas, in Assam, Birma, Malaysia und Neuginea zur Herstellung von Schrumpfköpfen, sogenannten Tsantsas.

Die komplexen Mumifizierungsverfahren von Leichen entwickelten sich aus Konservierungstechniken, wie man sie schon lange zuvor zur Haltbarmachung von Lebensmitteln einsetzte, beispielsweise das Trocknen (Dörrobst, Dörrfleisch) und das Haltbarmachen durch Rauch, Salze, Säuren und konservierenden Flüssigkeiten (Pökellake, Honig, Zucker, Alkohol). Zwei berühmt gewordene Beispiele, bei denen Lebensmittelkonservierungungsmethoden angewandt wurden, sind der Leichnam Alexander des Großen, der nach seinem frühen Tod für den Rücktransport nach Mazedonien in Honig aufbewahrt wurde, und der Leichnam Horatio Nelsons, der den Rückweg von der siegreichen, aber für ihn tödlichen Schlacht von Trafalgar in Brandy verbrachte.

Die moderne Einbalsamierung

Bis zum 17. Jahrhundert wurden Leichen mit den von den Ägyptern entwickelten Methoden der Einbalsamierung haltbar gemacht. Die heute gebräuchlichen Einbalsamierungsmethoden unterscheiden sich von den alten sowohl hinsichtlich der verwendeten fixierenden Substanzen als auch in der Technik. Hier sind vor allem die Einführung von neuen Fixierungschemikalien, insbesondere Formalin, und die Entwicklung der Einbalsamierung durch arterielle Injektion zu nennen. Letztere war erst möglich geworden, nachdem William Harvey 1628 seine revolutionierenden Vorstellungen über den Blutkreislauf veröffentlichte. Harvey hatte während seiner Forschungsarbeiten Farblösungen in Blutgefäße von Leichen injiziert. Dieses neue Prinzip der arteriellen Injektion wurde in der Leichenkonservierung zuerst von Frederick Ruysche (1665 bis 1717), der in Amsterdam Anatomie lehrte, erfolgreich eingesetzt. Leider machte Ruysche keine genauen Angaben über die von ihm verwendeten Chemikalien. Detaillierte Beschreibungen über die arterielle Einbalsamierung machte als erster der berühmte schottische Anatom William Hunter (1718 bis 1783). Er verwendete ein Lösung aus Terpentin und Harzölen, gemischt mit Farbstoffen, die er bevorzugt über die Oberschenkelarterie injizierte. 1868 entdeckte der Chemiker Hoffmann das Methanal, bekannter unter dem Namen Formaldehyd, das später von J. Bluhm (1893) in die Fixierungstechnik eingeführt wurde. Bereits einige Jahre zuvor führte Laskowski (1886) mit seiner Genfer Fixierungslösung Glycerin (1779 von Scheele entdeckt) als Schutz vor Austrocknung der Präparate und Phenol (1867 von Lister in die Desinfektionspraxis eingeführt) als Konservierungsmittel ein.

Was für eine große Bedeutung diese Arbeiten für die Konservierungspraxis hatten, zeigt eine Übersichtsarbeit, die 1898 von Grönroos veröffentlicht wurde. Von den danach befragten 44 Anatomischen Instituten in Europa verwendeten alle die arterielle Infusion zur Einbalsamierung. Als Fixierungsmittel hatten sich Lösungen mit Formalin (fixierend und härtend), Phenol (das Pilzwachstum hemmend) und Glycerin (feuchthaltend, da wasseranziehend) europaweit durchgesetzt. Zu Beginn unseres Jahrhunderts waren damit alle Substanzen bereits eingeführt, die bis heute relativ unverändert am häufigsten zur Leichenkonservierung eingesetzt werden, nämlich Formalin, Phenol, Glycerin, Ethanol und Wasser. Ein typisches Beispiel ist die Konservierungslösung, die am Anatomischen Institut der Universität Heidelberg verwendet wird: Formalin 3%, Lysoformin (enthält Formalin, Glutaraldehyd und Netzmittel) 1%, Phenol 6%, Glycerin 15%, Alkohol 30% und Wasser 45%.

2. Plastinate und Plastination

Was sind Plastinate?

Der Mensch besteht zu etwa 70% aus Wasser. Es ist für das Leben, aber gleichermaßen auch für die Verwesung unverzichtbar. Das Gewebswasser wird bei der Plastination durch Reaktionskunststoffe wie Silikonkautschuk, Epoxidharz oder Polyesterharz in einem speziellen Vakuumverfahren ersetzt. Die Körperzellen und das natürliche Oberflächenrelief bleiben dabei bis in den mikroskopischen Bereich hinein identisch mit ihrem Zustand vor der Konservierung. Die Präparate sind trocken und geruchsfrei und damit im wahrsten Sinne des Wortes „begreifbar". Durch diese Eigenschaften haben plastinierte Präparate einen hohen Wert sowohl für die Ausbildung von Medizinstudenten als auch für die medizinische Aufklärung interessierter Laien.

Mit der Erfindung der Plastination ist es erstmals möglich geworden, natürliche anatomische Präparate dauerhaft, naturgetreu und auf ästhetische Weise für Lehre, Forschung und die allgemeine Aufklärung zu konservieren. Natürliche Präparate sind für die medizinische Ausbildung wie auch für den Laien besonders wertvoll, denn der komplizierte Aufbau des Bewegungsapparates und der Organe sowie deren Lagebeziehungen untereinander lassen sich in ihrer dreidimensionalen Komplexität nicht allein aus Büchern und Bildern erfassen. Auch noch so gute Bilder können das Original nicht ersetzen. Künstliche anatomische

Modelle können ebenfalls nur begrenzt zum Verständnis der Anatomie beitragen, da sie schematisiert sind, keine feinen Details zeigen und die Individualität menschlicher Körper vermissen lassen; ein Modell gleicht dem anderen. Die anatomischen Variationen sind jedoch von Individuum zu Individuum erheblich. Aus diesem Grunde ist heute in den meisten Kulturstaaten eine gründliche praktische anatomische Ausbildung der Medizinstudenten am toten menschlichen Körper vorgeschrieben.

Über die didaktischen Eigenschaften hinaus geht von den Plastinaten eine Faszination aus, die vor allem in der Echtheit der Präparate begründet ist. Die Plastination stoppt Verwesung und Vertrocknung so vollkommen, dass das Körperinnere aufhört, Gegenstand von Ekel zu sein. Kein Geruch belästigt die Betrachtung.

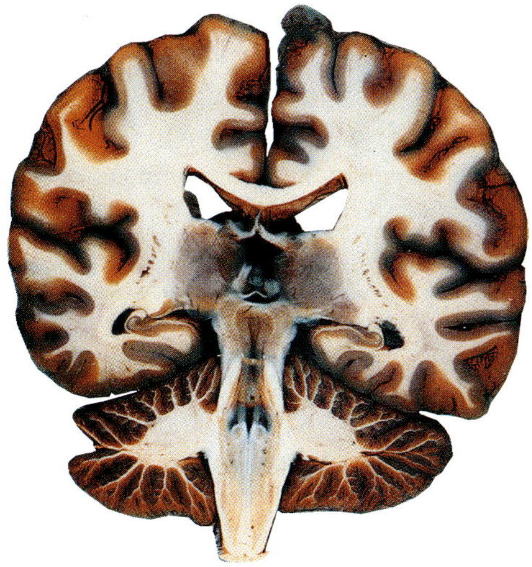

Abb. 25: In plastinierten Gehirnscheiben grenzen sich die graue Gehirnrinde und die Kerne farblich prägnant vom weißen Gehirnmark ab.

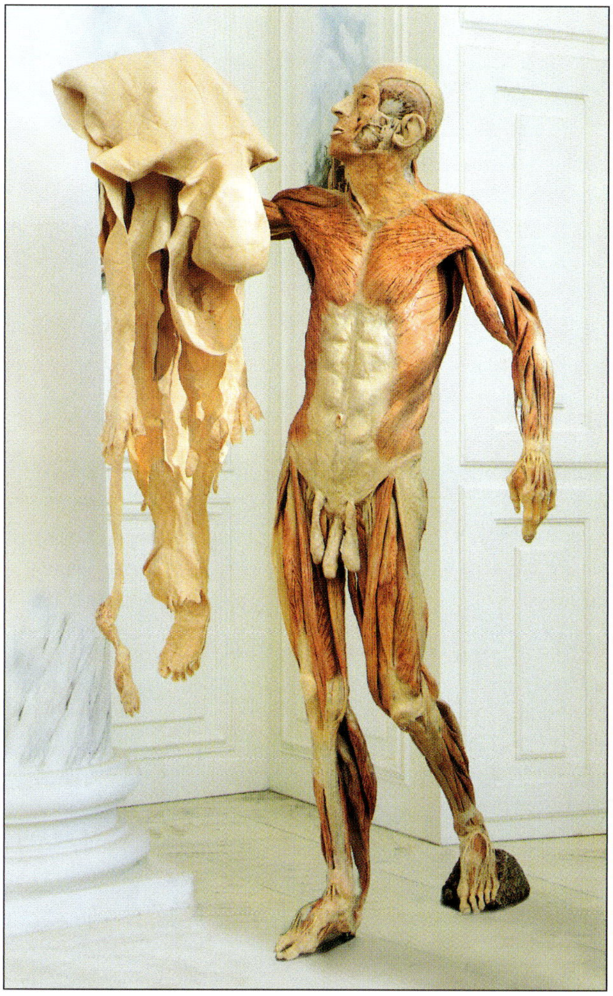

Abb. 24: Gestalt-Plastinat, ein in lebensnaher Pose dargestelltes Ganzkörperpräparat

Das schöne Plastinat, erstarrt zwischen Sterben und Verwesung, ermöglicht eine völlig neuartige sinnliche Erfahrung. Durch ihre lebensnahe Qualität werden Plastinate zur optisch ansprechendsten Darstellungsform menschlicher Dauerpräparate. Dies zeigt sich besonders bei transparenten plastinierten Körperscheiben, die bis in den Lupenbereich hinein anatomische Strukturen sichtbar machen. Die unbegrenzte Haltbarkeit von Plastinaten macht eine zuvor nicht sinnvolle, aufwendige präparatorische Feinarbeit vertretbar. 1000 Arbeitsstunden und mehr stecken in einem detailliert präparierten Ganzkörperplastinat. Mitunter übertreffen auch die Plastinate in ihrer Aussagekraft das unbehandelte Präparat, wenn sich z.B. die graue Gehirnrinde farblich prägnanter vom weißen Gehirnmark abgrenzt als beim frischen Gehirn.

Neuartige Präparationen durch Plastination

Da Weichteile wie Muskeln und Haut durch die Plastination verfestigt werden, können völlig neuartige Präparatetypen entstehen, so zum Beispiel ca. 3 mm dünne Körperscheiben. Darüber hinaus macht die Plastination die Herstellung von "expandierten Körpern", von "Aufklappkörpern" und von "Schubladenkörpern" möglich. Beim expandierten Körper werden Körperteile in alle Richtungen des Raumes verlagert.

Besonders instruktiv sind die Präparate, wenn in nur einer Richtung, z.B. in die Länge, expandiert wird. Instruktive aufklappbare Ganzkörper-Plastinate gelingen, indem Scharnierachsen so gelegt werden, dass die entstehenden Körpertüren den Blick auf das Körperinnere freigeben. Schließlich können Teile des Körpers nach vorne wie eine geöffnete Schublade versetzt werden und so den Blick in das Körper-innere freigeben.

Diese "Zwischenraum schaffende Präparation", bei der der Betrachter die Einzelteile des Plastinats gedanklich wieder zusammenführen und auf das körperliche Normalvolumen zurückschrumpfen lassen kann, steht im Gegensatz zur traditionellen "wegnehmenden Präparation", wie sie im studentischen Präpariersaal geübt wird. Dort wird der Körper Schicht für Schicht "herunterpräpariert". Darin liegt auch der Nachteil dieser Methode, denn häufig weiß der Student am Kursende nicht mehr im Detail, was anfangs wegpräpariert wurde.

Abb. 26: Nach oben expandierter Körper (1996)

Die in diesem Buch gezeigten Plastinate wurden im Institut für Plastination nach meinen Plänen und unter meiner Leitung präpariert und plastiniert. Sie sind das Ergebnis von jetzt fünfjähriger Arbeit.

Die Technik der Plastination

Das Verfahren der Plastination ist im Prinzip einfach. Wie die Abbildungen auf den Seiten 27 und 28 zeigen, entsteht ein Plastinat durch zwei wesentliche Austauschschritte. Im ersten Schritt wird Gewebswasser per Diffusion durch Azeton ersetzt. Im zweiten Schritt wird dann das im Präparat befindliche Azeton im Vakuum gegen Reaktionskunststoffe ausgetauscht, die speziell für diese Technik entwickelt wurden. Nach Entnahme aus dem Kunststoffbad erfolgt die Härtung zum Plastinat.

Der entscheidende Trick, mit dem der flüssige Kunststoff bis in die letzte Zelle des Präparates geschleust wird, ist die forcierte Vakuumimprägnierung. So wie sich das Baby die Milch durch Unterdruck aus der Brust saugt, wird dem Präparat im Vakuum Azeton entzogen. Dadurch entsteht ein Volumendefizit im Präparat, das den Kunststoff in das Gewebe einfließen lässt. Allmählich füllt sich das Präparat mit Kunststoff. Physikalisch gesprochen wird hier die Dampfdruckdifferenz zwischen dem flüchtigen Intermedium Azeton und einer hochsiedenden Kunststofflösung genutzt. Dünne Körperscheiben brauchen dazu nur Tage, ganze präparierte Körper Wochen. Erst wenn das Vakuum unter ein Hundertstel des normalen Luftdrucks (< 5 mm Hg) gefallen ist und sich nur noch vereinzelt Azetonblasen aus dem Präparat herausquälen, wird das Präparat dem Kunststoffbad entnommen und gehärtet.

Abb. 27: Die forcierte Imprägnierung. Azeton perlt im Vakuum aus dem Präparat heraus und wird kontinuierlich abgesaugt

Die Silikonplastination in der Übersicht

1. Fixierung und anatomische Präparation
Zunächst wird der Verwesungsprozess gestoppt, indem über die Arterien Formalin in den Körper injiziert wird. Es tötet sämtliche Bakterien ab und verhindert durch chemische Prozesse den Zerfall des Gewebes. Mit Pinzette, Skalpell und Schere werden dann Haut, Fett- und Bindegewebe entfernt und die einzelnen anatomischen Strukturen freigelegt.

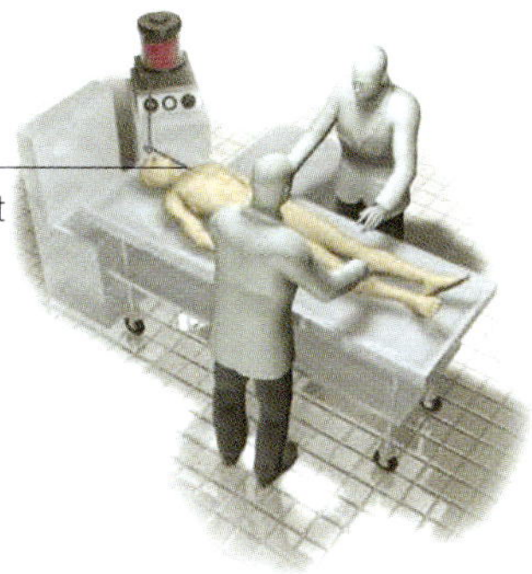

Der Plastinationsprozess selbst basiert auf zwei Austauschprozessen:

2. Entwässerung und Entfettung
In einem ersten Schritt werden das Körperwasser und lösliche Fette durch Einlegen in ein Lösungsmittelbad (z.B. Azeton) herausgelöst.

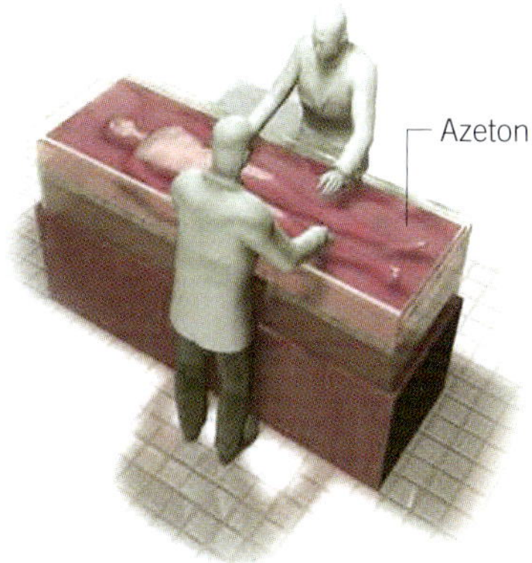

3. Forcierte Imprägnierung
Der zweite Austauschprozess ist der zentrale Schritt in der Plastination. Hier wird das Azeton gegen Reaktionskunststoff, z.B. Silikonkautschuk, ausgetauscht. Dazu wird das Präparat in eine Kunststofflösung eingelegt und in eine Vakuumkammer gestellt. Das Vakuum saugt das Azeton aus dem Präparat heraus und lässt den Kunststoff bis in die letzte Zelle eindringen.

4. Positionierung
Im Anschluss an die Vakuumimprägnierung wird der Körper in die gewünschte Pose gebracht, jede einzelne anatomische Struktur korrekt positioniert und mit Hilfe von Drähten, Nadeln, Klammern und Schaumstoffblöcken fixiert.

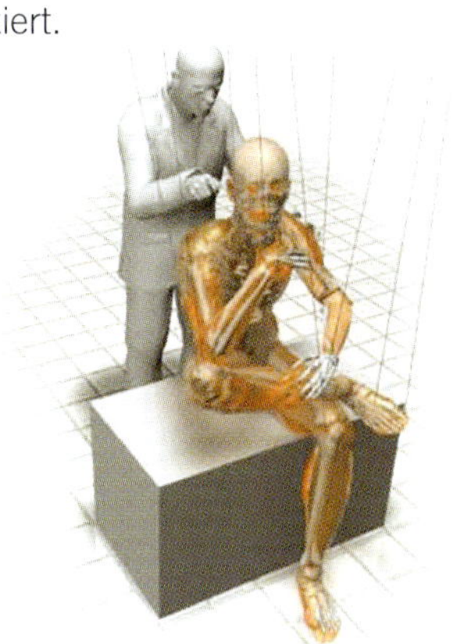

5. Härtung
In einem letzten Schritt wird das Präparat gehärtet, je nach verwendetem Kunststoff mit Gas, Licht oder Wärme.

Die Präparation und Plastination eines ganzen Körpers erfordert rund 1500 Arbeitsstunden und ist meist nach einem Jahr abgeschlossen.

Mit freundlicher Genehmigung der DENVER POST

Das Plastinationsverfahren

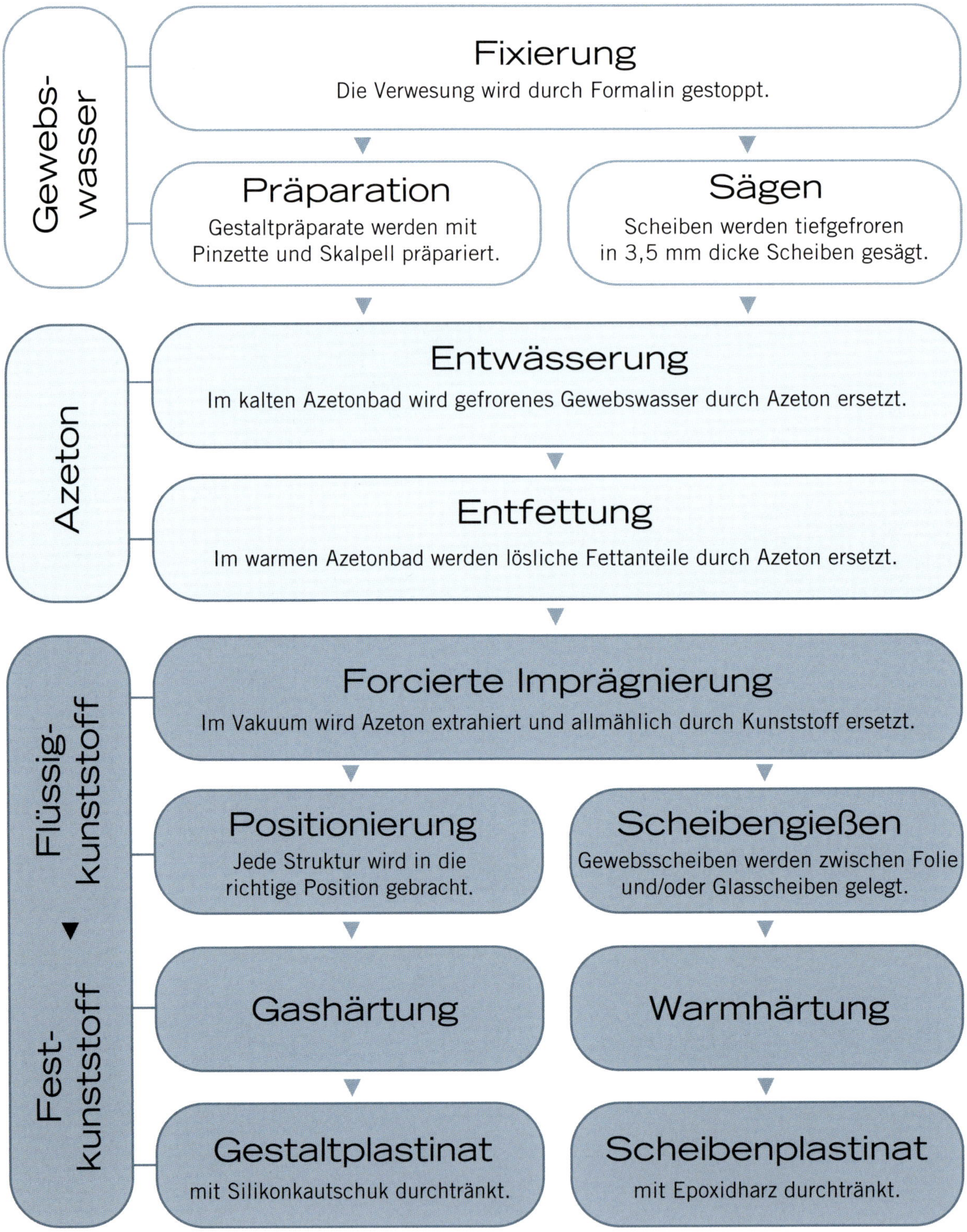

Die Silikonplastination in der Übersicht

1. Fixierung und anatomische Präparation
Zunächst wird der Verwesungsprozess gestoppt, indem über die Arterien Formalin in den Körper injiziert wird. Es tötet sämtliche Bakterien ab und verhindert durch chemische Prozesse den Zerfall des Gewebes. Mit Pinzette, Skalpell und Schere werden dann Haut, Fett- und Bindegewebe entfernt und die einzelnen anatomischen Strukturen freigelegt.

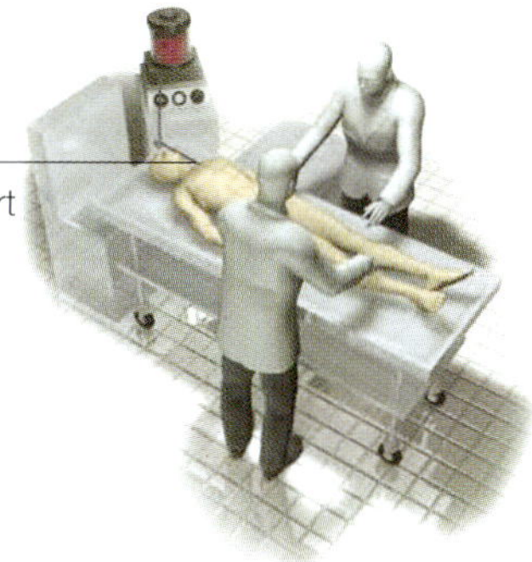

Der Plastinationsprozess selbst basiert auf zwei Austauschprozessen:

2. Entwässerung und Entfettung
In einem ersten Schritt werden das Körperwasser und lösliche Fette durch Einlegen in ein Lösungsmittelbad (z.B. Azeton) herausgelöst.

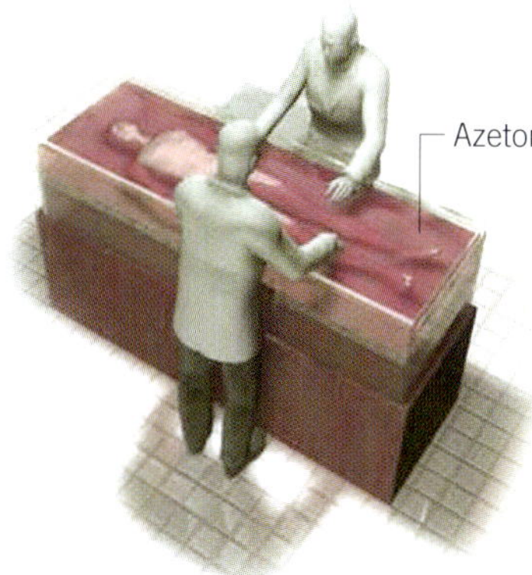

3. Forcierte Imprägnierung
Der zweite Austauschprozess ist der zentrale Schritt in der Plastination. Hier wird das Azeton gegen Reaktionskunststoff, z.B. Silikonkautschuk, ausgetauscht. Dazu wird das Präparat in eine Kunststofflösung eingelegt und in eine Vakuumkammer gestellt. Das Vakuum saugt das Azeton aus dem Präparat heraus und lässt den Kunststoff bis in die letzte Zelle eindringen.

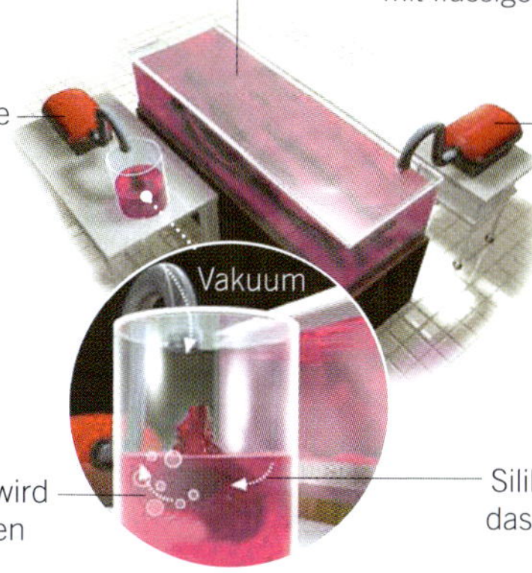

4. Positionierung
Im Anschluss an die Vakuumimprägnierung wird der Körper in die gewünschte Pose gebracht, jede einzelne anatomische Struktur korrekt positioniert und mit Hilfe von Drähten, Nadeln, Klammern und Schaumstoffblöcken fixiert.

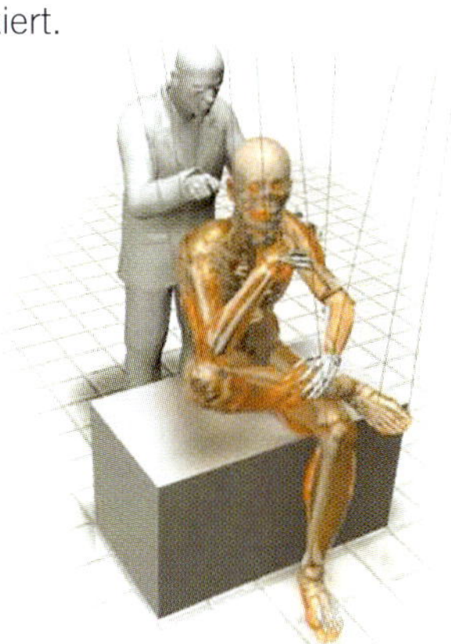

5. Härtung
In einem letzten Schritt wird das Präparat gehärtet, je nach verwendetem Kunststoff mit Gas, Licht oder Wärme.

Die Präparation und Plastination eines ganzen Körpers erfordert rund 1500 Arbeitsstunden und ist meist nach einem Jahr abgeschlossen.

Mit freundlicher Genehmigung der DENVER POST

Das Plastinationsverfahren

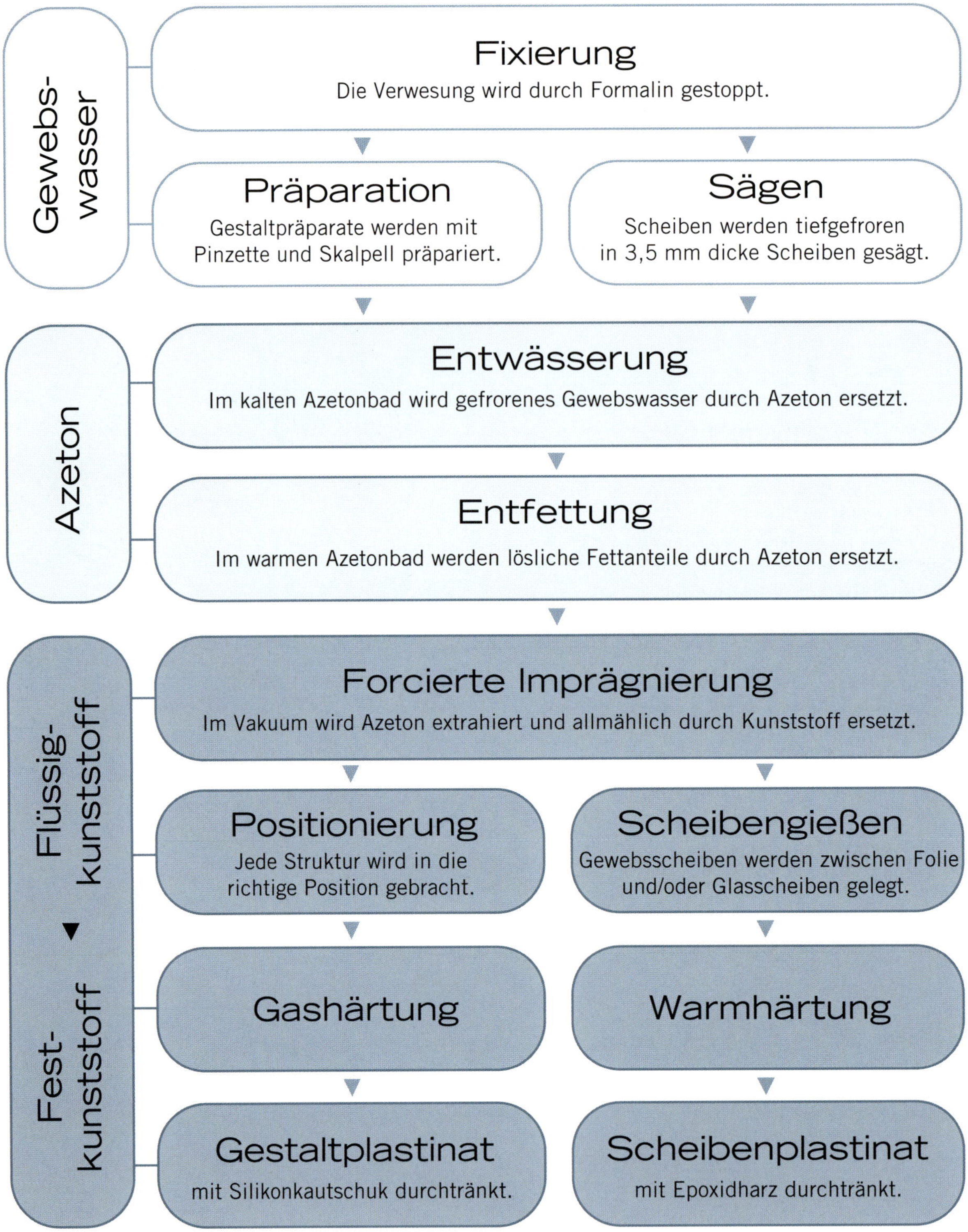

Die Vorteile dieser „forcierten Kunststoffimprägnierung im Vakuum", dem zentralen Schritt der Plastination, sind vor allem folgende:

1. Die Imprägnierung lässt sich mit einer Vielzahl flüssiger polymerisierbarer Kunststoffe durchführen.

2. Durch die Regulierung des Vakuums lässt sich die Imprägniergeschwindigkeit der Art der Präparate, der Präparatedicke und der Viskosität des Kunststoffes anpassen.

3. Die Imprägnierung kann zur Minimierung der Schrumpfung bei niedriger Temperatur, z.B. bei - 25 °C, durchgeführt werden.

So lässt das Plastinationsverfahren eine Reihe von Variationsmöglichkeiten zu. Sie lassen das Verfahren zwar einerseits im einzelnen sehr komplex werden, andererseits resultieren aber gerade daraus seine Stärken. Werden optimale Ergebnisse gewünscht, so können die Kunststoffauswahl und die Plastinationstechnik dem jeweiligen Präparat angepasst werden. Hierzu einige Beispiele: Die meisten Präparate, insbesondere Knochen und Därme, müssen in Azeton bei Raumtemperatur entfettet werden. Gehirne schrumpfen hingegen bei gleicher Behandlung erheblich. Mit Haut bedeckte Präparate wie Embryonen und Fische bedürfen zur Schrumpfungsvermeidung der zusätzlichen Kunststoffinfiltration. Das Einfrieren von Präparaten führt zur Volumenzunahme und, wenn es zu langsam erfolgt, zu unerwünschter Eiskristallbildung. Emulgierende Kunststoffe führen zur Quellung, so dass der Unkundige sich leicht wundert, warum das plastinierte Gehirn nicht mehr

Abb. 28: Mit Silikon plastinierte Präparate werden mit einem speziellen Gas gehärtet

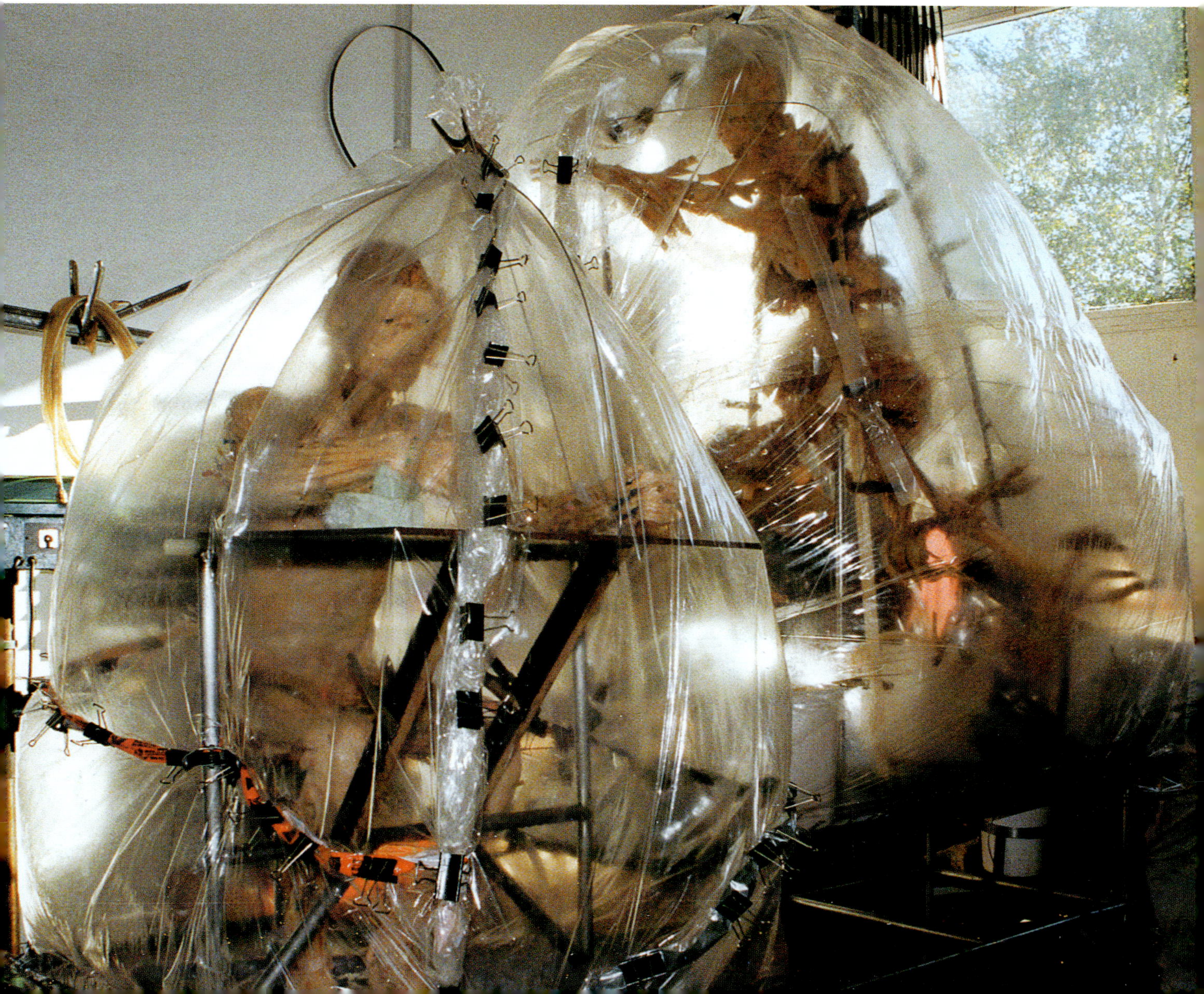

Abb. 29: Der auf -70°C tiefgekühlte und in Polyurethanschaum eingeschäumte Körper wird in 3 mm dünne Scheiben gesägt

Abb. 30: Mit Azeton entwässerte Körperscheiben werden in die Kunststofflösung eingelegt

in den Schädel passt. Transparente Schnittserien durch den Bauch sollten 5 mm dick sein, Kopfschnitte besser 3,5 mm, und auch das hängt noch von vielen Faktoren wie Alter, Fettverteilung, Blutfülle der Venen und anderen ab.

Obgleich mit der Plastination bereits hervorragende Ergebnisse erzielt werden können, ist der Forschungs- und Entwicklungsbedarf immer noch immens. Dabei geht es zum Beispiel um die Farberhaltung, eine optimale Gefäßdarstellung, die Verbesserung der Scheibenplastination und die Plastination schwer plastinierbarer Präparate wie z.B. Quallen. Eine Internationale Gesellschaft für Plastination, ein Plastinationsjournal und alle zwei Jahre stattfindende Plastinationskongresse sind die Hauptforen, auf denen über Fortschritte der Plastination diskutiert wird.

Kunststoffe zur Plastination

Die Entwicklung der Plastination war und ist eng mit der Entwicklung geeigneter Kunststoffe verbunden, denn die mechanischen und optischen Eigenschaften der verwendeten Kunststoffe bestimmen weitgehend den Charakter der Plastinate. Zur Anwendung kommen vor allem Silikonkautschuk, Epoxidharze und Polyesterharze.

Silikonkautschuk ist nach seiner Aushärtung elastisch und verleiht damit auch den Plastinaten Elastizität. Er bricht das Licht nur sehr schwach, weshalb mit Silikon imprägnierte Plastinate natürlich aussehen. Silikonkautschuk wird deshalb zur Plastination von ganzen Organen (im Gegensatz zu Scheiben) verwendet; die Plastination von Ganzkörperpräparaten ist hier eine neuere Entwicklung. Ein sehr dünnflüssiges Silikon bringt beste Resultate für ganze Organpakete. Die Aushärtung des Präparates erfolgt mittels Gashärtung, nachdem alle anatomischen Strukturen positioniert worden sind. Die Plastination mit Silikonkautschuk ist die einfachste aller Plastinationstechniken und hat deshalb weltweit die meisten Anwender gefunden.

Die hoch lichtbrechenden Eigenschaften von Epoxidharz lassen die imprägnierten Gewebescheiben bei glatter Oberfläche transparent erscheinen. Da polymerisiertes Epoxidharz zudem sehr hart ist, wurden Epoxidharzmischungen zum Kunststoff der Wahl für die Scheibenplastination. Die Härtung erfolgt durch Wärme.

Epoxidharzplastinate sind zur Lösung wissenschaftlich-klinischer Fragestellungen sehr geeignet, weil plastinierte Körperscheiben in Serie geschnitten eine genaue, dreidimensionale Analyse des Plastinats ermöglichen. In der Vergangenheit wurden damit von anderen Wissenschaftlern beispielsweise so komplexe Fragestellungen wie die Blutversorgung der Kniescheibe, der Blutabfluss der Handwurzelknochen oder die Aufklärung der Verläufe feinster Muskeln und Nerven um die Prostata, die für die sexuelle Potenz unverzichtbar sind, beforscht.

Ein hoch lichtbrechendes Polyesterharz wird nur für Gehirnscheiben eingesetzt. Die Härtung erfolgt mit UVA-Licht. Die bei der Härtung weiß polymerisierenden Emulsionen finden für dicke und natürlich aussehende Körperscheiben Verwendung.

Der Plastinationsanfänger arbeitet mit ein bis zwei, der erfahrene Anwender mit bis zu zehn verschiedenen Kunststoffsystemen. Plastinationskunststoffe müssen niedrigviskos, vergilbungsbeständig und gewebsverträglich sein und sollten eine möglichst lange, im besten Fall eine unbegrenzte Verarbeitungszeit haben. Deshalb können für die Plastination nur eigens entwickelte Spezialkunststoffmischungen zur Anwendung kommen.

Die Plastinationsidee

Das Verfahren der Plastination habe ich 1977 am Anatomischen Institut der Universität Heidelberg erfunden, in den Jahren 1977-82 patentiert und seither kontinuierlich weiterentwickelt. Alles begann recht unspektakulär. Als ich als Anatomieassistent zum ersten Mal in Kunststoffblöcke eingebettete Präparate sah, fragte ich mich, warum der Kunststoff wohl um das Präparat als Block herumgegossen worden war, statt im Präparat zu sein und es von innen heraus zu stabilisieren. Die Frage ließ mich nicht mehr los. Wochen später hatte ich für ein Forschungsprojekt Serienschnitte von menschlichen Nieren anzufertigen. Das übliche Einbetten der Nieren in Paraffin und das Schneiden in feinste Serienscheiben erschien mir als zu aufwendig, brauchte ich davon doch nur jede fünfzigste Scheibe. Im Universitätslädchen kam mir beim Betrachten der Schinken schneidenden Verkäuferin die Idee: Eine Wurstschneidemaschine sollte ich zum Nierenschneiden verwenden. So kam es, dass eine „Rotationsschneidemaschine", wie ich sie im Investitionsantrag nannte, zur ersten Plastinationsinvestition wurde. Zur Einbettung der Nierenscheiben verwendete ich flüssiges Plexiglas. Die beim Einrühren des Härters eingeschleusten Luftblasen mussten im Vakuum extrahiert werden. Die Betrachtung dieser Blasen führte nun zur entscheidenden Idee: Ein mit Azeton durchtränktes Nierenstück sollte sich doch unter Vakuumbedingungen mit Kunststoff imprägnieren lassen, und zwar durch Extraktion des Azetons in Form von Blasen, wie zuvor beim Entlüften. Beim Versuch traten in der Tat reichlich Azetonblasen aus dem Präparat heraus, aber nach einer Stunde war das Nierenstück kohlrabenschwarz und geschrumpft. Die meisten hätten wohl das Versuchsergebnis als untauglich verworfen. Nur weil ich von meinem physikalisch-chemischen Basiswissen her wusste, dass die Schwarzfärbung auf den Lichtbrechungsindex des Plexiglases und die Schrumpfung auf zu schnelles Imprägnieren zurückzuführen waren, wiederholte ich eine Woche später das Experiment mit flüssigem Silikonkautschuk. Ich imprägnierte langsam und, um die vorzeitige Härtung des Silikonbades samt inliegender Präparate zu vermeiden, in drei Silikonbädern nacheinander. Nach der Härtung im Wärmeofen hatte ich das erste vorzeigbare Plastinat in der Hand. Das war am 10. Januar 1977 – dem Tag, an dem ich mich entschied, die Plastination in den Mittelpunkt meines Lebens zu stellen. Denn ich dachte zurück an eine Situation im Januar 1968, als mir ein tschechischer Beamter im Gefängnis von Bratislava nach meiner Festnahme wegen misslungener Flucht aus der DDR die Möglichkeit gab, zu entkommen. Ich stand vor dem offenen Fenster im Erdgeschoss und konnte mich nicht entschließen zu flüchten. Ich war der Überzeugung, die Staatssicherheit in der DDR würde mich schon nicht ins Gefängnis stecken. Das hat mir zwei Jahre Gefängnis in der DDR wegen "Republikflucht" eingebracht. Deshalb diesmal die klare Entscheidung für die Unsicherheit, die gleichzeitig immer auch eine Chance ist.

a)

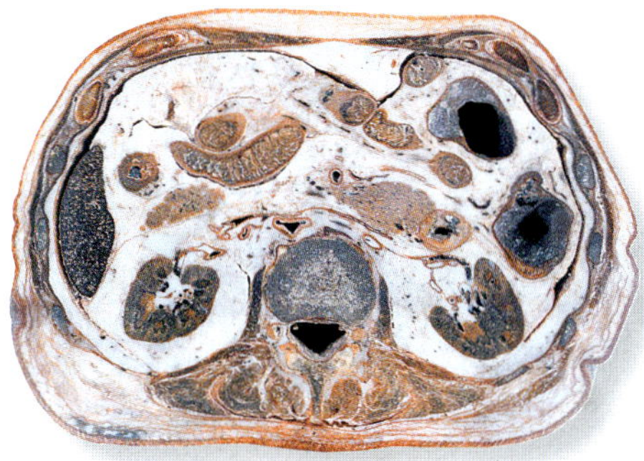

b)

Abb. 32: Mit polymerisierbarer Emulsion imprägnierte Körperscheibe, a) vor der Härtung, b) nach der Härtung. Durch die Emulgierung während der Härtung wird das Präparat hell.

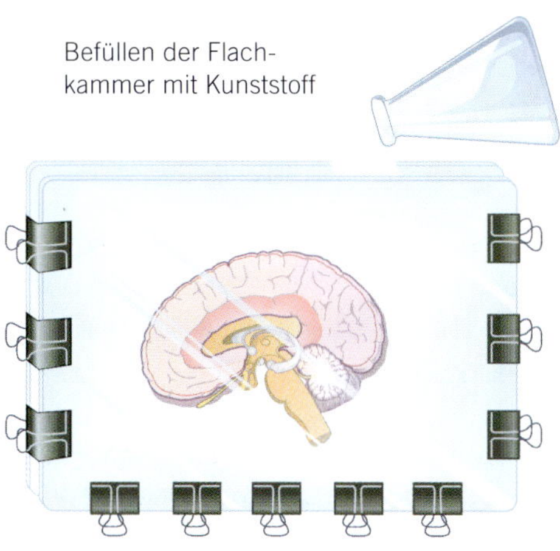

Abb. 31: Scheibenplastination. Die kunststoffimprägnierte Gewebescheibe wird zusätzlich in einer Flachkammer mit Kunststoff umgossen.

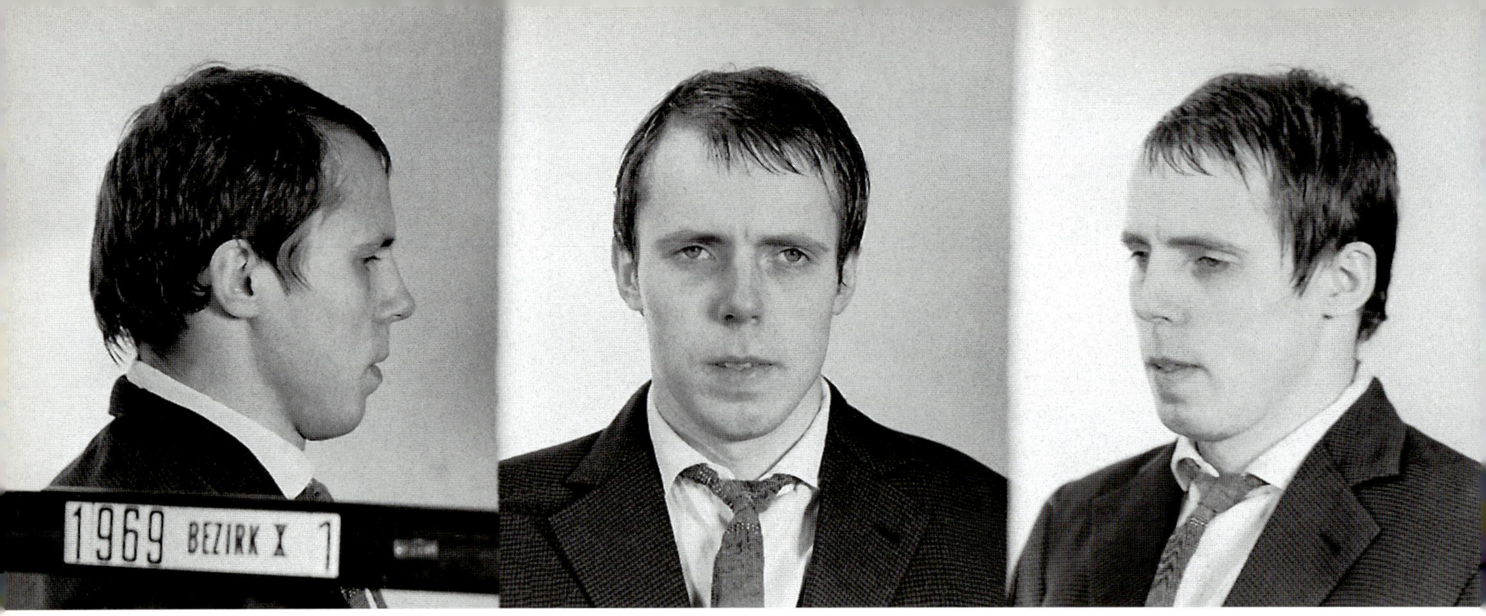

Abb. 33: Gefangenenfoto von Gunther von Hagens, aufgenommen 1969 vom Ministerium für Staatssicherheit, DDR

Die Plastinate der ersten Stunde sahen alles andere als ansprechend aus. Die Oberflächen waren mit Kunststoff verschmiert, transparente Gewebescheiben waren voller Luftblasen, und nicht selten verendeten Präparate im vorzeitig polymerisierten Kunststoffbad. Erst mit einer ganzen Reihe weiterer Erfindungen konnte ich in den vergangenen zwanzig Jahren die Plastination von der kaum praktikablen Idee zur anerkannten Konservierungstechnologie entwickeln. Wesentliche Erfindungen und Entwicklungen waren dabei notwendig:

1. Die Härtungsverzögerung des Imprägnierbades bei gleichzeitiger schneller Härtbarkeit des Kunststoffs im Präparat nach abgeschlossener Imprägnierung. Zum Beispiel werden mit Silikonkautschuk imprägnierte Präparate erst nach erfolgter Vakuumimprägnierung in einer Gasatmosphäre gehärtet. So können auch große Präparate wie ganze Körper über mehrere Monate hinweg imprägniert werden, ohne dass die Gefahr einer vorzeitigen Härtung des Imprägnierbades besteht. Nach Herausnahme der Präparate aus dem Imprägnierbad können zusätzliche Präparationen durchgeführt und einzelne Strukturen positioniert werden, bevor sie gezielt der Härtung zugeführt werden.

2. Die Erfindung der Scheibenplastination, bei der mit Kunststoff imprägnierte Gewebescheiben in gläsernen Flachkammern oder zwischen Folien ausgehärtet werden.

3. Die Erfindung der Gehirnscheibenplastination unter Verwendung hoch lichtbrechender Polyesterharz-Copolymere, die eine ausgezeichnete Farbdifferenzierung zwischen Gehirnrinde, Mark und den Hirnkernen ermöglichen.

4. Die Erfindung einer neuen Kunststoffklasse, die erst im Gewebe während der Härtung emulgiert und feste, natürlich aussehende Plastinate ergibt (siehe Abbildung 32).

5. Die Erfindung der Perfusionsplastination. Dabei können ganze Organsysteme blutfrei gespült, fixiert, dann mit Azeton und anschließend mit Silikon durchströmt und nach Freiblasen des Gefäßsystems per Gasperfusion gehärtet werden. Solche Plastinate sind flexibel und leicht, weil ihr Gefäßsystem leer ist. Nur die Zellen selbst sind mit Kunststoff durchtränkt.

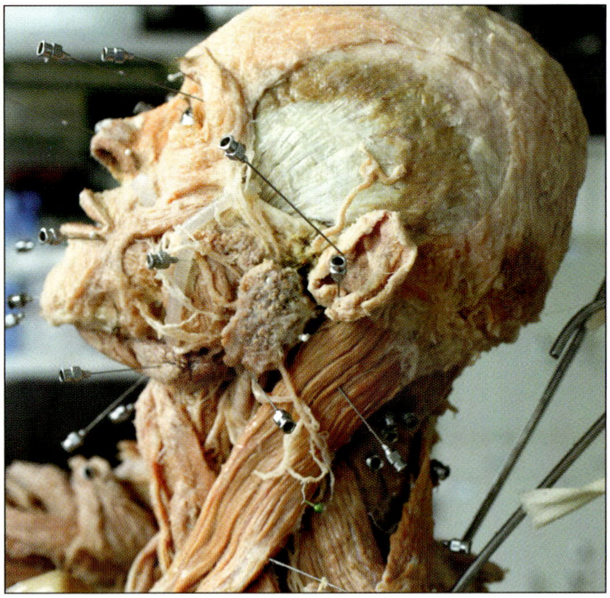

Abb. 34: Positionierung der anatomischen Strukturen vor der Gashärtung

Der Begriff „Plastination“ ist eine Wortneuschöpfung. Die ursprüngliche Bezeichnung „Kunststoffimprägnierung biologisch-verweslicher Präparate“, wie ich die Plastination noch in meinen grundlegenden Patenten von 1977/78 nannte, war wenig griffig und gänzlich ungeeignet für die Verbreitung der Technologie, insbesondere im Ausland. Da der Begriff Plastifizierung in der Kunststoffchemie bereits anderweitig belegt war, dichtete ich 1979 in einer Wiener Kneipe: „Plastination teaches nation, denn BIODUR (der Handelsname für Plastinationskunststoffe) erhält die Struktur“. In der 19. Auflage der Brockhaus Enzyklopädie (1992) wird der Begriff Plastination hingegen aus dem Griechischen abgeleitet (von plassein = bilden, formen).

Erfindungsstrategien

Die Gesellschaft preist ihre lebenden Konformisten und verehrt ihre toten Rebellen. Entsprechend steht der Mensch im Spannungsfeld zwischen Individualität und Gruppenkonsens. Verhält er sich gruppenkonform, ist er beliebt. Geht er eigene Wege, verliert er den Gruppenbeifall und wird schnell zum Sonderling. Dazu verführt die ständig zunehmende Spezialisierung, die eine nie zuvor gekannte Individualisierung mit bisher nicht gekannten Wahl- und Entwicklungsmöglichkeiten erlaubt. Je mehr Individualismus eine Gesellschaft zulässt, umso mehr Erfinder bringt sie hervor. Erfindungen werden seit jeher von einzelnen gemacht, besonders von Individualisten. Gruppen erfinden nicht, ihre Existenz ist auf konformes Denken angewiesen. Deshalb waren Erfindungen im Sozialismus eher rar.

Eine patentierbare Erfindung muss neu sein, einen technischen Fortschritt darstellen und auch für den Fachmann überraschend gut sein. Das überraschend Gute wird in der Patentsprache „Erfindungshöhe“ genannt. Sie unterscheidet die Erfindung vom simplen Neuerungsgedanken. Noch nie stand die Tür zu Erfindungen so vielen Menschen offen. Software-Erfinder brauchen als Investitionskapital nicht mehr als einen Computer. Die grundlegende Erfindung der Plastination, wie nämlich Kunststoff in jede Gewebezelle eingebracht werden kann, war nicht teurer.

Während meiner nunmehr zwanzigjährigen Tätigkeit in der Plastination habe ich ein ganzes Bündel von Einzelerfindungen hervorgebracht. Immer wieder werde ich gefragt, wie ich auf solche Ideen komme und wie ich dabei im einzelnen vorgehe.

Meine erfinderisches Vorgehen bei Plastinationsentwicklungen entspricht den vier üblichen Erfindungsstadien: die Erkennung des Problems, dessen Analyse, die Erarbeitung von Lösungen und schließlich deren Realisierung.

(1) Erkennung des Problems: Ich stelle grundsätzlich alles in Frage. Auch das Gute ist verbesserungswürdig, denn das Bessere ist dem Guten überlegen. So war die zentrale Problemerkennung bei der Erfindung der Plastination die Überlegung, dass die Durchtränkung des Präparates mit Kunststoff der bis dato geübten Einbettung in Kunststoffblöcke überlegen sein müsste.

(2) Analysieren des Problems: Ich versuche nicht nur, das gegenwärtige Problem zu erkennen, sondern mir auch vorzustellen, welche Fragestellungen sich daraus zusätzlich ergeben könnten. Dazu gehören das Studieren von Handbüchern, Fachbüchern, von Patentliteratur und Firmenprospekten wie auch regelmäßige Messebesuche.

(3) Lösung des Problems: Ich bin grundsätzlich mit keiner Lösung vollständig zufrieden, sondern fahre stets mehrgleisig; drei bis fünf mögliche Lösungen sollten längere Zeit gegeneinander konkurrieren können. Wichtig ist auch, sich nicht zu früh auf eine Lösung festzulegen. Beim Verfolgen eines Lösungsansatzes glaube ich unbedingt emotional daran, dass die gerade bearbeitete Lösung den Erfolg bringen wird, auch wenn das rein sachlich Unsinn ist. Das Problem muss immer wieder angedacht und der eigene Irrtum einkalkuliert werden. Beim Diskutieren von Lösungsvorschlägen mit Experten bewerte ich die Wahrscheinlichkeit, dass die mögliche Lösung revolutionär und prinzipiell möglich ist häufig umso höher, je emotionaler deren Ablehnung ist.

(4) Realisieren der Lösung: Hier wird das Studium von Firmenprospekten und das Besuchen von Messen wieder wichtig. Unverzichtbar ist eine stetige fachliche Weiterbildung und das beständige, wiederholte Durchdenken von Realsierungsmöglichkeiten. So denke ich fast beständig an die Plastination: Noch vor dem Aufstehen,

(5) wenn der Tagesplan vor Augen steht, unter der Dusche, beim Autofahren, beim Einkaufen. Nur so wird die Puddingform zur Gehirnschale, die Wurstschneidemaschine zum Gehirnscheibenschneider, der Bratkartoffelwender zum Gehirnscheibenwender, die Preisklammer im Schaufenster zur Klammer für die Flachkammern der Scheibenplastination und die Aquarienpumpe zum Zerstäuber für die Gashärtungstechnik. Dieses Anpassen und Verwerten etablierter Technologien sind die Vitamine der Erfindung.

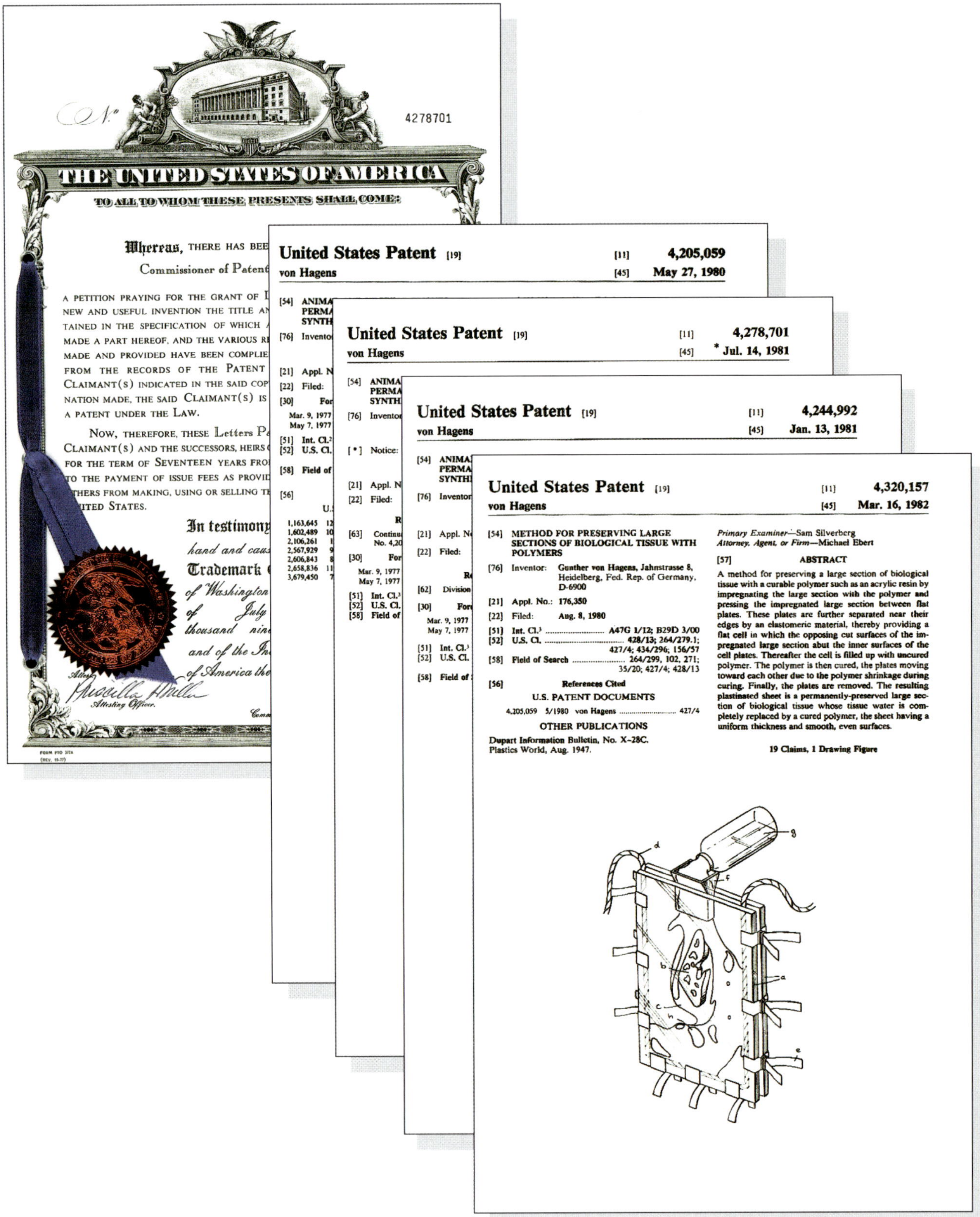

Patentrechte

Das Verfahren das Plastination wurde durch eine Reihe von Patenten, vor allem in den USA geschützt. Die nichtkommerzielle Herstellung von Präparaten für die medizinische Lehre oder für Ausstellungen in Museen unterliegt jedoch keinen Beschränkungen.

Oft probiere ich auch das Unmögliche, das geradezu Lächerliche aus. Entscheidende Gedanken kommen häufig beim Ausprobieren von Unsinn. Also lasse ich Fehler zu oder mache sie sogar bewusst. Eigenartige Versuche, Fehler und Zufälle sind erfindungsträchtig. Eine zentrale Erfindung der Plastination, die Gashärtung von Silikonkautschuk, kam zum Beispiel so zustande: Um eine möglichst lange Verarbeitungszeit zu erreichen, versuchte ich die Härtung durch Einlegen des imprägnierten Präparates in eine Härterbadlösung zu erreichen. Der verwendete Härter löste jedoch den Kunststoff teilweise wieder aus dem Präparat heraus und quoll ihn an. Durch den herausquellenden Kunststoff entstanden zahllose Kunststoffnippel an der Oberfläche des Präparates und bedeckten sie fast vollständig. Das wusste ich, bevor ich ein Gehirn versuchsweise über Nacht in das Härterbad einlegte. Da das verwendete Behältnis nicht mehr genügend Härterbad enthielt, stellte ich es schräg, um das Gehirn vollständig mit dem Härterbad zu bedecken. Am nächsten Morgen war das Fass umgefallen, nur die Gehirnbasis lag noch im Härterbad. Sie war gehärtet und, wie erwartet, bedeckt mit Kunststoffnoppen, die mühsam abgeschnitten werden mussten. Der Clou aber war, dass zu meinem großen Erstaunen auch der aus dem Härterbad herausschauende größere Gehirnteil gehärtet war, und zwar perfekt, ohne die störenden Kunststoffnoppen. Das konnte nur durch das verdunstende Härterbad, also durch das Gas des Härters geschehen sein. Schnell wiederholte ich den Versuch, besorgte noch flüchtigere Härtungschemikalien. Die Gashärtung war erfunden, eine Technik, die die weitere Entwicklung der Plastination mit Silikonkunststoffen entscheidend beeinflusste und heute in 38 Ländern angewendet wird.

Das dauerhafte Bemühen, das Neue, bisher nicht Gesehene zu finden, bleibt nicht ohne Rückwirkungen auf die Persönlichkeit. So hat meine Hutmarotte nichts mit dem Habitus eines Künstlers zu tun, sondern mit meinem Selbstverständnis als Erfinder. Der Hut symbolisiert die Verinnerlichung meiner Individualisierung in der Überzeugung, dass ungewohnte Äußerlichkeiten die Nichtanpassung meiner Gedanken fördern. Ein der gesellschaftlichen Normierung entgegenstehendes Erscheinungsbild wirkt kreativitätsfördernd auf mich zurück.

Körperspende zur Plastination

Die Ausstellung echter menschlicher Präparate ist ganz besonders das Verdienst zahlreicher Körperspender, die zu Lebzeiten verfügt haben, dass ihr Körper nach dem Tod für die Plastination und damit zur Ausbildung von Ärzten und zur Unterrichtung von medizinischen Laien zur Verfügung stehen soll. Sie verzichten ausdrücklich auf eine Beerdigung. Das Institut für Plastination nimmt auch Körperspender entgegen, die dem Institut durch Angehörige anvertraut werden. Schließlich nimmt das Institut für Plastination Präparate aus alten anatomischen Sammlungen an, wenn diese aufgelöst werden. So sind in der Ausstellung auch Präparate wie ein plastiniertes Baby mit einem Wasserkopf zu sehen, wie sie heute in modernen Kulturstaaten durch die Fortschritte der Medizin nicht mehr entstehen. Diese zum Teil mehr als 100 Jahre alten Präparate erhält das Institut käuflich oder im Tausch gegen Plastinate.

Motivation von Körperspendern

Die Motivation der Körperspender ist so vielfältig wie das Leben. Der Wunsch, mit der Körperspende einem guten Zweck dienen zu wollen, ist führendes Motiv. Doch auch emotionale Abneigung gegen die Verwesung oder Verbrennung, das Einsparen von Beerdigungskosten oder schlicht die Begeisterung für die Plastination sind häufig genannte Gründe. Kommentare wie diese zeigen das weite Spektrum der Meinungen (zum Teil gekürzt):

„Ich möchte interessierten Personen das „natürliche Kunstwerk Mensch“ näherbringen“.

„Durch meine langjährige Mitarbeit im Institut für Plastination habe ich die Möglichkeiten der Plastination sehr gut kennengelernt, und diese faszinieren mich ständig mehr“.

„Da mir selbst durch Blutübertragungen immer wieder geholfen wurde, liegt mir daran, der Nachwelt durch Erforschung meines Körpers zu helfen“.

„So werde ich mir nach dem Tode besser gefallen als von Würmern und Kleinstlebewesen gefressen und verstoffwechselt zu werden“.

„Öffentlich als Ganzkörperpräparat ausgestellt, würde mein Körper den Betrachter vielleicht zum Nachdenken bringen“.

„Ich habe meinen Körper geschunden, vernachlässigt und missachtet. Doch er arbeitet, regeneriert sich und sucht nach neuen Grenzen. Dankbarkeit dafür ist ein ausschlaggebendes Motiv“.

„Grabpflege: Das ist ja nur die letzte Möglichkeit, dem anderen das Fell über die Ohren zu ziehen“.

„Seit ich von Ihrem Plastinationsverfahren weiß, sehe ich meinem Tod absolut ruhig entgegen“.

„Gerade auch die Anwendung der Plastination für die Weiterentwicklung von Kunst und Kultur fasziniert mich".

„Ich hatte schon immer das Bedürfnis gehabt, meinen Körper der Wissenschaft zur Verfügung zu stellen, und die Vorstellung, plastiniert zu werden, ist mir eine innerliche Freude und Ruhe".

„Wenn die Welt zugrunde geht, wenn Christus wiederkommt, wird er mich auferwecken mit neuem Körper, wie es in der Bibel geschrieben steht".

„Ich bin eine bibeltreue Christin und weiß, dass der Mensch eine Seele ist, und wenn er stirbt, geht der Odem zu Gott zurück, und erst wenn Christus wiederkommt, werde ich auferweckt in einem neuen Körper, wie es im Wort Gottes steht".

„Ich fühle mich als ehemaliger Heidelberger Student meiner Universitätsstadt verbunden. Ich sehe in Ihrem Programm eine Möglichkeit für mich, dorthin zurückzukehren".

„Sie haben ein Tabu „zersägt", dafür bedanke ich mich bei Ihnen ganz besonders. Und über eines bin ich mir nun sicher: Mein Körper – nach dem Aushauchen der Seele – wird wichtige Aufgaben für die Menschheit erfüllen. Geist und Seele werden neidisch darauf blicken... Ich träumte sogar, ich würde mich selbst fein zersägt bewundern. Es war ein schöner Traum".

„Durch die Plastination ist dem anatomischen Denken eine neue Dimension des Erinnerns geschenkt. Auf diese Weise zu seinen Fortschritten beizutragen, wird mir eine Freude sein"!

„Da mich die Kunst der Medizin einige Male vor dem Tode gerettet hat, ist es mir ein Bedürfnis, wenigstens durch meine Körperspende der Medizin so etwas wie Dankbarkeit zu zeigen".

Umwandlung der Leiche zum Präparat und Plastinat
Begriffe werden üblicherweise nach Kriterien wie Form, Qualität, Funktion oder administrativem Akt definiert. Da die rein beschreibende Definition die zu beerdigende Leiche nicht klar gegen Mumie, Reliquie, Präparat, Skelett und Plastinat abgrenzt, bietet sich der zusätzliche Bezug auf Zweckbestimmung, Administration und qualitativer Änderung an: Die Zweckbestimmung ergibt sich aus der Körperspende zur Plastination für Lehre und Forschung, der administrative Akt besteht in der Annahme zur Plastination mit Übergabe der Papiere und der Anonymisierung. Die qualitative Änderung besteht im ersten Plastinationsschritt, d.h. in der Fixierung der Leiche zur Plastination (mit Formalin oder durch Einfrieren). Die Umwandlung zum Plastinat (Ganzkörper- oder Einzel-Plastinat) erfolgt durch die Härtung des Kunststoffes im Präparat. Die Anonymisierung ist zur Abgrenzung der Leiche gegen das Präparat wesentlich, weil nur so sicher die Pietätsqualität beendet wird, nämlich das Gefühl der individuellen emotionalen Verbundenheit mit dem Verstorbenen. Die Anonymität von Plastinaten macht auch Sinn, weil sie anatomischer Tradition entspricht und durch sie Plastinate gegen namentlich bekannte Mumien und Reliquien abgegrenzt werden. Insofern sollte es nichtanonyme Plastinate nur in gut begründeten Ausnahmefällen geben. Selbstverständlich ist jedem menschlichen Präparat die menschliche Qualität weiterhin eigen. Das bedeutet auch, dass ein Plastinat entsprechend der testamentarischen Verfügung des Spenders für Lehrzwecke verwendet werden muss.

Plastination, Kunst und Erkenntnis
Präparation und Plastination ist Kunsthandwerk. Der Anatom Joseph Hyrtl 1860: „Das Zergliedern ist die eigentliche Seele der Anatomie. Dieses Handwerk aber, soll es gedeihen, verlangt Geschicklichkeit. Zergliederungskunst will gelernt sein. Ja noch mehr, sie setzt ein angeborenes Talent voraus zur technischen Arbeit. Wer dieses Talent nicht besitzt, wird nicht weit hinter die Geheimnisse der Särge kommen".

Am schwierigsten ist die Plastination ganzer Körper. Die Ganzkörperplastination ist eine intellektuelle Leistung, bei der man das fertige Plastinat vor Augen haben sollte wie der Bildhauer die herauszumeißelnde Statue. Kommt das Ganzkörperpräparat mit flexiblen Weichteilen wie Muskeln aus dem Silikonkautschuk, so bedarf es der Positionierung. Sie erfolgt nach ästhetischen und instruktiven Gesichtspunkten. Für das Schach spielende Plastinat wird das Nervensystem spezifisch herausgearbeitet. Die plastinierte Schwangere verdeckt mit ihrem Arm gleichermaßen die Scham, wie sie ihre Gebärmutter mit Fötus umrahmt. Gestenlos aufgestellte Plastinate vermitteln demgegenüber oft einen puppenhaften Eindruck. Wie die Ausstellungserfahrung zeigt, steht für den Besucher der ästhetische Eindruck von Gestalt-Plastinaten mitunter so sehr im Vordergrund, dass er das eine oder andere Plastinat als Kunstwerk ansieht. Dem kann nicht widersprochen werden, denn „Kunst liegt im Auge des Betrachters". Anatomische Kunstwerke werden nicht geschaffen, sie werden zu Kunstwerken durch das Urteil der Betrachter.

Für mich sind Plastinate jedoch keine Kunstwerke, weil sie zweckgerichtet zur Vermittlung anatomischer Einsichten geschaffen wurden. Denn Kunst ist im Gegensatz zum

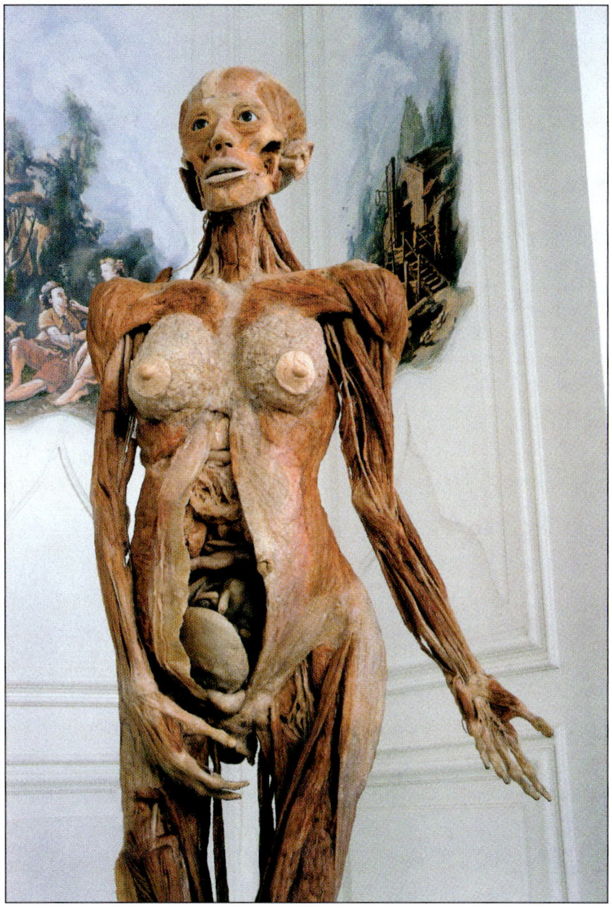

Abb. 36: Gestalt-Plastinat

Handwerk und zur Wissenschaft zweckfrei. Wird der Begriff des Künstlers nicht im Beuys'schen Sinne inflationär gebraucht, so ist der Plastinator allenthalben ein Kunsthandwerker, aber kein Künstler. Es wäre geradezu verfehlt, bei Gestalt-Plastinaten von Kunstwerken zu sprechen, denn die (moderne) Kunst ist ein interpretationsbedürftiger Begriff; damit würde jeder die Motivation in meine Bemühungen hineininterpretieren, die sich aus seinem ganz persönlichen Kunst- und Moralverständnis ergeben.
Zur Vermeidung von Missverständnissen und zur Versachlichung der Diskussion habe ich den Begriff „Anatomiekunst" eingeführt. Darunter verstehe ich die „ästhetischinstruktive Darstellung des Körperinneren". Die Darstellung ist dabei sowohl im Sinne von Präsentation als auch von kunsthandwerklicher Tätigkeit zu verstehen. Das Instruktive der Darstellung ist ebenfalls doppelsinnig zu verstehen, zum einen als Bewusstmachen unserer Leiblichkeit, der Natur in uns, und zum anderen als konkrete anatomische Wissensvermittlung. Nur in diesem Sinne fühle ich mich als Künstler, als Anatomiekünstler.

Die Anatomiekunst steht in der Tradition der Renaissance, als Kunst von Können kam; sie erfährt eine Weiterentwicklung in der Plastination, weil mit dieser Konservierungsmethode erstmals Weichteile wie Muskeln oder Fettpolster beliebig verfestigt werden können. So können völlig neuartige Präparatetypen entstehen. Das sind zum einen 3 mm dünne Körperscheiben, die so durchsichtig und farbenfroh wie bemaltes Glas erscheinen. Zum anderen erlaubt die Verfestigung von Weichteilen eine ästhetisch-instruktive Körperfragmentierung, die nach Fragmentverschiebung oder Aufklappen von Körpertüren neue Körperansichten ermöglicht. Die dadurch entstehenden neuartigen Körperformen, wie ein in die Höhe expandierter Körper sind notwendige Folge der Fragmentverschiebung, nicht jedoch leitendes Präparationsmotiv.

Wenngleich Plastinate keine künstlerischen Ansprüche erfüllen sollen und ich auch keinen künstlerischen Zweck mit ihnen verfolge, können sie aber durchaus künstlerischen Kriterien genügen. Wie Kunstwerken sind attraktiven Gestalt-Plastinaten die ästhetische Wirkung und die emotionale Bewertung eigen, was sich unter anderem darin äußert, dass die Hälfte der Besucher in die Mannheimer Ausstellung KÖRPERWELTEN gerade wegen des ästhetischen Reizes ging, den die Präparate auf sie ausübte (wissenschaftliche Umfrage von Professor Lantermann, Psychologisches Institut der Universität Kassel). Dies sind Eigenschaften, die wissenschaftliche Objekte nicht haben.

Das Gestalt-Plastinat ermöglicht als optische Brücke die anatomische Selbsterkenntnis. Immanuel Kant spricht vom doppelten Erkenntnisvermögen des Menschen. Damit meint er die sinnliche und die verstandesgemäße Erkenntnis. Erstere wird eher durch Ästhetik und Gefühl, letztere durch Verstand und Instruktion vermittelt. Beim betrachtenden Erfassen der Plastinate, vor allem der Ganzkörperplastinate, sind Gefühl und Verstand beteiligt. Das Gefühl, die sinnliche Erkenntnis wirkt unmittelbar, ohne dass es einem gewahr wird. Dieses Begreifen führt bei vielen Besuchern zu Faszination und Gerührtheit. Die gelegentlich kritisierte ästhetische Pose ist es, die den Ekel vertreiben hilft, und deren Eindringlichkeit fördert die sinnliche Erkenntnis. Gerade in einer Ausstellung für Laien, die nicht zur Anatomielehrstunde, sondern zum „Schauen" ins Museum gekommen sind, ist das direkte, unmittelbare Begreifen ohne wortreiche Erklärungen wichtig. Dies gelingt am besten am Ganzkörperplastinat. Der Verstand des Betrachters formt aus Teilen des Ganzkörperplastinats wie Organen, Muskeln und Knochen sein „Erkenntnisobjekt". Diese Erkenntnisleistung ist größer und befriedigender als das Studium einzelner Organe oder Körperteile. Auch das Skelett und nicht der einzelne Knochen führt zu einem besseren Verständnis des Körpers.

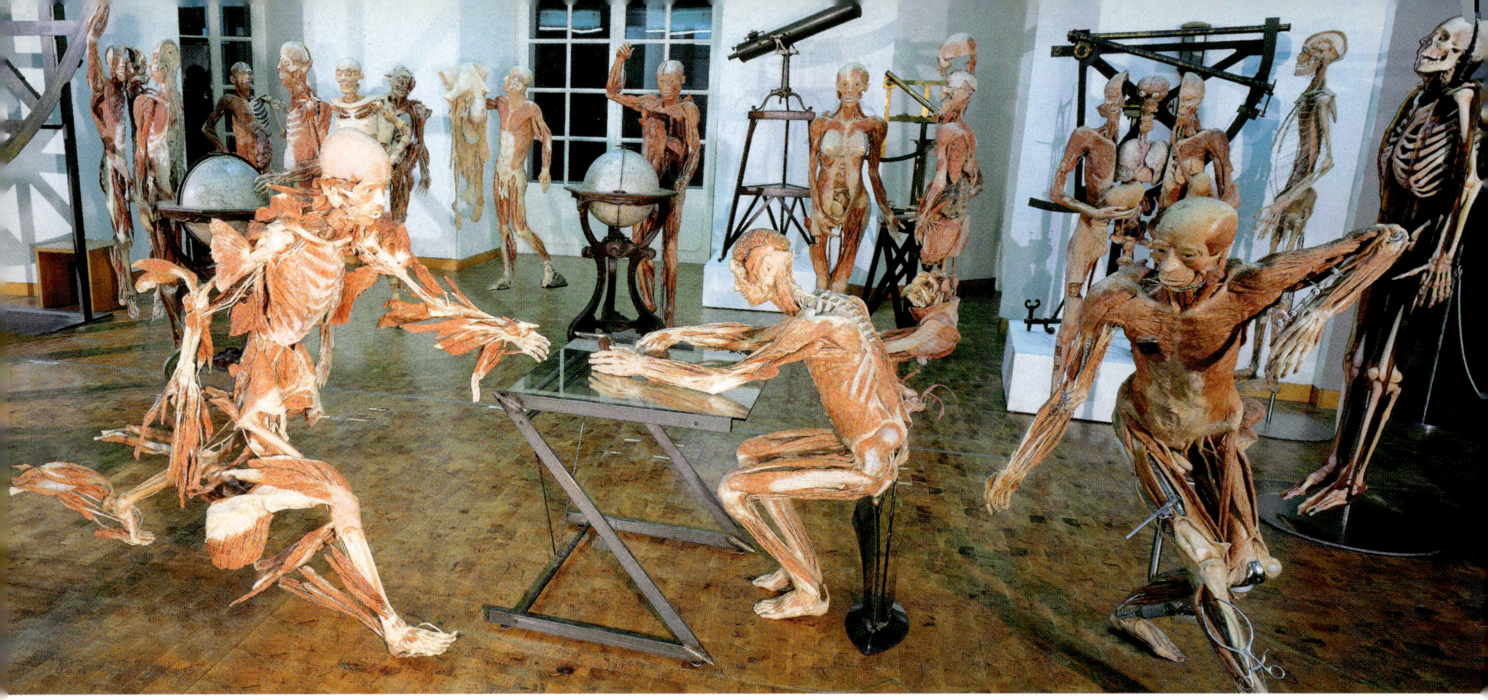

Abb. 37: Ganzkörperplastinate. Die Darstellung in lebensnaher, lebendiger Pose knüpft an die Tradition der Urväter der Anatomie an und führt sie fort.

Zur Faszination und Eindringlichkeit trägt wesentlich die Echtheit der Präparate bei. Gerade in der heutigen Medienwelt, in der der Mensch zunehmend indirekt informiert wird, hat sich der Mensch ein feines Gefühl dafür bewahrt, dass die Kopie immer geistig „vorverdaut“ und deshalb stets Interpretation ist. Insofern befriedigt die Ausstellung KÖRPERWELTEN die große Sehnsucht des Menschen nach unverfälschter Originalität.

Lebendige Anatomie

Die Anatomie der Leiche an sich ist uninteressant. Sie hat nur deshalb Bedeutung, weil man an ihr die Anatomie des Lebenden eingeschränkt studieren kann. Während das menschliche Skelett seit Vesals Wirken in der Renaissance aufrecht steht, musste die nasse, tropfende Anatomieleiche auf dem Präpariertisch verweilen. Hier, wo sie liegend ihre Vorder- oder Rückseite dem forschenden Blick entzieht, wird sie zur vollständigen Demonstration jeweils gewendet.

Als Student hatte ich Schwierigkeiten, der Empfehlung unseres Anatomieprofessors zu folgen und im Freibad das Angenehme der ästhetischen Körperschau mit dem Nützlichen des Studiums der Oberflächenanatomie zu verbinden. Zu groß war der Unterschied zwischen der starr auf dem Präpariertisch liegenden Leiche und dem Muskelspiel von schwimmenden, laufenden und sitzenden Menschen.

Im Fach „Lebendige Anatomie“, bei den Studenten beliebt, von der klassischen Anatomie eher vernachlässigt, tasten sich die Studenten gegenseitig ab, projizieren und malen die Muskeln und Organe auf die Haut. Der medizinische Laie einschließlich des beginnenden Anatomiestudenten ist nicht an der Anatomie von Toten interessiert, denn der Patient ist lebendig, agiert, posiert. Insofern ist es folgerichtig, wenn Ganzkörperplastinate aufrecht, lebensnahe positioniert werden und so wissensvermittelnd in den Lebensraum gestellt werden, aus dem sie kamen.

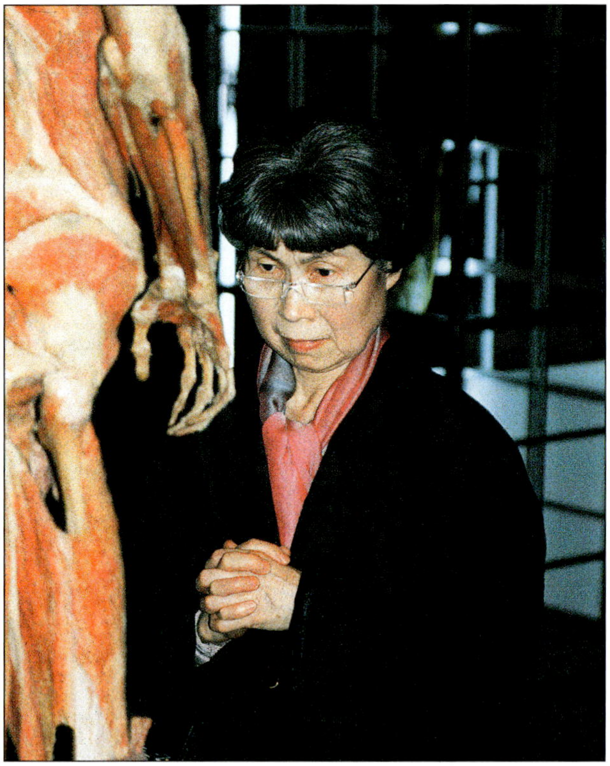

Abb. 38: Ausstellungsbesucherin in Japan

Durch die Plastination und die damit verbundende Verfestigung der Weichteile ist eine aufrechte Haltung der Ganzkörperpräparate möglich geworden. Dies knüpft an die Tradition der aufrecht, in lebendiger Pose stehend abgebildeten Ganzkörperpräparate der Urväter der Anatomie an und führt sie fort. Unsere Kollegen vom National Science Museum in Tokio haben das Besondere des Gestalt-Plastinats, des in Pose aufgerichteten ganzen Körpers, im Vorfeld der Ausstellung in Tokio – der ersten großen öffentlichen Plastinationsausstellung – genau erkannt und über Wochen mit uns diskutiert. Zur Diskussion stand die liegende Darstellung der Ganzkörperpräparate, doch die Entscheidung fiel zugunsten der lebendigen Anatomie aus, die eine neue Qualität der Ganzkörperbetrachtung ermöglicht. Auch im Foyer der Heidelberger Anatomie steht zu lesen: „Hic gaudet mors sucurrere vitae“ – „Hier freut sich der Tod, dem Lebenden zur Hilfe zu eilen“. Er sollte es aufrecht in lebensnaher Haltung tun. Die lebensnahe Pose hilft, die Kluft zwischen Leben und Tod zu überbrücken. Durch die Art der Präparation und durch die Pose wird eine anatomische Individualität geschaffen. Das Ganzkörperplastinat ist schön, wenn seine Pose mit der präparierten Anatomie und ihrer Funktion beim Lebenden harmoniert.

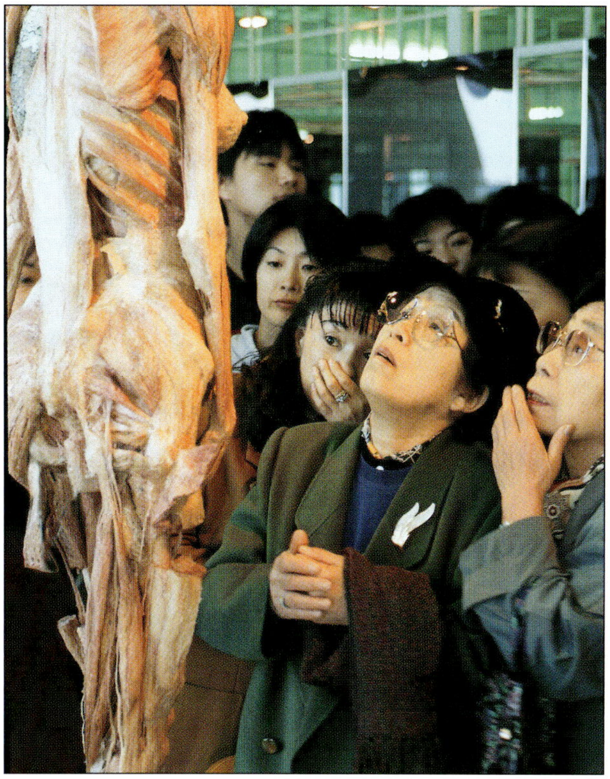

Abb. 39: Ausstellungsbesucher in Japan

Das innere Gesicht

Neben dem Skelett und der Mumie ist das Ganzkörperplastinat eine neue Form selbstbestimmter postmortaler Existenz. Jedem Menschen ist über das mit seiner Personalität verbundene äußere Gesicht ein inneres Gesicht eigen. Dieses innere Gesicht ist von größerer Varianz und Individualität als das äußere. Selbst drei Millimeter dünne Kopf, -Rumpf- oder Armscheiben sind individuelle Repräsentanten ihres Spenders, zu unterscheiden durch ihre Form, Größe, Farbe und Gewebskomposition. Die in der Renaissance gefeierte Ästhetik des menschlichen Leibes setzt sich sichtbar in sein Inneres und dort bis in den mikroskopischen Bereich hinein fort. Körperspender zeigen als Plastinat, ob in Gänze oder in Serienscheiben, ihre natürlich gewachsene, spezifisch anatomische Individualität. Die Art und Qualität von Präparation und Plastination bestimmt, welche Erscheinung das innere Gesicht erhält.

Ein postmortaler Identitätswechsel ist nichts prinzipiell Neues. So erhalten Verstorbene in Japan seit jeher einen neuen Namen. Durch die Plastination kommt es jedoch zusätzlich zu einem Wertewandel von der nutzlosen Leiche zum nützlichen, ästhetisch instruktiven, natürlich gewachsenen Plastinat.

Von dem österreichischen Philosophen Wittgenstein stammt der Satz: „Der menschliche Körper ist das beste Bild der menschlichen Seele“. Als Arzt ist mir diese Aussage nur zu verständlich. Das äußere Gesicht, das Antlitz des Menschen, wird seit jeher als Spiegel der Seele betrachtet. Andererseits wirkt die Seele auch auf den Körper. Freude wie Kummer wirken sich sichtbar auf das innere Gesicht aus. Beispiel sind Magersucht oder Magengeschwür. Ist damit das plastinierte Ganzkörperpräparat auch eine Verkörperung, ein Abbild der Seele? Diese Überlegung bringt die Suche nach der individuellen Seele allerdings nicht weiter. Am nächsten komme ich dem Sitz der Seele bei der Plastination des Gehirns. Die Funktion der Gehirnzellen mit ihren darin gespeicherten Erinnerungen bricht mit dem Tod zusammen. Das macht es wahrscheinlich, dass mit dem Tod das Erinnerungsvermögen erlischt. Doch ohne Erinnerung kein Ich-Bewusstsein und ohne Ich-Bewusstsein keine individuelle Seele. Die entscheidende Frage ist damit: Gibt es ein nicht an das Gehirn gebundenes individuelles Erinnerungsvermögen? Wenn ja, entfleucht dieses als Teil der Seele und lässt das Gehirn als leeren Seeleneimer zurück?

Plastinate sind die modernsten, dauerhaftesten und anschaulichsten Lehrpräparate des menschlichen Körpers. Dem Wunsch des Körperspenders, der Bildung der Nachwelt postum dienlich zu sein, werden sie deshalb in besonderer Weise gerecht. Wie Marmorstatuen überdauern sie die Lebenszeit ihrer Erschaffer. Das Leben ist kurz, das Plastinat währt (und lehrt) lange.

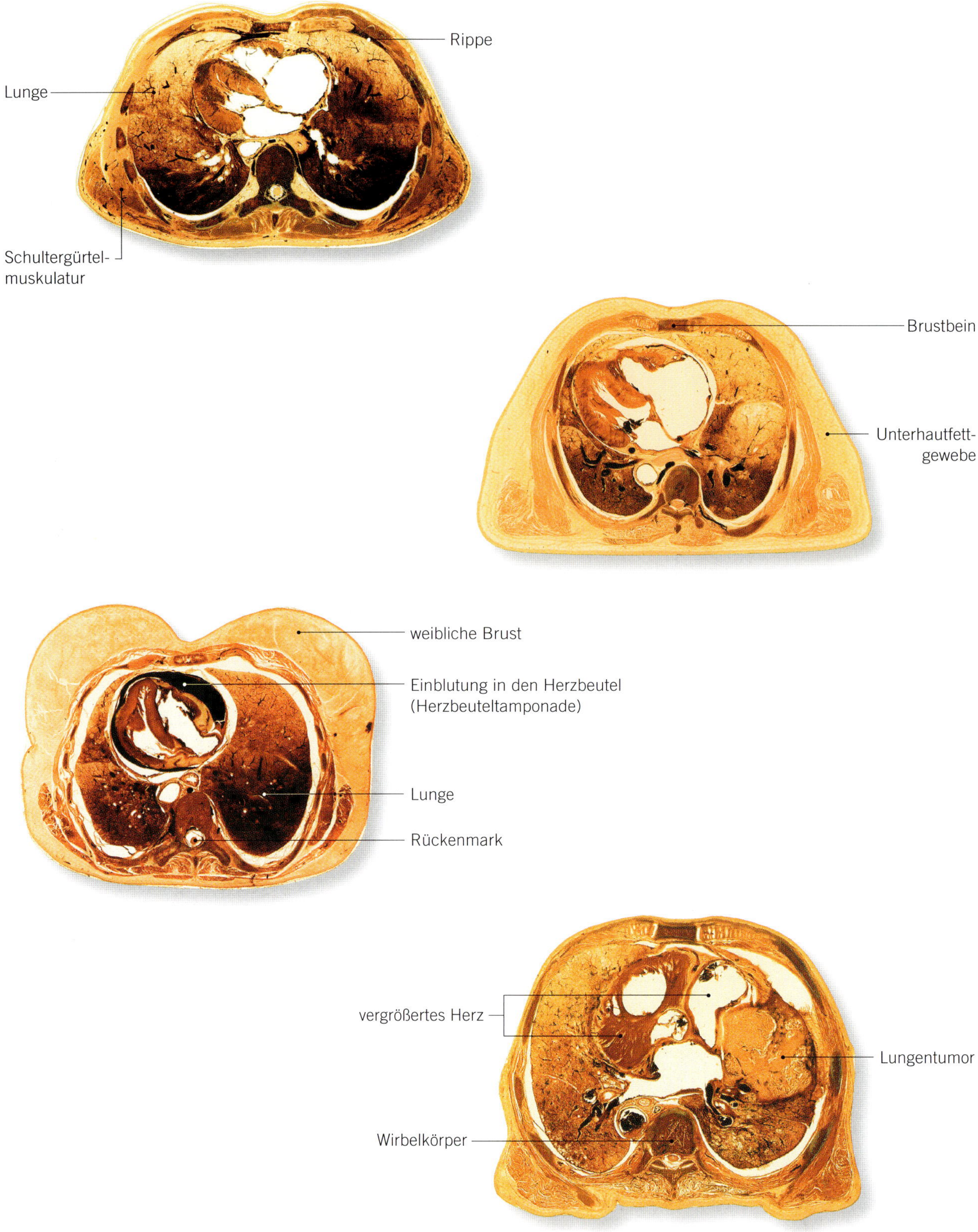

Abb. 40: Das "innere" Gesicht: Die Brustquerschnitte stammen alle von verschiedenen Körperspendern. Obgleich sie aus vergleichbarer Schnitthöhe stammen, sehen sie völlig verschieden aus – bedingt unter anderem durch individuelle Körpergröße, Fett- und Blutverteilung, Organgröße, Alter und Krankheiten.

Danksagung

Mein Dank gilt den Körperspendern zur Plastination, die die Existenz des Instituts für Plastination und die Entwicklung öffentlicher Plastinationsausstellungen ermöglichen.
Ebenso bedanke ich mich bei meinen Mitarbeitern in den drei Plastinationsinstitutionen Heidelberg/Deutschland, Bischkek/Kirgisien und Dalian/China für ihren engagierten Einsatz. Meinem verehrten Lehrer, Herrn Prof. Wilhelm Kriz, danke ich dafür, dass er mich in meinen Universitätsjahren stets mit Weitsicht unterstützte und mir die zum Erfolg notwendigen Freiräume gab.

Schließlich danke ich all meinen Kritikern für ihre qualifizierte und auch unqualifizierte Kritik, die mir eine große Hilfe ist im stetigen Überdenken meines Tuns.

Abb. 41: Präparat des französischen Anatomen Honoré Fragonard (1732 bis 1799). Die Blutgefäße wurden mit einer niedrig schmelzenden Metallegierung injiziert, das übrige Gewebe am Präparat getrocknet und mit Lacken behandelt. Das Präparat ist heute noch in Alfort bei Paris in der "Ecole Nationale Vétérinaire d'Alfort" zu sehen.

Gunther von Hagens, Jahrgang 1945, Erfinder der Plastination, begann 1965 an der Universität Jena Medizin zu studieren. Als er 1968 gegen den Einmarsch von Truppen des Warschauer Paktes in die Tschechoslowakei mit Flugblättern protestierte und bald darauf aus der DDR zu fliehen versuchte, wurde er inhaftiert. Erst 1970, nachdem ihn die Bundesrepublik wie andere politische Gefangene auch freigekauft hatte, konnte er sein Studium an der Universität Lübeck fortsetzen; dort legte er 1973 das Staatsexamen ab. Im folgenden Jahr erhielt er die Approbation und ging an die Universität Heidelberg, wo er 1975 an der Abteilung für Anästhesie und Notfallmedizin promovierte sowie dann am Anatomischen und am Pathologischen Institut tätig war. Die grundlegenden Erfindungen von Techniken zur forcierten Imprägnierung anatomischer Präparate mit eigens dafür entwickelten Reaktionskunststoffen machte er von 1977 an. In Heidelberg gründete er auch 1980 die Firma BIODUR® Products für den Vertrieb der für die Plastination erforderlichen Kunststoffe, Hilfsmittel und Geräte, schließlich 1993 das Institut für Plastination. 1996 nahm er eine Gastprofessur an der Medizinischen Universität Dalian, VR China, an. Im gleichen Jahr wurde er Direktor des Plastinationszentrums der Staatlichen Medizinischen Akademie von Kirgistan in Bischkek, wo ihm 1999 auch der Titel eines Ehrenprofessors verliehen wurde. Seit 2004 ist Gunther von Hagens Gastprofessor an der zahnmedizinischen Fakultät der New York University (New York University, College of Dentistry). Im November 2006 eröffnete er das PLASTINARIUM in der deutsch-polnischen Grenzstadt Guben, das weltweit größte Plastinationszentrum mit Entwicklungs- und Forschungseinrichtungen sowie einer Plastinationswerkstatt.

Definitionen

Bei Diskussionen über die ethische Vertretbarkeit der Verwendung menschlicher Präparate sind unterschiedliche Begriffsverständnisse häufige Ursache von Missverständnissen. Diese Liste von Definitionen soll diese vermeiden helfen.

Anatomiekunst
Ästhetisch instruktive Darstellung des Körperinneren.

Anatomieleiche
Konservierte Leiche, die anatomisch präpariert und nach der Präparation bestattet wird.

Bestattung
Begräbnis oder Kremierung einer Leiche.

Ethik
Allgemeingültige Normen und Maximen der Lebensführung, die sich aus der Verantwortung gegenüber anderen herleiten.

Ganzkörper-Plastinat
Verstorbener menschlicher Körper, dessen menschliche Gestalt durch den Zusammenhang seiner Teile im wesentlichen vorhanden ist, der anonymisiert wurde, nicht mehr Objekt menschlicher Trauer ist und plastiniert wurde.

Ganzkörperpräparat
Verstorbener menschlicher Körper, dessen menschliche Gestalt durch den Zusammenhang seiner Teile im wesentlichen vorhanden ist, der konserviert wurde, nicht mehr Objekt menschlicher Trauer ist, anonymisiert wurde und der für die Umwandlung in ein oder mehrere anatomische Dauerpräparate bestimmt ist.

Gestalt-Plastinat
In lebensnaher Pose positioniertes, ästhetisch-instruktives Ganzkörper-Plastinat.

Inneres Gesicht
Anatomische Individualität des Körperinneren, die durch die Präparation sichtbar gemacht worden ist.

Körperschauprivileg
Privileg von Medizinern und Vertretern medizinischer Heilberufe auf Beschau des Körperinneren. Das Körperschauprivileg entstand mit der Ausbildung der medizinischen Wissenschaften. Die zunächst zu Beginn der Neuzeit mit der Aufklärung gewonnenen Freiräume des Rechts auf Körperschau für interessierte Laien gingen mit der Transformation des Anatomischen Theaters der Renaissance in die studentischen Präpariersäle und die Sektionssäle der Pathologen verloren.

Leiche
Verstorbener menschlicher Körper, der verwest und für den eine Bestattung vorgesehen ist. Im Gegensatz zum Präparat ist er Objekt individueller menschlicher Trauer beziehungsweise menschlichen Mitgefühls.

Leichenfledderei
Diebstahl der persönlichen Habe des Verstorbenen.

Moral
System von auf Tradition, Gesellschaftsform, Religion beruhenden sittlichen Grundsätzen und Normen, das zu einem bestimmten Zeitpunkt das zwischenmenschliche Verhalten reguliert.

Mumie
Konservierter menschlicher Körper, dessen menschliche Gestalt durch den Zusammenhang seiner Teile im wesentlichen vorhanden ist, dessen Tod mehrere Generationen zurückliegt und der nicht mehr Objekt menschlicher Trauer ist.

Pietät
Ehrfürchtiger Respekt, taktvolle Rücksichtnahme gegenüber Toten.

Plastinat
Präparat menschlicher oder tierischer Herkunft, dessen Zellen mit Reaktionskunststoff durchtränkt und gehärtet sind.

Plastination
Konservierungsverfahren für verwesliche biologische Präparate, deren Strukturelemente fixiert, vorzugsweise mit Azeton entwässert, mit Reaktionskunststoff wie Silikonkautschuk im Vakuum durchtränkt und anschließend gehärtet werden.

Plastinationskunsthandwerk
Kunsthandwerkliche Fertigkeit zur Herstellung hochqualitativer, ästhetisch instruktiver Plastinate.

Präparat
Demonstrationsobjekt für Forschung und Lehre, existent entweder als verwesliches Frischpräparat oder als konserviertes Dauerpräparat.

Präparation
Das Herausarbeiten und Sichtbarmachen anatomischer Strukturen.

Reliquie
Menschliche Überreste, vorzugsweise einzelne Knochen, aber auch persönliche Gegenstände verstorbener religiöser Autoritäten.

Würde
Im Grundgesetz vorgegebener personaler Anspruch auf menschengerechte Behandlung. Er unterliegt moralischen Normen, die entsprechend der Entwicklung der Gesellschaft wandelbar sind.

Angelina Whalley

Der menschliche Körper – Anatomie und Funktion

Wie alle Pflanzen und Tiere, die gegenwärtig existieren, ist der Mensch ein Abkömmling urtümlicher einzelliger Lebewesen – Ergebnis der schon mehr als 3,5 Milliarden Jahre währenden Evolution. Und wie alle höheren Organismen entwickelt sich jedes menschliche Individuum wiederum aus einer einzigen Zelle, dem befruchteten Ei. Ausgewachsen bestehen wir aus einer überschaubaren Anzahl verschiedener Organsysteme, die in geordneter Weise zusammenwirken, um all die komplexen Lebensfunktionen zu erfüllen.

Die gezeigten Bilder der folgenden Kapitel zeigen eine Auswahl von Exponaten aller KÖRPERWELTEN-Ausstellungen.

- Der Bewegungsapparat
- Das Nervensystem
- Die Atmungsorgane
- Das Herz-Kreislauf-System
- Der Verdauungstrakt
- Der Harntrakt
- Die Fortpflanzungsorgane
- Die vorgeburtliche Entwicklung
- Ganzkörper-Plastinate

Dr. Angelina Whalley hat alle bisherigen KÖRPERWELTEN-Ausstellungen inhaltlich konzipiert und gestaltet. Sie ist seit Januar 1997 geschäftsführende Direktorin des Instituts für Plastination in Heidelberg. 1993 übernahm sie auch die Firma BIODUR® Products, die Spezialkunststoffe und Hilfsmittel für die Plastination weltweit vertreibt.
Sie begann ihr Medizinstudium an der Freien Universität Berlin und wechselte dann zur Universität Heidelberg, wo sie 1986 am Physiologischen Institut mit einer experimentellen Arbeit zur Nierenphysiologie promovierte; im selben Jahre erhielt sie die Approbation als Ärztin. Wissenschaftlich tätig war sie drei Jahre am Anatomischen Institut, unter anderem im Plastinationslabor, und zwei Jahre am Pathologischen Institut der Universität Heidelberg. Zusammen mit Gunther von Hagens, René Maschke und Wilhelm Kriz publizierte sie das Werk "Schnittanatomie des menschlichen Gehirns" (Steinkopff, Darmstadt 1990), und für das von Walter Hoffmann-Axthelm herausgegebene "Lexikon der Zahnmedizin" (Quintessenz, Berlin 1993) erarbeitete sie die Definitionen der Begriffe aus der Allgemeinen Pathologie.

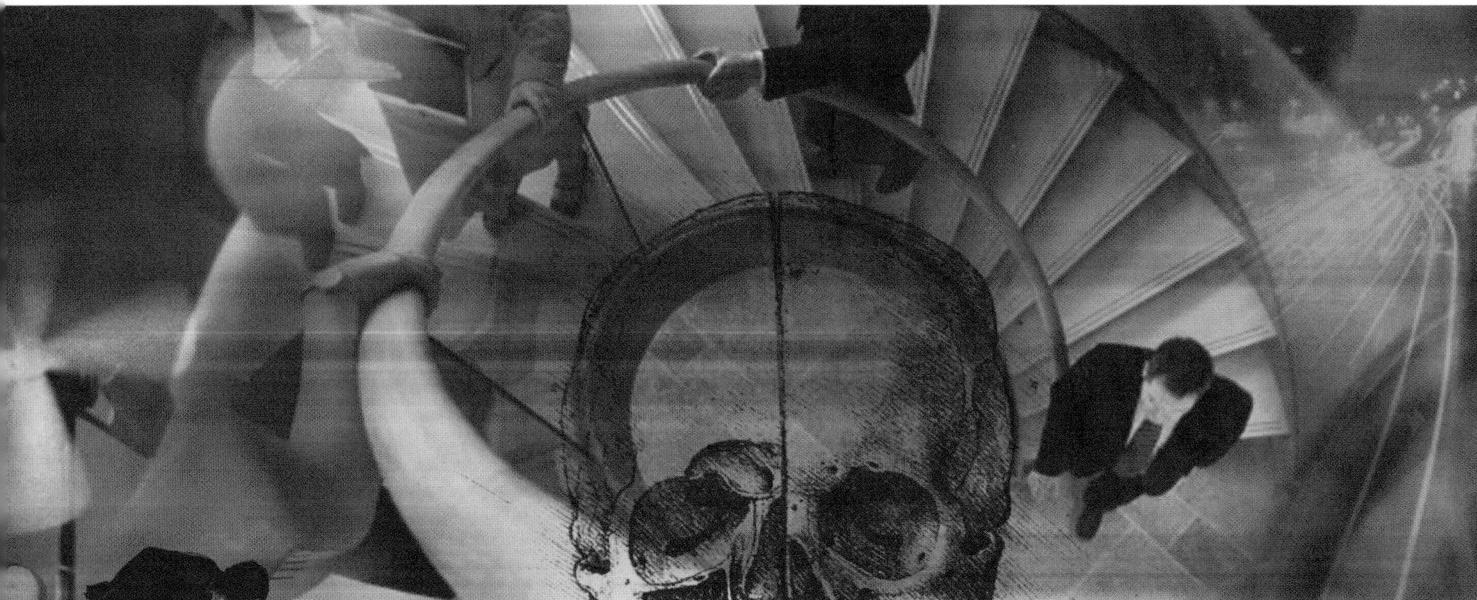

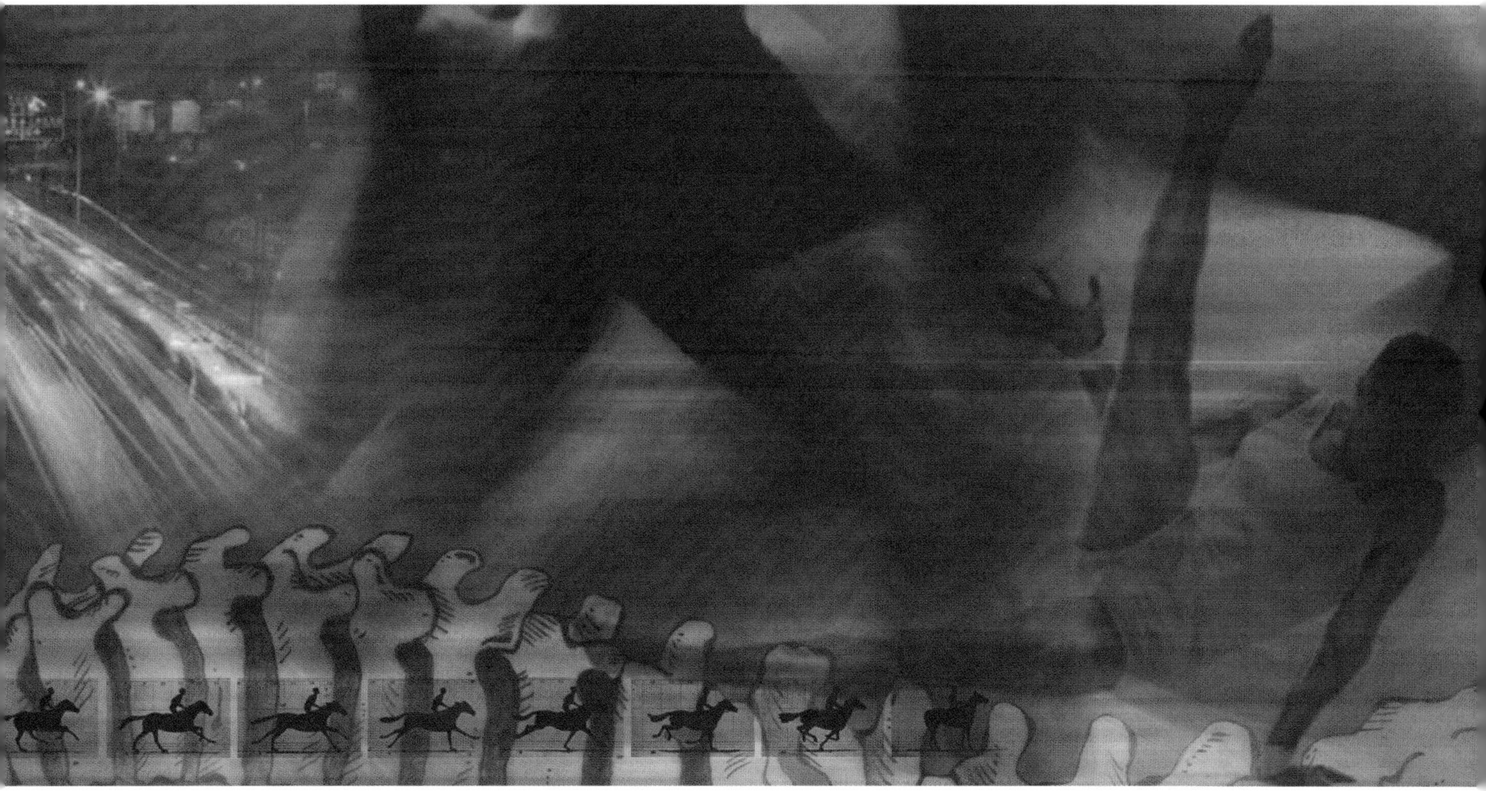

1. DER **BEWEGUNGS**APPARAT

Der menschliche Körper ist eine Einheit
aus verschiedenen Organsystemen,
die in geordneter Weise zusammenwirken,
um die Lebensfunktionen zu erfüllen.

Zu den wesentlichen Funktionen
gehören die Beweglichkeit des Körpers,
die Fortbewegung
sowie die Fähigkeit, den Körper aufrecht zu halten.
Ermöglicht wird all dies
durch den sogenannten Bewegungsapparat,
der aus Knochen, Muskeln und Gelenken besteht.

Das Skelett – Unser inneres Gerüst

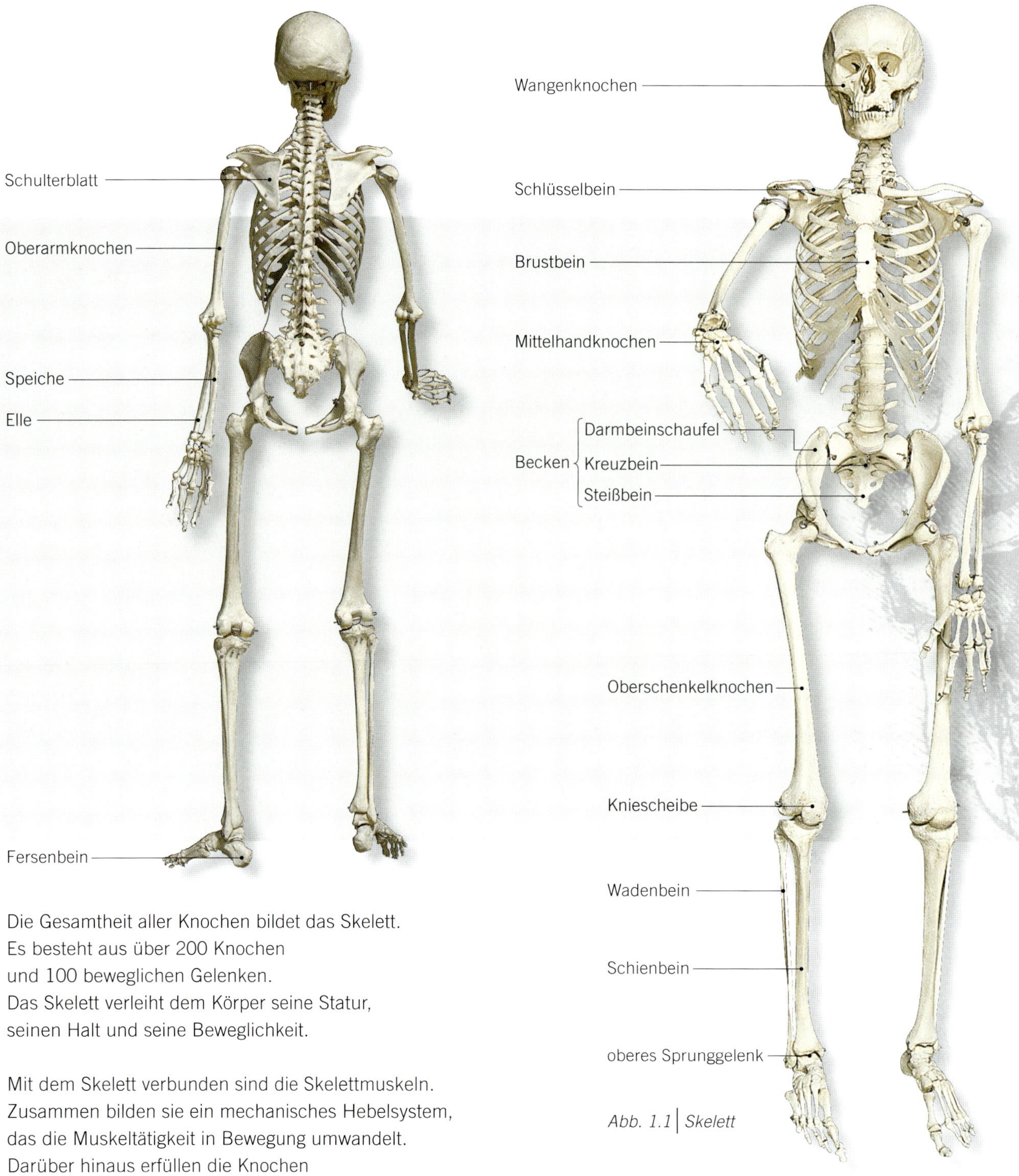

Abb. 1.1 | Skelett

Die Gesamtheit aller Knochen bildet das Skelett. Es besteht aus über 200 Knochen und 100 beweglichen Gelenken. Das Skelett verleiht dem Körper seine Statur, seinen Halt und seine Beweglichkeit.

Mit dem Skelett verbunden sind die Skelettmuskeln. Zusammen bilden sie ein mechanisches Hebelsystem, das die Muskeltätigkeit in Bewegung umwandelt. Darüber hinaus erfüllen die Knochen noch andere lebenswichtige Aufgaben: Sie schützen die empfindlichen inneren Organe und speichern Mineralsalze, die im Stoffwechsel benötigt werden. Das im Inneren der Knochen befindliche Knochenmark produziert die Blutzellen, und zwar vor allem in den flachen Knochen wie dem Brustbein, den Rippen, den Schulterblättern und dem Becken.

Gelenke

Der Punkt, an dem zwei Knochen aufeinandertreffen, wird als Gelenk bezeichnet. Die meisten Gelenke sind beweglich. Einige, wie beispielsweise die Wirbelkörper, bewegen sich nur wenig, sind aber dafür stabiler. Manche sind ganz unbeweglich. Dazu zählen die Knochenplatten des Schädels.

Die Form der Gelenke entspricht der Art und dem Umfang der Bewegung, die sie erlauben. Ihre Bezeichnungen leiten sich von ihrer Ähnlichkeit zu technischen Gelenkverbindungen ab. So gibt es unter anderem:

- Scharniergelenke. Sie lassen ausschließlich eine Beugung und Streckung des Gelenks zu. Man findet sie in den Fingern, Knien, Ellbogen und Zehen.
- Kugelgelenke erlauben Vorwärts-, Rückwärts-, Seitwärts- und Drehbewegungen. Typische Kugelgelenke sind Schulter- und Hüftgelenke.
- Drehgelenke, wie die Halsgelenke, erlauben eingeschränkte Drehbewegungen.

Die Gelenkflächen der Knochen sind mit Knorpel überzogen. Der Knorpel verringert die Reibung, die bei jeder Bewegung im Gelenk entsteht.

Die meisten Gelenke werden durch starke Bindegewebsstränge stabilisiert, die man als Bänder bezeichnet. Außenbänder sind an den Knochen auf beiden Seiten des Gelenks befestigt und bilden eine Faserkapsel, die das Gelenk vollständig umschließt. Die Kapsel enthält meistens eine Gelenkschmiere, die Synovialflüssigkeit, die die Gelenke gleitfähig macht und Bewegungsstöße dämpft.

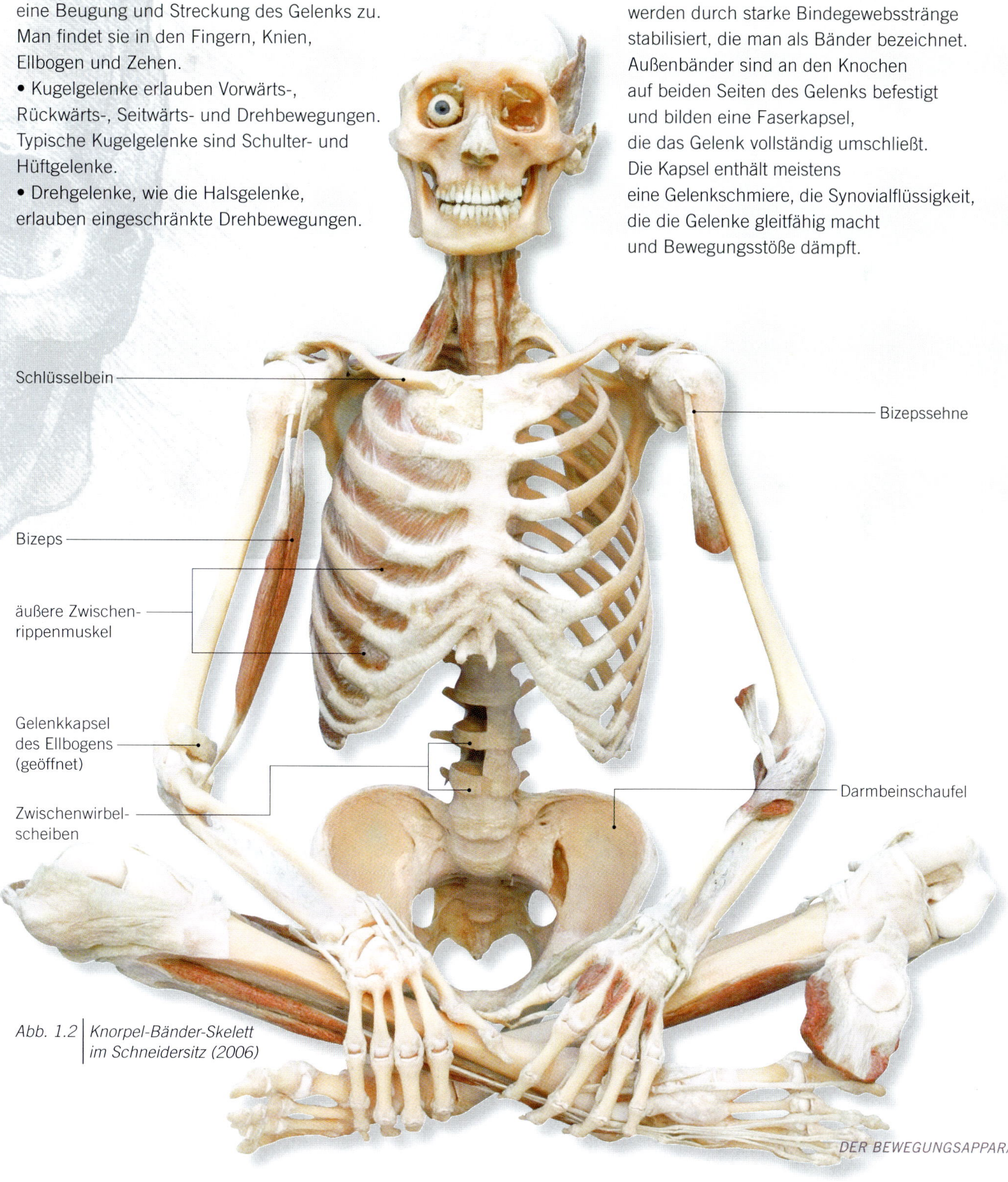

Abb. 1.2 | Knorpel-Bänder-Skelett im Schneidersitz (2006)

Gelenke

Das Schultergelenk
Das Schultergelenk ist ein Kugelgelenk.
Es verbindet den Oberarmknochen (Humerus)
mit dem Schulterblatt (Scapula)
und ist von allen Gelenken das beweglichste.

Abb. 1.3 | Frontalschnitt eines Schultergelenks

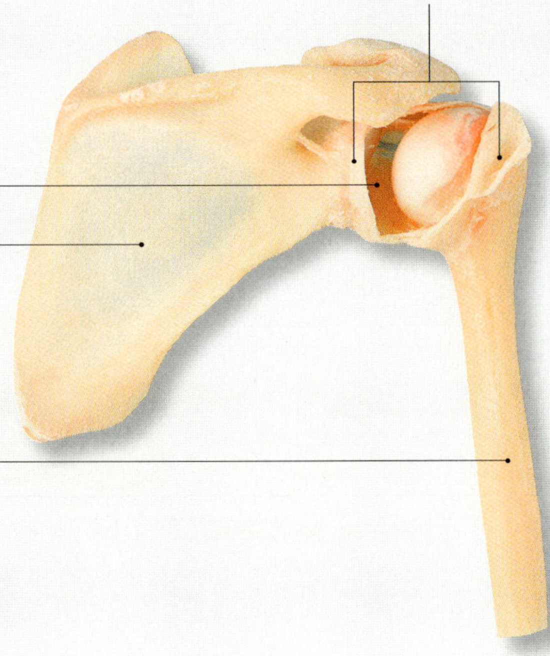

Abb. 1.4 | Schultergelenk, Ansicht von hinten

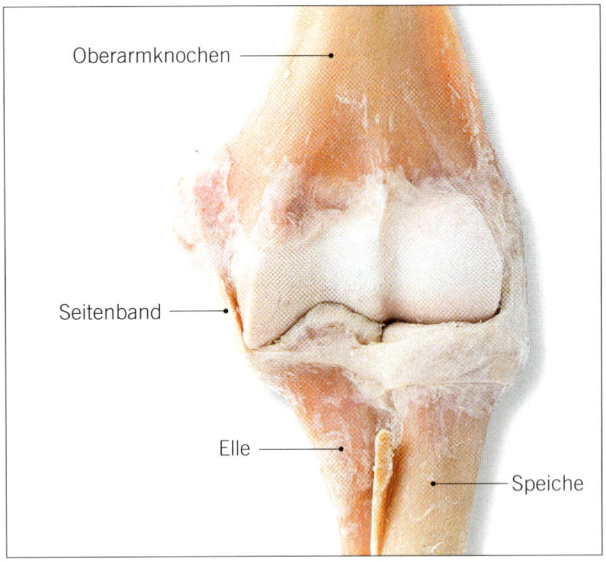

Das Ellbogengelenk
Der Ellbogen wird von drei Knochen gebildet:
vom Oberarmknochen (Humerus)
und den Unterarmknochen Elle (Ulna) und Speiche (Radius).
Ihre gelenkigen Verbindungen ermöglichen drei Arten
der Unterarmbewegung: Beugen, Strecken und Drehen.

Wenn wir den Ellbogen anstoßen,
fühlen wir oft ein unangenehmes Kribbeln,
das sich bis zum unteren Ende des Arms ausbreitet.
Der Ellbogen wird daher oft
als „Musikantenknochen" bezeichnet – fälschlicherweise,
denn das Gefühl verursacht nicht der Ellbogen,
sondern der Ellennerv (Nervus ulnaris),
der an dieser Stelle dicht unter der Hautoberfläche verläuft.

Abb. 1.5 | Ellbogengelenk, Ansicht von vorn

Hände und Füße

Die Hände und Füße ähneln sich in ihrem Skelettaufbau. Die menschliche Hand hat 27 Knochen, die von 37 Skelettmuskeln bewegt werden. Zusammen ermöglichen sie eine Vielzahl verschiedener Bewegungen, die außerordentlich genau steuerbar sind.

Die einzigartige Geschicklichkeit der Hand resultiert insbesondere aus der Fähigkeit, die Spitze von Daumen und Fingern zusammenzuführen und damit etwas greifen zu können.

Die Füße samt den Zehen sind wesentlich für unseren aufrechten Gang. Sie tragen das Körpergewicht und gleichen es beim Laufen und Gehen aus. Zudem helfen sie die Balance zu halten.

Jeder Fuß hat 26 Knochen und mehr als 100 Bänder. Einige der 33 Muskeln des Fußes entspringen eigentlich im Unterschenkel. Weil die Knochen des Fußes, insbesondere das Fersenbein, stärker belastet werden als alle anderen Knochen, sind sie besonders kräftig gebaut.

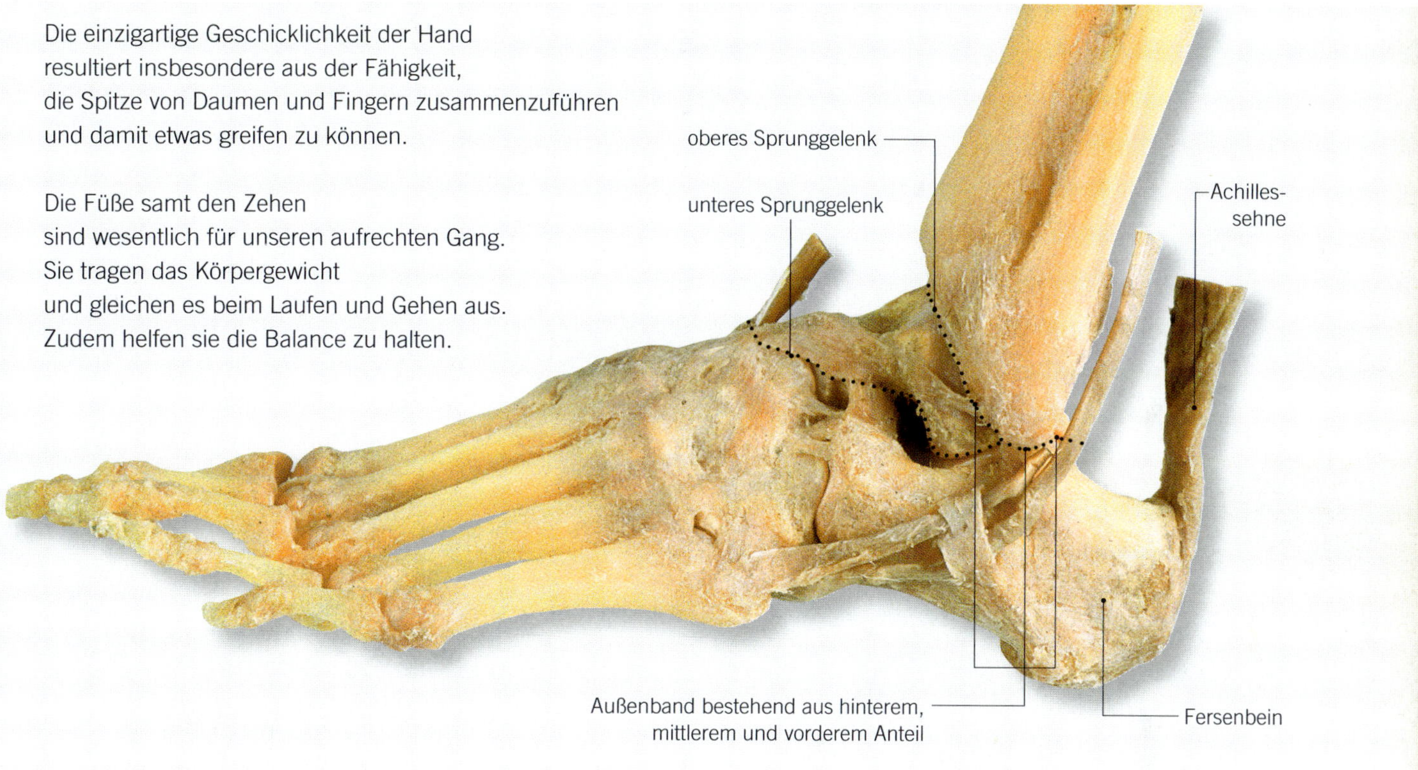

Abb. 1.6 | Fußpräparation mit Darstellung des Bandapparates. Von der Knochenhaut ausgehende dichte straffe Bindegewebszüge (Bänder) ziehen über die Gelenkspalträume hinweg und verbinden die Knochen miteinander.

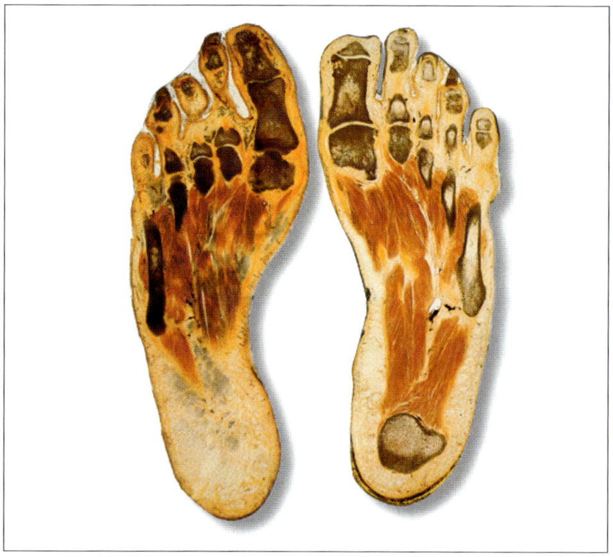

Abb. 1.7 | Horizontalschnitte durch den linken und rechten Fuß

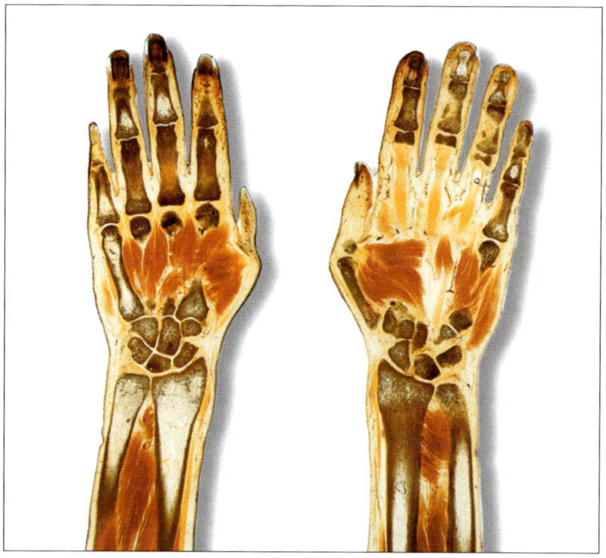

Abb. 1.8 | Frontalschnitt der linken und rechten Hand

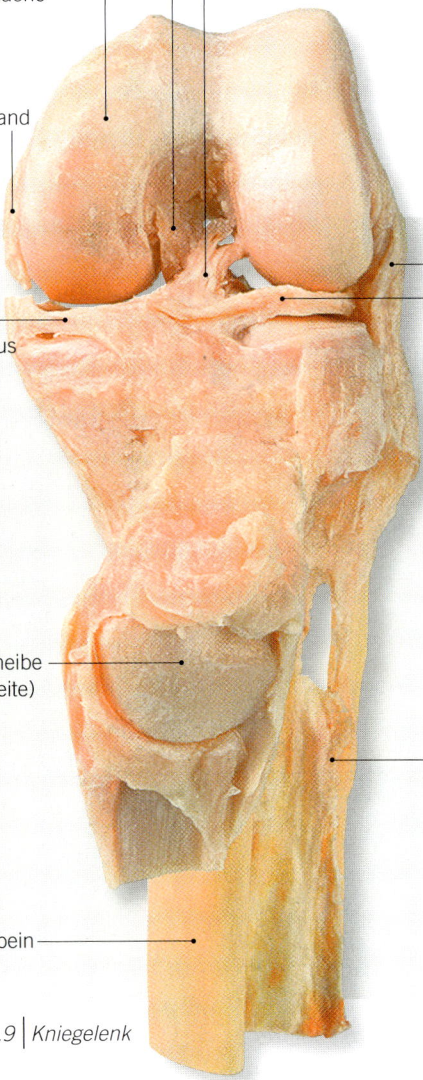

Abb. 1.9 | Kniegelenk

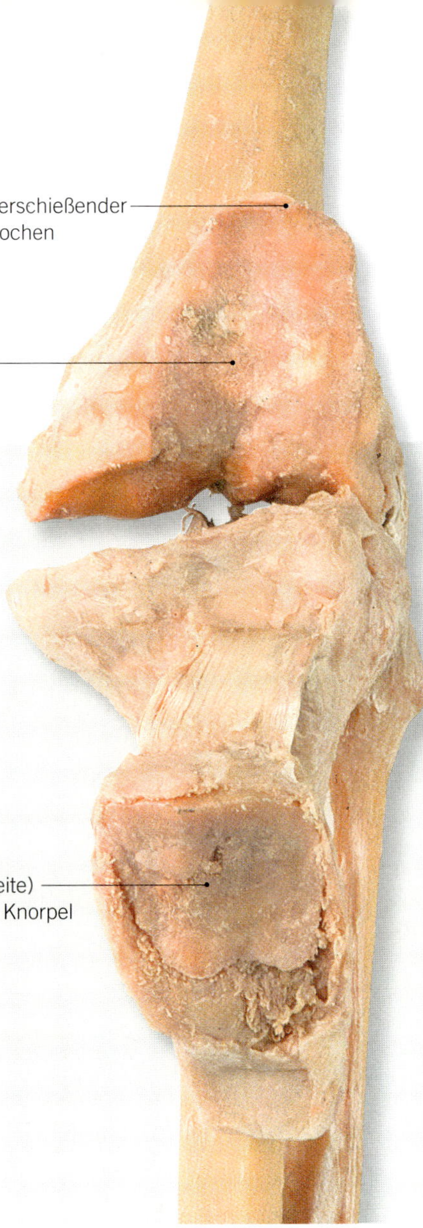

Abb. 1.10 | Kniegelenk mit schwerer Arthrose

Kniegelenk

Das Kniegelenk verbindet den Oberschenkel mit dem Schienbein.
Es trägt die größte Last des Körpers und erfordert daher eine hohe Stabilität.
Diese wird durch die Seiten- und Kreuzbänder sowie durch 13 Muskeln erreicht.
Zwei halbmondförmige Knorpelkeile, die Menisci, verbessern die Anpassung der relativ ungleichmäßig geformten Gelenkpartner.

Arthrose

Die Gelenkflächen der jeweiligen Knochenpartner sind mit Knorpel überzogen.
Der Knorpel vermindert die Reibung bei Bewegung.
Durch Abnutzung oder Gelenkerkrankungen verliert der Knorpel seine Elastizität, wird spröde, splittert auf und geht schließlich zugrunde.
Diesen Prozess nennt man Arthrose.
Der Knorpelabrieb erfolgt schleichend und kann in eine schmerzhafte Erkrankung übergehen.
In fortgeschrittenen Krankheitsstadien wird schließlich auch der Knochen abgeschliffen und reagiert mit überschießenden Wucherungen.
Diese bezeichnet man als Knochensporne oder Osteophyten.
Am häufigsten sind das Knie und die Hüfte betroffen, da diese Gelenke unser Körpergewicht tragen müssen.

Die Arthrose beginnt meist nach dem 50. Lebensjahr.
Im hohen Alter lassen sich praktisch an allen Gelenken Verschleißerscheinungen erkennen.
Übergewichtige sind meist stärker betroffen, weil ihre Knochen eine zusätzliche Last zu tragen haben.
Eine Gewichtsreduktion lindert bei ihnen die Beschwerden oft merklich.

Hüftgelenk

Die Hüfte verbindet die Beine über den Beckengürtel mit dem Rumpf.
Der Beckengürtel besteht aus einer innigen Verbindung zwischen den beiden Hüftbeinen (vorn und seitlich) und dem Kreuzbein (hinten).
Zusammen bilden sie einen federnden Ring, das Becken, über den die Last des oberen Körpers auf die Beine übertragen wird.

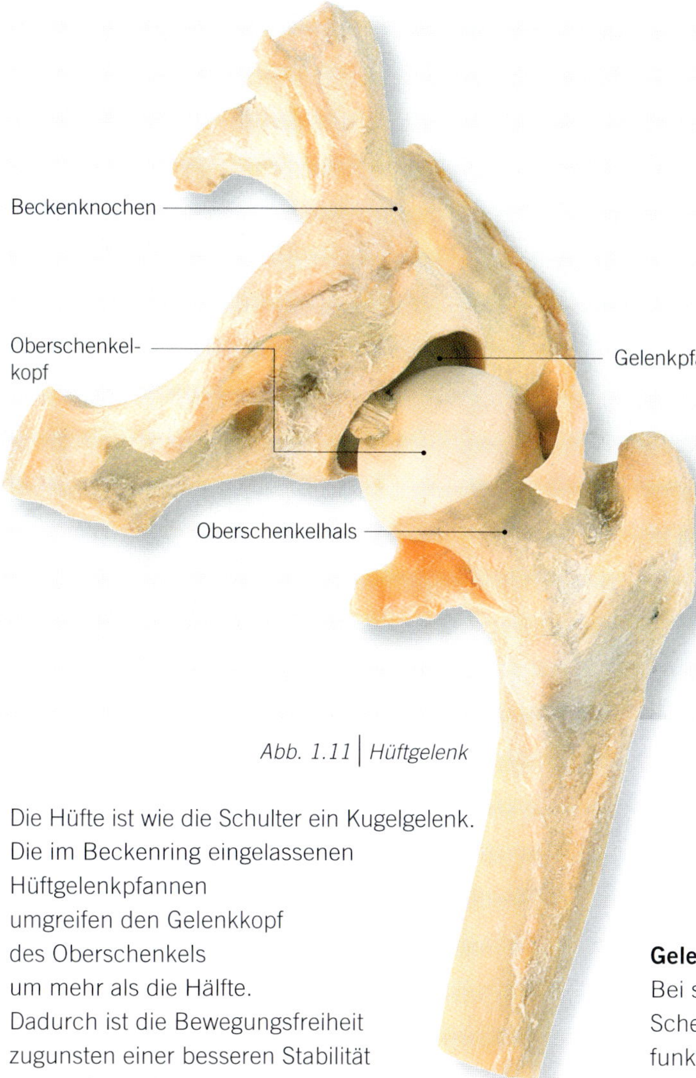

Abb. 1.11 | Hüftgelenk

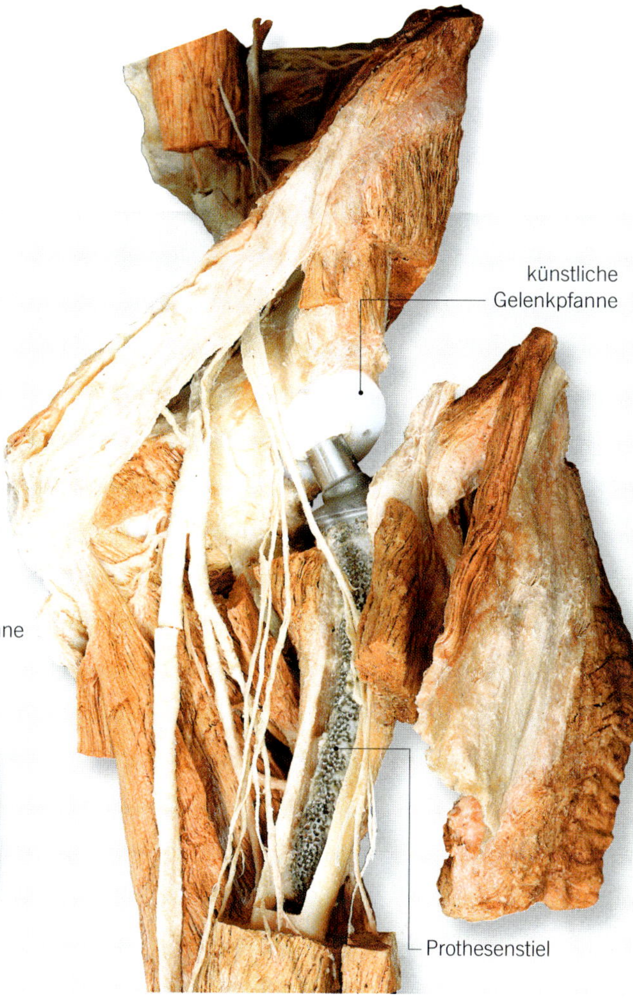

Abb. 1.12 | Künstliches Hüftgelenk

Die Hüfte ist wie die Schulter ein Kugelgelenk.
Die im Beckenring eingelassenen Hüftgelenkpfannen umgreifen den Gelenkkopf des Oberschenkels um mehr als die Hälfte.
Dadurch ist die Bewegungsfreiheit zugunsten einer besseren Stabilität etwas eingeschränkt.

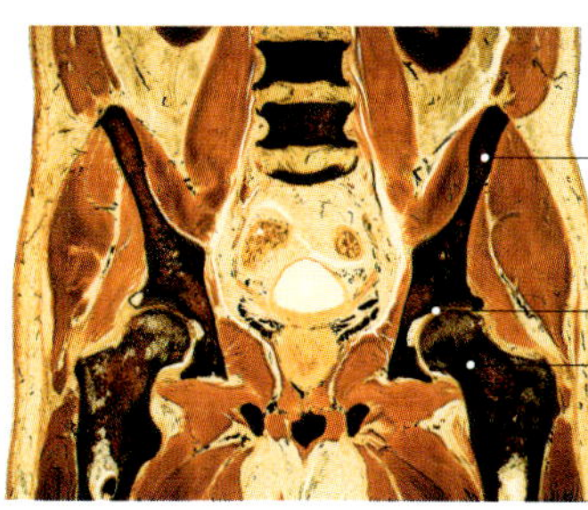

Abb. 1.13 | Frontalschnitt durch die Hüfte

Gelenkersatz

Bei schweren Verschleißerscheinungen, Schenkelhalsbrüchen und anderen funktionseinschränkenden Gelenkveränderungen kann ein Gelenkersatz erforderlich werden.
Eine Hüftgelenkprothese ist in ihrer Kugelform und dem Neigungswinkel im Schenkelhalsbereich dem natürlichen Gelenk nachempfunden.
Der Prothesenkopf besteht aus Edelstahl.
Sein langer Stiel wird in die Knochenmarkhöhle des Oberschenkelknochens einzementiert.
Die Gelenkpfanne ist aus Teflon.

Der Schädel

Schädelknochen
Der Schädel formt unseren Kopf und unser Gesicht und beherbergt die wichtigsten Sinnesorgane: Augen, Nase, Zunge und, an der Schädelbasis, die Innenohren und die Gleichgewichtsorgane. Darüber hinaus umschließt er schützend das Gehirn.

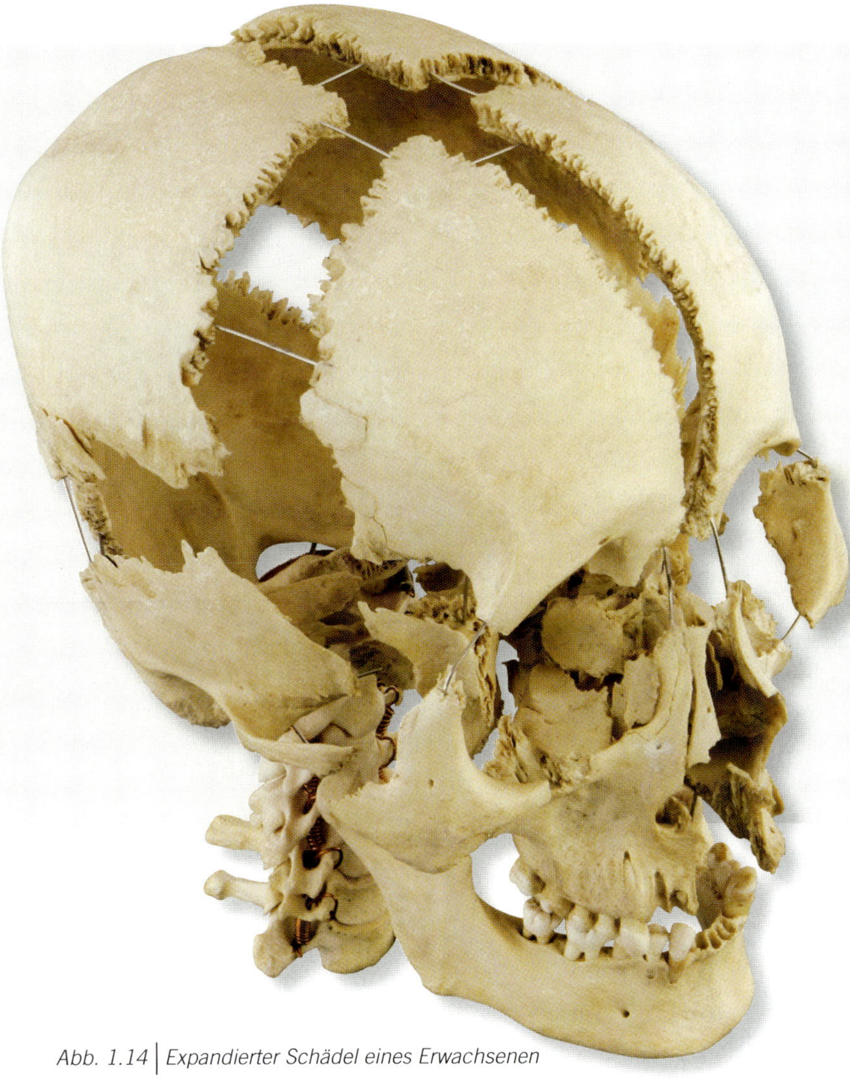

Abb. 1.14 | Expandierter Schädel eines Erwachsenen

Beim Neugeborenen
sind die Schädelknochen durch Knorpelbrücken verbunden.
Dadurch können sie sich beim Durchtritt
durch den engen Geburtskanal
dachziegelartig übereinanderschieben.
In der Kindheit erlauben sie außerdem
das Wachstum von Schädel und Gehirn.
Im Erwachsenenalter verwachsen die Knochen
fest miteinander.

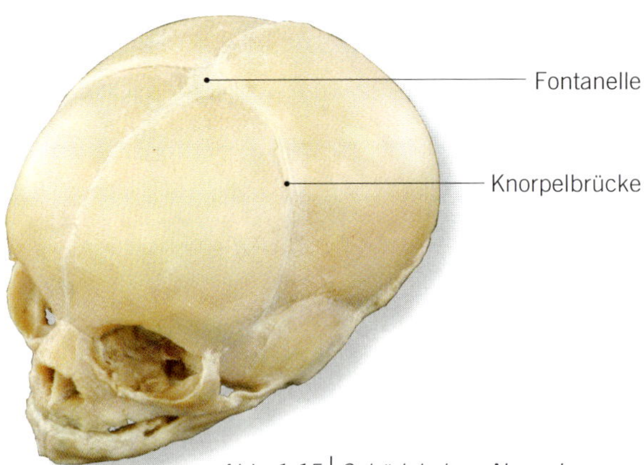

Abb. 1.15 | Schädel eines Neugeborenen

Der Hörsinn

Gehörknöchelchen

Die Gehörknöchelchen des Mittelohrs
sind die kleinsten Knochen des Körpers.
Sie bilden eine knöcherne Kette
gleich hinter dem Trommelfell
am Ende des äußeren Gehörganges
und übertragen den Schall auf das Innenohr.

Nach ihrem Erscheinungsbild werden sie Hammer (Malleus),
Amboss (Incus) und Steigbügel (Stapes) genannt.
Gehörknöchelchen und Trommelfell zusammen
bilden das Mittelohr.

Abb. 1.16 | Die Gehörknöchelchen

Abb. 1.17 | Detailaufnahme

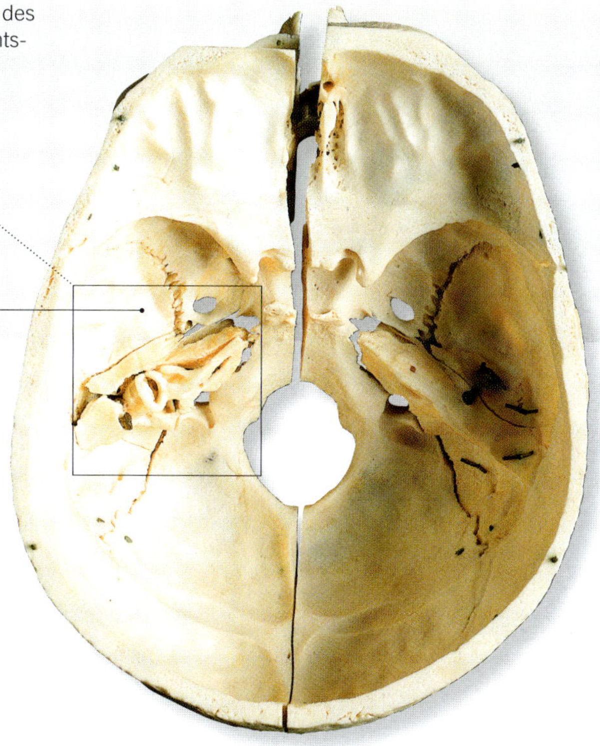

Abb. 1.18 | Innenohrpräparation an der Schädelbasis

Das Innenohr

Die Schnecke (Cochlea) ist unser Hörorgan.
Die halbkreisförmigen Bogengänge neben der Cochlea
bilden unser Gleichgewichtsorgan.
Beide Systeme zusammen bezeichnet man als Innenohr.
Das Innenohr ist im Knochen der Schädelbasis
eingebettet.

Die Cochlea
ist ein mit Flüssigkeit gefülltes Schlauchsystem.
Wenn Schallwellen in das Ohr eintreten,
vibriert diese Flüssigkeit
und regt spezielle Sinneszellen an.
Diese wandeln die Vibrationen in Nervenimpulse um
und leiten sie über den Gehörnerv an das Gehirn weiter.
Hier werden die Signale ausgewertet.

Die Bogengänge des Gleichgewichtsorgans
verfügen über ein ähnliches System.
Durch Lageveränderungen unseres Körpers und Kopfes
gerät die Flüssigkeit in den Bogengängen in Bewegung.
Sinneszellen übersetzen die Flüssigkeitsbewegungen
in elektrische Signale,
die dem Gehirn vermitteln, wo oben und unten ist.

Knochenstruktur und Wachstum

Das Skelett eines Erwachsenen
wiegt nur 7 bis 9 Kilogramm.
Dennoch ist es stärker als Stahlbeton.
Diese Leistung ist auf die einzigartige
innere Struktur der Knochen zurückzuführen.

Die Knochen bestehen in der Regel aus zwei Anteilen:
einer kompakten harten Außenschicht
und einem schwammartig aussehenden Gewebe
aus Knochenbälkchen im Knocheninneren (Spongiosa).
Die Knochenbälkchen passen sich
den statischen Anforderungen an
und formen je nach Druck- und Zugbelastung
Spannungslinien.
Dies kann man besonders gut an einem aufgeschnittenen
Oberschenkelknochen erkennen.
Der Aufbau verleiht dem Knochen große Stabilität
trotz seines geringen Eigengewichts.

Je älter wir werden,
umso mehr verlieren die Knochen an Festigkeit
und umso leichter brechen sie.
Diesen Zustand nennt man Osteoporose.
Regelmäßige Bewegung kräftigt den Knochen
und verringert damit das Risiko von Knochenbrüchen.

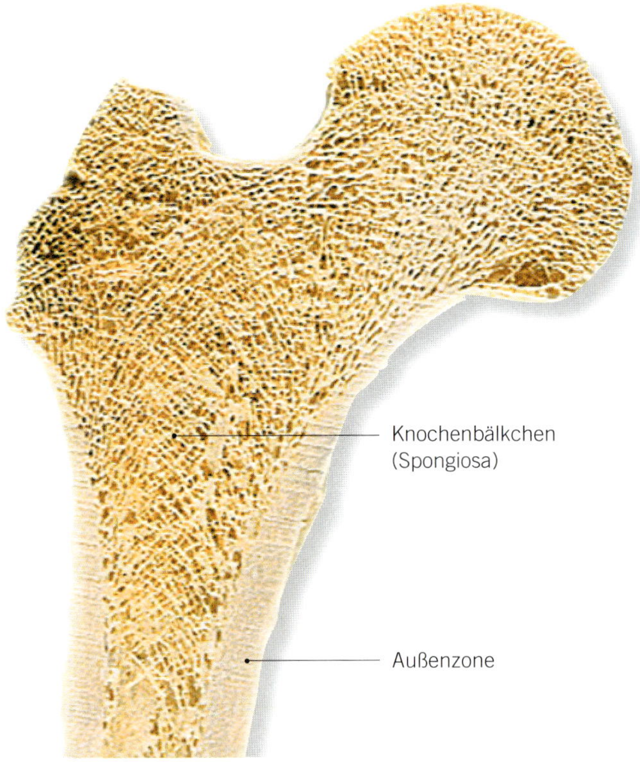

Abb. 1.19 | Oberschenkelknochen eines Erwachsenen, längs aufgesägt

Einige große Knochen enthalten in ihrem Innenraum
auch Knochenmark,
das für die Produktion der verschiedenen Blutzellen
verantwortlich ist:
weiße und rote Blutkörperchen sowie die Blutplättchen.

Knochenwachstum
In der Embryonalentwicklung
wird das Skelett zunächst aus Knorpel angelegt.
Mit zunehmendem Wachstum
wird der Knorpel nach und nach durch Knochen ersetzt.
Bei einem Neugeborenen
bestehen nur noch die Knochenenden aus Knorpel.
Diese nennt man Epiphysen.
Von ihnen geht das weitere Knochenwachstum aus,
das meist bis zum 18. Lebensjahr abgeschlossen ist.
Dann bestehen alle Knochen des Skeletts
vollständig aus Knochengewebe.

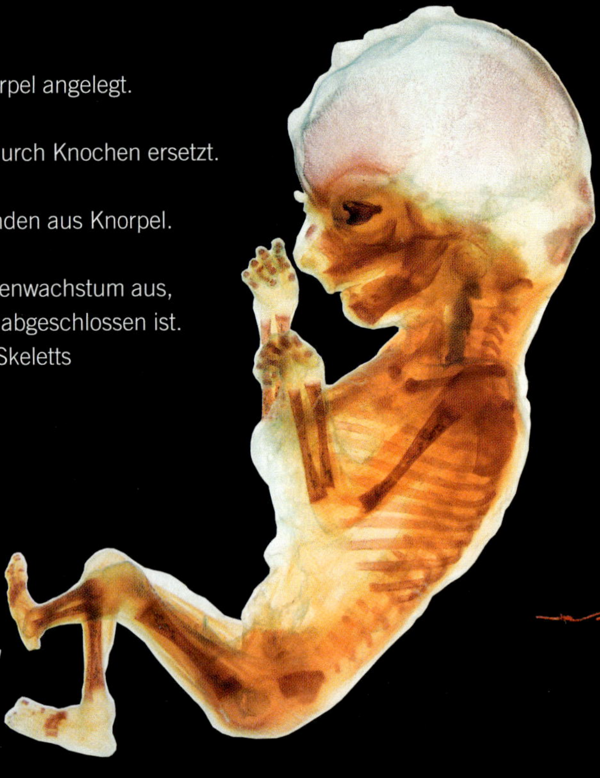

Abb. 1.20 | Fötus am Ende des dritten Schwangerschaftsmonats

Knochen ist keineswegs tote Materie, sondern besteht aus lebenden Zellen sowie aus Proteinen, Mineralsalzen und Wasser. Die Knochenzellen erneuern sich beständig. Dabei erzeugen spezialisierte Knochenzellen neuen Knochen, während andere Zellen alten Knochen abbauen. Auf diese Weise passt sich der Knochen an die statischen Belastungen an.

Osteoporose

Mit zunehmendem Alter nimmt die Festigkeit unserer Knochen ab. Die Knochenbälkchen sind dann weniger zahlreich, und die feste Außenzone ist verschmälert. Im Alter von 70 Jahren ist das Skelett der meisten Menschen etwa um ein Drittel leichter, als es noch im Alter von 40 Jahren war. Dieser Verlust an Knochendichte wird Osteoporose genannt.

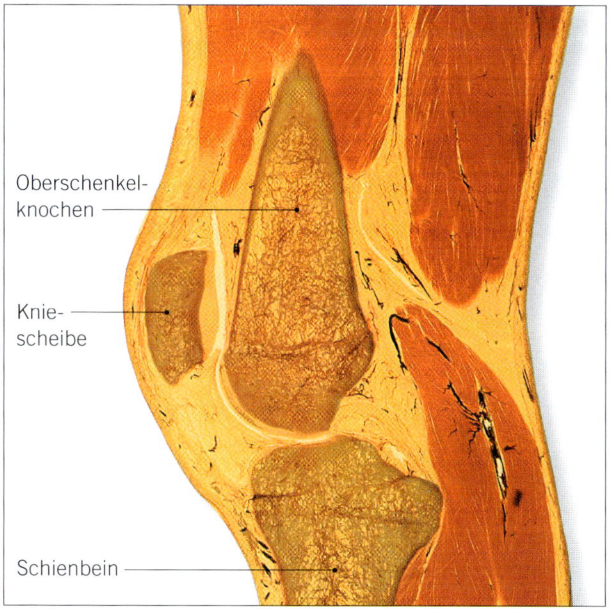

Abb. 1.21 | Längsschnitt durch das Kniegelenk mit normaler Knochenstruktur

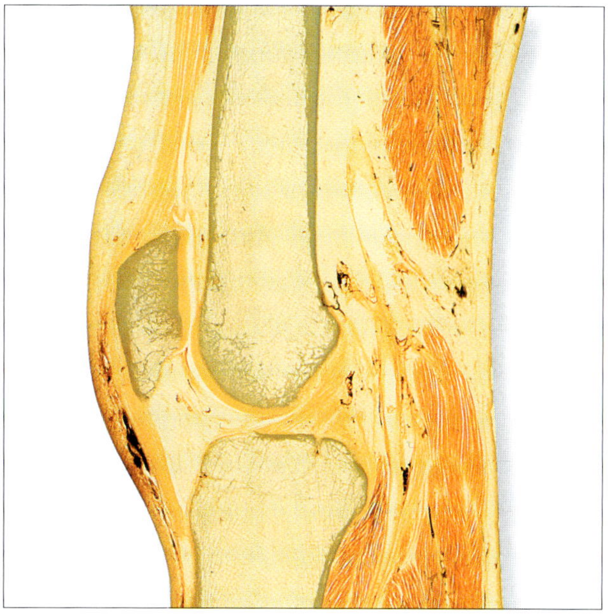

Abb. 1.22 | Längsschnitt durch das Kniegelenk mit Osteoporose

Durchblutung der Knochen

Die Knochen sind stark durchblutet und erhalten etwa 10 bis 20 Prozent der Blutmenge, die das Herz durch den Körper pumpt.

Besonders gut durchblutet sind Knochen, die rotes Knochenmark enthalten.

Abb. 1.23 | Gefäßgestalt der Wirbelsäule

Knochenerkrankungen

Verschiedene Krankheiten können den Knochen deformieren.
Dazu gehören bestimmte Stoffwechselstörungen und Erbkrankheiten,
aber auch fehlerhafte Knochenbruchheilung oder Fehlbelastungen des Skelettes.

Bechterew-Krankheit
Dieses Skelett zeigt eine deutliche Verformung der Wirbelsäule.
Bei näherer Betrachtung erkennt man, dass die Wirbelkörper miteinander verschmolzen sind.
Dieser Zustand wird als Ankylose bezeichnet.

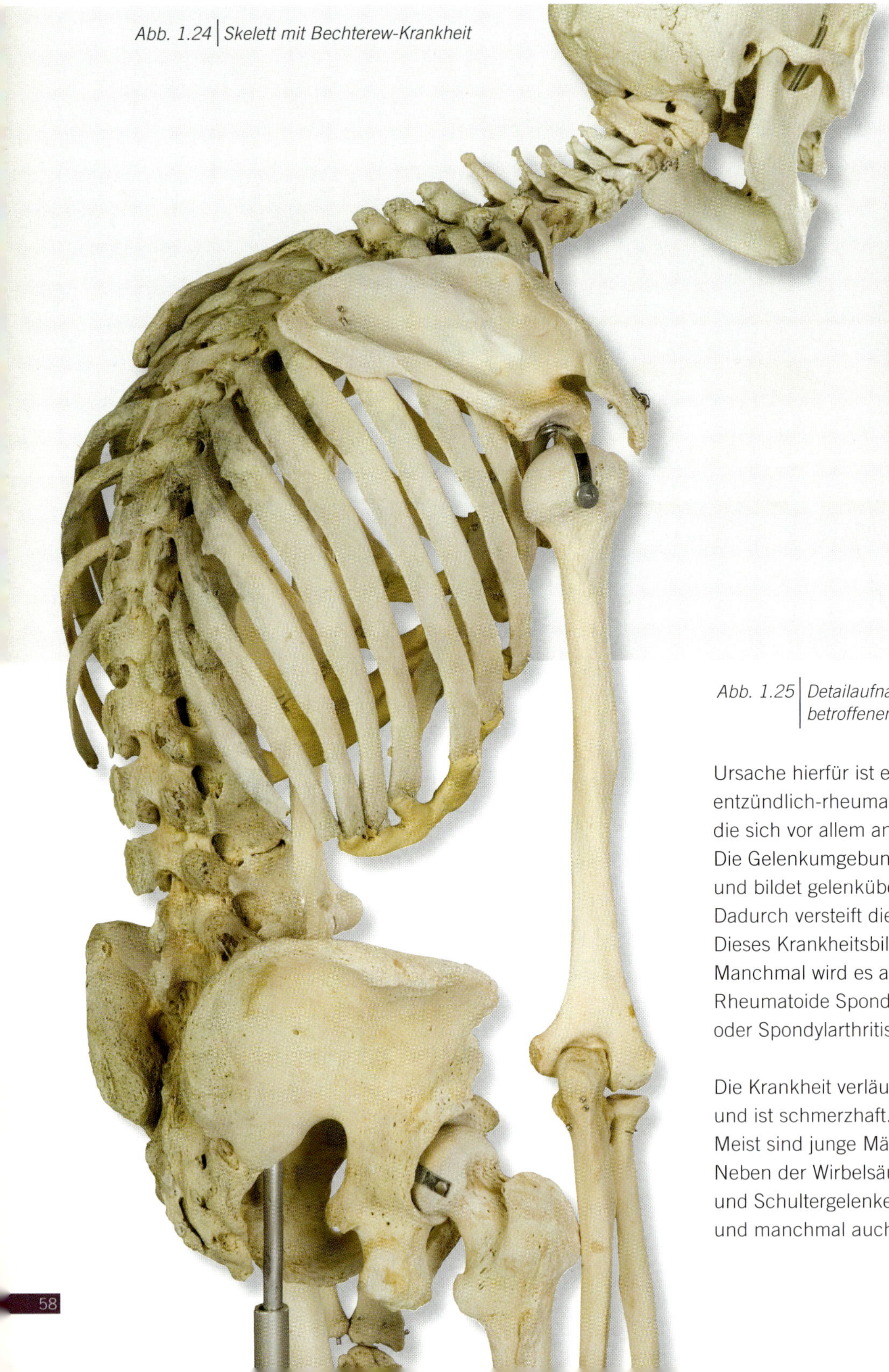

Abb. 1.24 | Skelett mit Bechterew-Krankheit

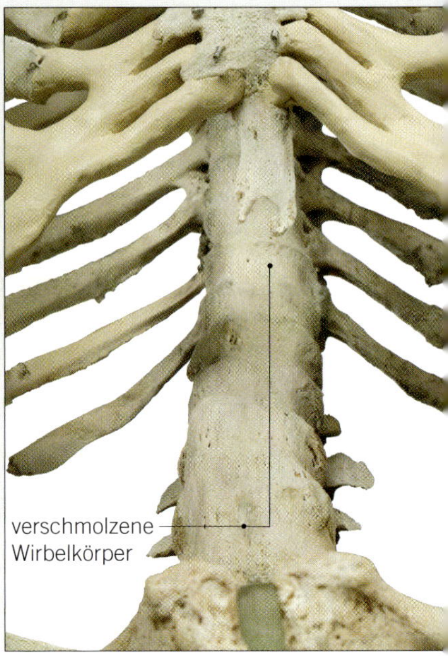

Abb. 1.25 | Detailaufnahme einer von der Bechterew-Krankheit betroffenen Wirbelsäule

Ursache hierfür ist eine chronisch verlaufende entzündlich-rheumatische Erkrankung,
die sich vor allem an der Wirbelsäule manifestiert.
Die Gelenkumgebung verknöchert dabei zunehmend und bildet gelenkübergreifende Knochenbrücken aus.
Dadurch versteift die Wirbelsäule nach und nach.
Dieses Krankheitsbild heißt Bechterew-Krankheit.
Manchmal wird es auch Morbus Bechterew, Rheumatoide Spondylarthritis oder Spondylarthritis ankylosans genannt.

Die Krankheit verläuft meist in Schüben und ist schmerzhaft.
Meist sind junge Männer betroffen.
Neben der Wirbelsäule können auch Hüft- und Schultergelenke und manchmal auch periphere Gelenke betroffen sein.

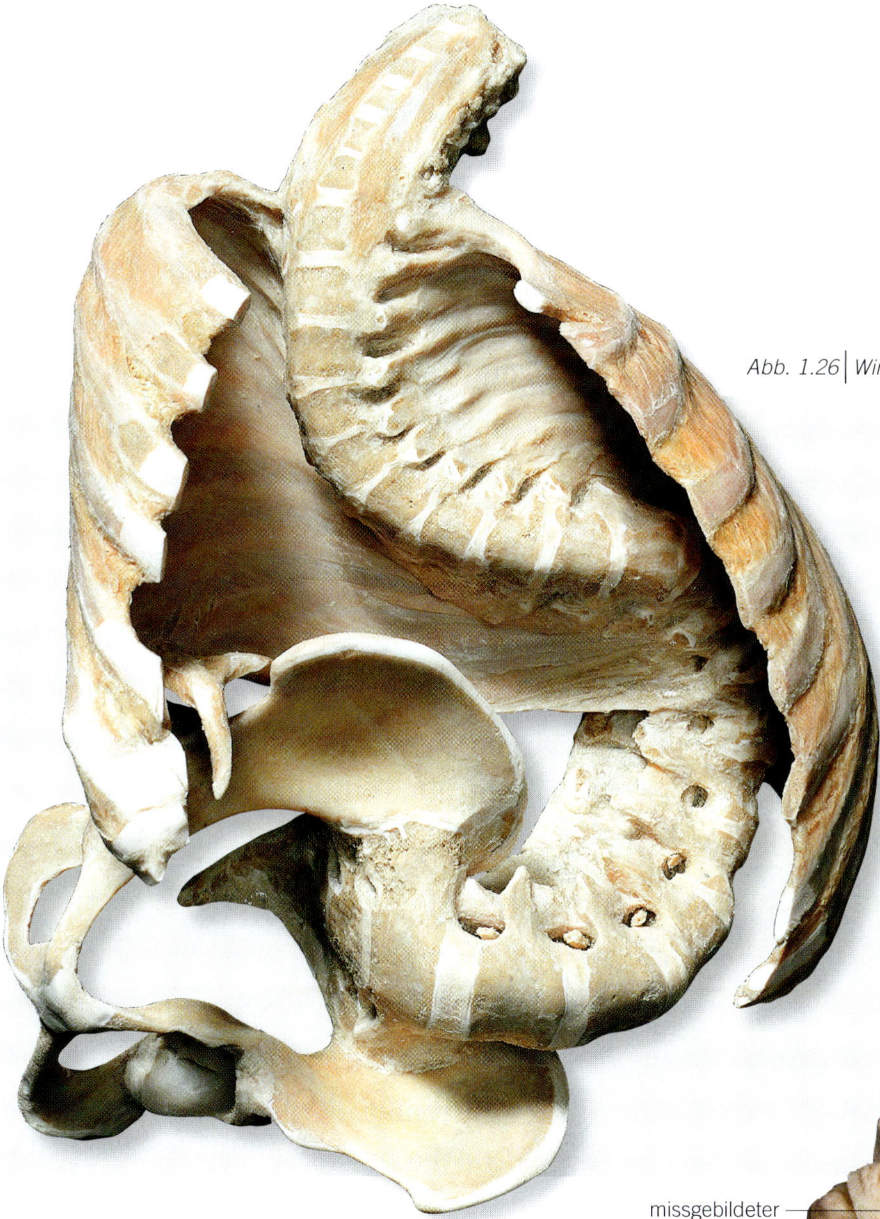

Abb. 1.26 | *Wirbelsäulen- und Brustwanddeformierung*

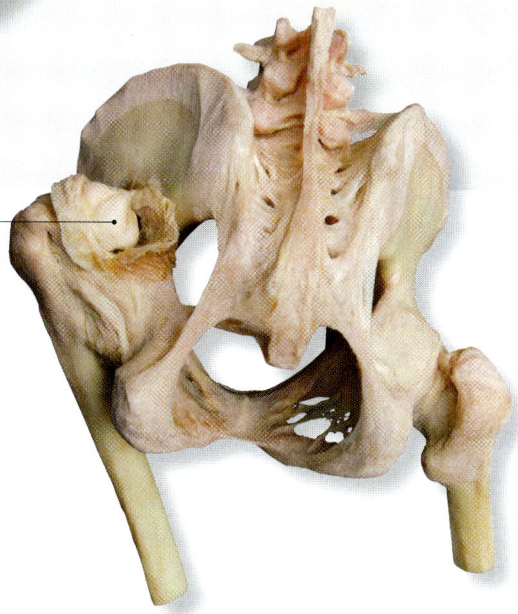

Abb. 1.27 | *Angeborene Hüftdysplasie (links)*

Skoliose

Ist die Wirbelsäule zur Seite hin verbogen, spricht man von Skoliose. Die Ursachen der Skoliose sind weitgehend unbekannt. Sie kann aber auch angeboren sein, wie im oben gezeigten Fall. Die inneren Organe mussten sich in Größe und Form an den ungewöhnlich verdrehten Rumpf anpassen. Eine derart schwere Verkrümmung mindert meist auch die allgemeine Leistungsfähigkeit und setzt die Herz- und Lungenfunktion herab.

Angeborene Hüftdysplasie

Das in Abb. 1.27 gezeigte Präparat zeigt eine schwere Fehlstellung im linken Hüftgelenk, die als angeborene Hüftdysplasie bezeichnet wird. Der Oberschenkelkopf ist deutlich deformiert und aus der Hüftpfanne (Acetabulum) herausgerutscht.

Die Hüftdysplasie ist eine kindliche Reifungsstörung mit Störung der Pfannendachverknöcherung. Dabei ist die Hüftpfanne häufig zu klein und zu steil angelegt, sodass das Hüftpfannendach den Hüftkopf nicht umschließt, sondern diesen nur unzureichend überdacht.

Knochenheilung

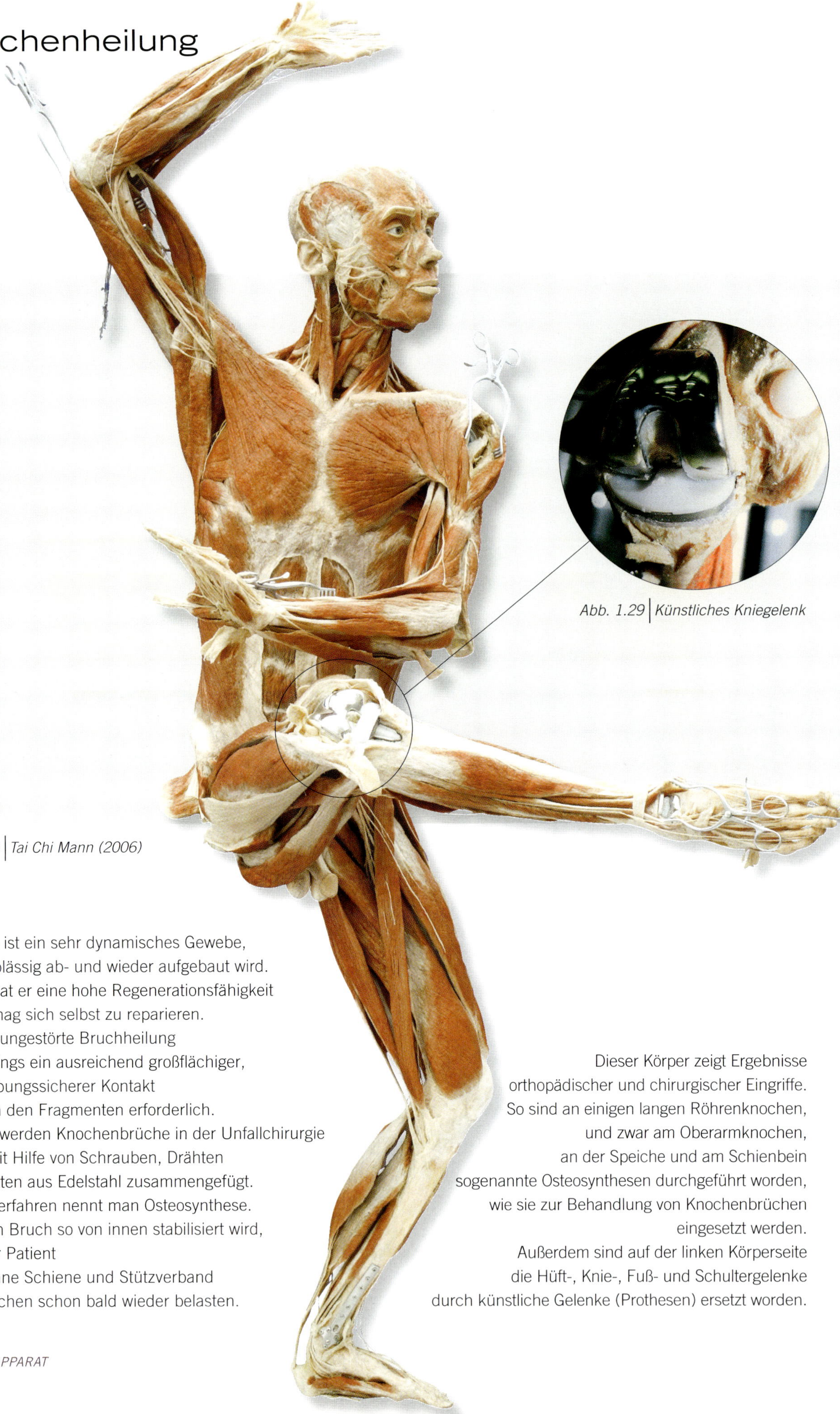

Abb. 1.28 | *Tai Chi Mann (2006)*

Abb. 1.29 | *Künstliches Kniegelenk*

Knochen ist ein sehr dynamisches Gewebe, das unablässig ab- und wieder aufgebaut wird. Zudem hat er eine hohe Regenerationsfähigkeit und vermag sich selbst zu reparieren. Für eine ungestörte Bruchheilung ist allerdings ein ausreichend großflächiger, verschiebungssicherer Kontakt zwischen den Fragmenten erforderlich. Deshalb werden Knochenbrüche in der Unfallchirurgie häufig mit Hilfe von Schrauben, Drähten oder Platten aus Edelstahl zusammengefügt. Dieses Verfahren nennt man Osteosynthese. Wenn ein Bruch so von innen stabilisiert wird, kann der Patient selbst ohne Schiene und Stützverband den Knochen schon bald wieder belasten.

Dieser Körper zeigt Ergebnisse orthopädischer und chirurgischer Eingriffe. So sind an einigen langen Röhrenknochen, und zwar am Oberarmknochen, an der Speiche und am Schienbein sogenannte Osteosynthesen durchgeführt worden, wie sie zur Behandlung von Knochenbrüchen eingesetzt werden. Außerdem sind auf der linken Körperseite die Hüft-, Knie-, Fuß- und Schultergelenke durch künstliche Gelenke (Prothesen) ersetzt worden.

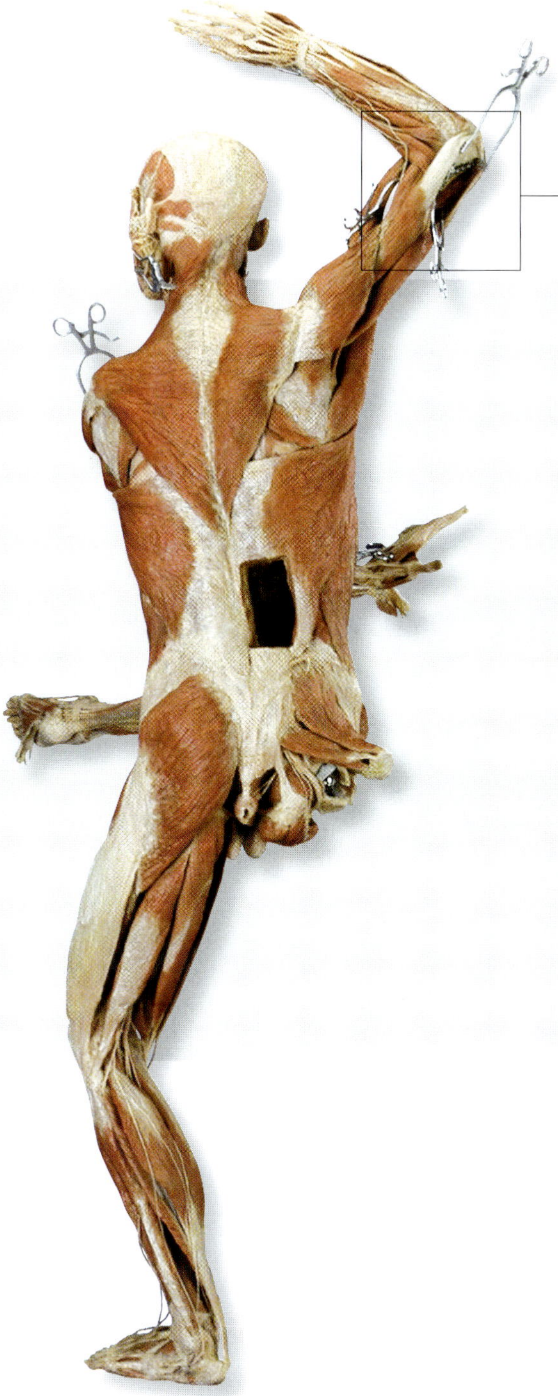

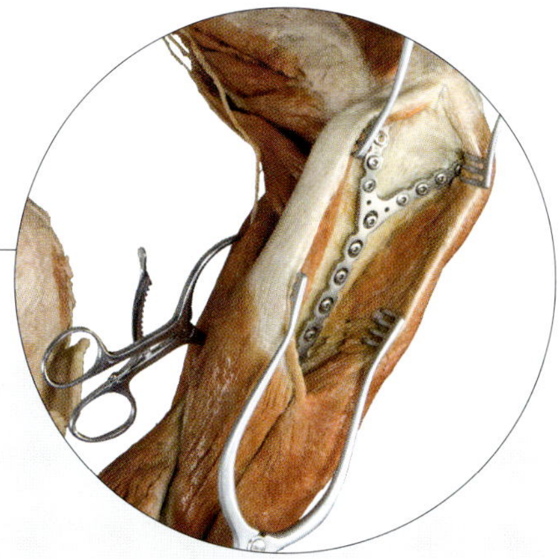

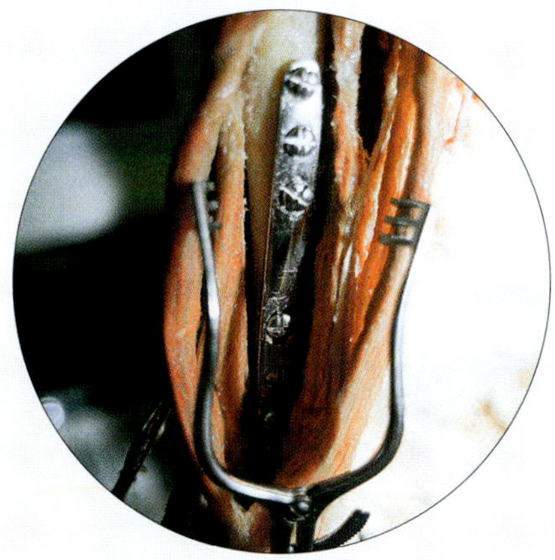

Abb. 1.30 | Osteosynthese mit Metallplatte

Bei komplizierten
oder gelenkübergreifenden Knochenbrüchen
kann auch eine chirurgische Fixierung
von außen nötig sein.
Dazu werden Nägel oder Schrauben
durch die Haut hindurch in den Knochen
auf beiden Seiten des Bruchs eingelassen
und von außen mit Klemmen und Stäben fixiert.
Eine solche Apparatur nennt man „Fixateur externe“.

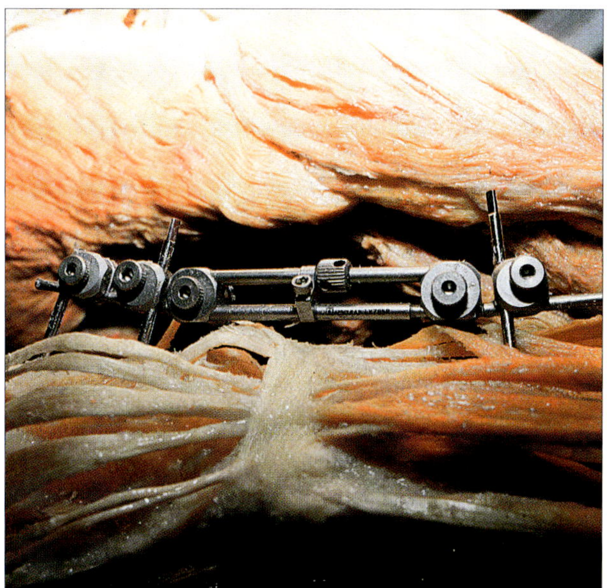

Abb. 1.31 | Externer Fixateur am Handgelenk

Das Muskelsystem

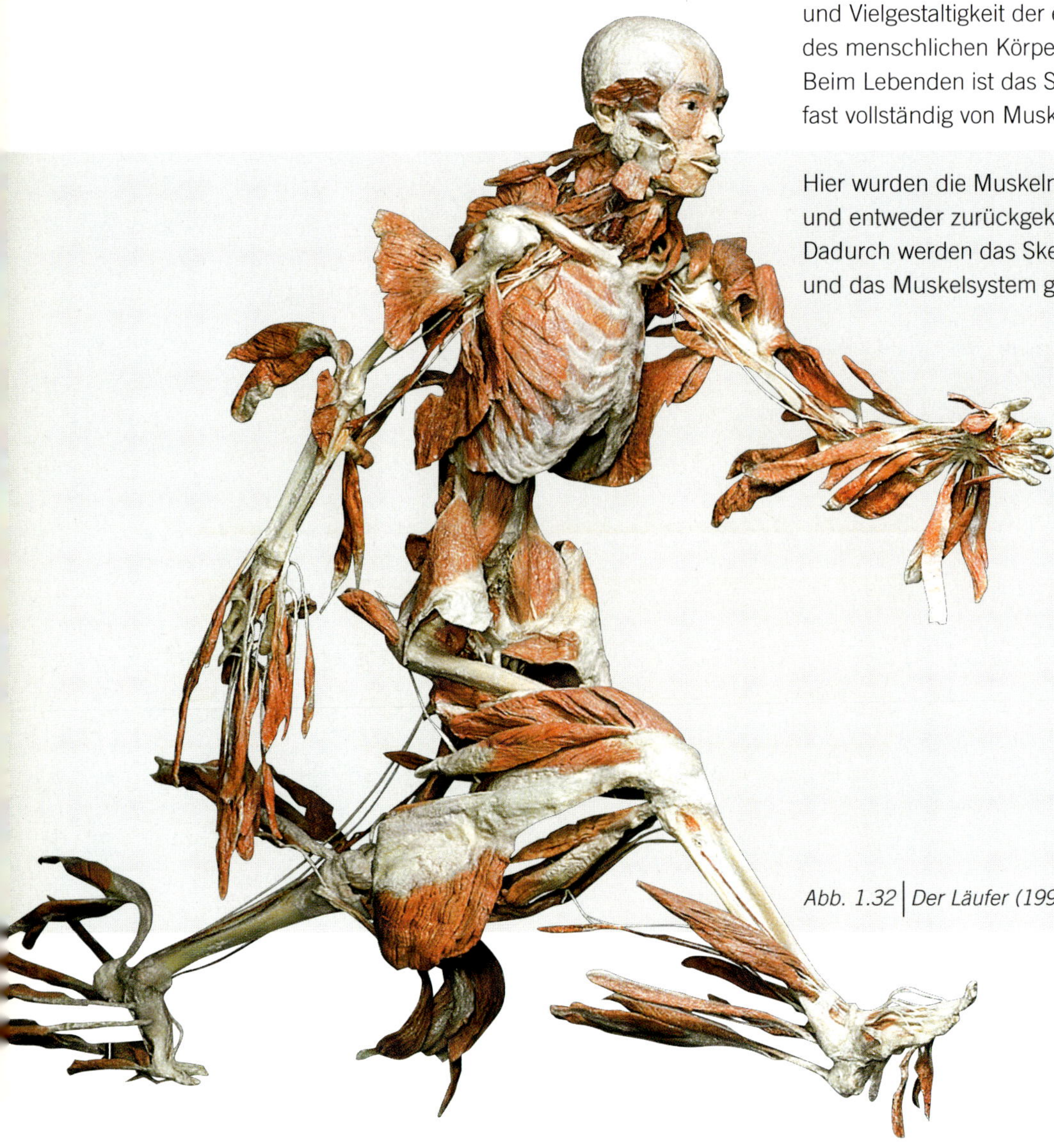

Dieses Plastinat zeigt die Vielfalt
und Vielgestaltigkeit der einzelnen Muskeln
des menschlichen Körpers.
Beim Lebenden ist das Skelett
fast vollständig von Muskeln bedeckt.

Hier wurden die Muskeln von ihren Ursprüngen abgelöst
und entweder zurückgeklappt oder seitlich verschoben.
Dadurch werden das Skelettsystem
und das Muskelsystem gleichzeitig sichtbar.

Abb. 1.32 | Der Läufer (1997)

Muskeln sind biologische Zugbänder.
Sie üben ihre Funktion aus,
indem sich ihre Fasern verkürzen.
Man unterscheidet drei Arten von Muskeln,
die alle unterschiedliche Aufgaben und Strukturen haben:

a) Die Skelettmuskeln
führen die willkürlich steuerbaren Bewegungen aus
und gewährleisten das Aufrechthalten des Körpers.
Im Mikroskop erkennt man an ihren Fasern
ein streifenförmiges Muster,
weshalb sie auch als quer gestreifte Muskulatur
bezeichnet werden.

b) Bei den glatten Muskeln fehlt das Streifenmuster.
Ihre Fasern sind am Bau der Wände von Hohlorganen
wie Blase und Darm und der Blutgefäße beteiligt
und werden unwillkürlich gesteuert.
Sie unterliegen also nicht der Kontrolle des Bewusstseins.
c) Die Herzmuskeln nehmen eine Sonderstellung ein.
Sie sind quergestreift,
werden aber dennoch unwillkürlich gesteuert.

Es gibt mehr als 620 willkürliche Muskeln.
Jeder hat eine bestimmte Funktion,
eine eigene Nervenversorgung
und einen spezifischen Ursprungs- und Ansatzpunkt.

Dementsprechend unterscheiden sie sich erheblich in Größe und Aussehen.
Ein typischer Muskel hat einen Muskelbauch, der sich zu beiden Seiten hin verjüngt und in eine bandartige, äußerst zähe, fest am Knochen verankerte Sehne mündet.

Körperbewegungen werden in aller Regel nicht durch einen Muskel allein, sondern durch ein kompliziertes Zusammenspiel funktioneller Muskelgruppen ermöglicht.
Dabei ist die Zugrichtung oftmals gegensinnig.
Der Bizeps des Oberarmes zum Beispiel beugt das Ellbogengelenk, während der Trizeps als Antagonist es streckt.
Beide arbeiten in perfekter Abstimmung:
Kontrahiert sich der eine, bremst der andere überschüssige Ausschläge ab.
So kommen fließende, abgestufte Bewegungen zustande.

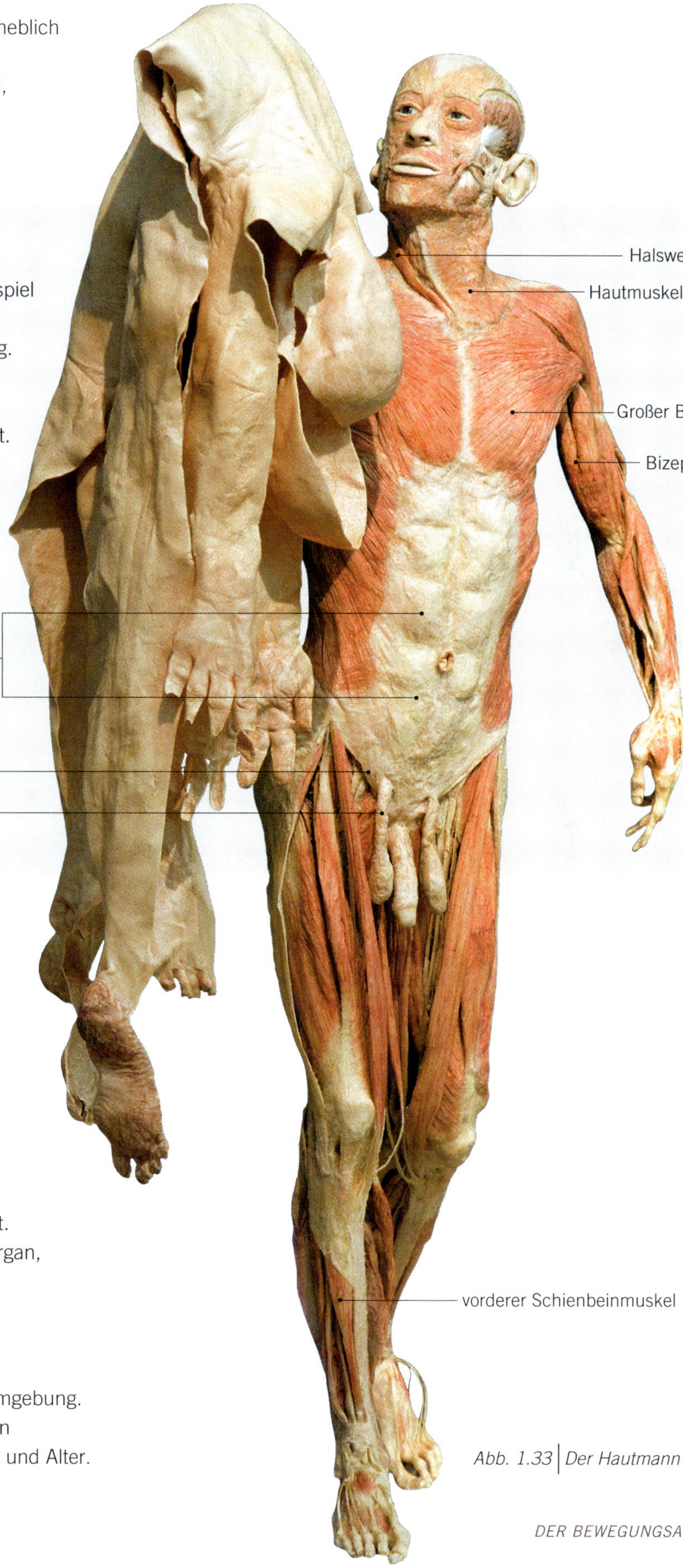

Das Ganzkörperplastinat rechts zeigt alle unter der Haut gelegenen Muskeln.
Die Muskeln prägen ganz wesentlich das Relief unserer Körperoberfläche und machen einen großen Teil unserer Körpermasse aus:
etwa 23 % des Körpergewichts bei Frauen und 40 % bei Männern.

Das Plastinat zeigt auch, was für ein eigenständiges Organ die Haut ist.
Die Haut ist unser größtes und schwerstes Organ, ohne das wir nicht existieren könnten.
Sie schützt uns vor Mikroorganismen und vor dem Austrocknen, reguliert die Körpertemperatur und liefert uns Informationen über unsere Umgebung.
Außerdem verleiht die Haut unserem Äußeren seine Einzigartigkeit und vermittelt Schönheit und Alter.

Abb. 1.33 | Der Hautmann (1997)

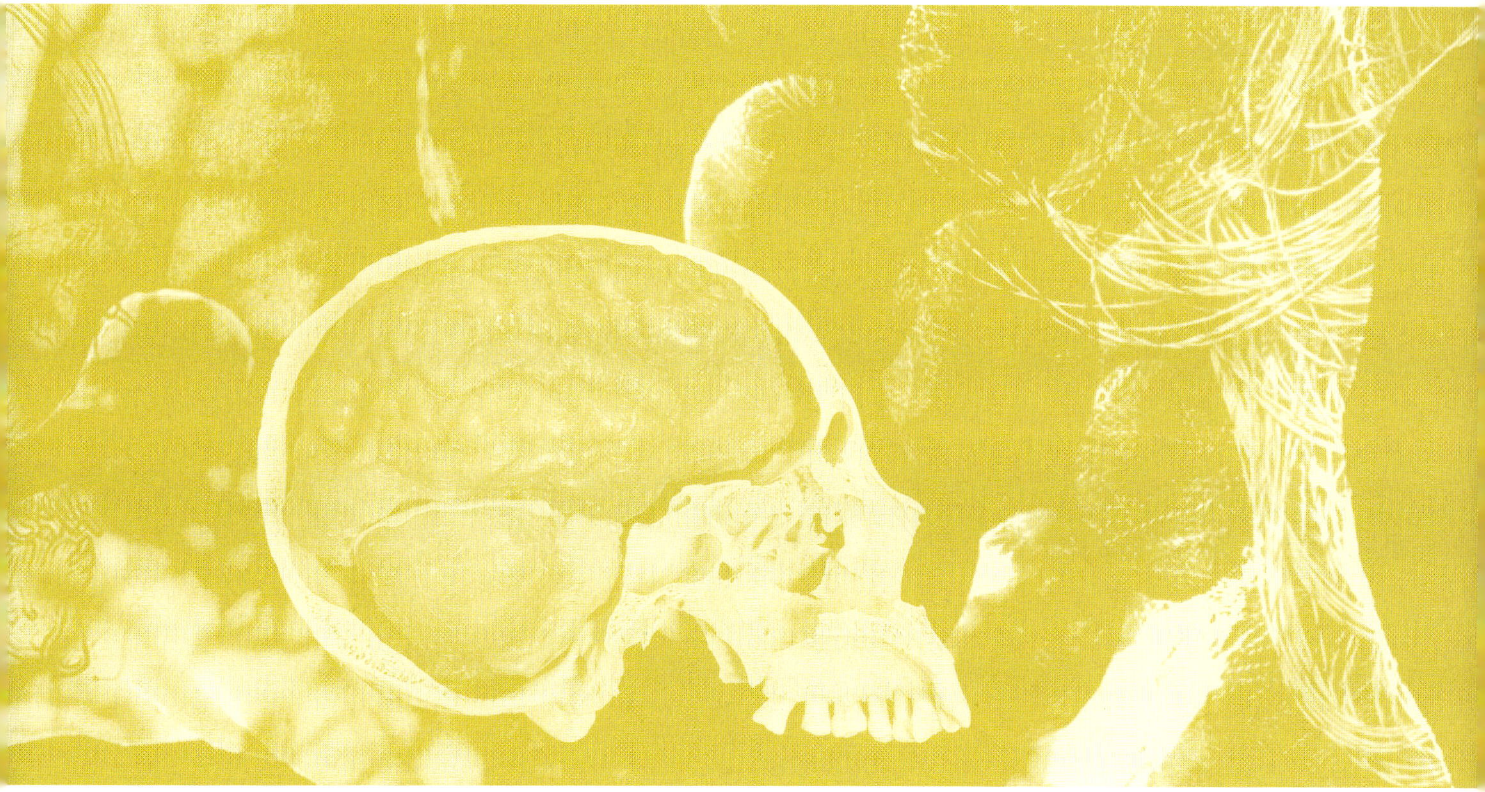

2. DAS NERVENSYSTEM

Vom Kopf bis zu den Zehen spannt sich
ein außerordentlich feines Netzwerk von Nervenfasern aus,
die alle Körperfunktionen überwachen und regulieren.
Sie treten direkt aus dem Gehirn
oder aus dem Rückenmark aus
und verästeln sich zur Peripherie hin
in immer feinere Nervenleitungen.

Das Nervensystem steuert Hunderte von Aktivitäten gleichzeitig.
Es ist die Quelle des Bewusstseins, der Intelligenz
und der Kreativität und ermöglicht uns,
zu kommunizieren und Gefühle wahrzunehmen.
Viele Funktionen laufen automatisch ab,
ohne dass wir sie bewusst wahrnehmen,
wie zum Beispiel die Atmung oder die Verdauung.

Zentrales und peripheres Nervensystem

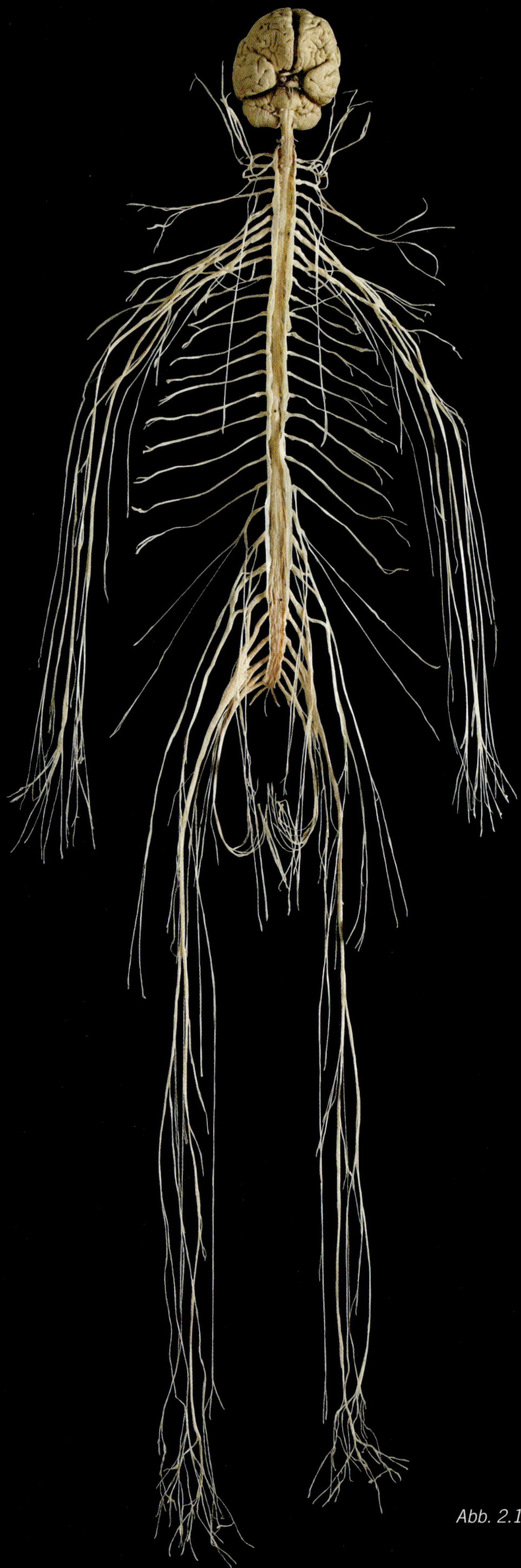

Das Nervensystem lässt sich in zwei Teile gliedern:
a) Das zentrale Nervensystem.
Es besteht aus Gehirn und Rückenmark
und steuert unsere körperlichen Aktivitäten,
indem es Nervensignale verarbeitet und koordiniert.

b) Das periphere Nervensystem.
Dies sind alle Nerven,
die vom zentralen Nervensystem ausgehen
und den gesamten Körper durchziehen.
Sie übertragen die Signale
zwischen dem zentralen Nervensystem
und dem übrigen Körper.

Die Grundeinheit des Systems sind die Nervenzellen.
Die verschiedenen Körperteile
verständigen sich miteinander
mittels schwacher elektrischer Signale,
die von den Nervenzellen ausgesendet werden.
Diese Signale erreichen Leitungsgeschwindigkeiten
von bis zu 400 km/h.

Die peripheren Nerven entspringen direkt
entweder im Gehirn oder im Rückenmark
und werden immer feiner,
je weiter sie sich im Körper verzweigen.
Ihre Endäste sind so fein,
dass man sie mit bloßem Auge nicht sehen kann.
Hier sind nur die wichtigsten
peripheren Nervenäste gezeigt.

Abb. 2.1 | Präparation des zentralen und peripheren Nervensystems

Das Gehirn

Das Gehirn ist das übergeordnete Kontrollzentrum unseres Körpers.
Es verarbeitet Sinnesinformationen, koordiniert das Denken und die meisten Bewegungen und erlaubt uns zu fühlen, zu erinnern und zu kommunizieren.

Das Gehirn liegt rundum geschützt in der Schädelhöhle wie eine Walnuss in ihrer Schale.
Das Großhirn ist der größte Teil des Gehirns.
Seine Oberfläche weist Windungen und Furchen auf, die im Laufe der Evolution durch die mächtige Ausdehnung des Großhirns entstanden sind.
Fast zwei Drittel der Gehirnoberfläche liegen in diesen Furchen verborgen.
Flach ausgebreitet würde die Großhirnrinde etwa 1,5 Quadratmeter bedecken.

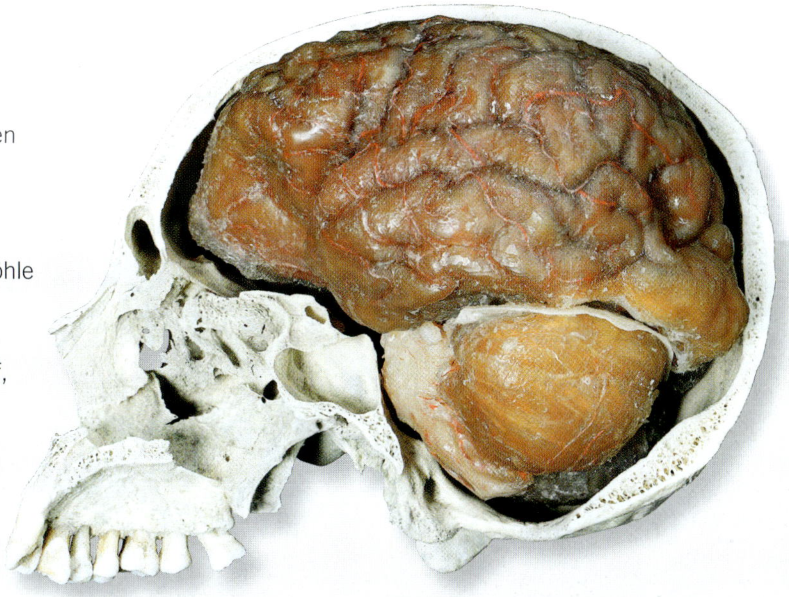

Abb. 2.2 | Menschliches Gehirn in eröffnetem Schädel

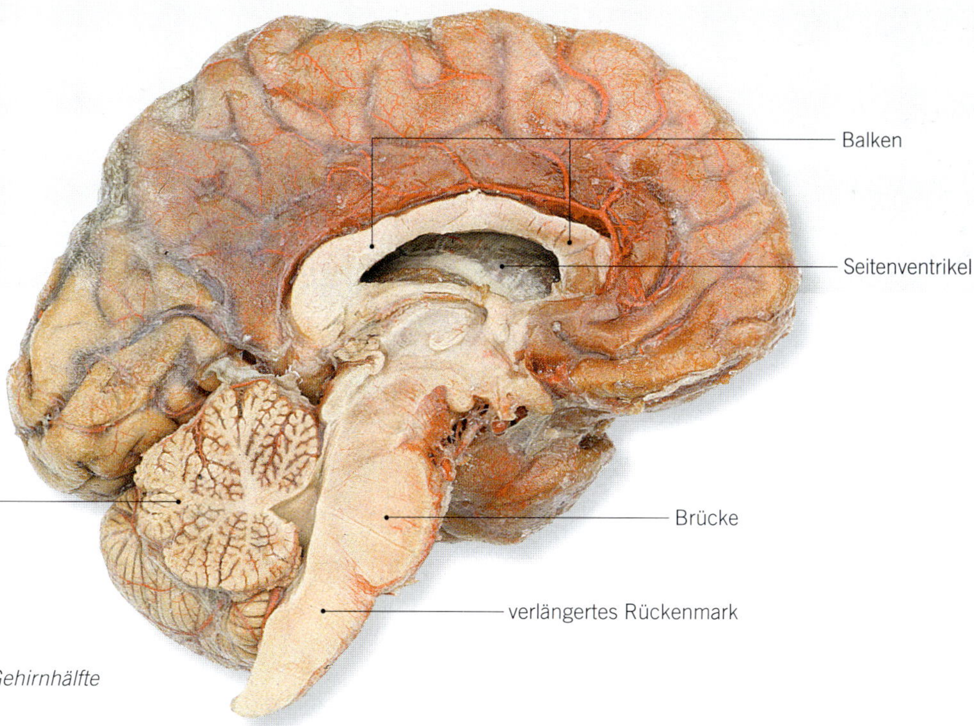

Abb. 2.3 | Linke Gehirnhälfte

Eine tiefe Längsfurche teilt das Großhirn in eine linke und rechte Gehirnhälfte (Hemisphäre).
Am Boden dieser Furche sind die beiden Hälften über ein weißes Band, den sogenannten Balken (Corpus callosum) miteinander verbunden.

Unterhalb des Großhirns liegen das Kleinhirn (Cerebellum) und der Hirnstamm.
Das Kleinhirn ist für die Bewegungskoordination zuständig, während der Hirnstamm viele Basisfunktionen steuert wie die Atmung und den Kreislauf.
An der Basis des Hirnstamms entspringt das Rückenmark.

Das Gehirn von innen

Wie an Querschnitten gut zu erkennen ist, bestehen das Gehirn und das Rückenmark aus Bereichen mit grauer und weißer Substanz. Die graue Hirnsubstanz besteht überwiegend aus dicht gepackten Nervenzellen, den Neuronen. Ihre Aufgabe ist es, Nervenimpulse zu verarbeiten.

Die weiße Substanz setzt sich hingegen aus langen dünnen Fasern zusammen, die den Neuronen entspringen. Diese Fasern verbinden verschiedene Regionen des zentralen Nervensystems miteinander und übertragen die Nervenimpulse.

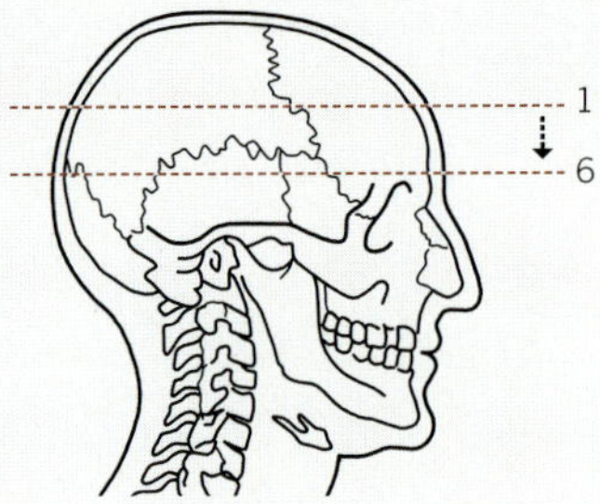

Graue Hirnsubstanz findet sich vor allem in der Großhirnrinde und in den Kerngebieten in der Tiefe des Gehirns. Die Großhirnrinde spielt eine Schlüsselrolle für Gedächtnis, Aufmerksamkeit, Wahrnehmung, Denken, Sprache und Bewusstsein. Die Kerngebiete der tiefen Hirnregionen steuern die unbewussten Hirnfunktionen.

Abb. 2.4 | Hirnscheibenserie, horizontal

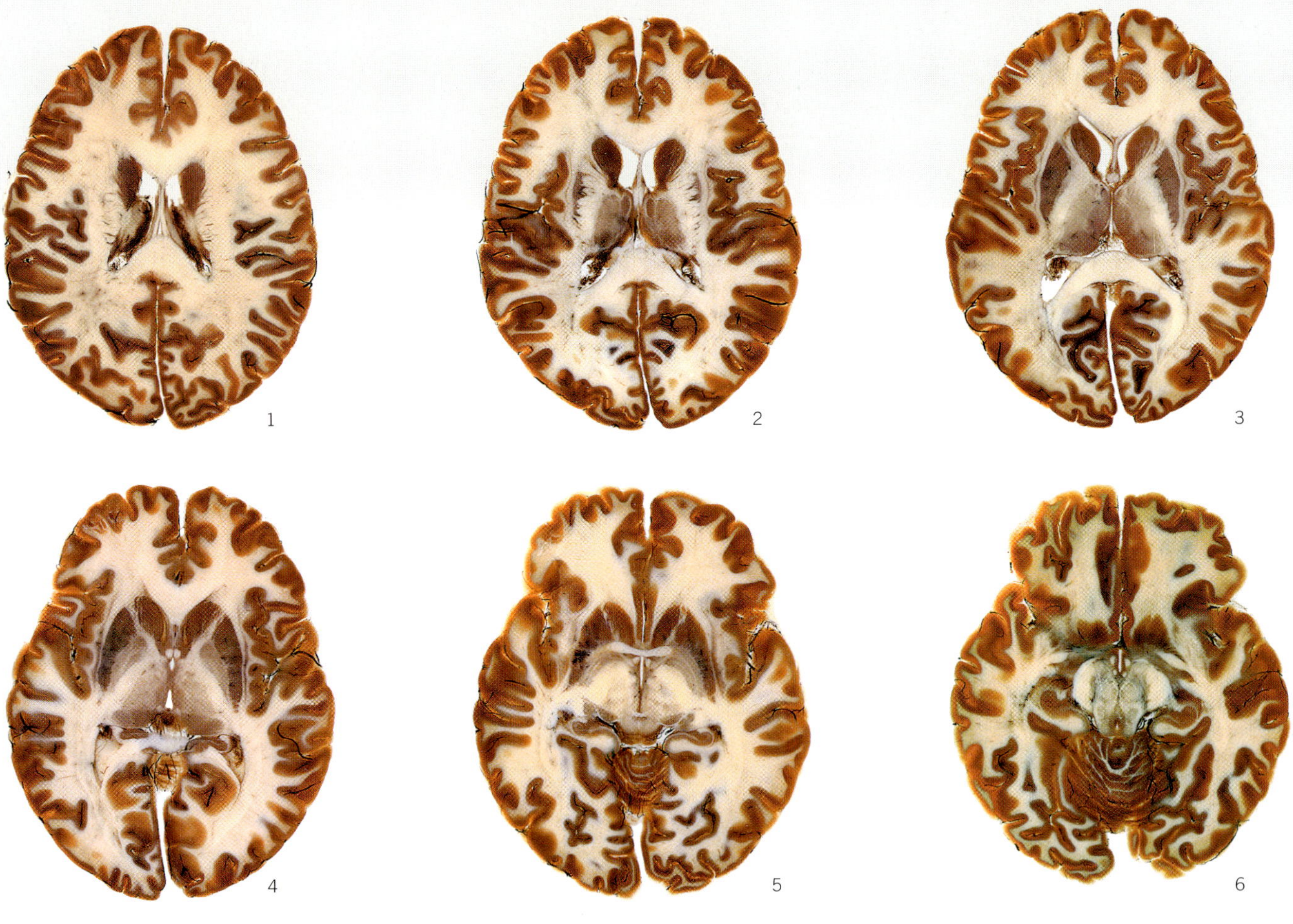

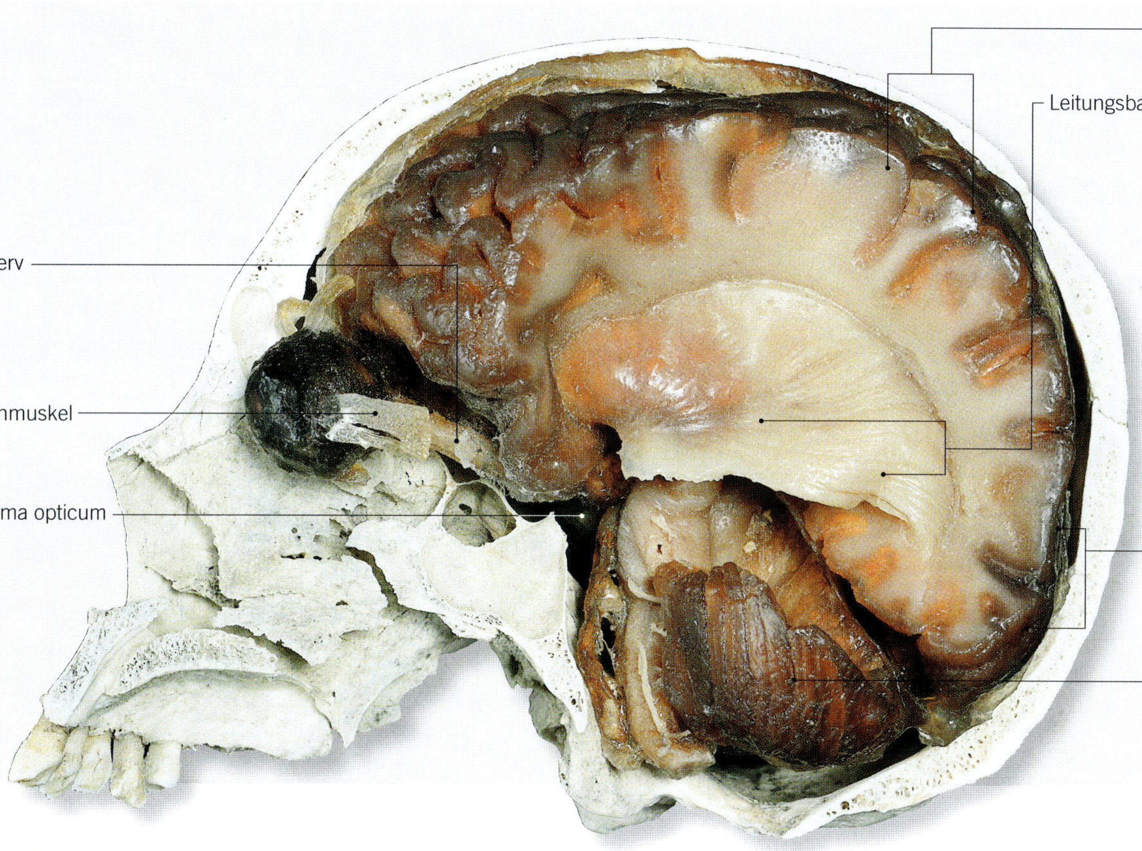

Abb. 2.5 | Gehirn in eröffnetem Schädel mit Präparation von Gehirnleitungsbahnen

Das oben abgebildete Gehirn
zeigt eine Präparation der Sehbahn.
Sie beginnt in der Netzhaut eines jeden Auges
und endet in der Sehrinde am hinteren Pol des Großhirns.
Die Sehinformationen verlassen die Netzhaut
über den linken und rechten Sehnerv
und ziehen zur Sehnervenkreuzung,
dem Chiasma opticum.

Hier wechselt die Hälfte der Nervenfasern
je eines Auges auf die andere Gehirnseite über,
sodass im weiteren Verlauf jede Gehirnhälfte
über Informationen beider Augen verfügt.
Nach der Kreuzung ziehen die Fasern weiter
bis zur Sehrinde im Hinterhauptsbereich,
wo das Gehirn die Signale
zu einem farbigen Bild zusammensetzt.

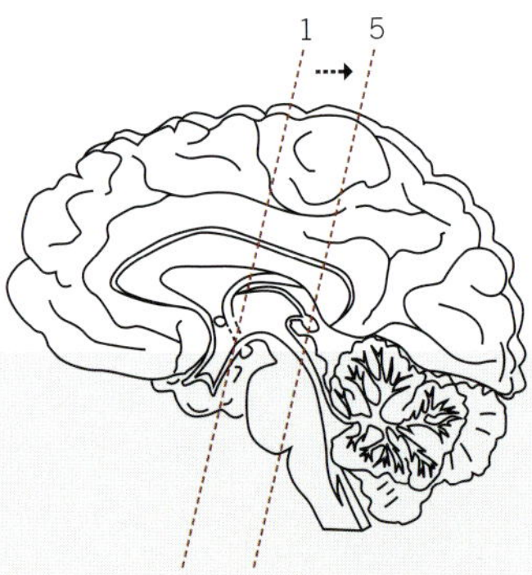

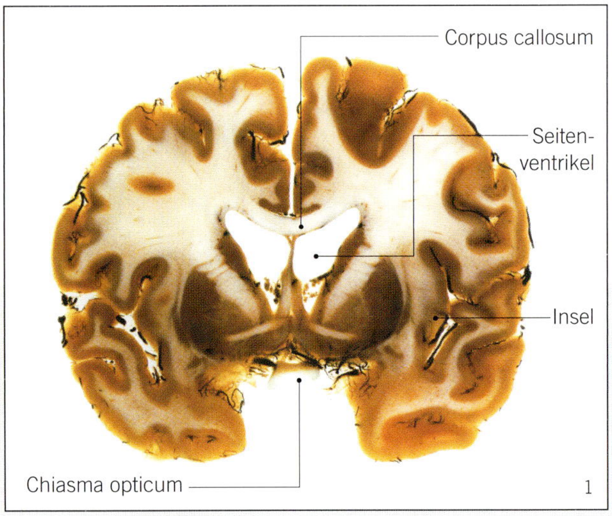

Abb. 2.6 | Frontale Gehirnscheibenserie

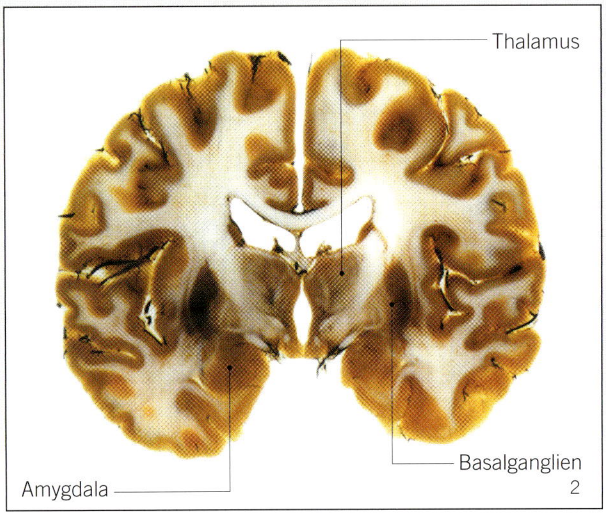

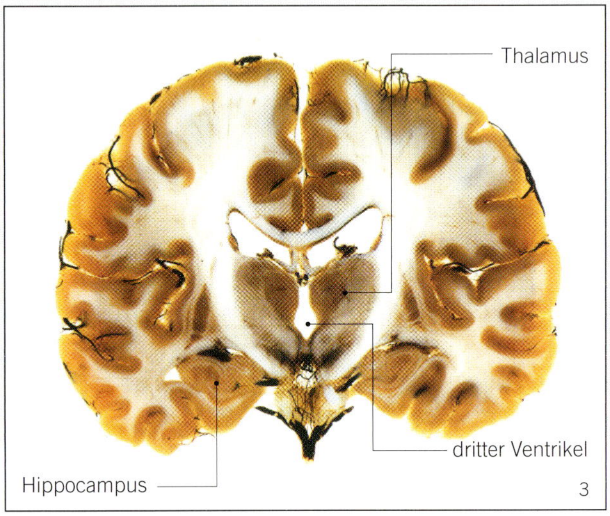

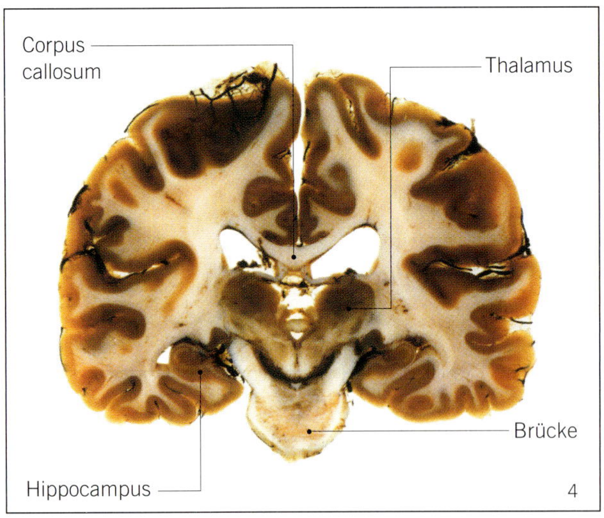

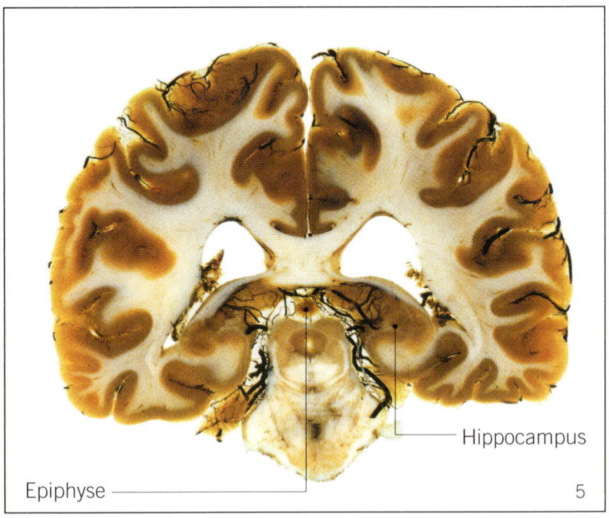

Gehirnkammern
Innerhalb des Gehirns
gibt es vier miteinander verbundene Kammern,
die als Ventrikel bezeichnet werden.
In ihnen zirkuliert eine Flüssigkeit, der Liquor.
Der Liquor wird in den Kammern produziert
und drei- bis viermal täglich erneuert.
Er wirkt als innerer Stoßdämpfer.

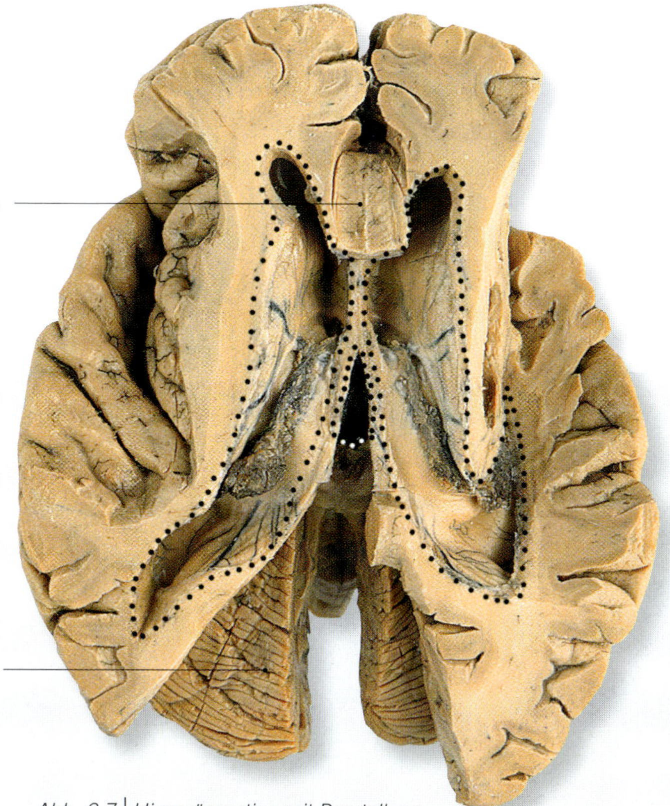

Abb. 2.7 | *Hirnpräparation mit Darstellung des Ventrikelsystems (markierter Bereich)*

aufgeweiteter Ventrikel

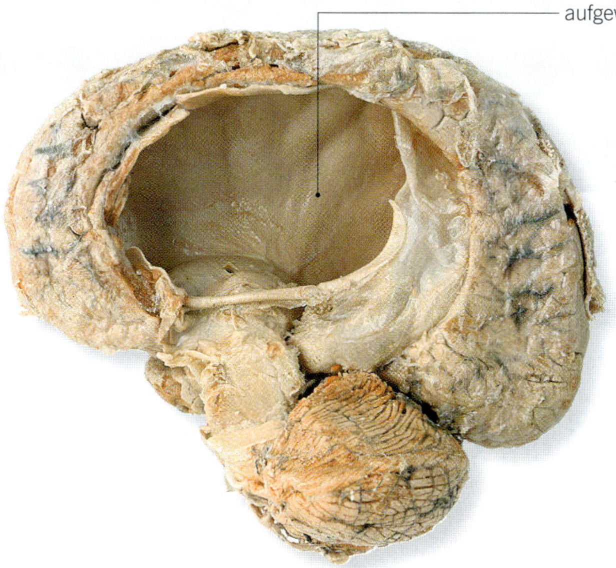

Abb. 2.8 | *Rechte Gehirnhälfte mit Hydrocephalus*

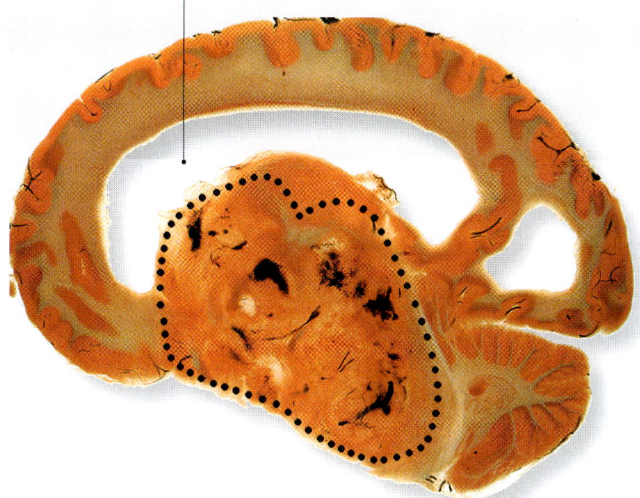

Abb. 2.9 | *Hirnscheibe mit Hirnstammtumor (markierter Bereich) und Hydrocephalus*

Wasserkopf (Hydrocephalus)
Ist die Zirkulation innerhalb der Hirnkammern blockiert,
steigt die Flüssigkeitsmenge an.
Der hohe Druck weitet dann die Hirnkammern auf
und verdrängt und schädigt dabei das Hirngewebe.
Dieser Zustand wird als Wasserkopf
oder Hydrocephalus bezeichnet.

Als Ursache kommen Tumoren, Entzündungen
oder angeborene Fehlbildungen in Betracht.

Der in Abb. 2.9 gezeigte bösartige Tumor
hat einen Großteil des Hirnstamms eingenommen
und blockiert den Abfluss aus dem Seitenventrikel.

Das erkrankte Gehirn

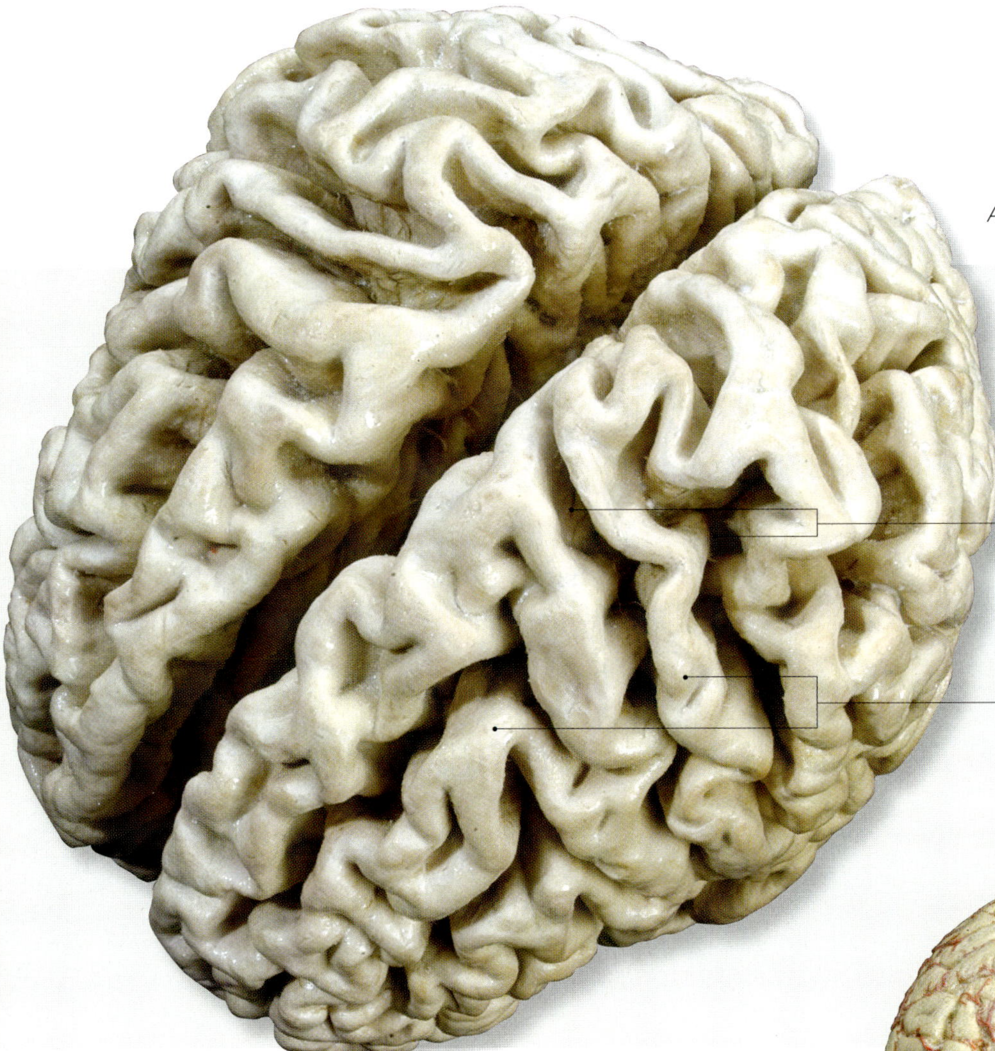

Abb. 2.10 | *An Alzheimer erkranktes Gehirn*

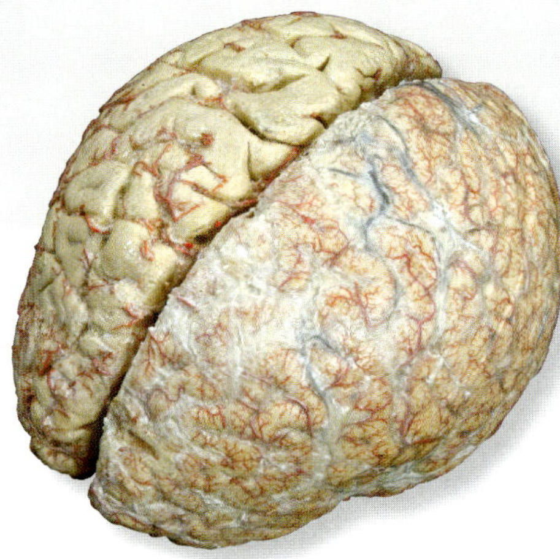

Abb. 2.11 | *Gesundes Gehirn. In der linken Hirnhälfte wurde die weiche Hirnhaut (Pia mater) belassen.*

Alzheimer-Krankheit – der lange Abschied

Die Alzheimer-Krankheit ist eine fortschreitende und schließlich zum Tode führende Erkrankung des Gehirns. Sie ist gekennzeichnet durch typische, mikroskopisch feine Eiweißablagerungen im Gehirn, die man Amyloid-Plaques nennt. Nervenzellen und Nervenzellkontakte gehen nach und nach und unwiederbringlich unter, sodass sich die Furchen in der Rinde erheblich verbreitern und das Gehirn insgesamt schrumpft.

Die Alzheimer-Krankheit zeichnet sich vor allem durch eine anfängliche Gedächtnisschwäche aus, die im Verlauf zunimmt und zu einem völligen Verlust der Urteilsfähigkeit und der Persönlichkeit führen kann. Die Symptome beginnen meist nach dem 65. Lebensjahr, können aber auch schon vor dem 50. Lebensjahr auftreten.

Etwa jeder 13. Mensch über 65 Jahren ist betroffen. Alzheimer ist damit eine häufige Erkrankung. Da die Lebenserwartung in der Weltbevölkerung insgesamt steigt, wird auch die Zahl der Alzheimer-Erkrankungen vermutlich weiter zunehmen. Noch kann man die Alzheimer-Krankheit nicht heilen. Verschiedene Medikamente können aber Symptome lindern.

Die Blutversorgung des Gehirns
Das Gehirn hat einen außerordentlich hohen Energiebedarf. Obgleich es nur 2 % unseres Körpergewichts ausmacht, benötigt es 20 % unserer gesamten Blutversorgung. Ist die Blutzufuhr für nur 10 Sekunden unterbrochen, werden wir bewusstlos.

Abb. 2.12 | Gefäßgestalt der Hirnarterien

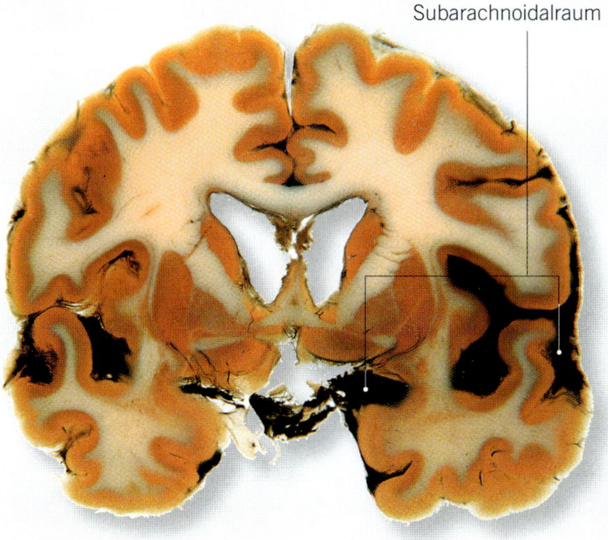

Abb. 2.13 | Hirnscheibe mit Subarachnoidalblutung nach Hirnschlag

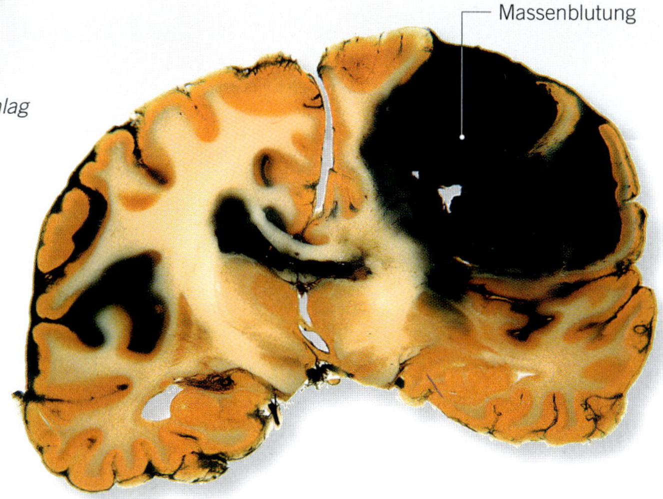

Abb. 2.14 | Hirnscheibe mit Massenblutung nach Hirnschlag

Schlaganfall
Ist die Blutzufuhr zum Gehirn länger unterbrochen, erhalten die Nervenzellen zu wenig Sauerstoff und Nährstoffe und sterben ab.
Diesen Zustand nennt man Schlaganfall.
Andere Bezeichnungen sind Hirninfarkt, Insult oder Apoplex.

Ein Schlaganfall kann entweder durch den Verschluss einer Gehirnarterie entstehen oder Folge einer Hirnblutung sein.
Die Symptome treten sehr rasch auf und sind abhängig vom Ort und dem Ausmaß der Gewebeschädigung.
Meist kommt es zu halbseitiger Lähmung, die oft von Sprach- und Gefühlsstörungen begleitet ist.
Ein schwerer Schlaganfall führt zu Bewusstseinstrübung bis zur Bewusstlosigkeit oder kann zum sofortigen Tod führen.

Das Schlaganfall-Risiko steigt mit zunehmendem Lebensalter deutlich an.
Aber auch jüngere Menschen können einen Schlaganfall erleiden.
Zu den wichtigsten Risikofaktoren gehören Bluthochdruck, Zuckerkrankheit (Diabetes), Rauchen, Übergewicht und zu hohe Blutfette (Cholesterin).

Das vegetative Nervensystem

Dieses Plastinat zeigt die wichtigsten peripheren Nerven. Ein Teil der nahe der Wirbelsäule gelegenen Nerven gehört zum vegetativen Nervensystem.

Das vegetative Nervensystem steuert viele lebenswichtige Körperfunktionen wie beispielsweise den Blutkreislauf, die Atmung und die Verdauung.

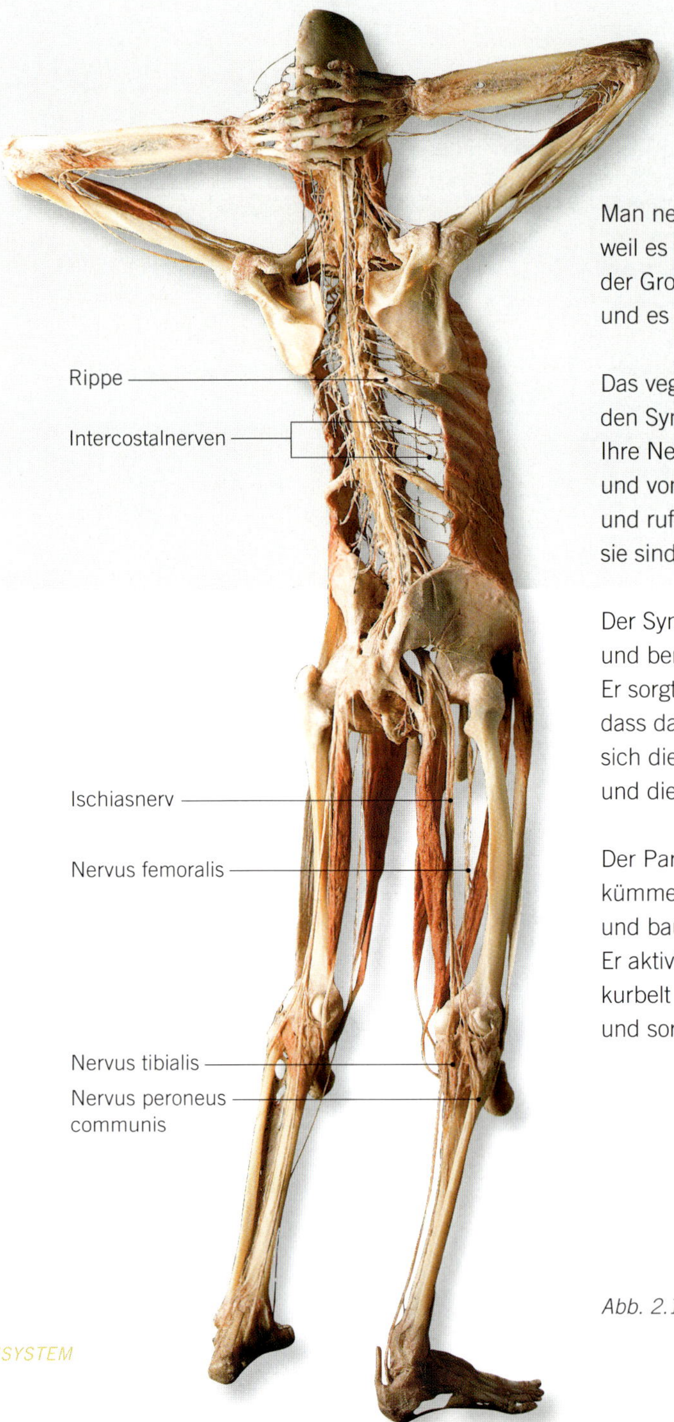

Man nennt es auch das autonome Nervensystem, weil es teilweise ohne die höheren Zentren der Großhirnrinde arbeitet und es ohne willentliche Steuerung funktioniert.

Das vegetative Nervensystem hat zwei Anteile: den Sympathikus und den Parasympathikus. Ihre Nervenbahnen ziehen vom Gehirn und vom Rückenmark aus zu den Organen und rufen dort gegenläufige Wirkungen hervor; sie sind gewissermaßen Gegenspieler.

Der Sympathikus regt den Körper an und bereitet ihn auf Stressreaktionen vor. Er sorgt beispielsweise dafür, dass das Herz schneller und kräftiger schlägt, sich die Atemwege erweitern und die Leber Zucker (Glukose) freisetzt.

Der Parasympathikus, auch Vagus genannt, kümmert sich dagegen um die Körperfunktionen in Ruhe und baut körpereigene Reserven auf. Er aktiviert die Verdauung, kurbelt verschiedene Stoffwechselvorgänge an und sorgt für Entspannung.

Abb. 2.15 | Der Müßiggänger (2002)

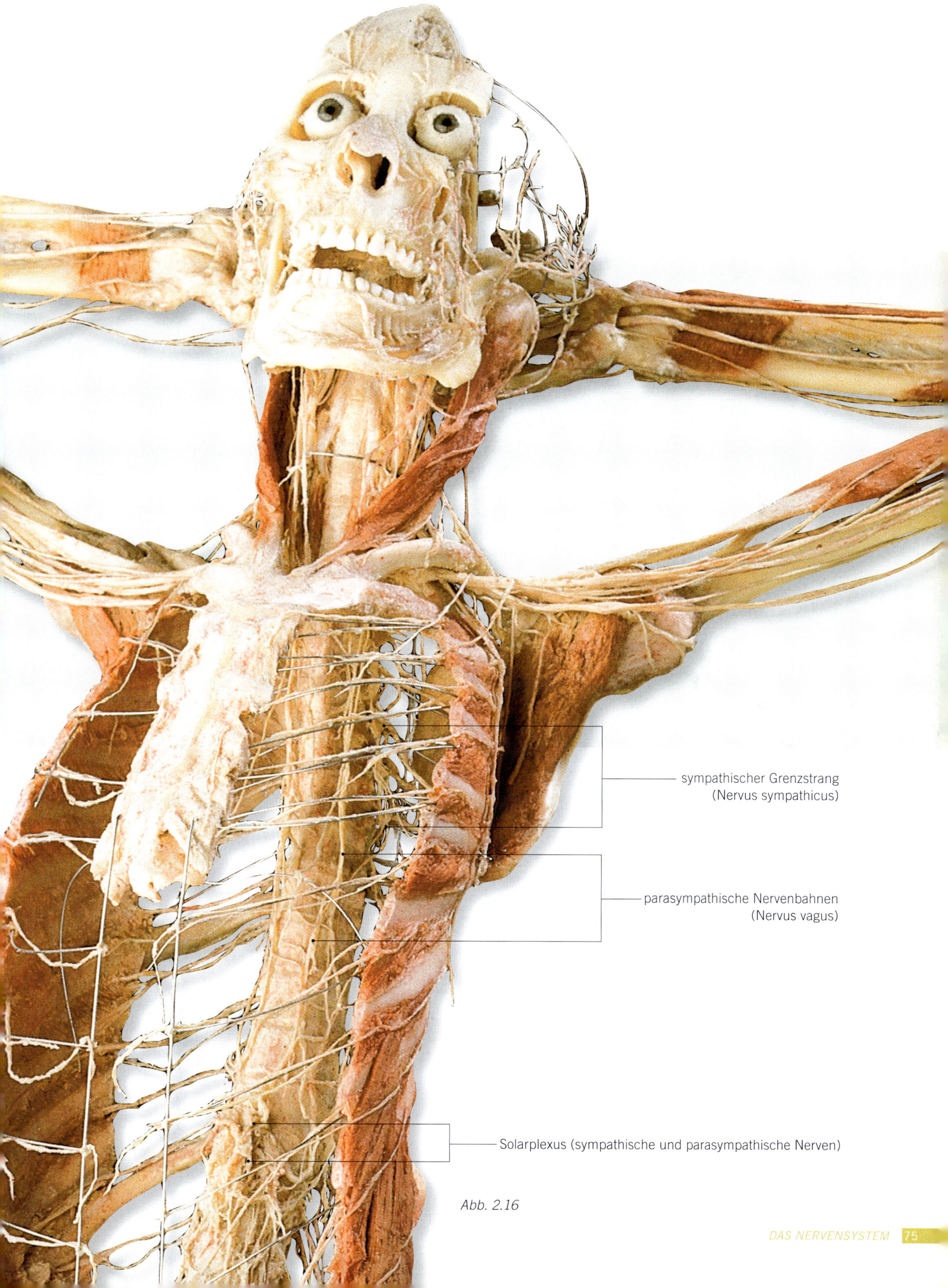

sympathischer Grenzstrang
(Nervus sympathicus)
parasympathische Nervenbahnen
(Nervus vagus)
Solarplexus (sympathische und parasympathische Nerven)

Abb. 2.16

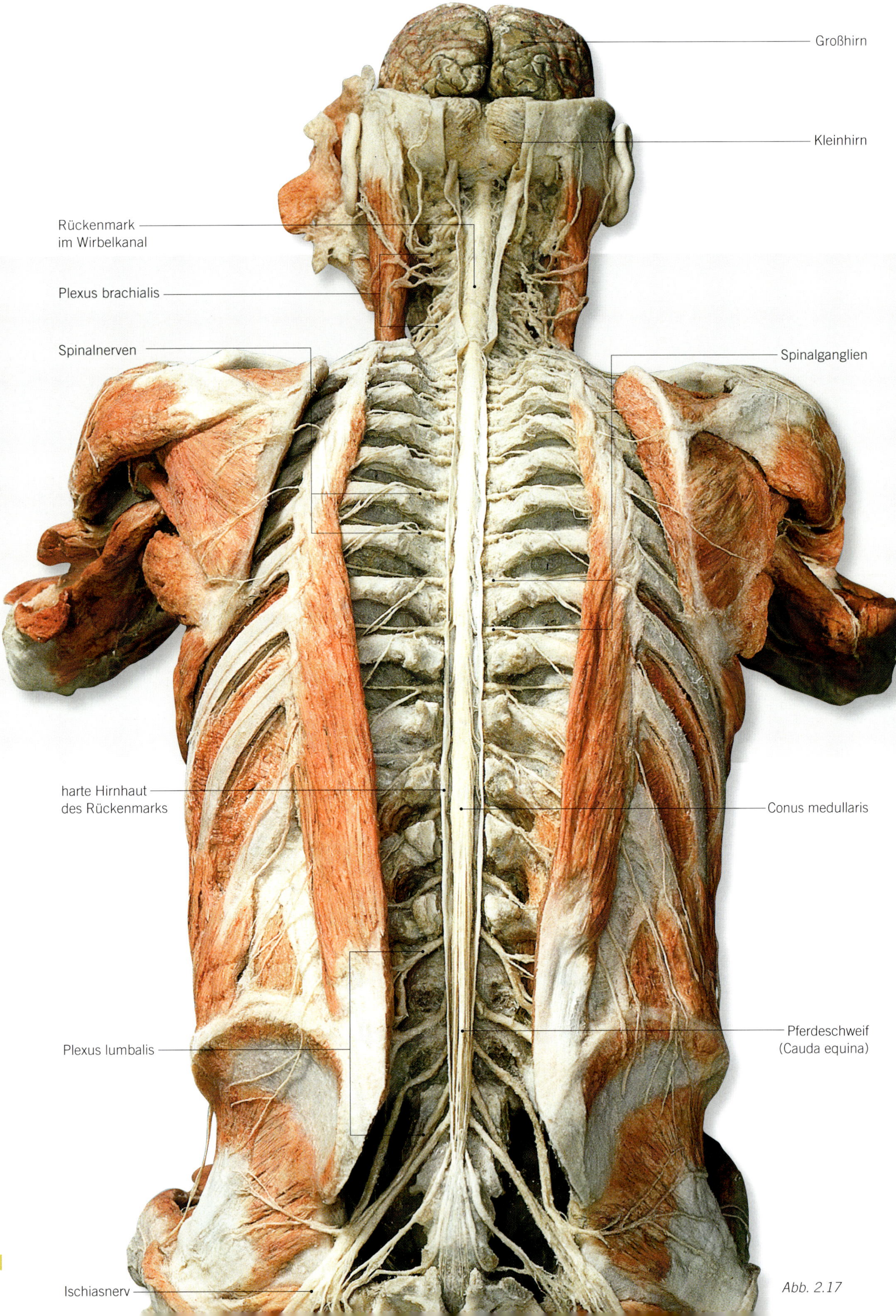
Großhirn
Kleinhirn
Rückenmark im Wirbelkanal
Plexus brachialis
Spinalnerven
Spinalganglien
harte Hirnhaut des Rückenmarks
Conus medullaris
Plexus lumbalis
Pferdeschweif (Cauda equina)
Ischiasnerv
Abb. 2.17

Der Schachspieler

Dieses Plastinat hat die Gestalt eines tief in Gedanken versunkenen Menschen und zeigt, wie die Nervenfasern im ganzen Körper verlaufen.

Die Haltung betont den besonderen Charakter dieses Plastinats – seine anatomische Identität.

Abb. 2.18 | Der Schachspieler (1997)

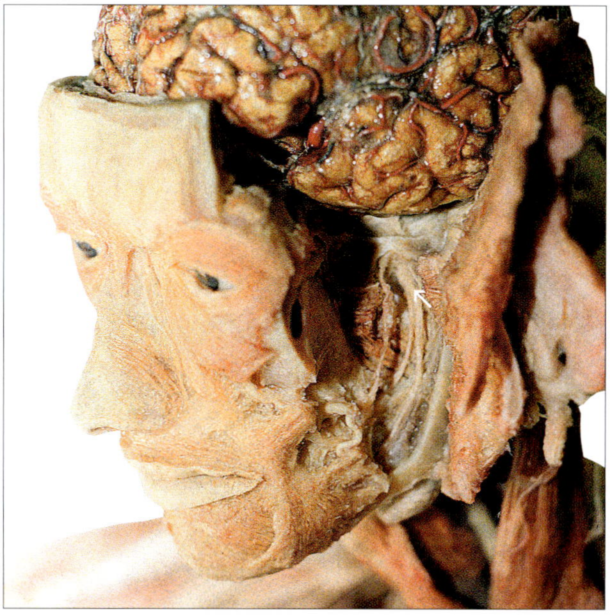

Das Gehirn ist im geöffneten Schädel sichtbar.
Von dort aus zieht das Rückenmark
durch die nach hinten geöffnete Wirbelsäule abwärts.
Aus den Wirbelzwischenräumen heraus
verbinden 31 paarige Rückenmarksnerven
das Rückenmark mit dem übrigen Körper.

Das Nervenbündel unten am Rückenmark
ist der sogenannte Pferdeschweif, die Cauda equina.
Der Ischiasnerv
ist der dickste und längste Nerv im Körper.
Er tritt aus dem unteren Rückenmark aus
und verläuft auf der Rückseite das Bein hinab.

Abb. 2.19 | Präparation der Gesichtsnerven (Nervus Trigeminus; Pfeil)

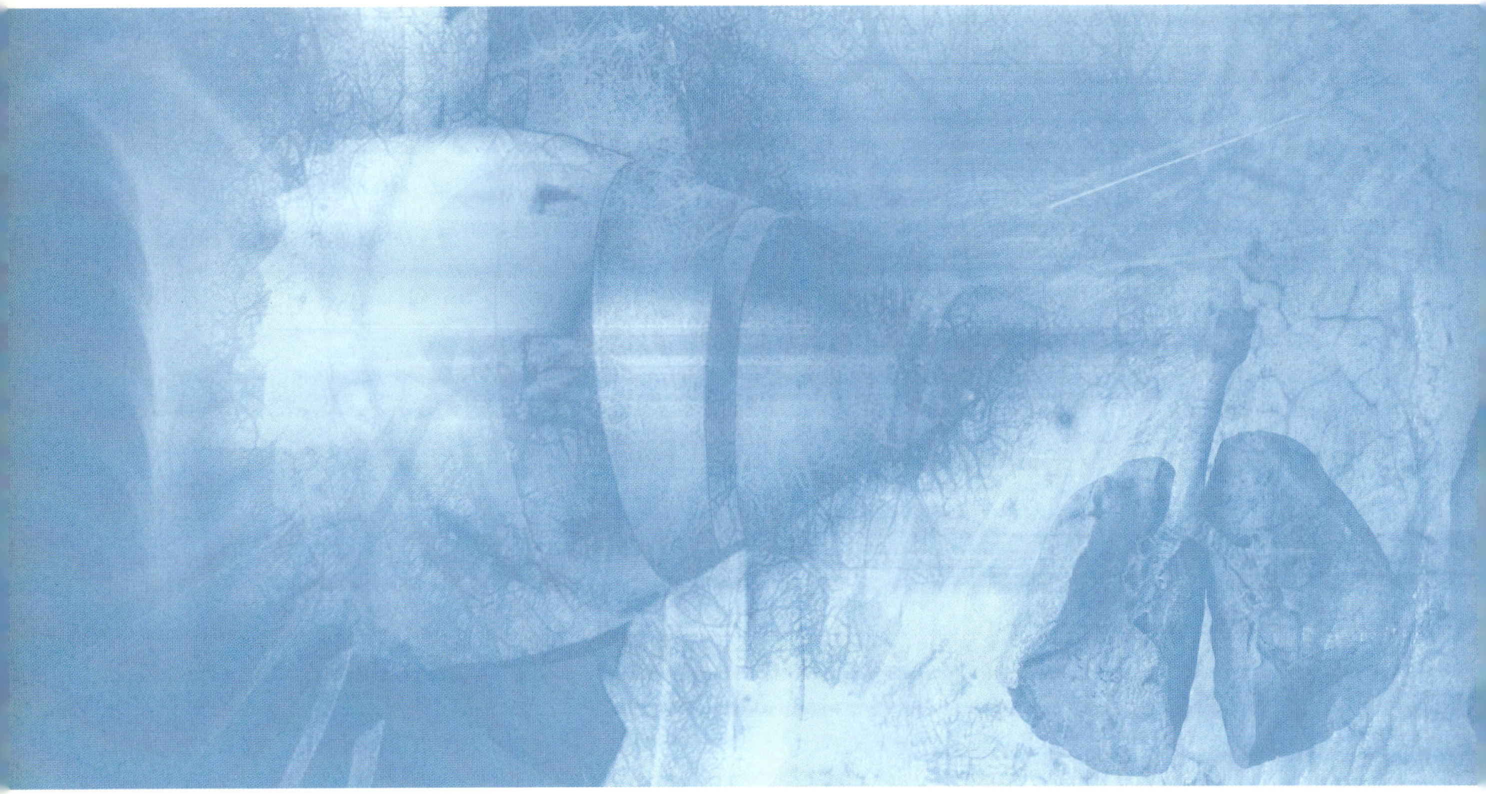

3. DIE **ATMUNGSORGANE**

Unser Leben erfordert
die ständige Versorgung mit Sauerstoff,
den wir der Atemluft entnehmen.
Ohne Sauerstoff könnten die meisten Körperzellen
nur wenige Minuten überleben.
Er ist unerlässlich für den Zellstoffwechsel,
also den Prozess,
der Nährstoffe in Energie umwandelt,
um die Körperfunktionen aufrecht zu erhalten.

Lebenswichtiger Gasaustausch

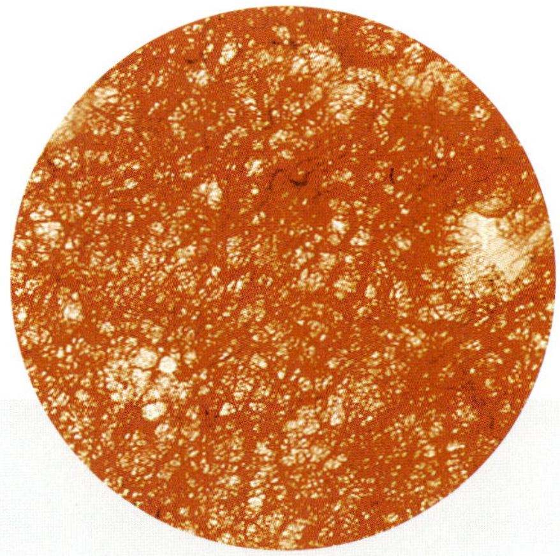

Abb. 3.2 | *Ausschnittvergrößerung aus dem gesunden Lungengewebe*

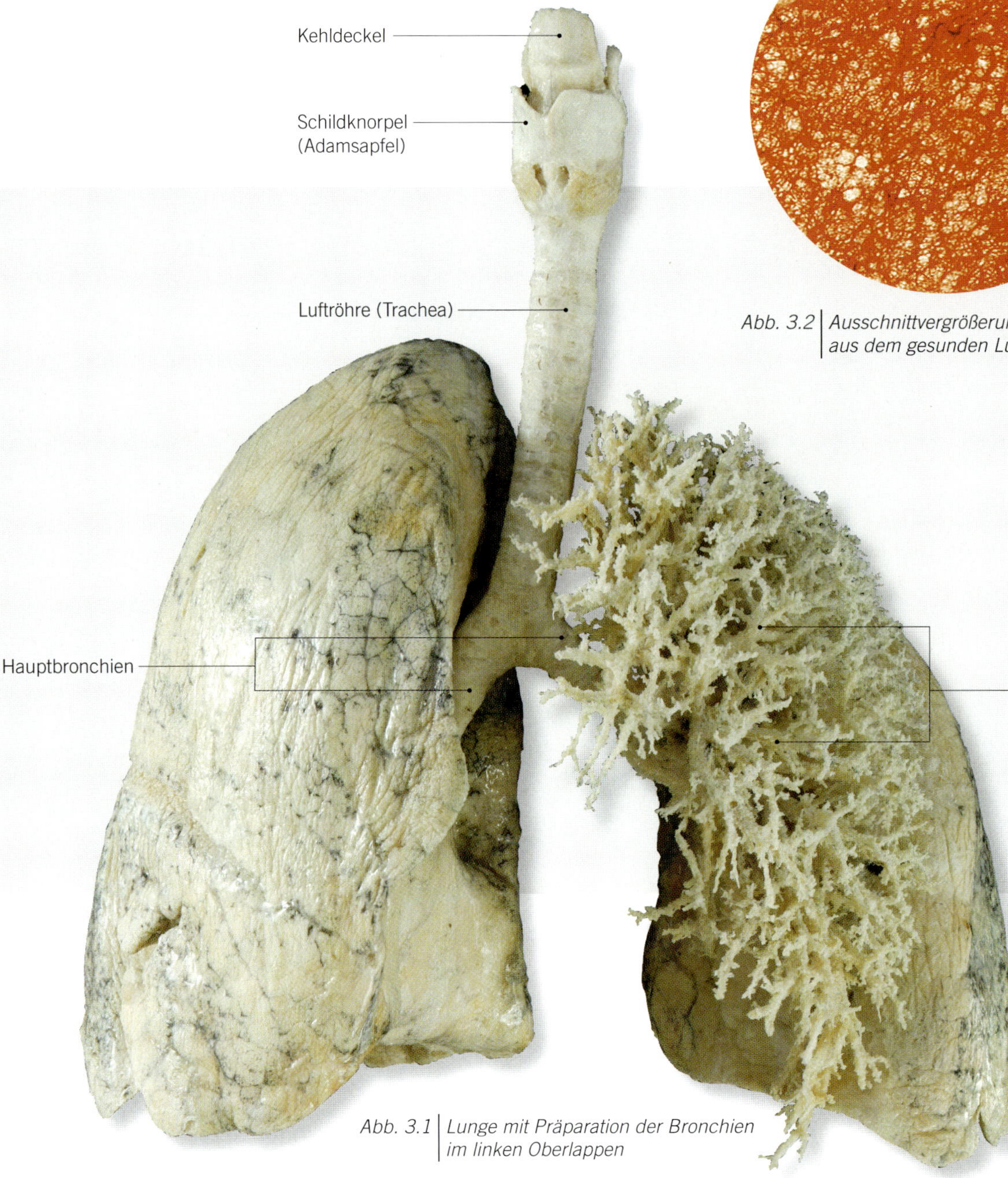

Abb. 3.1 | *Lunge mit Präparation der Bronchien im linken Oberlappen*

Die Lunge bildet eine große Oberfläche, an der Sauerstoff in das Blut übertritt. Pro Minute gelangen etwa 5 bis 6 Liter Luft in die Lunge. Zuerst passiert die Luft Nase und Mund, dann den Rachen und die Luftröhre. Die Luftröhre verzweigt sich in zwei Hauptbronchien, die jeweils in einem Lungenflügel münden.

Ähnlich wie die Zweige eines Baums verästeln sich die Bronchien in immer feinere Verzweigungen, wie hier im oberen Lappen des linken Lungenflügels zu sehen ist.

Ein Knorpelgerüst stützt die Luftröhre und Bronchien, sodass sie auch bei schwankendem Luftdruck immer offen stehen.

Die kleinsten Bronchien in der Lunge
münden in winzigen Lungenbläschen (Alveolen),
die der Lunge ihr schwammähnliches Aussehen verleihen.
Man kann sie am besten auf einem
vergrößerten Lungenquerschnitt erkennen.
Jede Alveole ist von einem Netz
winziger Blutgefäße (Kapillaren) umgeben.
Hier findet der Gasaustausch statt.

Dabei tritt Sauerstoff aus der Atemluft in das Blut über
und Kohlendioxid wird aus dem Blut
an die Atemluft abgegeben.
Jeder Lungenflügel enthält
rund 300 bis 450 Millionen Lungenbläschen.
Flach ausgebreitet
würden sie ungefähr 80-120 m^2 bedecken,
also etwa die Hälfte eines Tennisfeldes.

Abb. 3.3 | Zwerchfell

Beim Einatmen weiten Muskeln unseren Brustkorb.
Der wichtigste Atemmuskel ist das Zwerchfell,
eine dünne Muskelplatte, die sich kuppelförmig
zwischen Brust- und Bauchraum ausspannt.
Ziehen sich die Muskelfasern des Zwerchfells zusammen,
senkt es sich gemeinsam mit der Lunge nach unten.
Dadurch sinkt der Druck in der Lunge
und Luft strömt ein.
Die äußeren Zwischenrippenmuskeln
unterstützen die Einatmung,
indem sie den Brustkorb nach oben und außen ziehen.
Die Ausatmung wird vom Körper kaum unterstützt;
Zwerchfell und Zwischenrippenmuskeln
entspannen sich einfach
und stoßen die Atemluft dabei wieder aus.

Bei verstärkter Atmung, zum Beispiel beim Sport,
können zusätzlich die Bauchmuskeln
und die inneren Zwischenrippenmuskeln helfen,
die Luft aus der Lunge zu pressen.

Obwohl wir etwa 20.000-mal am Tag ein- und ausatmen,
nehmen wir unsere Atmung kaum wahr.
Sie wird vom Atemzentrum im Gehirn gesteuert,
das Atemtiefe und -frequenz automatisch
den Erfordernissen anpasst.
Ist die Nervenverbindung zwischen Gehirn
und Atemmuskulatur unterbrochen,
zum Beispiel durch eine Rückenmarksverletzung,
kann nur eine künstliche Beatmung den Tod verhindern.

Die Atemwege

Luft strömt durch die Nase in die Luftröhre und passiert dabei zunächst die Nasenmuscheln. Die Schleimhäute der Atemwege wärmen die eingeatmete Luft auf und befeuchten sie. Sie sind außerdem mit feinen Härchen versehen, die Staub und Bakterien aus der Atemluft filtern.

Dieser Filterprozess setzt sich auf dem Weg durch Rachen, Kehlkopf, Luftröhre und Bronchien bis hin zur Lunge fort. Ganz oben in der Nasenhöhle befinden sich unsere Geruchsrezeptoren.

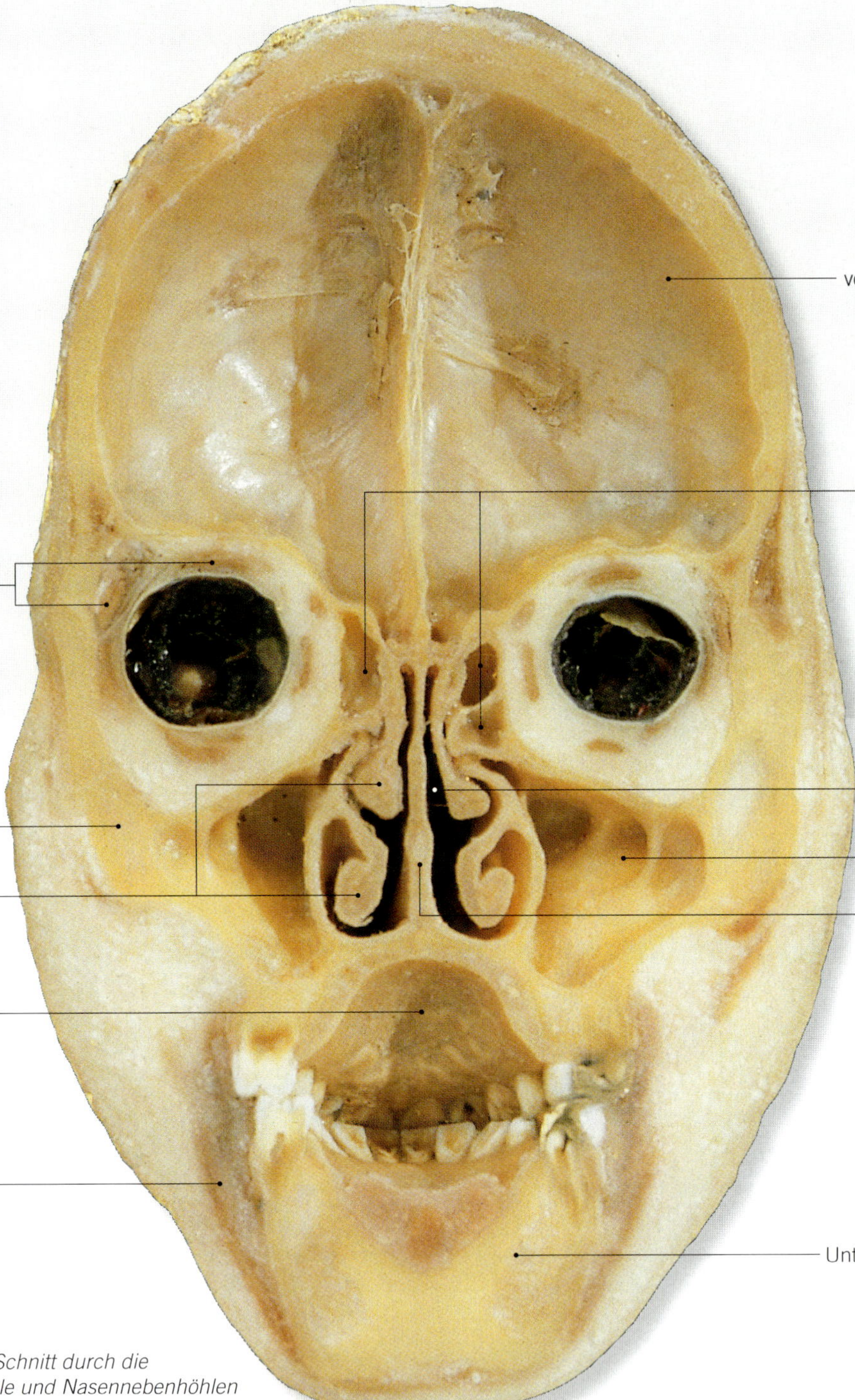

Abb. 3.4 | Frontaler Schnitt durch die Nasenhöhle und Nasennebenhöhlen

Erzeugung von Lauten

Die Atmung dient uns nicht nur zur Sauerstoffaufnahme, sondern erlaubt uns auch, Töne und Laute zu erzeugen. Das Schlüsselorgan dafür ist der Kehlkopf, der zwischen Mund und Luftröhre sitzt.

Der Kehlkopf hat im oberen Teil eine knorpelige Klappe, den Kehldeckel.
Beim Schlucken legt er sich über den Eingang der Luftröhre und sorgt so dafür, dass Nahrung und Flüssigkeiten in die dahinterliegende Speiseröhre gleiten.
Im mittleren Kehlkopfabschnitt liegen die Stimmbänder, mit deren Hilfe wir Laute erzeugen können.
Beim Sprechen werden sie von feinen Muskeln gespannt und durch den ausströmenden Atem in Schwingung versetzt.
Durch die Stellung der Stimmbänder können wir auch unsere Stimme modulieren.

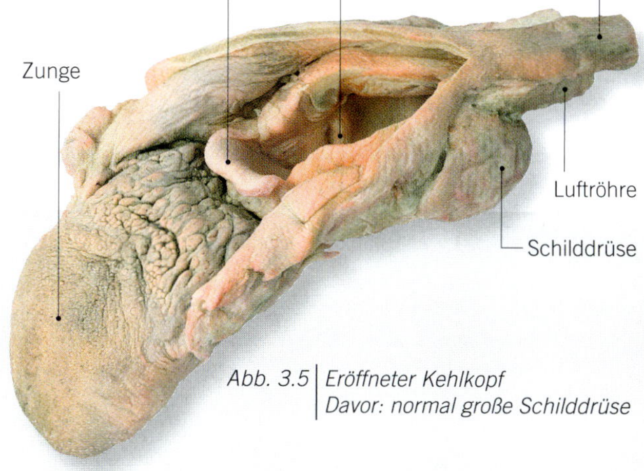

Abb. 3.5 | Eröffneter Kehlkopf
Davor: normal große Schilddrüse

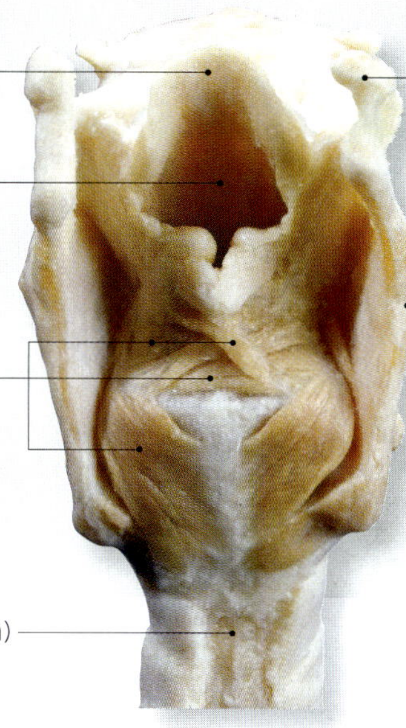

Abb. 3.6 | Kehlkopf von hinten

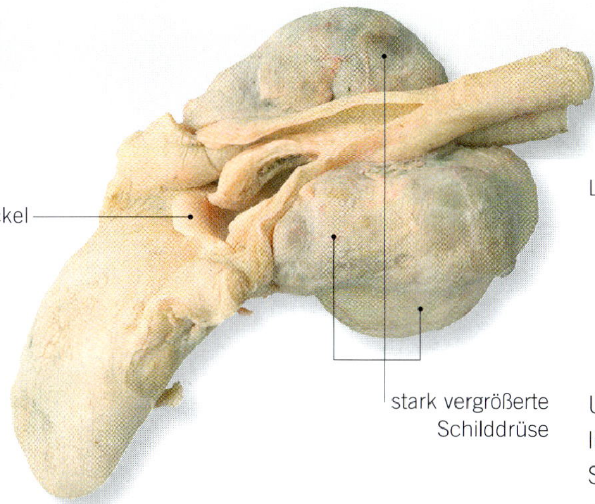

Abb. 3.7 | Schilddrüsenvergrößerung (Kropf)

Unterhalb des Kehlkopfes liegt auf der Vorderseite der Luftröhre die Schilddrüse.
Sie produziert Hormone, die Stoffwechselfunktionen und den Aktivitätsspiegel des Körpers steuern.
Bei Funktionsstörungen kann sich das Organ vergrößern, sodass der Hals anschwillt.
Man spricht dann von einem Kropf.
Bei starker Ausprägung kann ein Kropf auch auf die Luftröhre drücken und dadurch die Atmung beeinträchtigen.
Die häufigste Ursache für einen Kropf ist Jodmangel.
Aufgrund des Jodgehalts der Meeresluft ist ein Kropf in küstennahen Regionen selten.

Die erkrankte Lunge

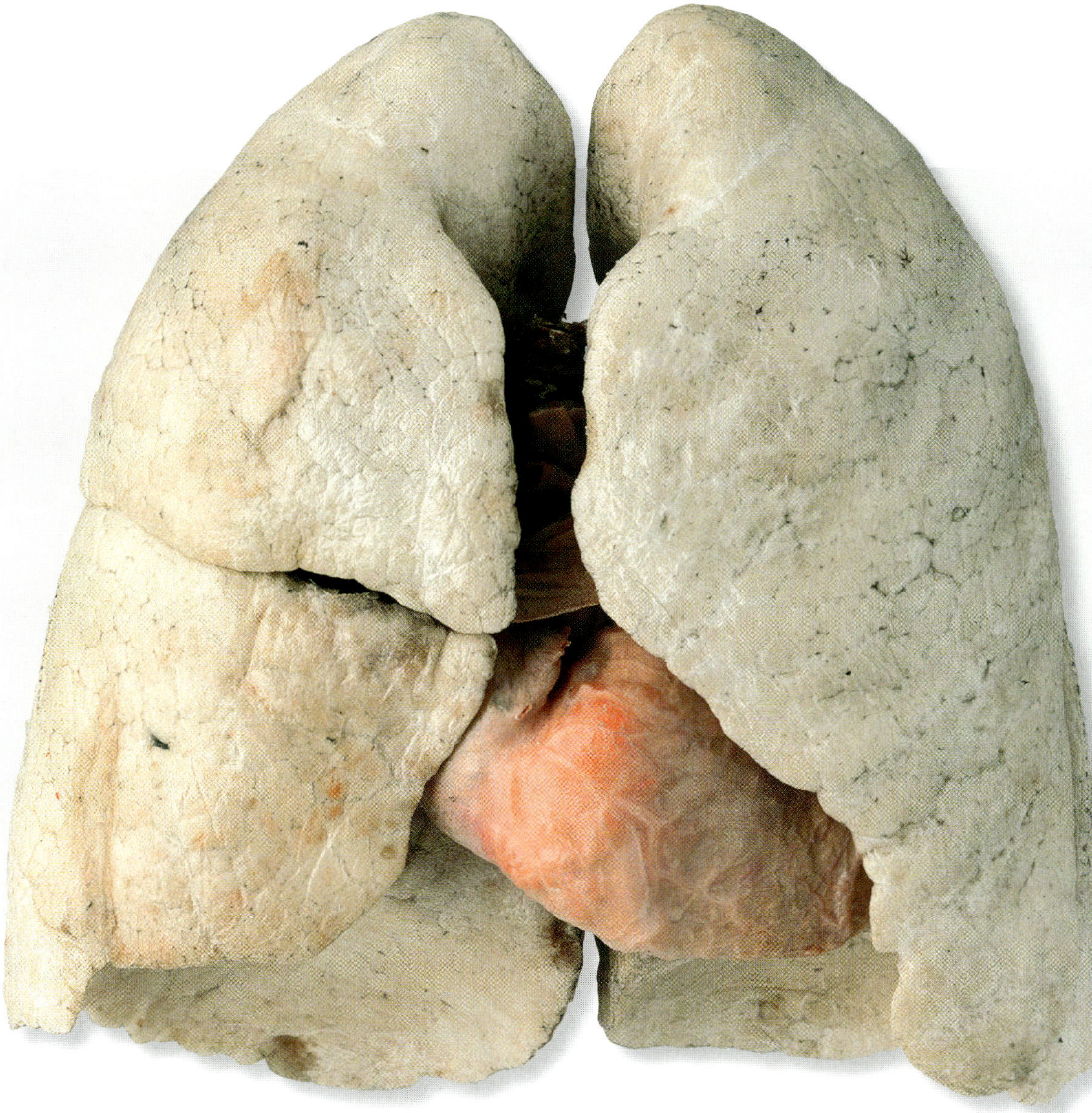

Abb. 3.8 | *Nichtraucherlunge; zwischen beiden Lungenflügeln befindet sich das Herz*

Beim Einatmen nehmen wir
auch feine Staubteilchen mit der Atemluft auf,
die sich im Lungengewebe anreichern können.
Selbstreinigende Prozesse in der Lunge
bauen eingeatmete Schmutzpartikel beständig ab.
Doch mit zunehmendem Alter
werden oft feine Ablagerungen
an der Lungenoberfläche sichtbar,
so wie bei dieser Lunge.

Auch Teer- und Rußpartikel aus Zigarettenrauch
lagern sich in der Lunge ab.
Diese Ablagerungen färben die Lunge schwarz.
Schon 20 Zigaretten täglich
belasten die Lunge mit 150 Milliliter Teer pro Jahr;
das ist etwa eine Kaffeetasse voll.

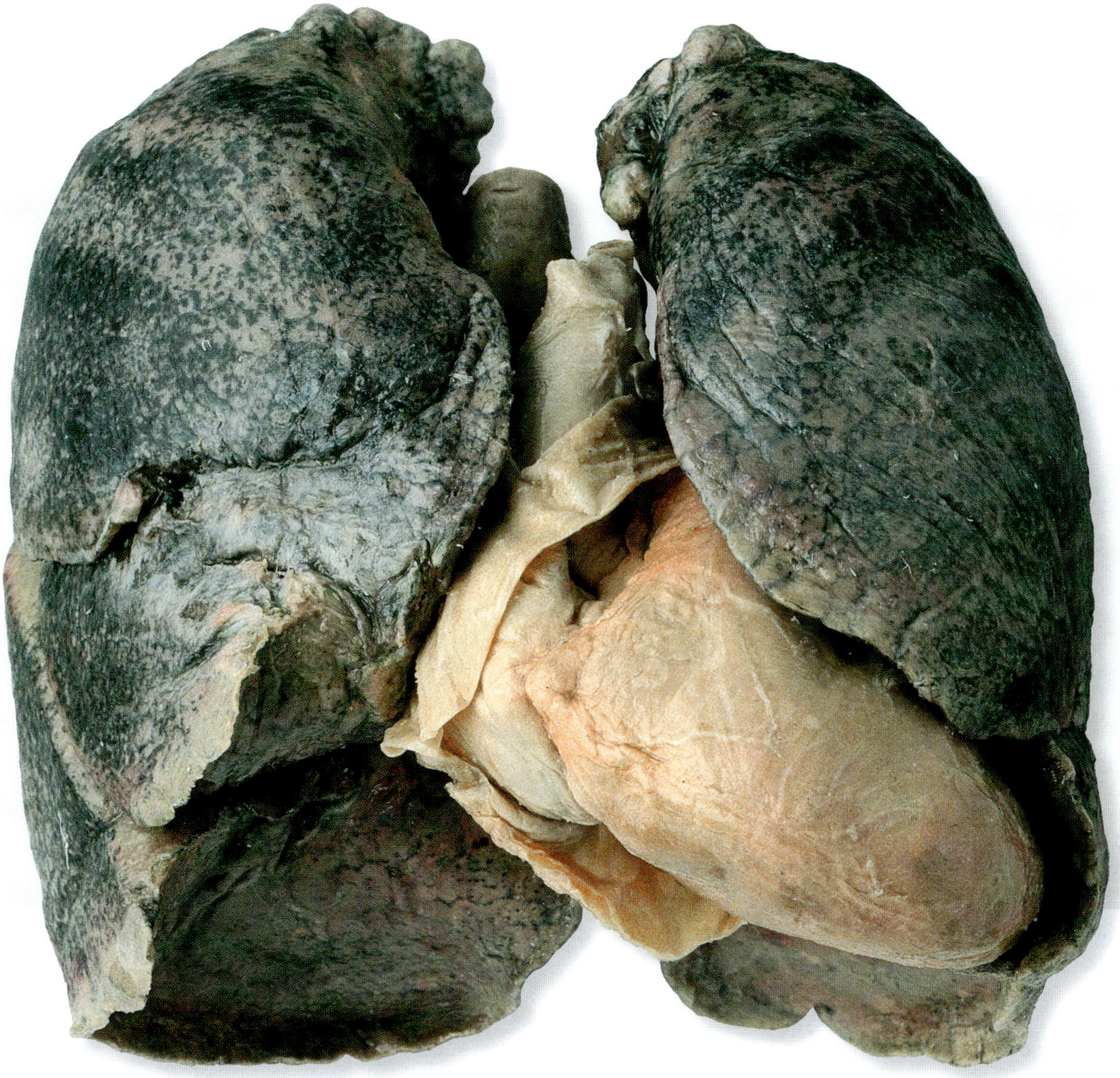

Abb. 3.9 | *Raucherlunge*

Das im Tabak enthaltene Nikotin gelangt beim Rauchen in nur wenigen Sekunden ins Gehirn. Die Atmung wird schneller und die Arterien verengen sich, Blutdruck und Herzfrequenz steigen rasch an und das zentrale Nervensystem wird angeregt. Darüber hinaus erhöht Nikotin die Konzentration eines Bodenstoffs namens Dopamin in den Gehirnbereichen, die mit Wohlbefinden und Belohnung verknüpft sind. Diese Wirkung des Nikotins erklärt vielleicht, warum es vielen Menschen so schwer fällt, das Rauchen aufzugeben.

Wenn es ein Raucher geschafft hat, mit dem Rauchen aufzuhören, wird der Teer allmählich abgebaut und die Lunge nimmt wieder ihre natürliche Farbe an. Auch die mit dem Rauchen einhergehenden Gesundheitsrisiken nehmen langsam wieder ab, selbst nach langjährigem Rauchen. So sinkt beispielsweise das Herzinfarktrisiko bereits nach einem halben Jahr auf die Hälfte und ist nach 5 Jahren Enthaltsamkeit mit dem eines Nichtrauchers vergleichbar.

Lungenkrebs

Zigarettenrauchen schädigt unseren Körper auf sehr vielfältige Weise und verkürzt die Lebenszeit meist um mehrere Jahre. Eine der Hauptgefahren langjährigen Rauchens ist die Entstehung von Krebs in Mund, Kehlkopf, Atemwegen und Lunge.

Lungenkrebs ist bei Rauchern mindestens 20-mal so häufig wie bei Nichtrauchern und die häufigste krebsbedingte Todesursache. Weltweit werden jährlich mehrere Millionen vorzeitige Todesfälle durch zigarettenbedingten Lungenkrebs verursacht.

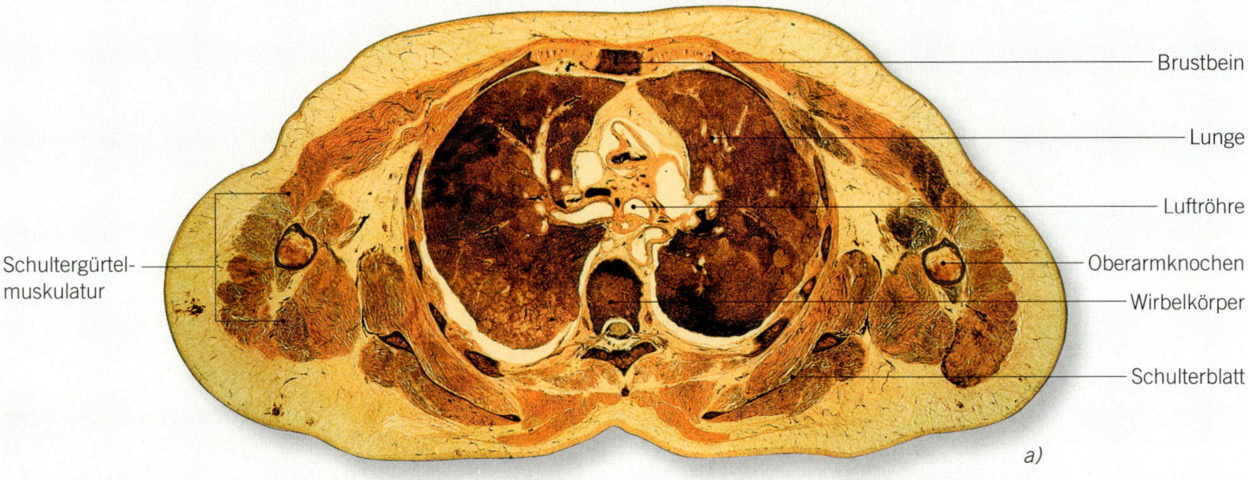

Abb. 3.10 Querschnitte durch den Brustkorb mit a) Nichtraucherlunge und b) Raucherlunge

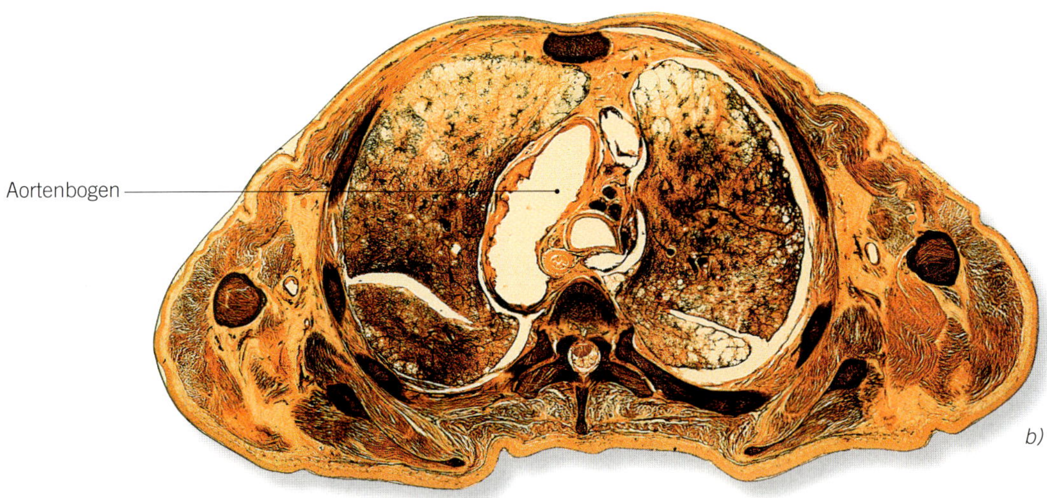

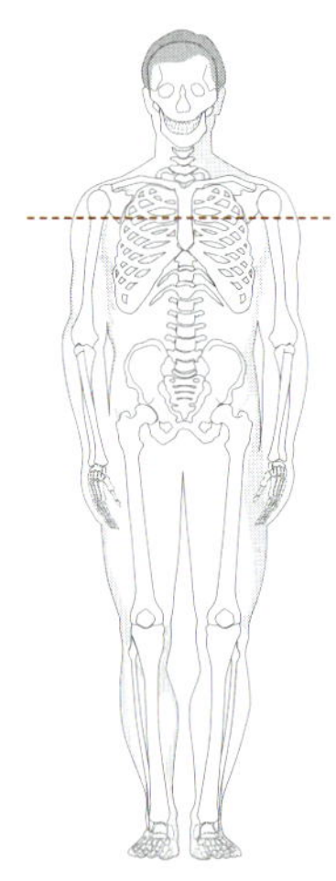

Die meisten Lungenkrebserkrankungen gehen von den Bronchialwänden aus. Man nennt sie deshalb auch Bronchialkarzinome. Die Bronchien stehen in direktem Kontakt zu unserer unmittelbaren Umgebung und den eingeatmeten krebserregenden Stoffen wie dem Tabakrauch. Diese können die Bronchialwände direkt angreifen und so zur Entstehung lokaler Tumoren beitragen.

In der in Abb. 3.12 gezeigten Lunge ist ein Tumor im rechten Hauptbronchus zu sehen, der den Luftweg erheblich einengt.

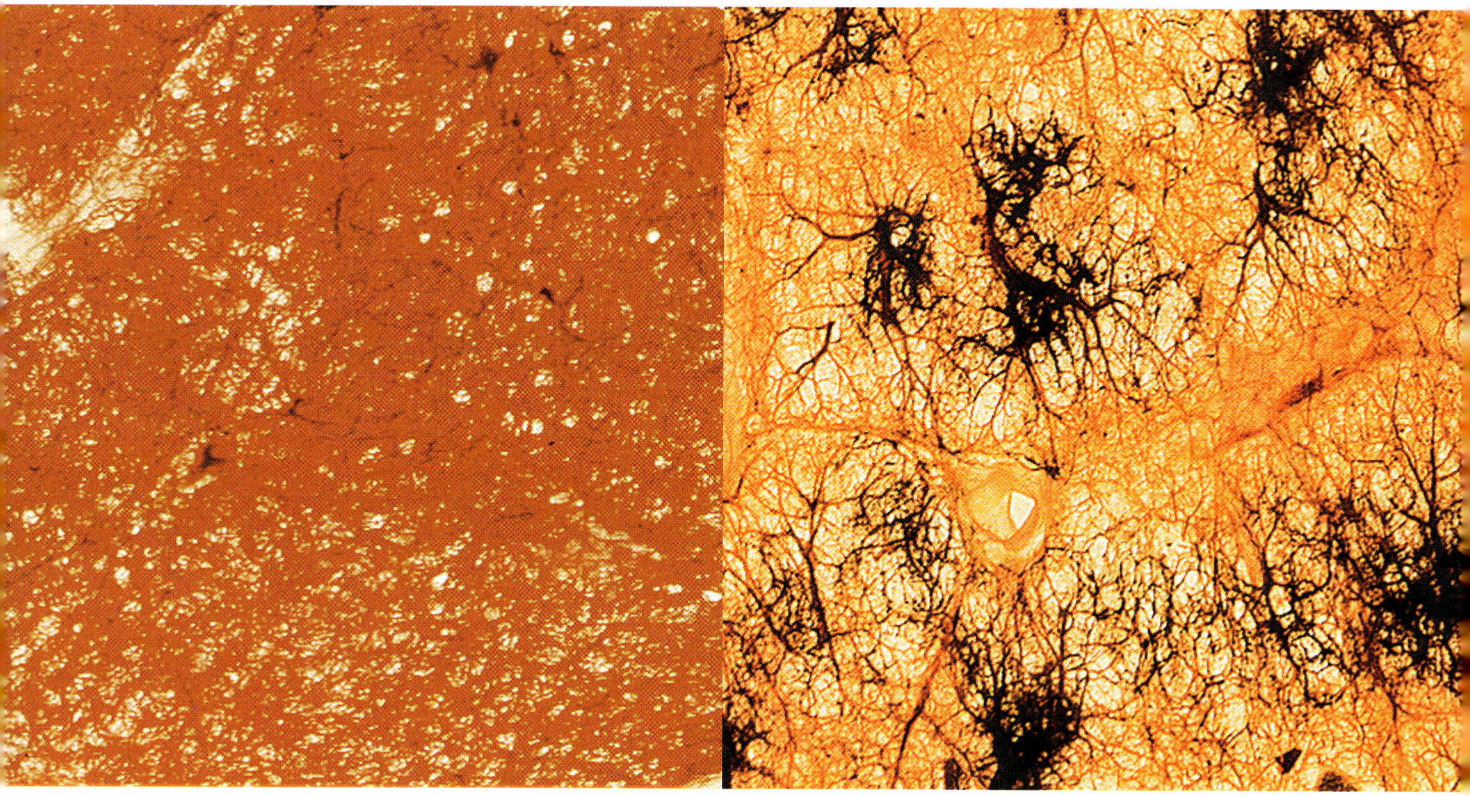

Abb. 3.11 | Ausschnittvergrößerungen aus dem Lungengewebe eines Nichtrauchers (links) und Rauchers (rechts)

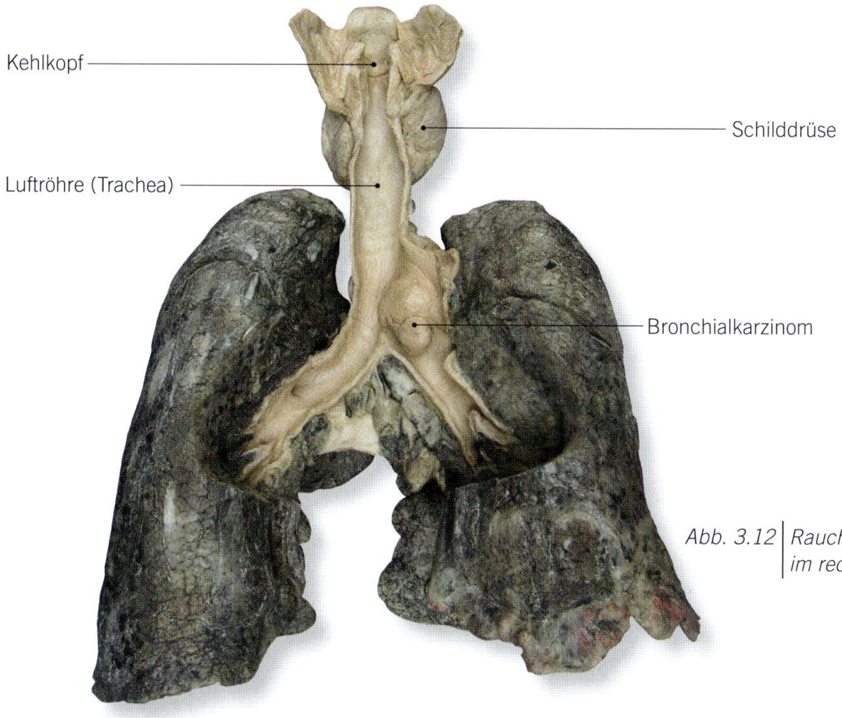

Abb. 3.12 | Raucherlunge mit Bronchialkarzinom im rechten Hauptbronchus

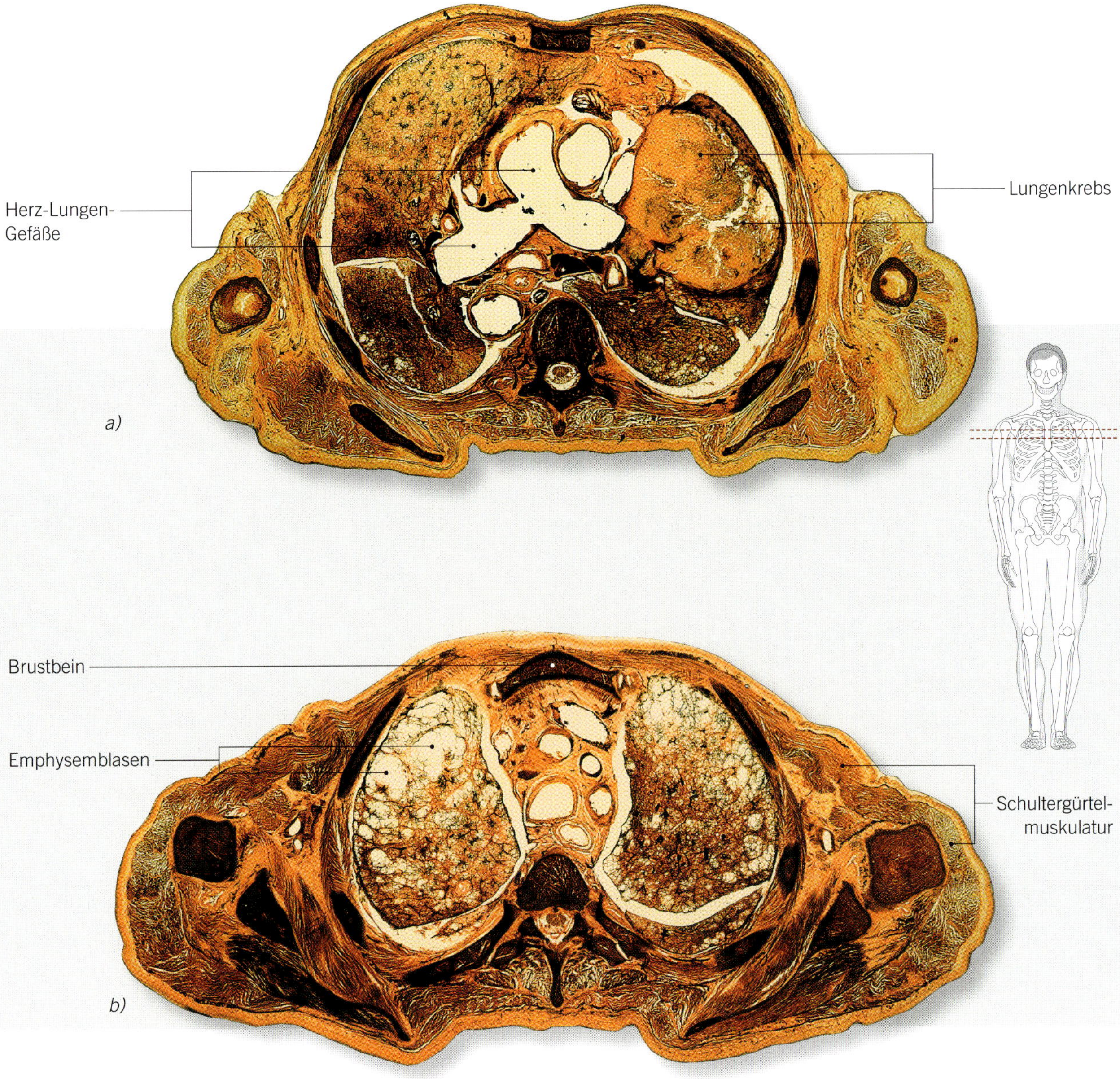

Abb. 3.13 Querschnitte durch den Brustkorb mit a) Raucherlunge und Lungenemphysem und b) Raucherlunge mit Lungenkrebs

Lungenemphysem

Eine weitere Gefahr langjährigen Rauchens ist das Lungenemphysem. Es entsteht durch die schleichende Zerstörung der feinen Lungenbläschen (Alveolen), in denen der Gasaustausch stattfindet. Der fortschreitende Prozess hinterlässt in der Lunge immer größer werdende Hohlräume und vermindert unwiederbringlich die für den Gasaustausch zur Verfügung stehende Fläche. Zunehmende Kurzatmigkeit ist die Folge.

Die meisten Lungenemphyseme sind direkte Folge jahrelangen Rauchens. Bei vielen älteren Menschen tritt ein Emphysem auch auf natürlichem Wege auf, jedoch meist weniger stark ausgeprägt.

Im fortgeschrittenen Stadium kann ein Lungenemphysem auch die Herzfunktion beeinträchtigen. Denn aufgrund des zerstörten Lungengewebes ist die Gefäßstrombahn in der Lunge kleiner geworden. Dadurch steigt der Druck in der Lungenarterie an und die rechte Herzkammer wird überlastet. Dieses Krankheitsbild nennt man Cor pulmonale. Ohne ärztliche Behandlung kann es zu einem Herzversagen führen.

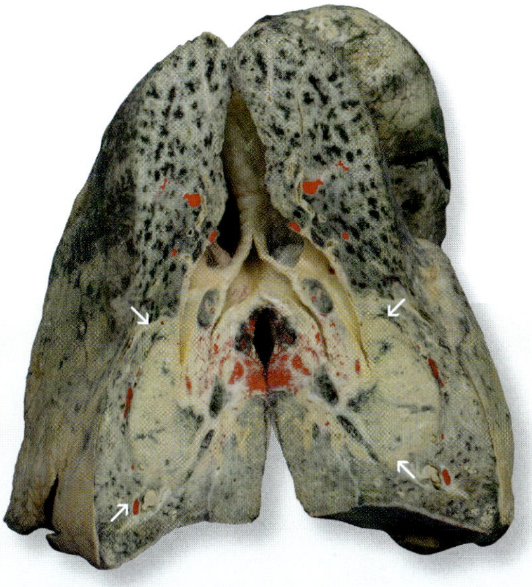

Abb. 3.14 | Raucherlunge mit Lungenkrebs. Der kompakte, weißlich aussehende Tumor nimmt fast den ganzen unteren Lappen ein.

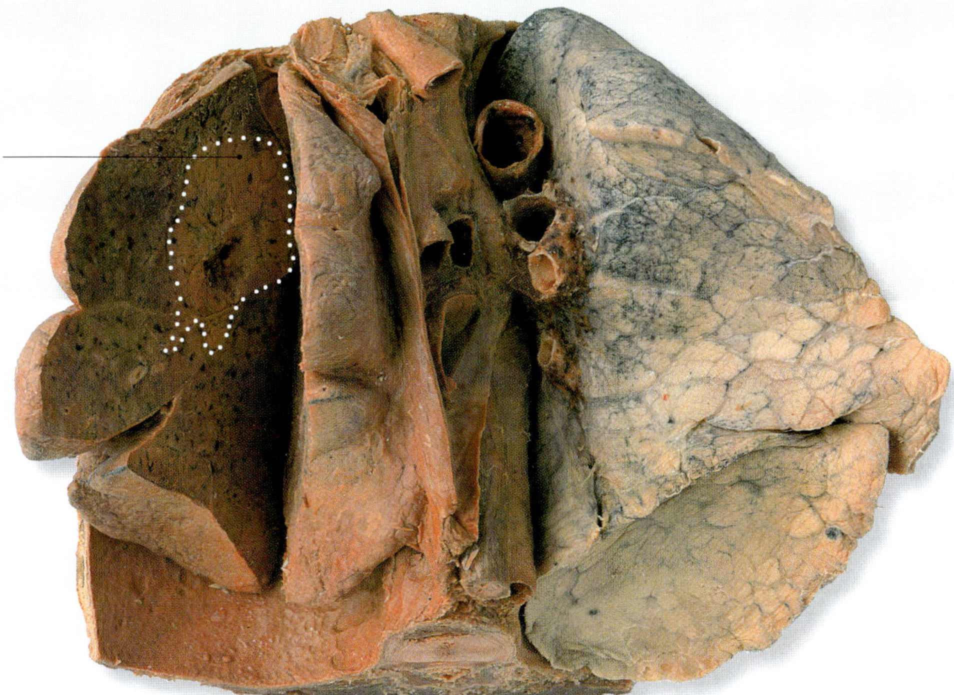

Abb. 3.15 | Lunge mit Tuberkulose

Tuberkulose

Die Tuberkulose ist eine bakterielle, chronisch verlaufende Infektionskrankheit, die in erster Linie die Lungen befällt. Typisch für die Tuberkulose ist ein entzündlicher Herd mit einer zentralen Einschmelzung des Gewebes.

Über die Blutbahn streuend kann die Tuberkulose auch alle anderen Organe im Körper befallen: zum Beispiel Lungenfell, Hirnhäute, Knochen, Harnwege, Verdauungstrakt, Haut.

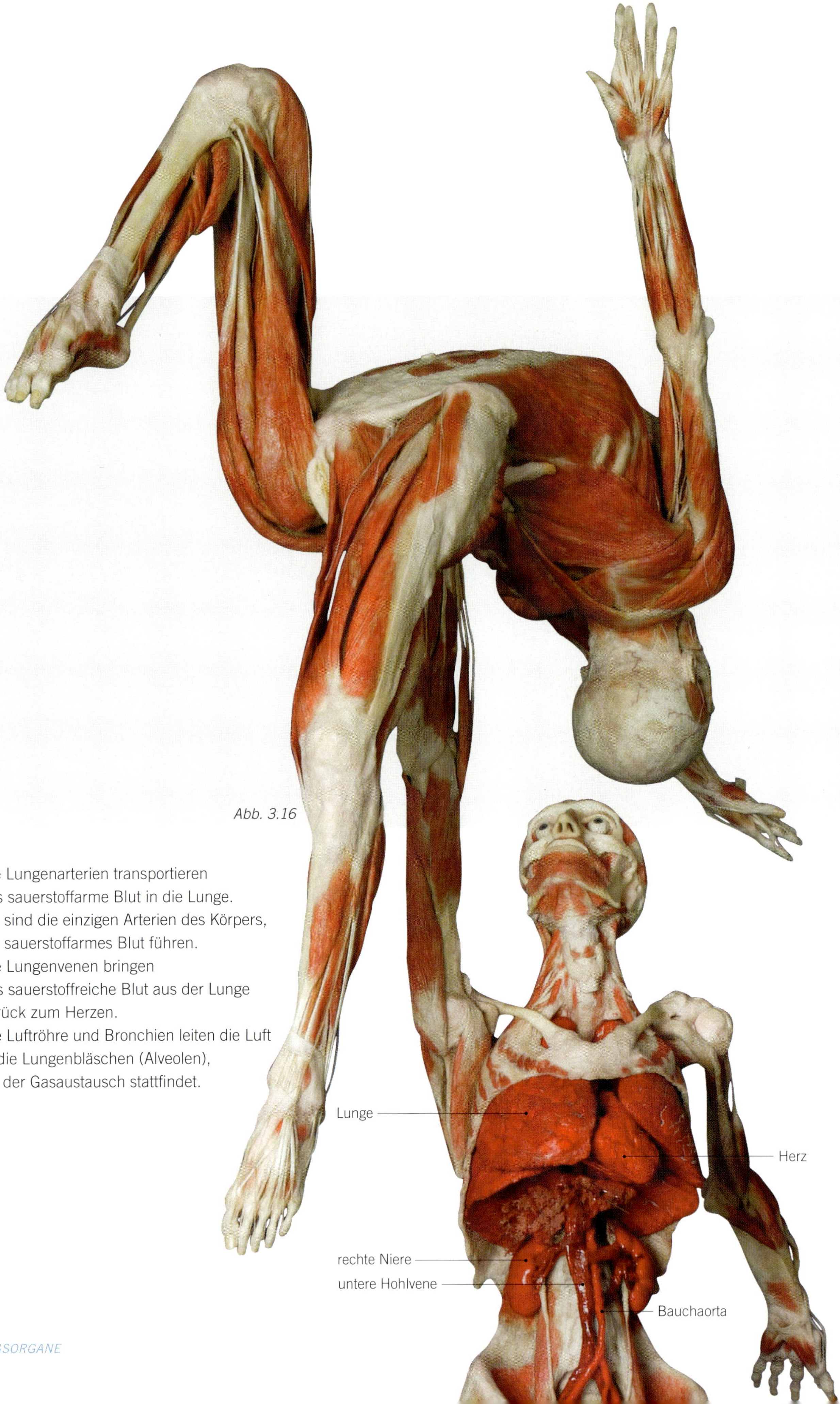

Abb. 3.16

Die Lungenarterien transportieren
das sauerstoffarme Blut in die Lunge.
Sie sind die einzigen Arterien des Körpers,
die sauerstoffarmes Blut führen.
Die Lungenvenen bringen
das sauerstoffreiche Blut aus der Lunge
zurück zum Herzen.
Die Luftröhre und Bronchien leiten die Luft
in die Lungenbläschen (Alveolen),
wo der Gasaustausch stattfindet.

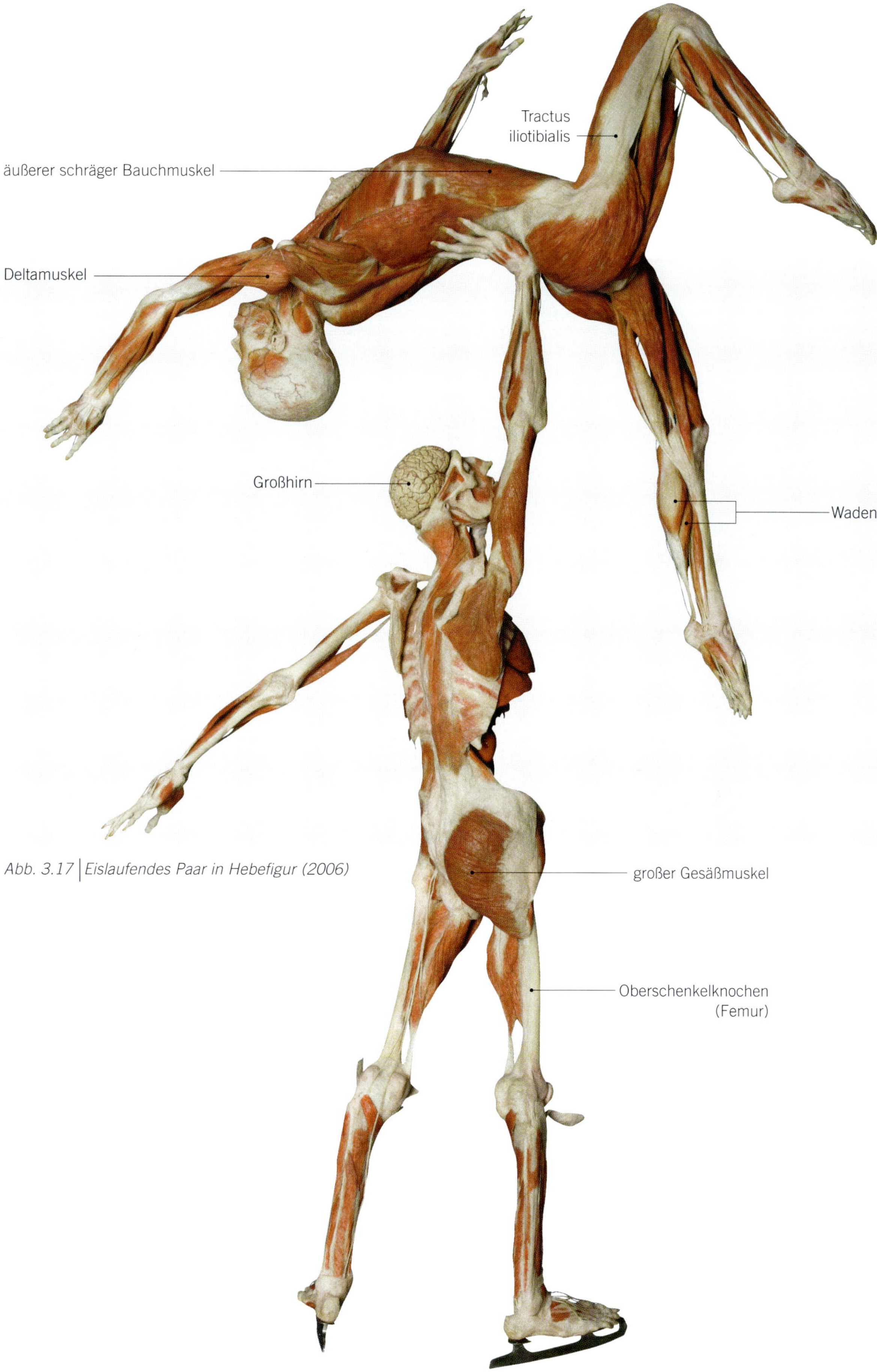

Abb. 3.17 | Eislaufendes Paar in Hebefigur (2006)

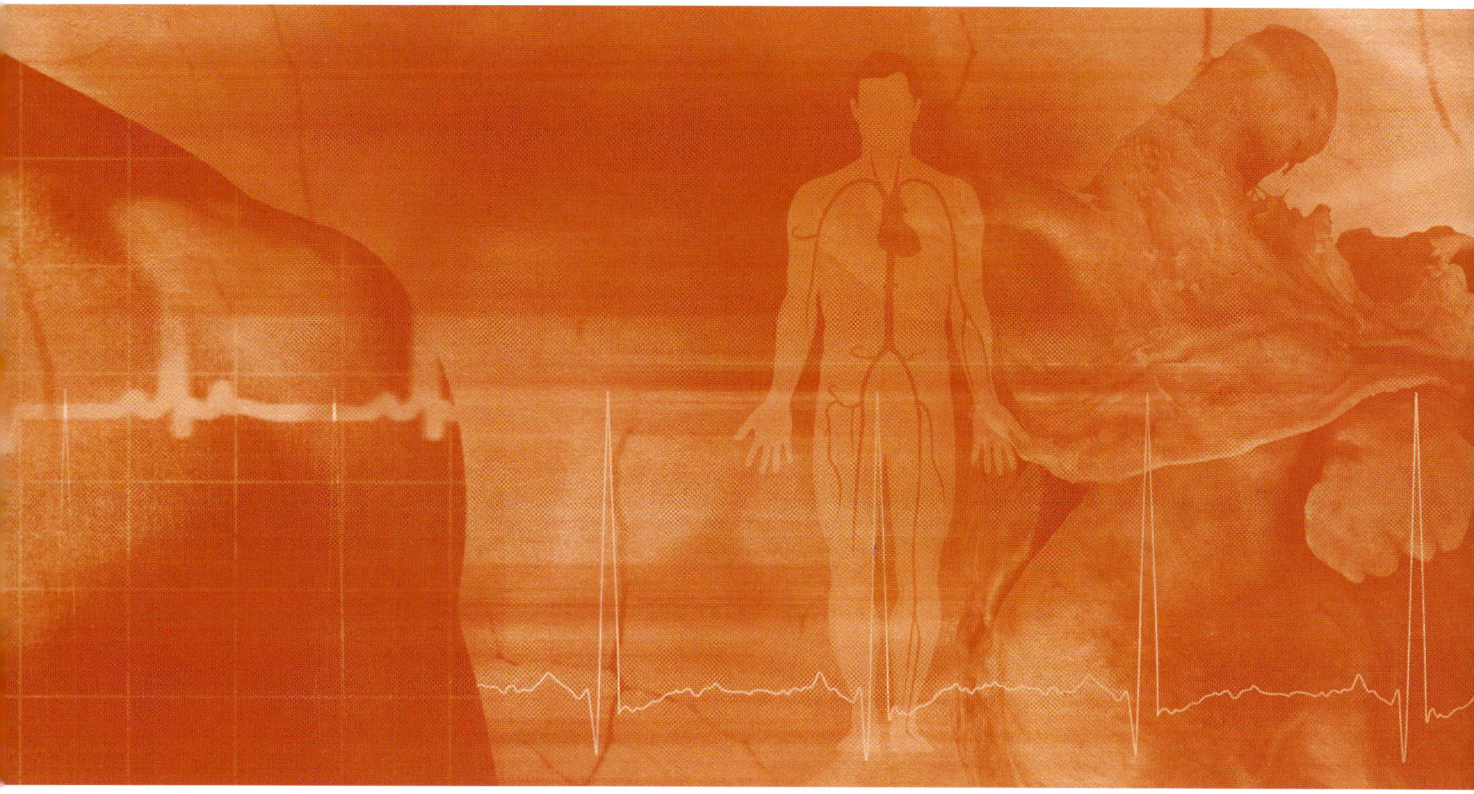

4. DAS **HERZ-KREISLAUF-SYSTEM**

Das Herz-Kreislauf-System
ist unser wichtigstes inneres Transportsystem.
Es verteilt Nährstoffe, Sauerstoff und Hormone
an die verschiedenen Körperregionen
und sammelt gleichzeitig die Abbauprodukte
des Stoffwechsels ein,
die ausgeschieden werden müssen.
Das Herz ist der Motor dieses Systems
und das dichte Netz der Blutgefäße
bildet die Transportwege.

Der Kreislauf

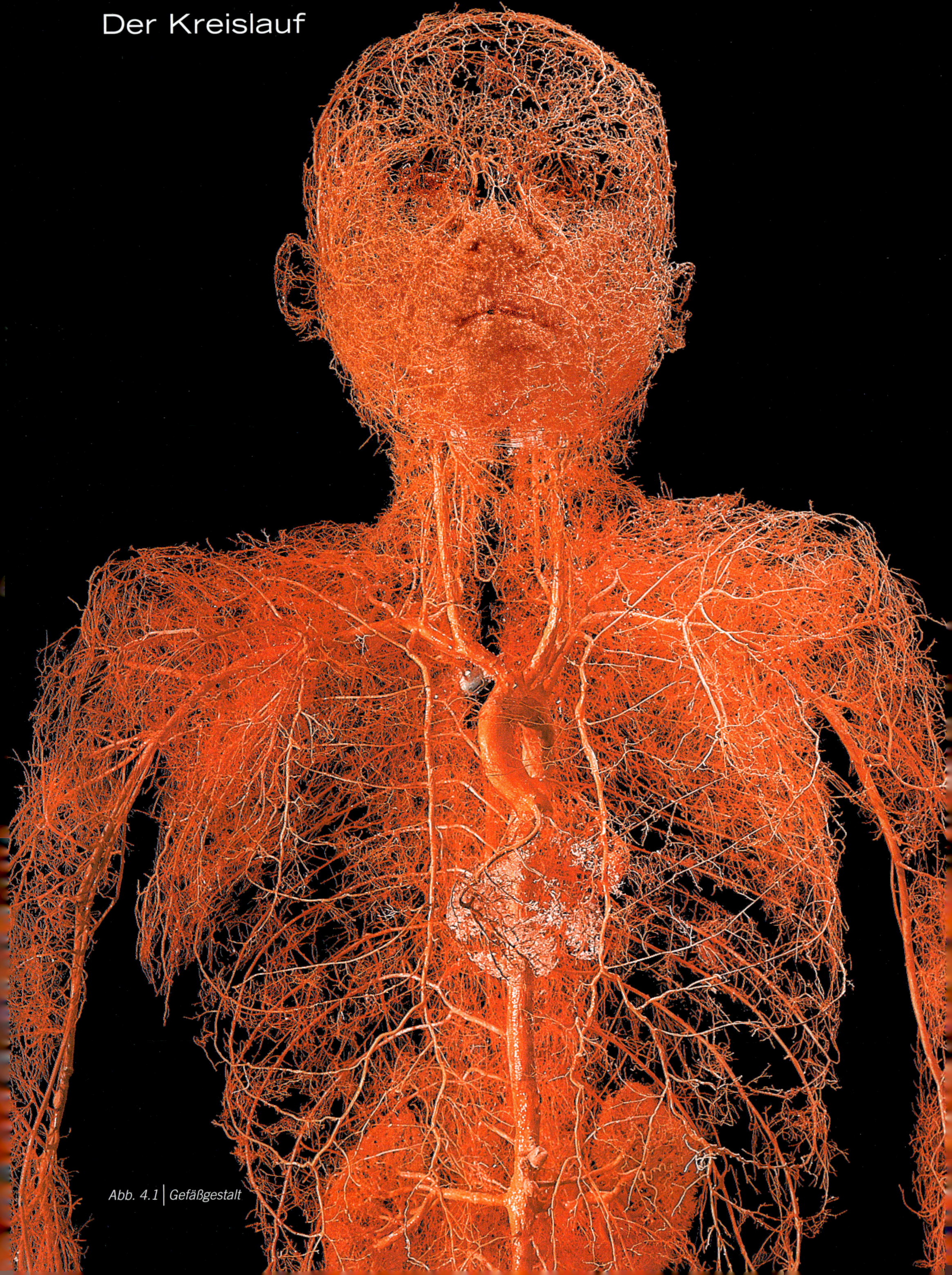

Abb. 4.1 | *Gefäßgestalt*

Das Gefäßnetz

Arterien sind gewissermaßen wie große Schnellstraßen, die das Blut im Körper verteilen.
Sie verzweigen und verjüngen sich auf ihrem Weg zu den Organen und Geweben mehr und mehr, bis sie die Stärke von hauchdünnen Haargefäßen erreicht haben, die Kapillaren.
Durch die Kapillarwände hindurch erfolgt der Austausch von Nährstoffen, Sauerstoff und anderen Stoffen zwischen Blut und Gewebe.
Danach sammelt sich das Blut in immer größeren Venen, die das Blut zurück zum Herzen transportieren.

Das dichte Netz der Arterien, Venen und Kapillaren eines durchschnittlichen Erwachsenen ist über 96.500 Kilometer lang.
Hintereinandergeknüpft könnte man es mehr als zweimal um die Erde wickeln.

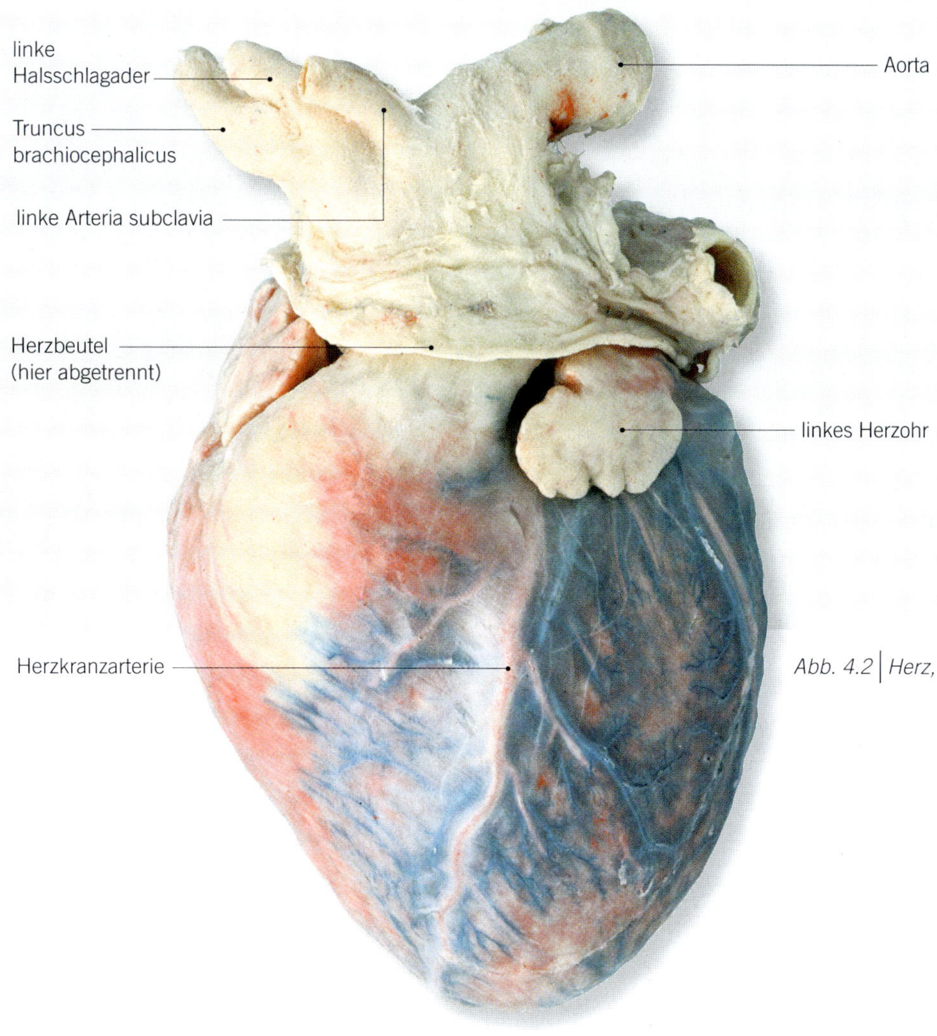

Abb. 4.2 | Herz, Ansicht von vorn

Das Herz

Das Herz ist der Motor des Herz-Kreislauf-Systems.
Es ist ein muskuläres Hohlorgan, das den Blutstrom unentwegt in Gang hält.
Seine Muskelfasern verlaufen spiralförmig.
Wenn sie sich zusammenziehen, verkleinern sich die Herzkammern und pressen das Blut in die Gefäßstrombahn.

Das Herz ist etwa so groß wie eine Faust und wiegt rund 300 Gramm.
Im Ruhezustand schlägt es etwa 70 Mal pro Minute und pumpt bei jedem Schlag rund 75 Milliliter Blut.
Das ergibt ungefähr 200 Millionen Liter gepumptes Blut in einem Menschenleben von durchschnittlich 75 Jahren.
Genug, um mehr als 3 Supertanker zu befüllen.

Die Pumpe des Körpers

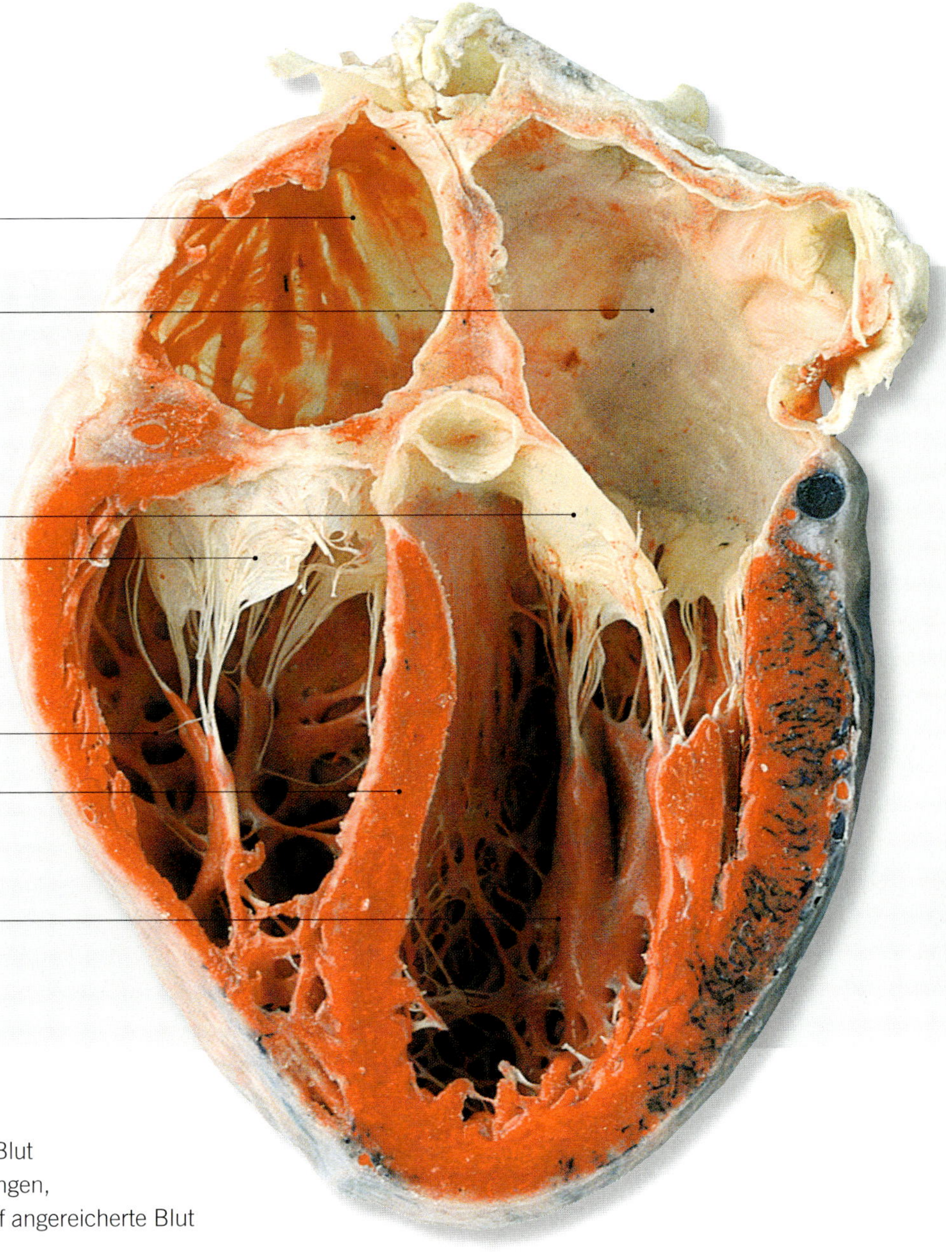

Das Herz ist eine Doppelpumpe:
die rechte Seite transportiert das Blut
zur Sauerstoffaufnahme in die Lungen,
die linke verteilt das mit Sauerstoff angereicherte Blut
aus den Lungen in den Körper.

Im oberen Teil des Herzens
befinden sich zwei Vorhöfe (Atrien),
die jeweils das ankommende Blut aufnehmen.
Darunter liegen die muskelstärkeren
Herzkammern (Ventrikel).
Die linke Kammer pumpt das Blut
mit relativ hohem Druck in die Arterien
des großen Körperkreislaufs.
Diese münden im Kapillarbett der Organe.
Von dort sammelt sich das Blut wieder in den Venen,
die es zurück zum rechten Herzen transportieren.
Die rechte Kammer pumpt schließlich das Blut
zur erneuten Sauerstoffanreicherung in die Lunge.

Damit alle Organe ausreichend Sauerstoff erhalten,
muss das gesamte Blut mindestens einmal pro Minute
durch die Lungen und den Körper fließen.
Dabei erfolgt der Gasaustausch unglaublich schnell:
Das Blut kommt in den Lungenkapillaren
nur für etwa 0,75 Sekunden mit der Luft in Kontakt;
dennoch ist es schon nach einem Drittel dieser Zeit
wieder mit Sauerstoff gesättigt.

Die Pumpaktion des Herzens – der Herzschlag –
wird von dem sogenannten Sinusknoten gesteuert.
Er sendet rhythmische elektrische Impulse aus,
die die Muskelfasern der Vorhöfe und Kammern
kontrahieren lassen.

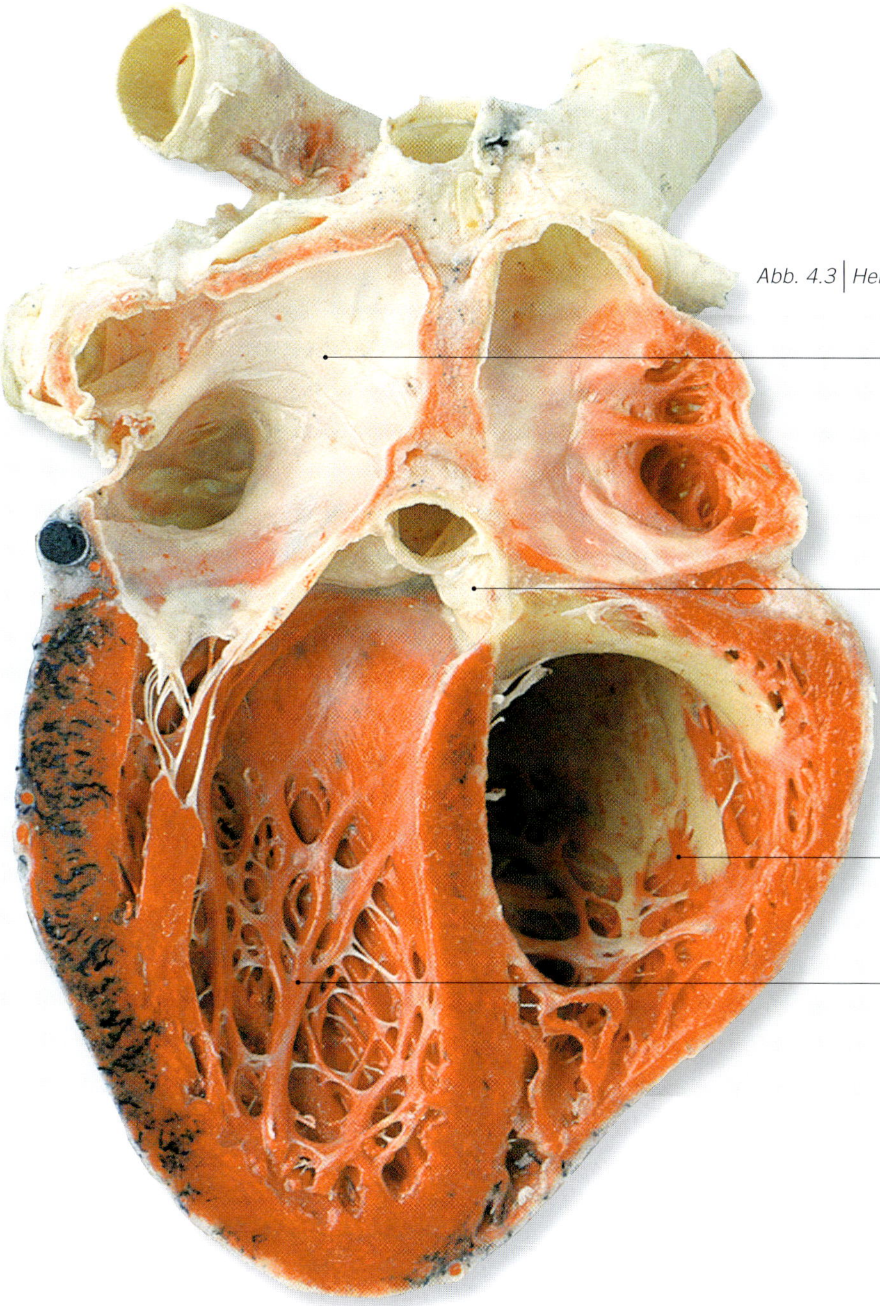

Abb. 4.3 | Herz, in Längsrichtung eröffnet

Der Sinusknoten liegt in der Wand des rechten Vorhofs
und besteht aus spezialisierten Herzmuskelzellen,
die mit bloßem Auge nicht zu erkennen sind.

Der Rhythmus des Herzschlags
begleitet uns unser ganzes Leben lang,
ohne die kleinste Pause.
Sein Geräusch – lub-dub, lub-dub, lub-dub –
wird von den vier Herzklappen erzeugt,
während sie den Blutstrom
durch die vier Hohlräume des Herzens leiten.

Dabei macht das Schließen der beiden Klappen
zwischen den Vorhöfen und den Kammern –
der Mitralklappe und der Trikuspidalklappe –
den ersten Teil des Herzgeräuschs, das lub.
Der zweite Teil des Herzschlags – das dub –
ist das Schließgeräusch der Aortenklappe
und der Pulmonalklappe,
die die Kammern von den Vorhöfen trennen.

Wenn eine der Klappen nicht richtig schließt
und Blut zurückströmt,
ergibt sich ein für die betroffene Herzklappe typisches
gestörtes Klangmuster,
das man mit dem Stethoskop hören kann.

Der Blutfluss im Herzen

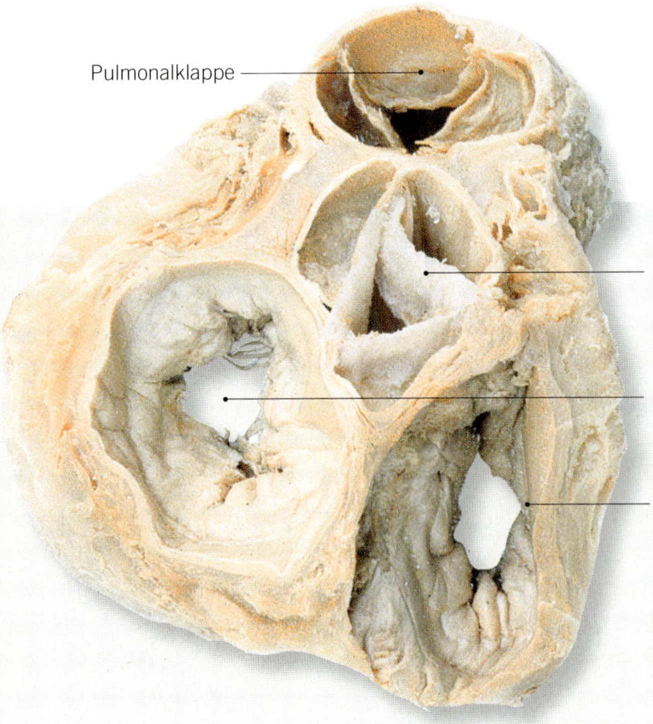

Abb. 4.4 | *Herzklappen von oben*

Herzklappen
Der Blutfluss im Innern des Herzens wird durch Einwegeklappen geregelt, die aus faserigem Gewebe bestehen. Aufgrund ihrer Form werden sie Segelklappen genannt.

Wenn sich das Herz kontrahiert, steigt der Druck in den Kammern an und die Segelklappen schließen sich. Dadurch wird ein Rückstrom des Blutes in die Vorhöfe verhindert. An den Öffnungen zur Aorta und zur Lungenarterie verhindern taschenförmige Klappen den Blutrückfluss in die Herzkammern.

Das Herz in Abb. 4.4 wurde so präpariert, dass alle vier Klappen von oben zu sehen sind. Die Herzklappen öffnen und schließen sich etwa 70 Mal pro Minute, das ergibt über 2,5 Milliarden Mal während eines durchschnittlichen Menschenlebens. Wenn sie reißen, kann innerhalb von Minuten der Tod eintreten.

Infektion der Herzklappen (Endokarditis)
Im Innern ist das Herz mit einer dünnen Membran ausgekleidet, dem Endokard.
Entzünden sich diese Haut und die Herzklappen, spricht man von Endokarditis.
Nach einer Endokardits können dauerhaft Narben und Verwachsungen an der Klappe zurückbleiben.
Solche Narben können das Herz in seiner Funktion erheblich beeinträchtigen.
Wenn sich zum Beispiel die betroffene Herzklappe nicht mehr richtig öffnen kann, muss das Herz einen höheren Druck aufbringen, um dieselbe Menge Blut zu pumpen.
Schließt die Klappe dagegen nicht mehr richtig, strömt mit jedem Herzschlag Blut zurück und es kommt zu einer vermehrten Volumenbelastung des Herzens.

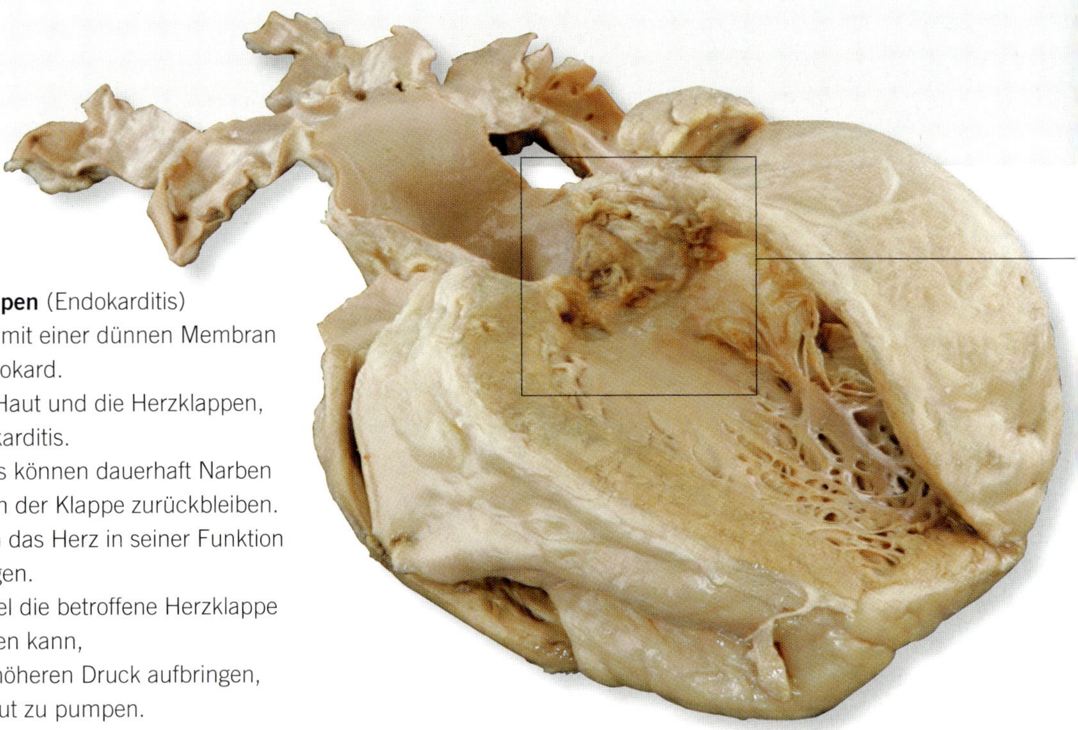

Abb. 4.5 | *Geöffnetes Herz mit Endokarditis der Aortenklappe*

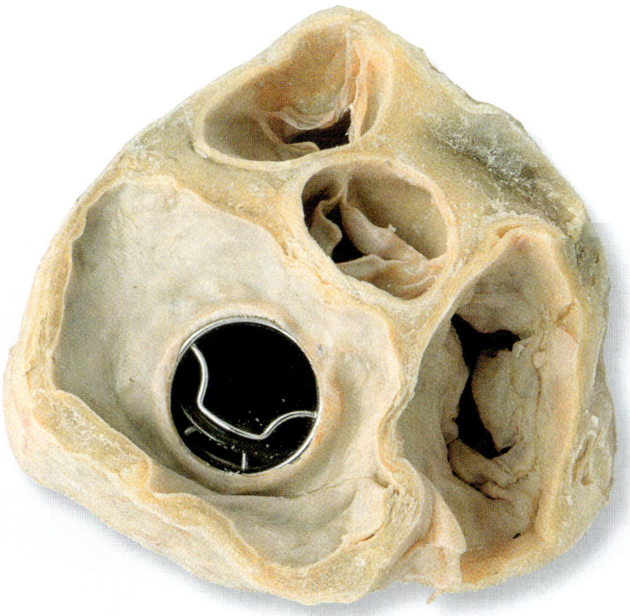

Abb. 4.6 | *Herzklappen von oben mit künstlicher Herzklappe zwischen linkem Vorhof und linker Kammer (Mitralklappe)*

Abb. 4.7 | *Herz mit künstlicher Mitral- und Aortenklappe*

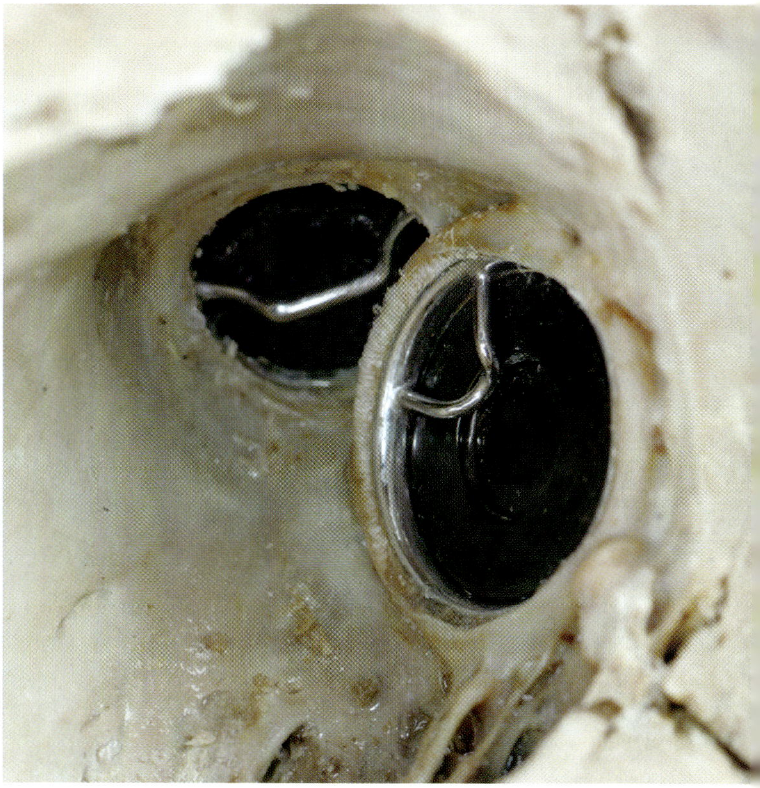

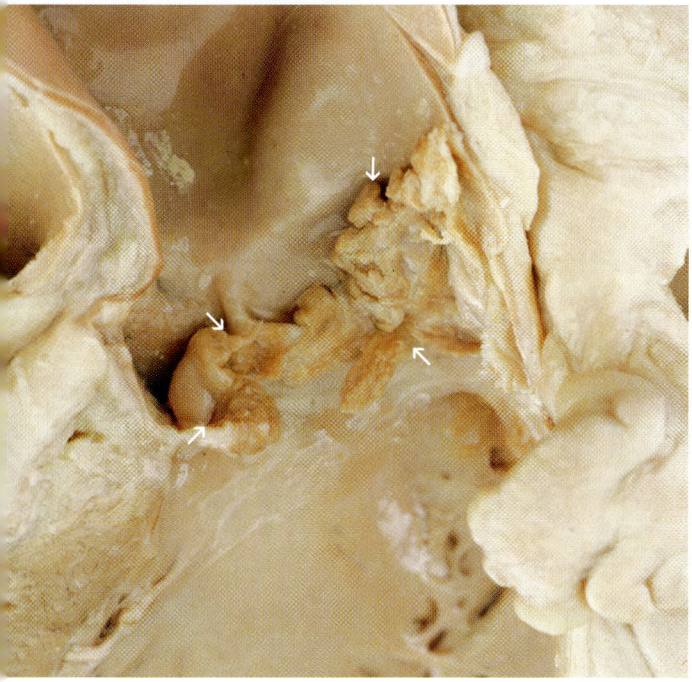

Künstliche Herzklappen

Bakterielle oder rheumatisch bedingte Herzklappenerkrankungen (Endokarditis), aber auch altersbedingte Klappenverkalkungen können die Herzklappen so stark verformen, dass sie sich nicht mehr ausreichend öffnen oder nicht mehr richtig schließen.
In schweren Fällen können die betroffenen Klappen durch künstliche ersetzt werden.
Im Herz in der obigen Abbildung wurden sowohl die Aortenklappe (Klappe zwischen linker Herzkammer und Aorta) als auch die Mitralklappe (Klappe zwischen linkem Vorhof und linker Kammer) durch Prothesen ersetzt.

Abb. 4.8 | *Nahaufnahme einer Aortenklappe mit Endokarditis*

Die Blutversorgung des Herzens

Das Herz hat eigene Blutgefäße,
die es mit Sauerstoff und Nährstoffen versorgen.
Sie werden Herzkranzgefäße
oder Koronararterien genannt.
Zwei Hauptäste zweigen sich von der Aorta ab
und ziehen an der Herzaußenseite abwärts
in Richtung Herzspitze.
Auf ihrem Weg geben sie zahlreiche kleinere Gefäße ab,
die in den Herzmuskel eindringen
und das Herz mit Blut versorgen.
In Ruhe verbraucht das Herz mehr Sauerstoff
als fast jedes andere Organ.

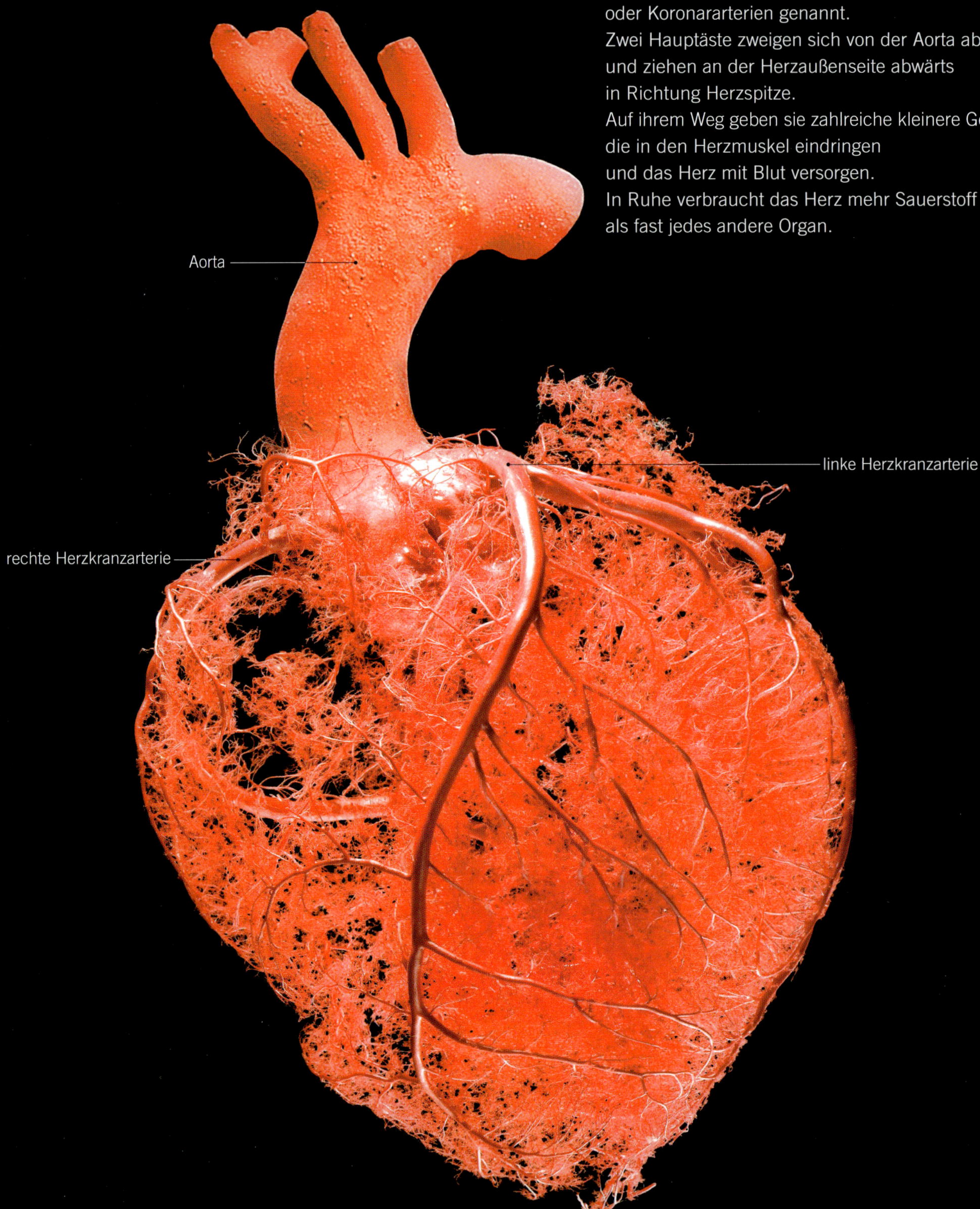

Abb. 4.9 | Gefäßgestalt der Herzkranzarterien

Koronare Herzkrankheit

Die Erkrankung der Herzkranzgefäße
ist in den Industrieländern
eine der häufigsten Todesursachen.
Meistens liegt eine Arteriosklerose zugrunde.
Dabei bilden sich fetthaltige Ablagerungen
in den Arterienwänden, die man Plaques nennt.

Die Plaques können mit der Zeit
unter Einwirkung verschiedener Risikofaktoren
immer stärker werden
und allmählich den Durchfluss des Blutes
und damit die Sauerstoffversorgung behindern.

Wenn eine Koronararterie bis zu 70 % eingeengt ist,
gerät das Herz bei Belastung in Sauerstoffnot
und reagiert mit Schmerzen.
Dieses Krankheitsbild nennt man Angina pectoris
oder koronare Herzkrankheit.
Zu den Risikofaktoren gehören vor allem
erhöhte Blutfette (Cholesterin), Zigarettenrauchen,
Bluthochdruck und Zuckerkrankheit (Diabetes mellitus).

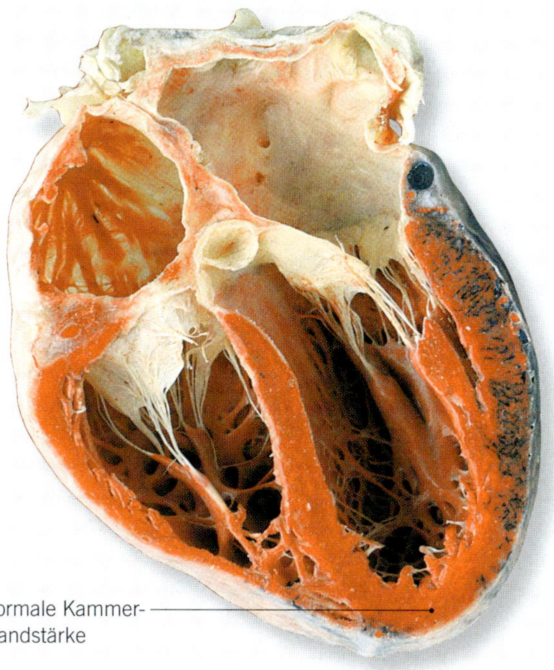

Abb. 4.10 | Normales Herz

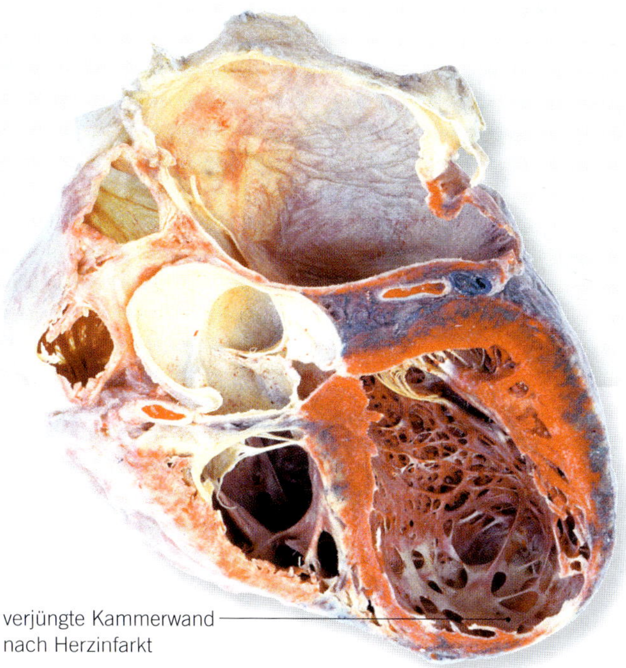

Abb. 4.11 | Herz mit verheiltem Herzspitzeninfarkt

Herzinfarkt
Bricht eine arteriosklerotische Plaque plötzlich auf,
bildet sich an dieser Stelle ein Blutgerinnsel,
das die Herzkranzarterie komplett verschließen kann.
Dadurch sterben die Zellen der betroffenen Region ab
und das Herz wird in seiner Funktion geschwächt.
Dieses plötzliche Ereignis nennt man
Herzanfall oder Herzinfarkt.

Sind nur kleine Abschnitte betroffen,
vermag das Herz noch genügend Blut zu fördern
und der Patient überlebt.
Die abgestorbenen Zellen werden nach und nach
durch weiße Bindegewebsnarben ersetzt.
Die Herzwand ist in diesem Bereich
dann deutlich dünner.

Ein Herzanfall kann auch so schwer sein,
dass das Herz reißt
und sich Blut in den Herzbeutel (das Perikard) ergießt.
Diesen Zustand nennt man Herzbeuteltamponade.
Der Bluterguss drückt das Herz
zunehmend von außen zusammen,
bis das Herz nicht mehr schlagen kann.

Vergrößertes Herz (Herzhypertrophie)
Wie ein Skelettmuskel passt sich der Herzmuskel den Bedürfnissen des Körpers an und vergrößert sich bei anhaltender Belastung. Ein Sportlerherz kann bis zu 500 Gramm wiegen.

Allerdings vergrößert sich das Herz auch bei krankhafter Mehrbelastung. Die häufigsten Ursachen sind Bluthochdruck und fehlerhafte Herzklappen. Dem hier gezeigten massiv vergrößerten Herz liegt eine Herzmuskelerkrankung zugrunde. Es wiegt 800 Gramm. Ein normales Herz wiegt dagegen 300 bis 350 Gramm.

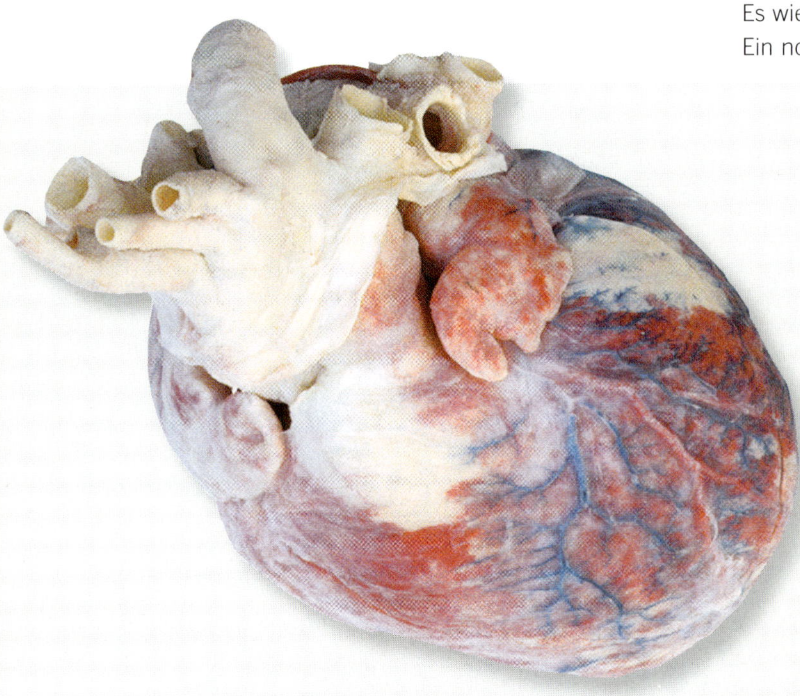

Abb. 4.13 | Erheblich vergrößertes Herz (Herzhypertrophie) im Vergleich mit einem gesunden Herzen

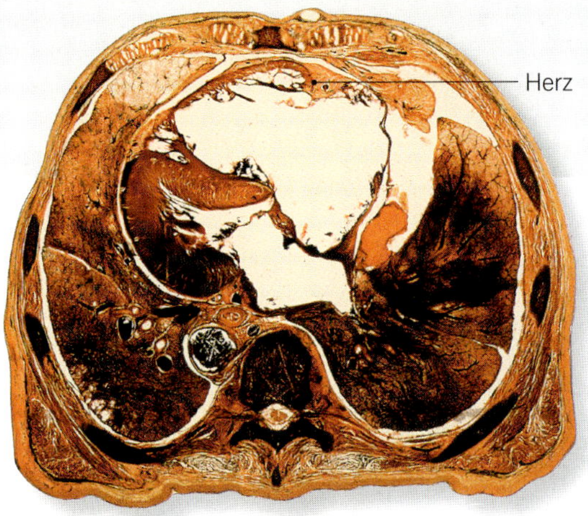

Abb. 4.14 | Körperscheibe mit vergrößertem Herz

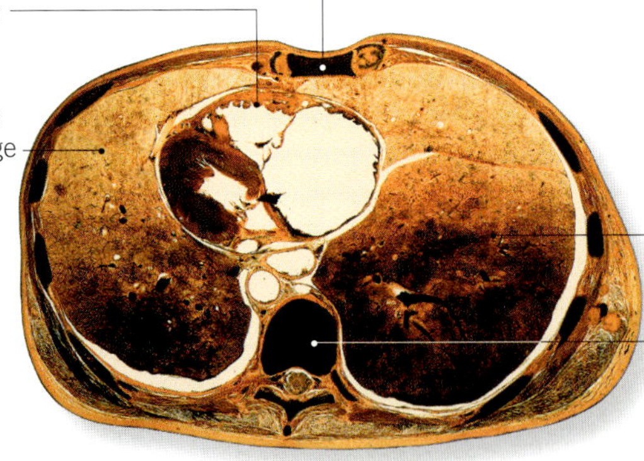

Abb. 4.15 | Körperscheibe mit normal großem Herz

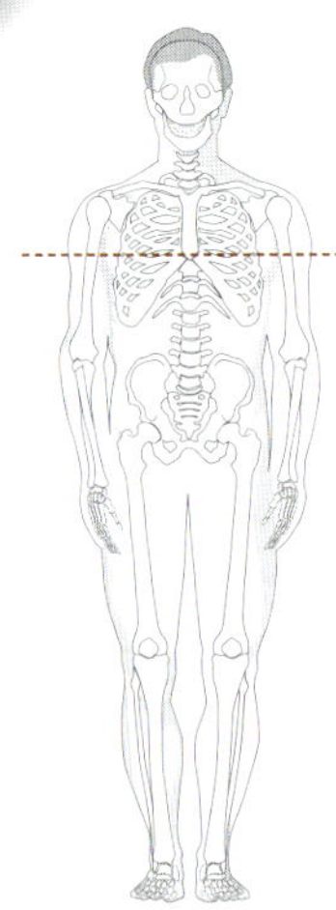

Gefäßgestalten

Das Gefäßnetz samt der Kapillaren ist außerordentlich dicht. An keiner Stelle des Körpers ist die nächste Kapillare mehr als 1/200 eines Millimeters entfernt.

Gefäßgestalten sind die perfekte Abformung des inneren Gefäßprofils.

Zu ihrer Herstellung werden die Gefäße mit einem farbigen Kunststoff injiziert. Ist dieser ausgehärtet, hat er die Form der Gefäße angenommen. Danach wird das umliegende Gewebe mechanisch und chemisch mit Hilfe von Fermenten entfernt.

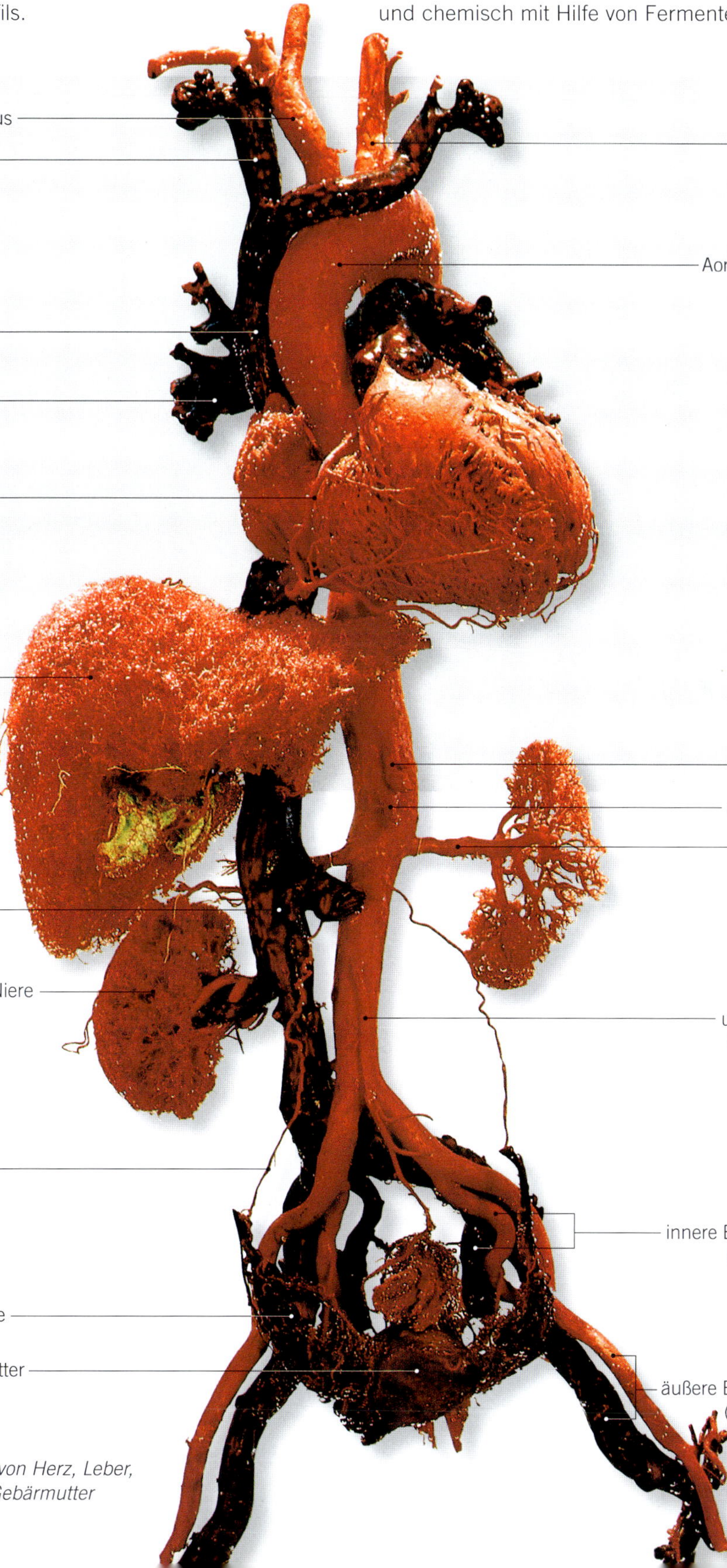

Abb. 4.16 | Gefäßgestalt von Herz, Leber, Nieren und Gebärmutter

Die Arterien

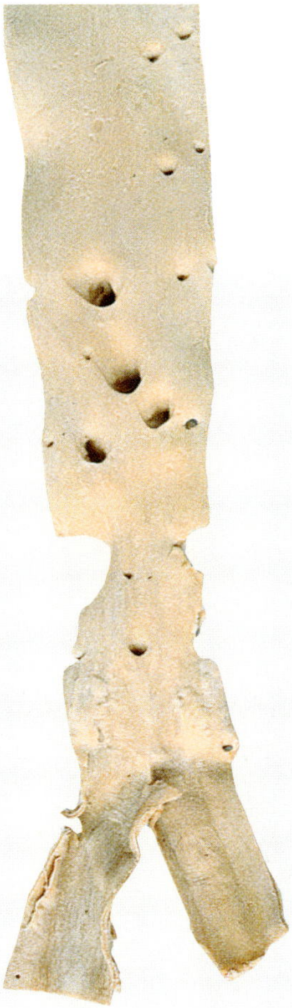

Abb. 4.17 | Innenwand einer normalen Hauptschlagader

Abb. 4.18 | Innenwand von Hauptschlagadern mit Arterienverkalkung unterschiedlicher Ausprägung

Arterien (Schlagadern) sind elastische Röhren,
die das sauerstoffhaltige Blut vom Herz
zu allen Körperteilen transportieren.
In ihren Wänden haben sie eine dünne Muskelschicht,
die das Herz beim Pumpen des Blutes unterstützt:
Mit jedem Herzschlag weitet sich die Arterie,
während sie sich mit Blut füllt.
Wenn das Herz sich dann entspannt,
zieht sich die elastische Arterie zusammen.
Dabei übt sie einen Druck aus, der ausreicht,
um das Blut kontinuierlich weiterzubewegen.
Dieser Rhythmus zwischen Herz und Arterie
macht unseren Puls aus.

Die Aorta ist die größte Arterie des Körpers.
Sie ist fast so dick wie ein Gartenschlauch.
Alle Arterien verzweigen sich
in immer kleiner werdende Gefäße,
bis sie im netzartigen Bett der Kapillaren münden.
Diese bestehen nur aus einer einzelnen Zellschicht
und sind zehnmal dünner als menschliches Haar.
Die Innenwand einer jungen, gesunden Arterie
ist ganz glatt, wie in der oben dargestellten Aorta.

Um eine ausreichende Blutversorgung aller Organe
zu gewährleisten,
überwacht und reguliert das vegetative Nervensystem
laufend den Blutdruck in den Arterien.
Der Blutdruck
wird durch die Pumpleistung des Herzens
und den Durchmesser der Gefäße
beeinflusst.

Manchmal sind die Regelmechanismen
gestört und der Druck in den Arterien
steigt zu sehr an –
Bluthochdruck (Hypertonie) ist die Folge.
Ein ständig zu hoher Blutdruck schädigt die Gefäße
und die von ihnen versorgten Organe.

Arteriosklerose
An den Aorten links
ist eine Arteriosklerose zu erkennen –
ein Vorgang in den Arterien,
bei dem sich Fette, Proteine und Mineralstoffe
in den Gefäßwänden ablagern.
Sie werden dadurch hart und unelastisch.
Im weiteren Verlauf wird die Gefäßinnenhaut brüchig
und es bilden sich an dieser Stelle kleine Geschwüre.
Hier setzen sich oft kleine Blutgerinnsel fest,
die die betroffene Arterie noch weiter verengen.
Durchblutungsstörungen
in den abhängigen Körperregionen sind die Folge.

Gefäßwandaussackung (Aneurysma)
Aneurysmen sind sackförmige Ausbuchtungen
an den Wänden von Arterien.
Sie entstehen an Stellen,
an denen die Gefäßwand geschwächt ist.
Meist treten sie im fortgeschrittenen Alter
und bei Patienten mit Bluthochdruck
und Arteriosklerose auf.
Bei jungen Menschen sind sie meist Folge
einer angeborenen Gefäßfehlbildung.
In den Aussackungen befinden sich Blutgerinnsel,
wie man in der Aorta rechts gut sehen kann.
Sie entstehen durch Verwirbelungen im Blutstrom.
Die Wand der Aussackung ist meist dünn und schwach
und kann schließlich einreißen.
Eine schwere, oft tödliche Blutung ist die Folge.

Abb. 4.19 | Gefäßwandaussackungen (Aneurysmen) der Hauptschlagader (Pfeile). Sie sind mit Blutgerinnsel ausgefüllt.

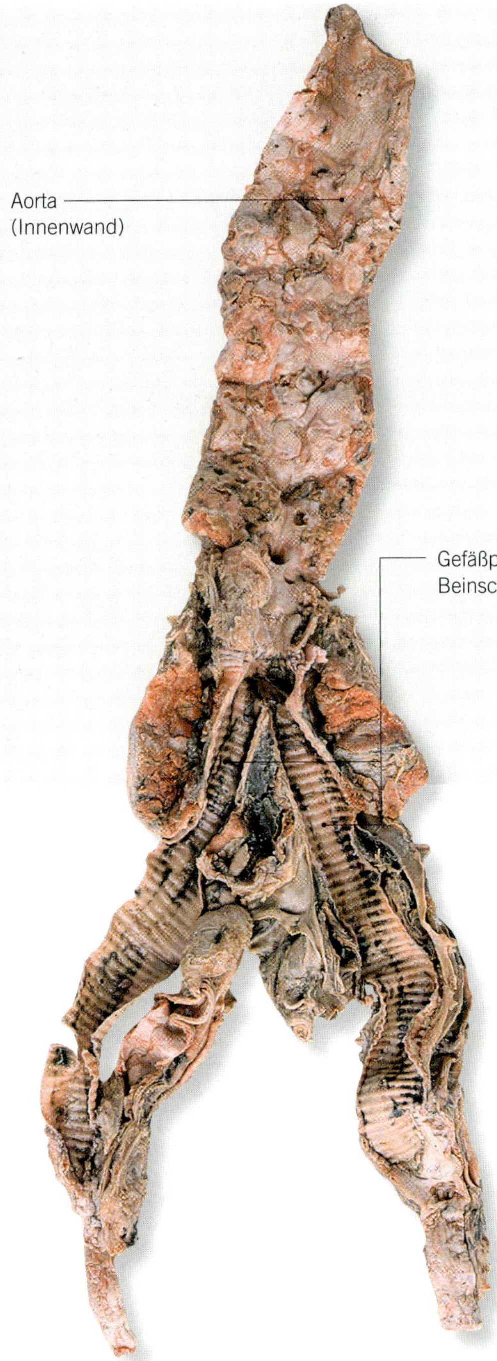

Abb. 4.20 | *Gefäßprothesen, links eröffnet, rechts geschlossen*

Gefäßprothesen

Gefäßprothesen kommen zum Einsatz, wenn eine Arterie so stark geschädigt ist, dass die Blutversorgung der abhängigen Region gefährdet ist.

Der betroffene Arterienabschnitt wird dabei durch ein flexibles Kunststoffrohr ersetzt oder überbrückt (Bypass).

Das Blut

Blut besteht aus dem Blutplasma,
einer leicht gelblichen Flüssigkeit,
in der Milliarden von roten und weißen Blutkörperchen
und Blutplättchen schwimmen.
Die roten Blutkörperchen
sind dabei eindeutig in der Überzahl.
Sie transportieren Sauerstoff
und entsorgen Kohlendioxid.

Die weißen Blutkörperchen gehören zum Abwehrsystem
des Körpers.
Die Blutplättchen sind an der Blutgerinnung beteiligt.
Zusammen machen diese drei Arten von Blutzellen
45 % des Blutes aus; 55 % sind Plasma.

Der Blutstrom in unserem Gefäßsystem ist
außerordentlich schnell;
ein rotes Blutkörperchen kann den Körper
in weniger als 20 Sekunden durchwandern.

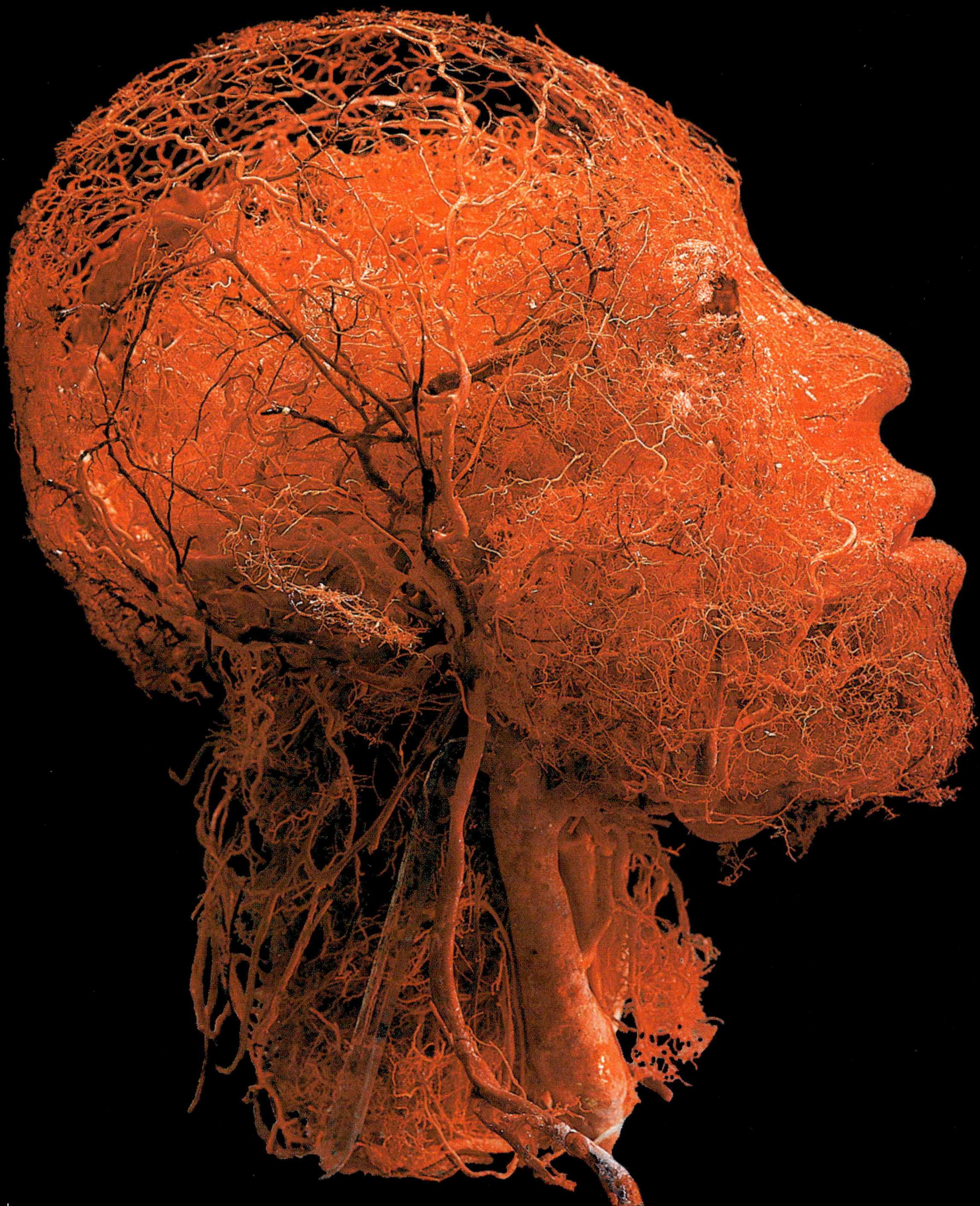

Abb. 4.21 | Gefäßgestalt der Kopf- und Hirnarterien

Dieses Plastinat zeigt das Arteriennetz des ganzen Körpers zusammen mit den Knochen und Bändern.

Unser Herz-Kreislauf-System wird wesentlich durch die Körperposition beeinflusst.
Wenn man beispielsweise aus dem Liegen aufsteht, fließt aufgrund der Schwerkraft etwa ein halber Liter Blut in die untere Körperhälfte und in die Venen der Beine.
Dadurch fällt der Blutdruck ab, worauf der Körper sehr rasch reagiert.
Das Herz schlägt schneller und stärker, um mehr Blut zu pumpen, und die kleinen Arterien (Arteriolen) ziehen sich zusammen, um den Widerstand gegen den Blutstrom zu erhöhen.

Sport kann vor Herzkrankheiten schützen.
Regelmäßige Bewegung, wie zum Beispiel Tanzen oder Spazierengehen, stärkt das Herz, wirkt sich positiv auf den Blutdruck und die Cholesterinblutwerte aus und kann helfen, das Körpergewicht zu reduzieren.
Mit zunehmender körperlicher Fitness sinkt die Häufigkeit von Herzerkrankungen.

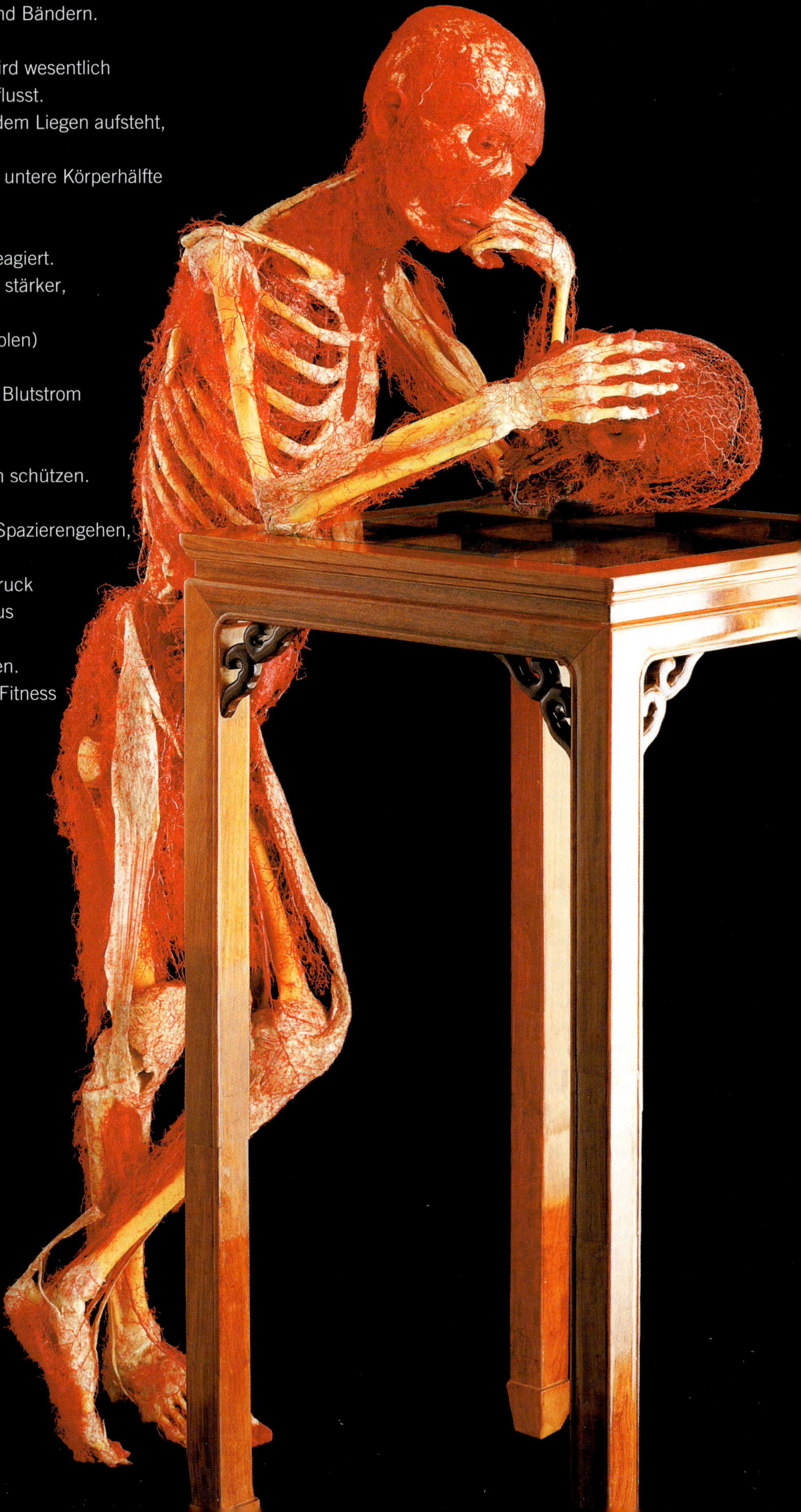

Abb. 4.22 | Der Denker (2002)

Die Milz

Die Milz ist ein Organ des lymphatischen Systems.
Sie liegt verborgen im linken Oberbauch,
direkt unter dem Zwerchfell.
Zu ihren Aufgaben gehört unter anderem das Herausfiltern
und Abbauen veralteter Blutzellen aus dem Blut.
Außerdem spielt sie eine wesentliche Rolle
bei der Immunabwehr.
Eine normal große Milz ist etwa 12 Zentimeter lang
und wiegt zwischen 80 und 120 Gramm.

Abb. 4.23 | Milz, normal

Abb. 4.24 | Milz, vergrößert

Durch Leukämie vergrößerte Milz

Eine Leukämie ist eine Krebserkrankung des Blutes.
Sie entsteht im Knochenmark, dem Ort der Blutbildung,
und ist durch eine ungehemmte und rasche Vermehrung
unreifer weißer Blutkörperchen (Leukozyten)
gekennzeichnet.
Bestimmte Leukämieformen können eine erhebliche
Schwellung der Milz verursachen.
In Extremfällen kann sie bis zu 10 Kilogramm wiegen.

5. DER **VERDAUUNGSTRAKT**

Alle Prozesse in unserem Körper benötigen Energie,
die wir aus der Nahrung gewinnen.
Damit unser Körper sie in Energie umwandeln kann,
muss die Nahrung zunächst
in ihre Bestandteile zerlegt werden.
Die Organe des Verdauungstraktes
spalten die Nahrung
sowohl mechanisch als auch chemisch auf.
Die meisten Nährstoffmoleküle gelangen schließlich
über die Schleimhäute des Dünndarms ins Blut
und von dort in die Leber,
wo sie weiterverarbeitet werden.

Energie für den Körper

Abb. 5.1 | Die Organe des Verdauungstraktes

Die Organe des Verdauungssystems
Vereinfacht gesagt,
ist der Verdauungstrakt ein Schlauchsystem
von etwa sieben Metern Länge.
Zuerst wird die Nahrung im Mund grob zerkleinert.
Danach gelangt sie über die Speiseröhre
in den Magen und wird dort angedaut.
Von dort wird der Speisebrei nach und nach
in den Zwölffingerdarm abgegeben
und mit Verdauungssäften
aus Leber und Bauchspeicheldrüse vermischt.
Der Dünndarm ist der Hauptort der Verdauung.
Hier treten die meisten Nährstoffmoleküle
in die Blutgefäße der Darmwand über.
Unverdauliche Reste gelangen in den Dickdarm,
wo ihnen Wasser entzogen wird.
Anschließend werden sie durch den Enddarm
ausgeschieden.

Die Nahrung wird im Magen-Darmtrakt durch
rhythmische, wellenförmige Muskelkontraktionen
vorwärts bewegt.
Diesen Vorgang nennt man Peristaltik.
Die Peristaltik können wir nicht bewusst steuern.
Sie wird automatisch durch die Nahrungsaufnahme
oder auch nur durch den Geruch von Nahrung
ausgelöst.
Der gesamte Verdauungsprozess
dauert etwa einen Tag.
Bei Bedarf kann die Peristaltik
auch durch Medikamente angeregt werden.

Der Bauchraum ist von einer spiegelglatten Haut, dem Bauchfell (Peritoneum), ausgekleidet. Es umhüllt fast vollständig die Bauchorgane. Sein Sekret stellt sicher, dass sich die Bauchorgane reibungsfrei gegeneinander verschieben können.

Besonders der Darm muss gut beweglich sein. Seine zahlreichen Schlingen dürfen dabei jedoch nicht anknicken, um frei durchgängig zu bleiben. Die Darmschlingen sind am sogenannten „Gekröse“, an der rückwärtigen Bauchwand aufgehängt.

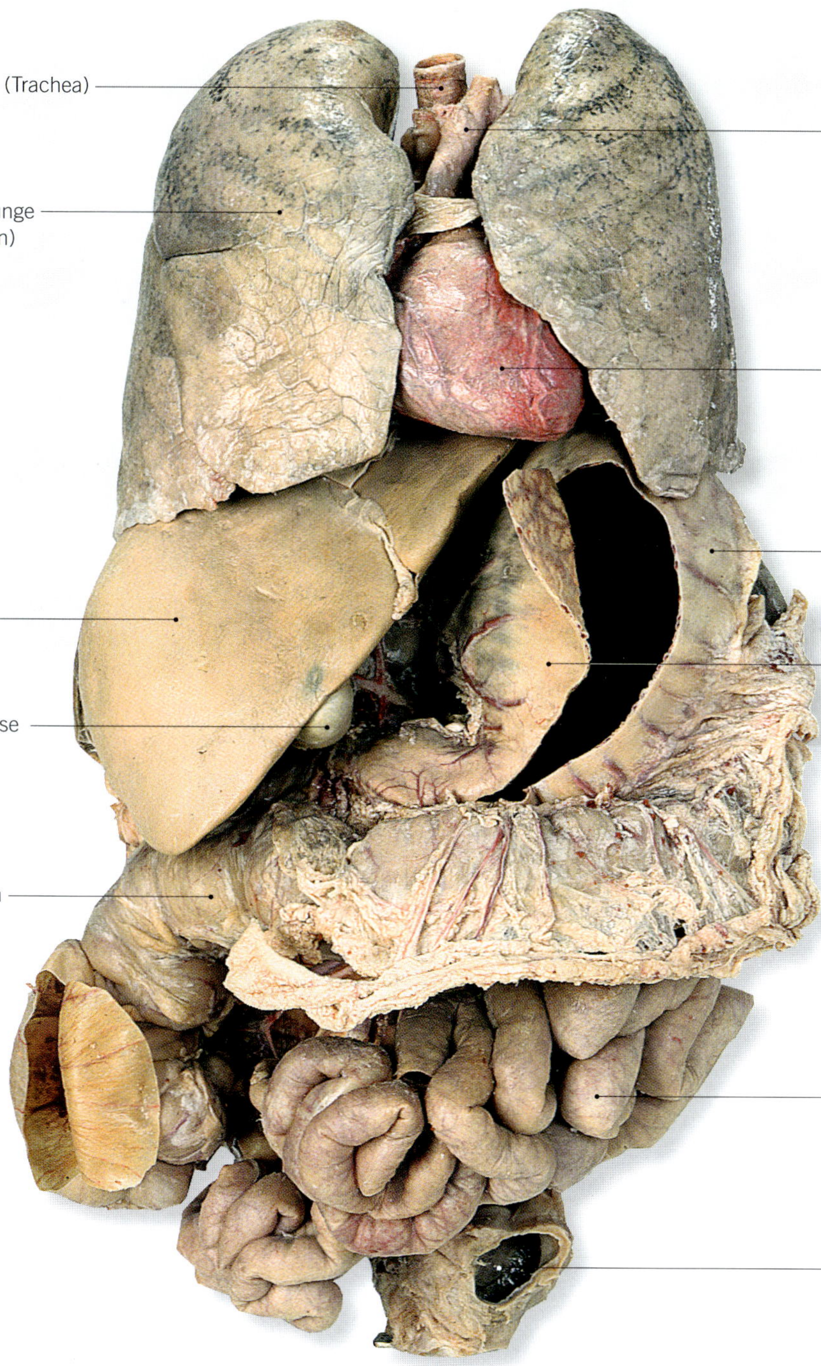

Abb. 5.2 | Die Brust- und Bauchorgane in ihrem natürlichen Verbund

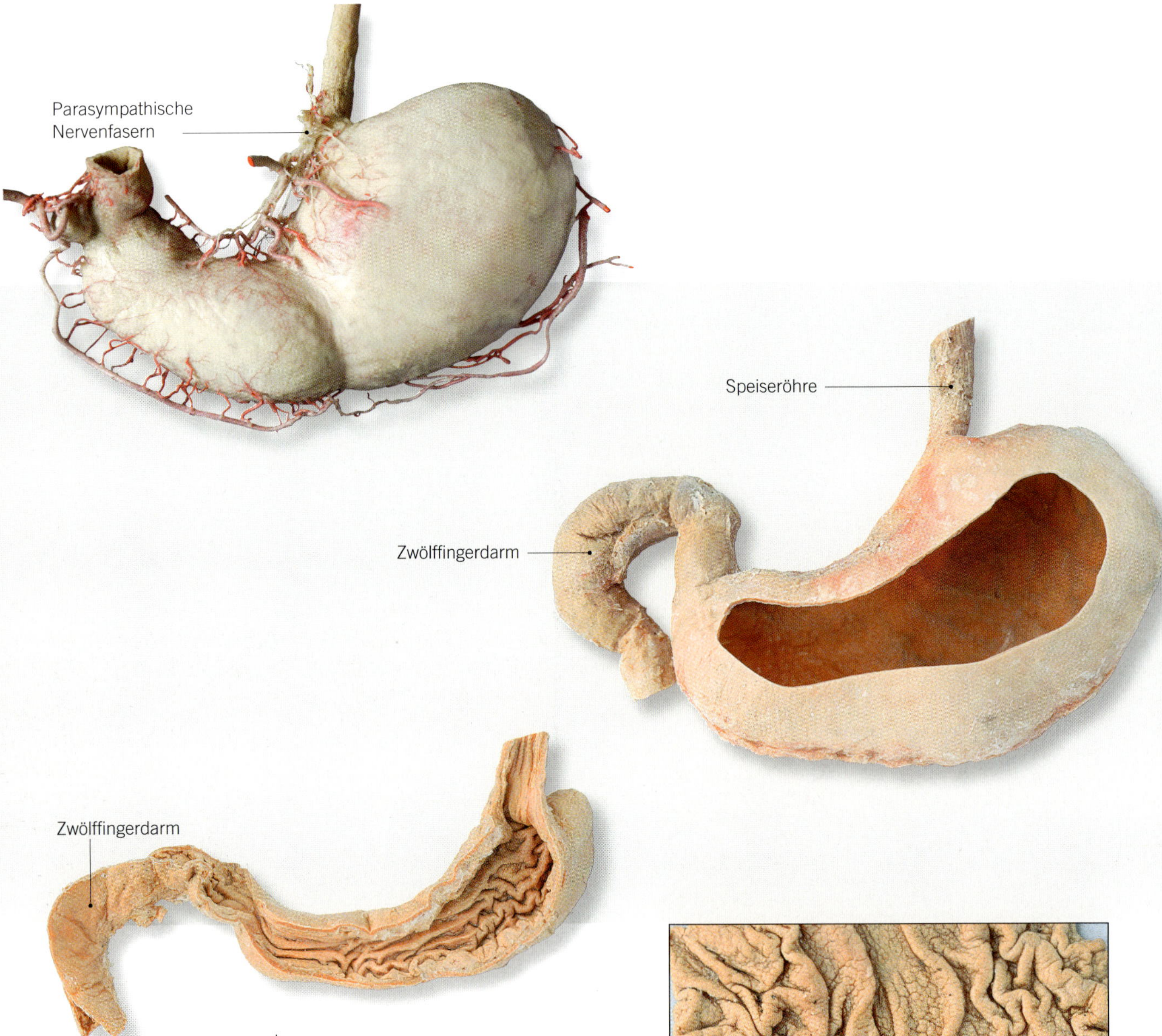

Abb. 5.3 | Mägen unterschiedlicher Form und Größe

Abb. 5.4 | Magenschleimhaut

Der Magen

Der Magen ist ein muskuläres Hohlorgan,
das 2 bis 3 Liter fasst.
Er speichert die aufgenommene Nahrung,
daut sie chemisch und mechanisch an
und leitet den Speisebrei nach und nach in den Darm.
Größe, Form und Lage des Magens sind variabel
und hängen unter anderem vom Füllungszustand,
der Körperhaltung und dem Alter der Person ab.
Innen ist der Magen
mit einer gefurchten Schleimhaut ausgekleidet.
Sie enthält etwa 5 Millionen Drüsen,
die täglich rund 2 Liter Magensaft absondern.

Der Magensaft besteht hauptsächlich aus Salzsäure
und Enzymen, die die Nahrung zerlegen.
Die Drüsen sondern außerdem eine Art Schleim ab,
der den Magen vor Selbstandauung schützt.

Abb. 5.5 | *Magenschleimhautentzündung mit punktförmigen Blutungen*

Abb. 5.6 | *Magengeschwür*

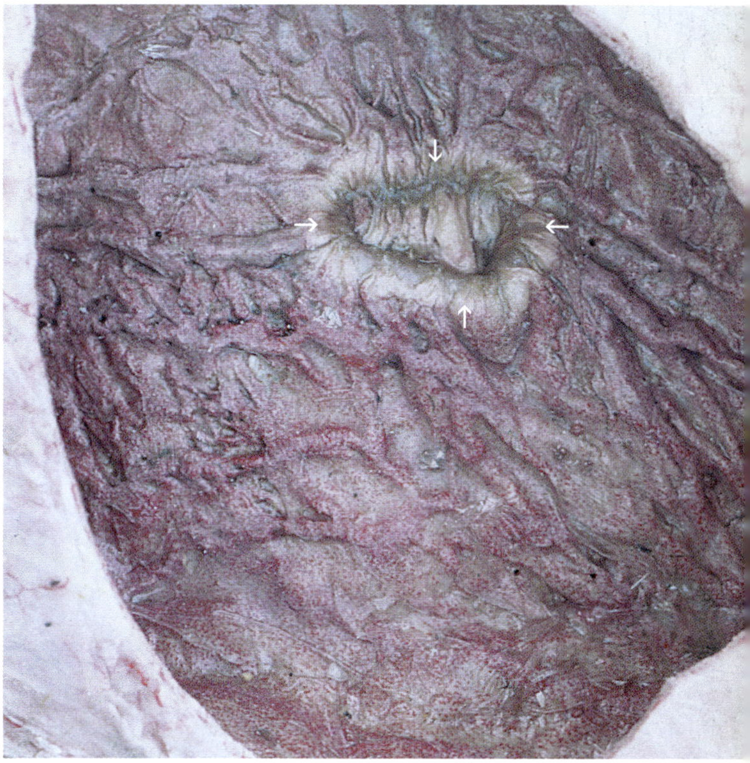

Magen- und Zwölffingerdarmgeschwüre
Die in Abb. 5.6 und 5.7 gezeigten Präparate weisen tiefe kreisförmige Schleimhautwunden auf: ein Magengeschwür und ein Zwölffingerdarmgeschwür. Solche Geschwüre werden meist durch eine Infektion mit dem Bakterium Helicobacter pylori verursacht – eines der wenigen Bakterien, die nicht durch die Magensäure zerstört werden. Die Schleimhaut entzündet sich zunächst (Gastritis) und wird dadurch empfindsam gegenüber der Magensäure. Sie frisst sich dort langsam in immer tiefere Schichten. Dies ist oft schmerzhaft und verursacht Verdauungsbeschwerden. Die Geschwüre lassen sich meist mit Medikamenten heilen. Bleiben sie jedoch unbehandelt, kann es zu schweren Komplikationen wie Blutungen und Magen- bzw. Darmdurchbrüchen kommen. Dann fließt Magen- oder Darminhalt in die Bauchhöhle; eine oft tödliche Bauchfellentzündung ist die Folge.

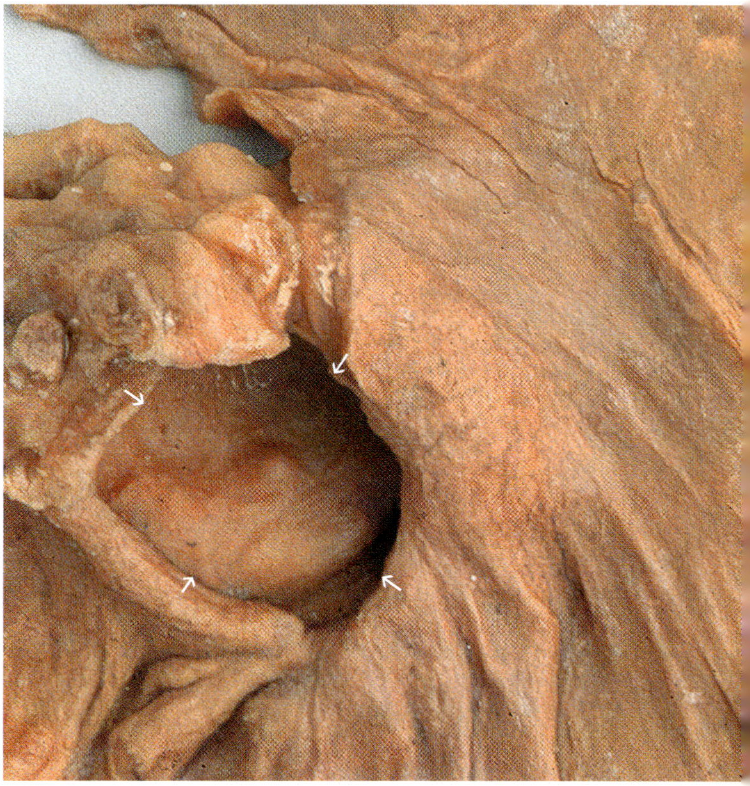

Abb. 5.7 | *Zwölffingerdarmgeschwür*

Abb. 5.8 | *Dünndarmsegment mit Schleimhautrelief*

Abb. 5.9 | *Dünndarm im geöffneten Bauchraum*

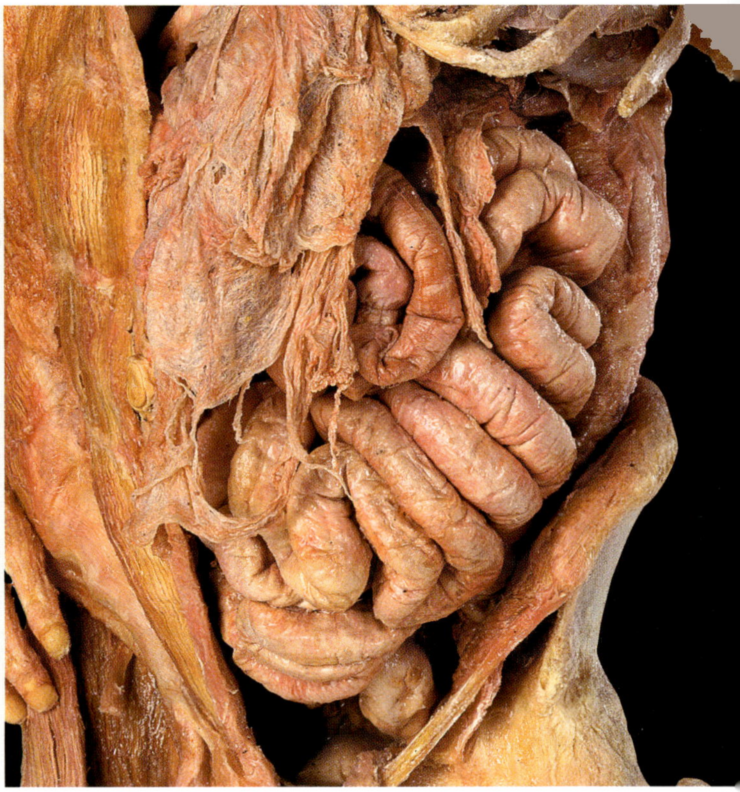

Der Dünndarm

Im Dünndarm treten die meisten Nährstoffmoleküle
durch die Darmwand hindurch in das Blut über.
Dafür benötigt der Dünndarm eine große
Aufnahmefläche.
Zur Vergrößerung dieser Aufnahmefläche
ist die Dünndarmschleimhaut innen mehrfach gefaltet.
Zusätzlich ist die Schleimhaut
mit fingerförmigen Ausstülpungen übersät,
den so genannten Darmzotten,
die wiederum mit noch kleineren, bürstenähnlichen
Ausstülpungen, dem Bürstensaum, versehen sind.
Flach ausgebreitet würde die gesamte Schleimhaut
rund 200 Quadratmeter bedecken.

Außerdem ist die Wand des Dünndarms
mit einem äußerst dichten Netz von Blutgefäßen
durchzogen.
Nach einer Mahlzeit steigt die Durchblutung
des Darms deutlich an.
Die resorbierten Nährstoffe fließen über die Pfortader
zur weiteren Verarbeitung in die Leber.

Abb. 5.10 | Gefäßgestalt des Dünndarms

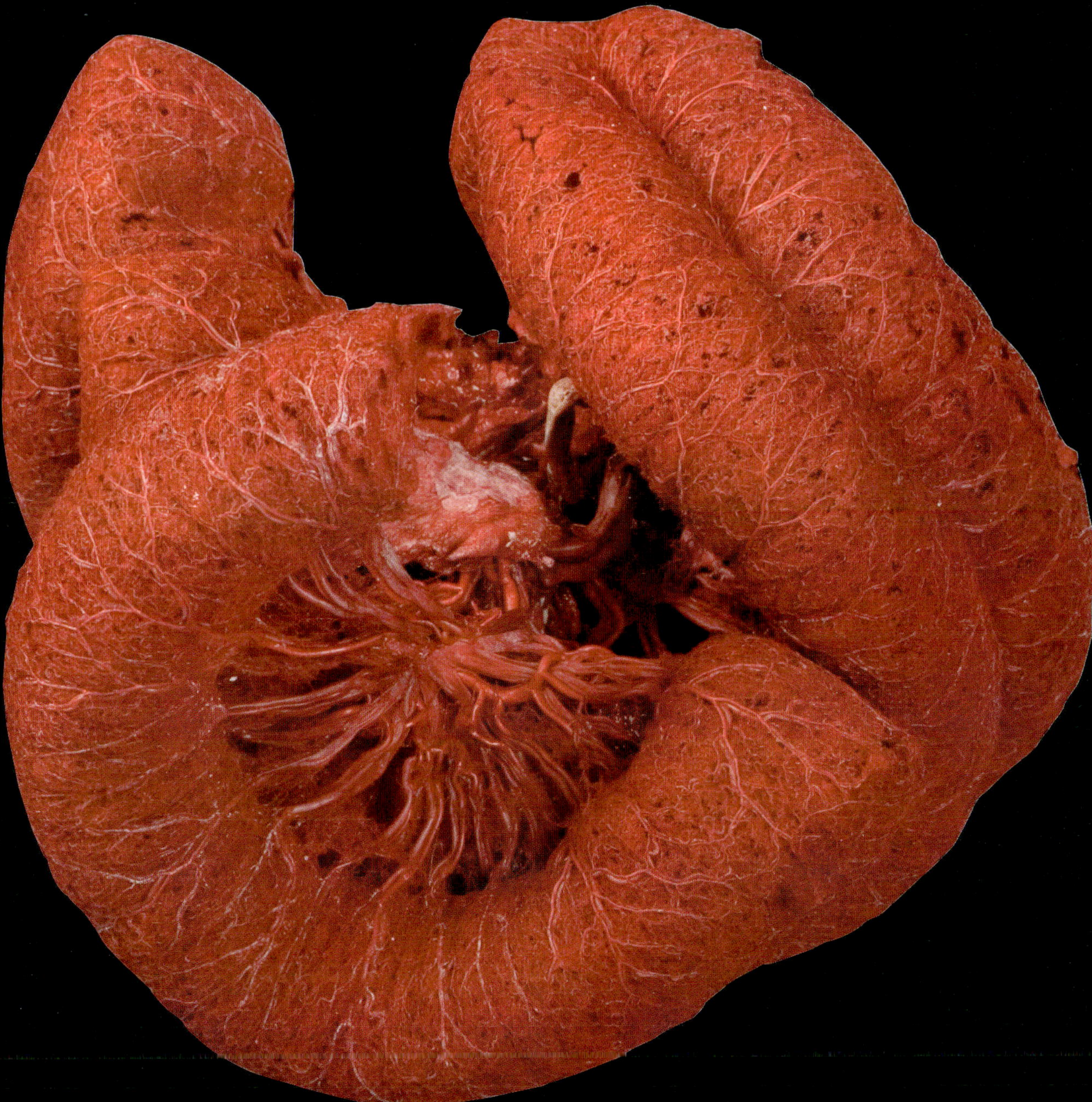

Abb. 5.11 | *Blinddarm mit Wurmfortsatz*

Abb. 5.12 | *Dickdarmsegment*

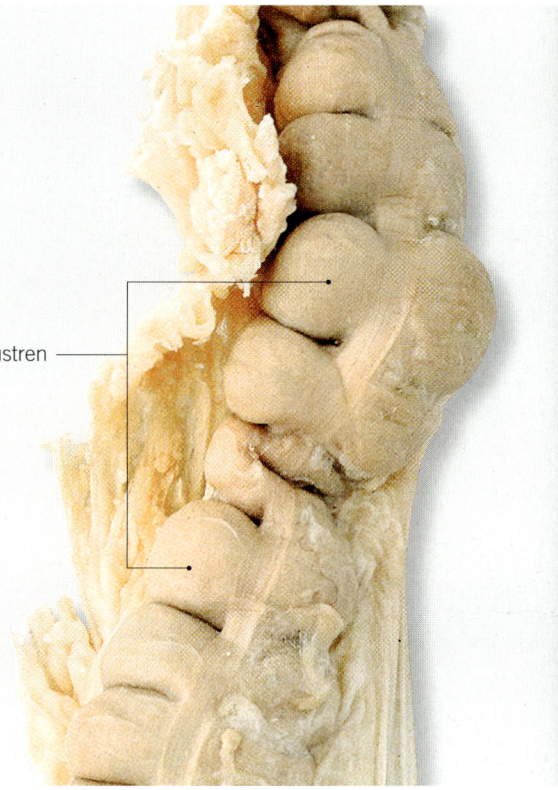

Der Dickdarm

Unverdauliche Nahrungsreste werden vom Dünndarm an den Dickdarm weitergegeben.
Dort werden sie durch Wasserentzug verdichtet.
Die Dickdarmschleimhaut ist von Milliarden von Bakterien besiedelt.
Sie unterstützen die Verdauungsfunktionen und produzieren für den Körper wichtige Vitamine.
An seiner Außenseite weist der Dickdarm kugelförmige Ausbuchtungen (Haustren) auf und erscheint dadurch segmentiert.
Sie entstehen durch muskuläre Einschnürungen in der Darmwand.

Der Dickdarm beginnt im rechten Unterbauch mit dem Blinddarm.
Er hat einen Wurmfortsatz (Appendix), der in Größe und Lage stark variieren kann.
Beim gesunden Menschen trägt der Wurmfortsatz zur lokalen Immunabwehr im Darmbereich bei.
Entzündet sich dieser Wurmfortsatz, sprechen wir von Blinddarmentzündung oder Appendizitis.
Das Entfernen des Wurmfortsatzes aufgrund einer Blinddarmentzündung ist einer der häufigsten chirurgischen Eingriffe.

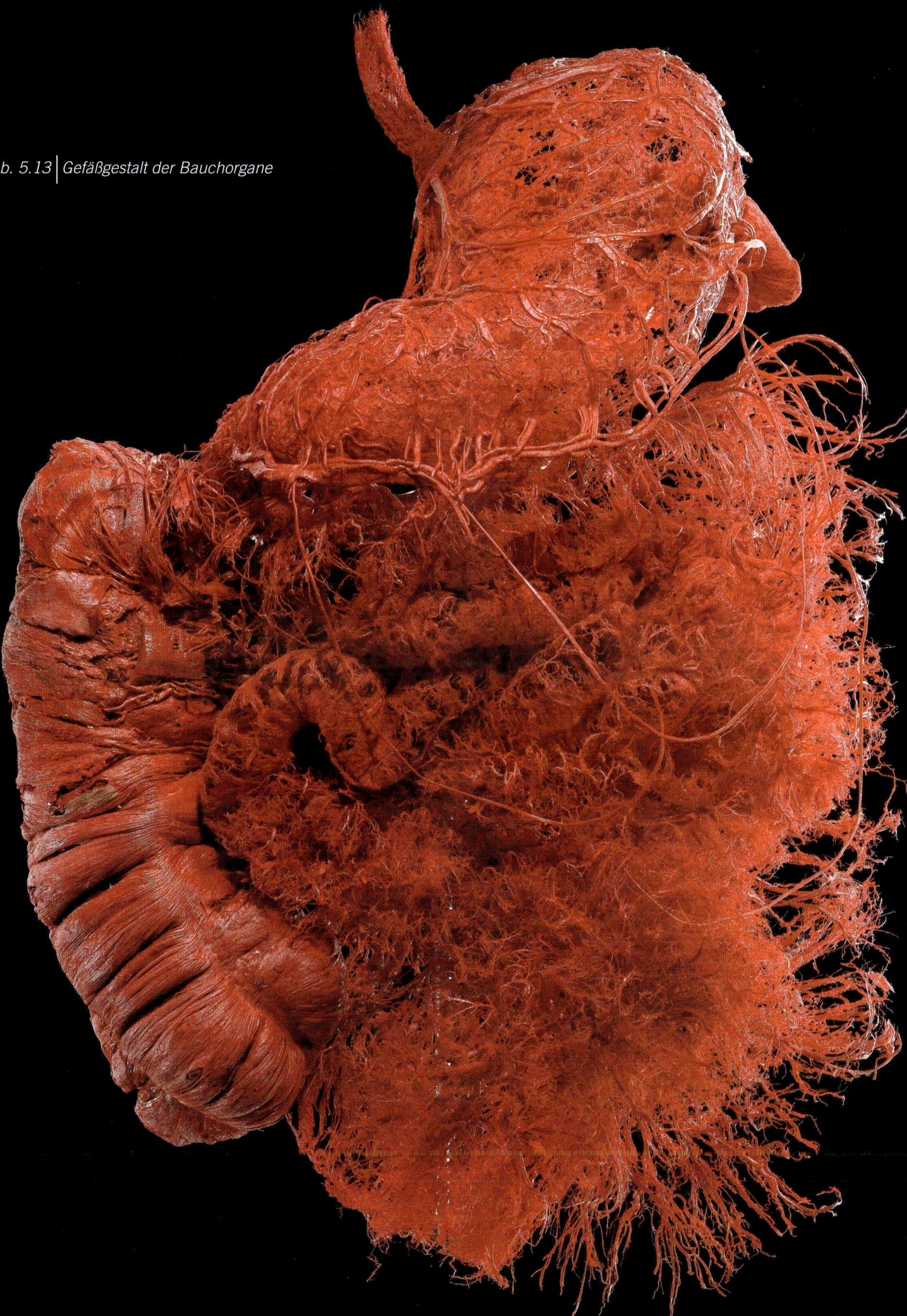

Abb. 5.13 | Gefäßgestalt der Bauchorgane

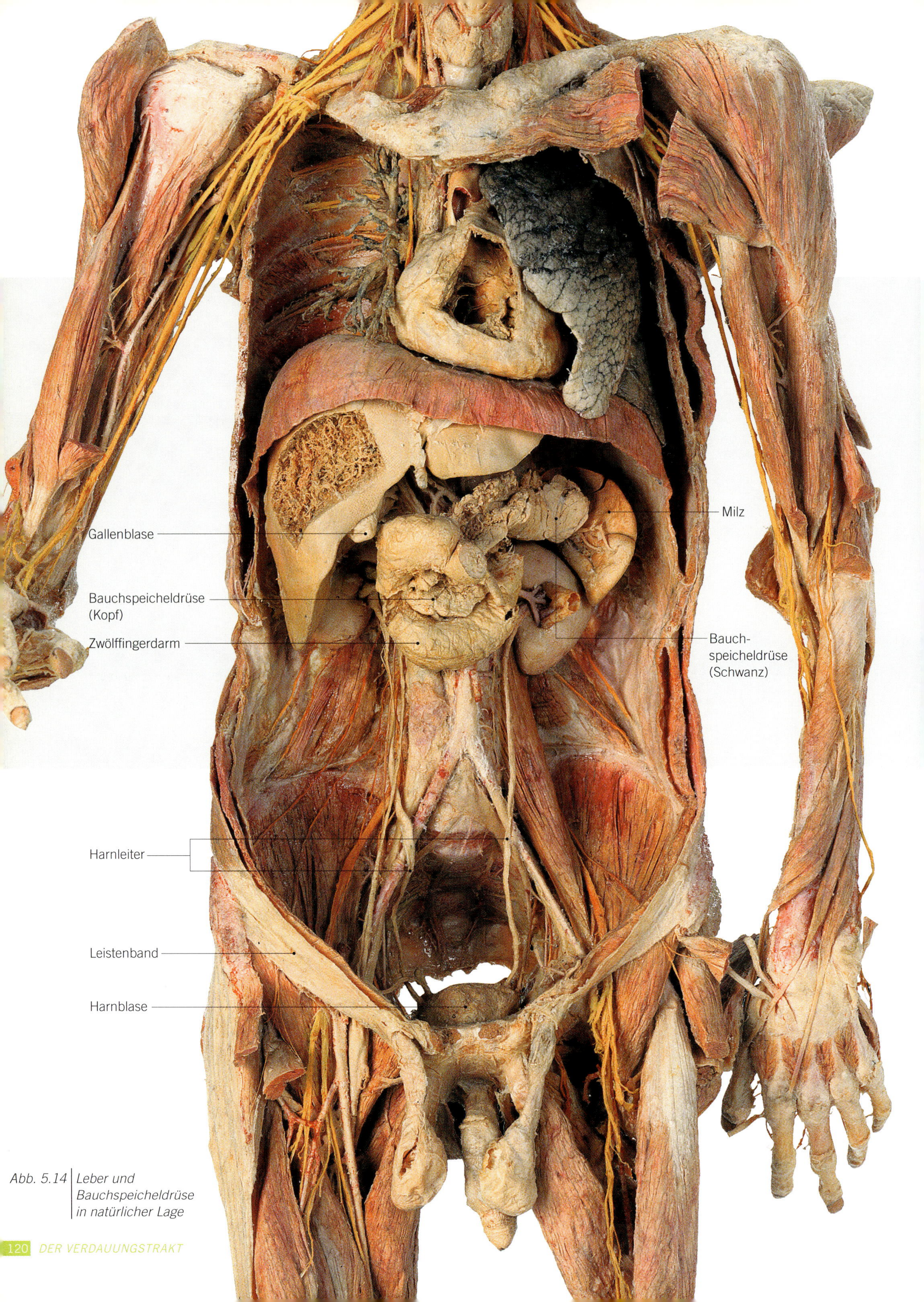

Abb. 5.14 Leber und Bauchspeicheldrüse in natürlicher Lage

Verdauungssäfte

Bauchspeicheldrüse (Pankreas)
Die Bauchspeicheldrüse ist ein wichtiges Organ des Verdauungssystems.
Sie produziert täglich etwa 1,5 Liter Bauchspeichel, der kohlenhydrat-, eiweiß- und fettspaltende Verdauungsenzyme enthält.
Gelangt Nahrung in den Verdauungstrakt, wird ihr Saft in den Zwölffingerdarm abgegeben.

Die Bauchspeicheldrüse gibt außerdem zwei Hormone – Insulin und Glukagon – direkt in den Blutkreislauf ab.
Sie regulieren den Blutzuckerspiegel.
Produziert die Bauchspeicheldrüse zu wenig Insulin, steigt der Blutzuckerspiegel krankhaft an.
Diesen Zustand bezeichnet man als Zuckerkrankheit oder Diabetes mellitus.

Unbehandelt führen zu hohe Blutzuckerwerte zu schweren Folgeerkrankungen wie Herzinfarkt und Schlaganfall.
Häufig sind auch Durchblutungsstörungen der Beine und Füße, Netzhautveränderungen bis hin zum Erblinden sowie Einschränkungen der Nierenfunktion.
Eine lebenslange, sorgfältige Blutzuckereinstellung ist bei Diabetes mellitus entscheidend, um solche Spätschäden zu verhindern.

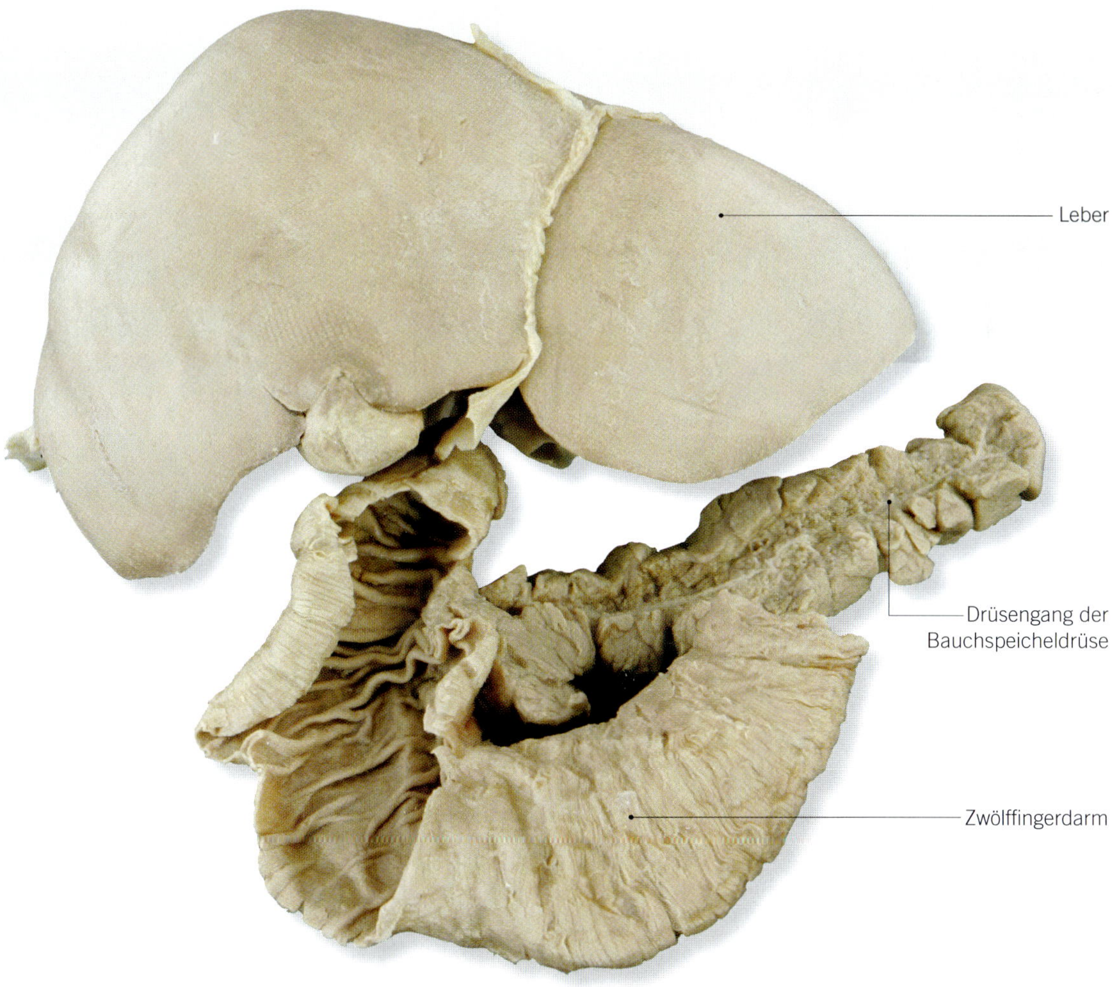

Abb. 5.15 | Leber, Bauchspeicheldrüse und Zwölffingerdarm in ihrer natürlichen Lagebeziehung

Die Leber

Die Leber baut die Nährstoffe ab,
die ihr über den Blutstrom vom Darm zugeführt werden.
Sie nimmt damit eine Schlüsselfunktion
im Kohlenhydrat-, Fett- und Eiweißstoffwechsel ein.
Darüber hinaus wirkt sie als Kläranlage,
indem sie Giftstoffe aus dem Blut aufnimmt
und zu harmlosen Abfallprodukten umwandelt.

Die Leber ist für ihre vielfältigen Aufgaben
außerordentlich stark durchblutet.
Pro Minute fließen etwa 1,5 Liter Blut durch die Leber;
das meiste davon kommt direkt aus dem Verdauungstrakt.

Die Leber ist mit durchschnittlich 1,5 Kilogramm
die größte Drüse des Körpers.
Im Laufe des Lebens
vermindern sich die Stoffwechselprozesse,
und entsprechend verkleinert sich die Leber.

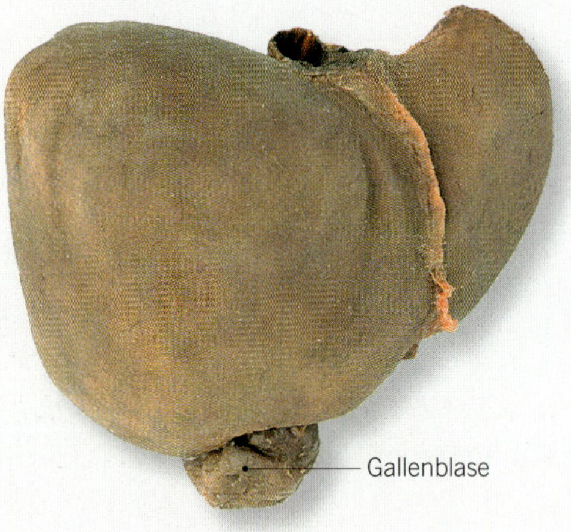

Abb. 5.16 | Leber eines älteren Menschen

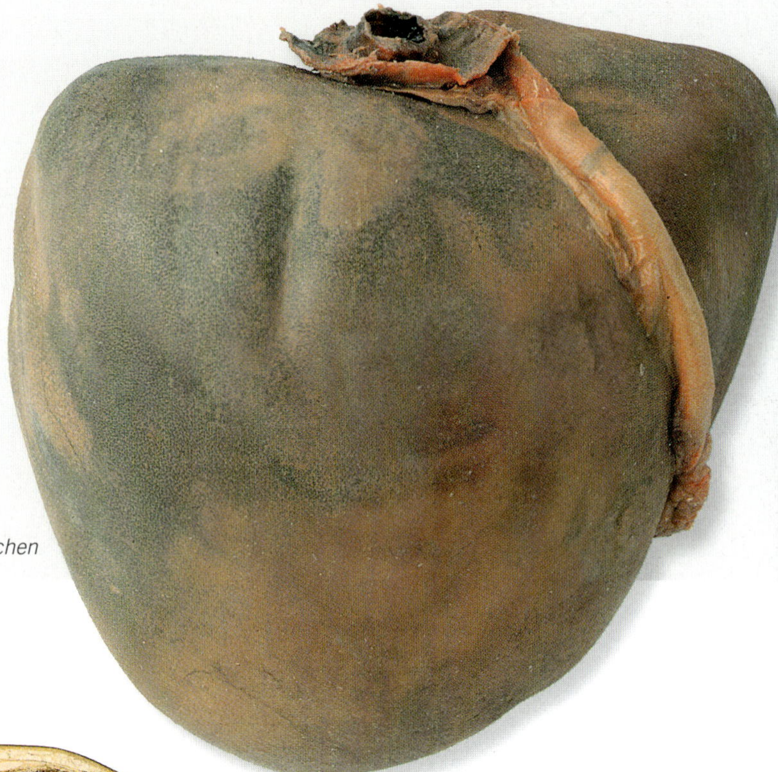

Abb. 5.17 | Leber eines jüngeren Menschen

Abb. 5.18 | Querschnitt durch den Oberbauch

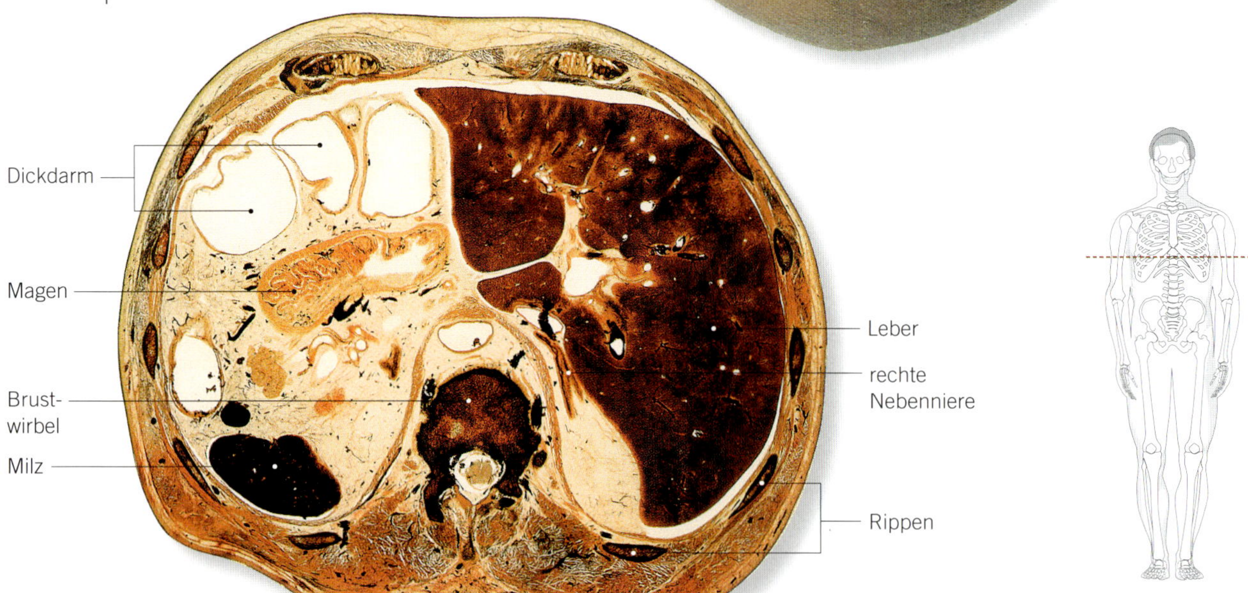

Auf einem Querschnitt durch den Oberbauch (Abb. 5.18) erkennt man, dass die Leber die ganze rechte Hälfte des Oberbauchs einnimmt.
Die viel kleinere Milz liegt auf der linken Seite.
Beide Organe sind aufgrund ihrer Blutfülle von dunkelrot-brauner Farbe.

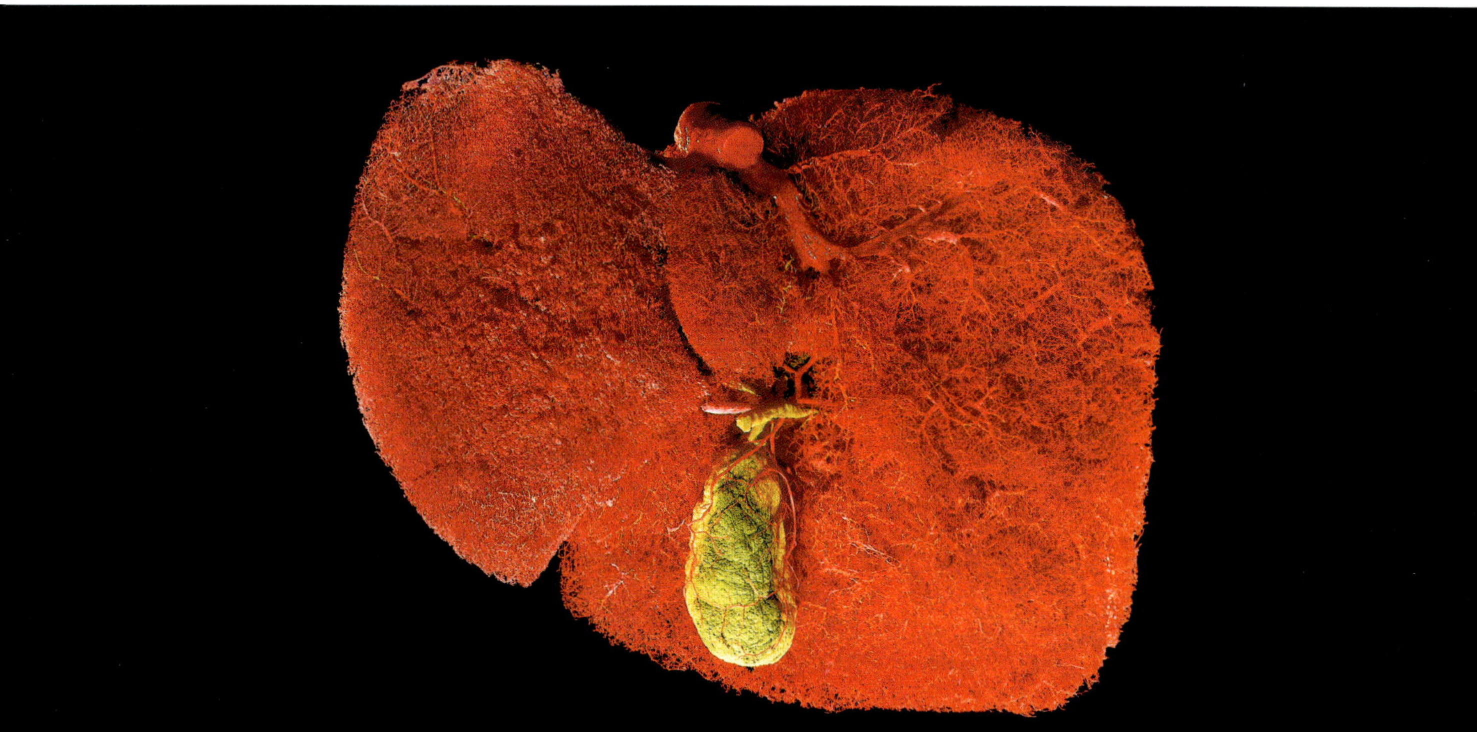

Abb. 5.19 | Gefäßgestalt der Leberarterien, Ansicht von hinten

Die Leber produziert etwa einen Liter Gallensaft täglich.
Er wird für die Verdauung von Fetten im Darm benötigt
Zwischen den Mahlzeiten produzierter Gallensaft fließt in die Gallenblase und wird dort eingedickt.
Bei Bedarf wird er über ein spezielles Gangsystem in den Zwölffingerdarm ausgeschüttet.

Wenn die chemische Zusammensetzung der Gallenflüssigkeit unausgewogen ist, kann sie sich zu Gallensteinen verhärten.
Gallensteine können so klein wie ein Sandkorn, aber auch so groß wie ein Golfball sein.
Sie verursachen Entzündungen und Beschwerden, die sich als Verdauungsstörungen bemerkbar machen, und zwar besonders nach fetthaltigen Speisen.
Wenn sich ein Stein im Gallengang festsetzt, löst er starke Schmerzen aus; das nennt man eine Gallenkolik.

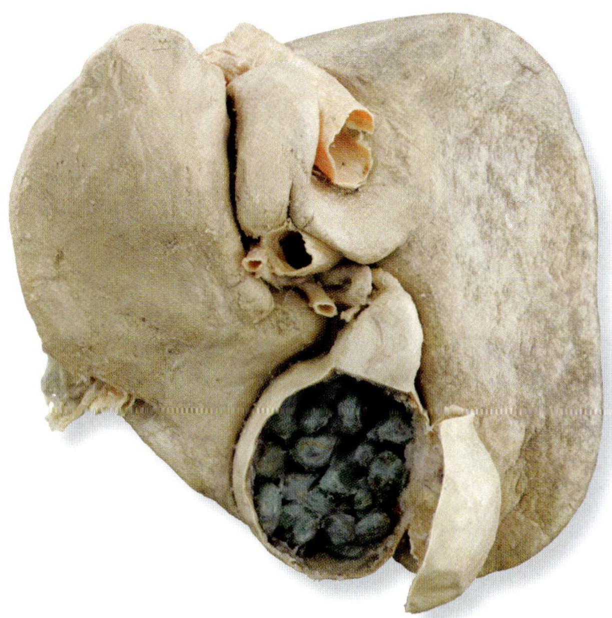

Abb. 5.20 | Leber mit Gallensteinen

Die erkrankte Leber

Fettleber

Die Leber ist auch unser wichtigstes Entgiftungsorgan. Werden ihr mehr Schadstoffe (z. B. Alkohol) zugeführt, als sie verarbeiten kann, kommt es zur Fettleber. Dabei bilden sich zahlreiche feine Fetttröpfchen in den Leberzellen.

Die Leber wird dadurch größer und sieht gelblich aus. Die Fetteinlagerungen behindern die Leberfunktionen zunächst nicht; wird weniger Alkohol konsummiert, bildet sich die Fettleber wieder zurück.

Auch andere Stoffwechselstörungen können eine Fettleber hervorrufen, zum Beispiel Fettleibigkeit oder Diabetes mellitus.

Abb. 5.21 | Fettleber

Lebermetastasen

Bei einer Krebserkrankung entwickeln sich oft Tochtergeschwülste des Tumors (Metastasen) an anderen Stellen des Körpers. Sie entstehen, wenn Tumorzellen in das Gefäßsystem eindringen und vom Blut fortgetragen werden. Diese können dann im Kapillarnetz anderer Organe wie in einem Filter stecken bleiben und zu neuen Tumoren heranwachsen. Aufgrund ihrer starken Durchblutung ist die Leber oft von Metastasen betroffen, insbesondere von Tumoren des Darms. Durch ihre große Zelldichte sehen Tumoren meistens wie helle Knoten aus.

Abb. 5.22 | Leberscheiben mit Turmormetastasen (←)

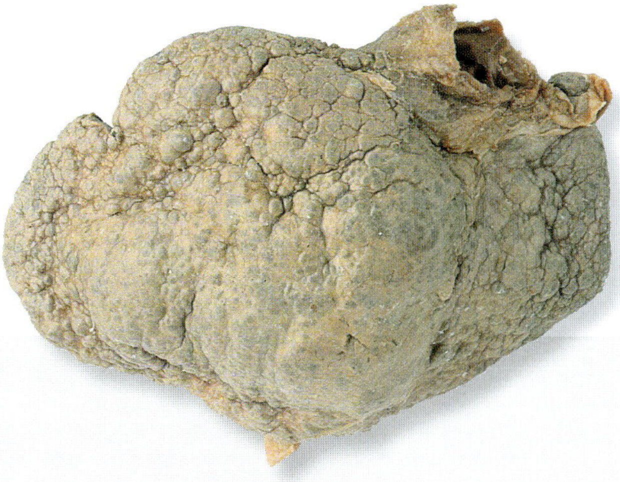

Abb. 5.23 | Ganze Leber und Leberscheibe mit Leberzirrhose

Schrumpfleber (Zirrhose)
Anhaltend starker Alkoholgenuss
kann die Leber dauerhaft schädigen.
Dabei werden untergegangene Leberzellen
durch fasrige Narben ersetzt,
die das ganze Organ zunehmend wie ein Netz durchziehen.
Die Leber schrumpft
und die noch funktionierenden Zellen
formen kleine Inseln oder Knötchen,
die sowohl an der Oberfläche
als auch im Innern der Leber zu sehen sind.
Mit dem Fortschreiten der Krankheit
wird die Leberfunktion immer stärker beeinträchtigt.
Leberzirrhose ist bei Alkoholikern
die häufigste Todesursache.

Abb. 5.24 | Leber mit Tumormetastasen

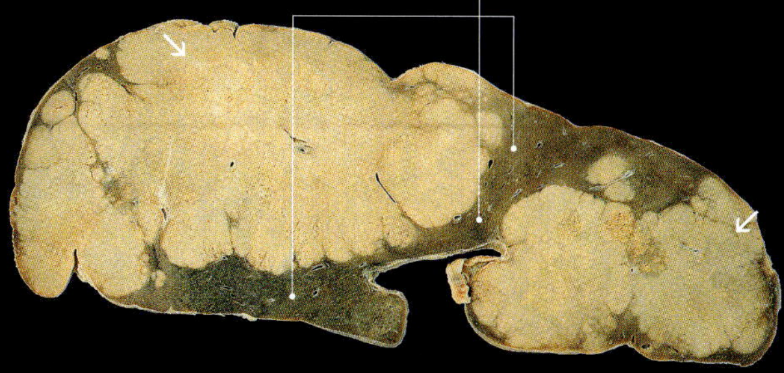

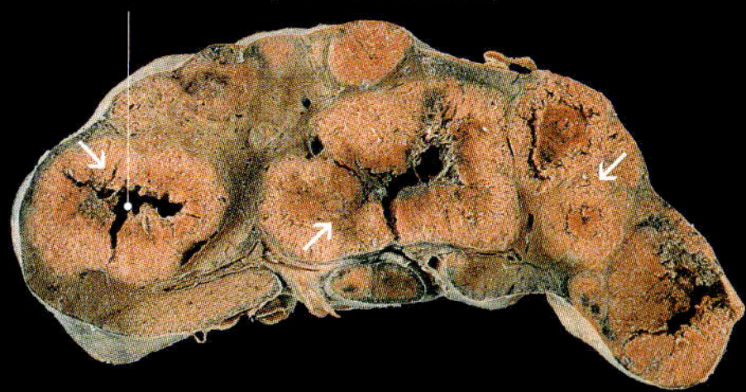

Die Fettleibigkeit

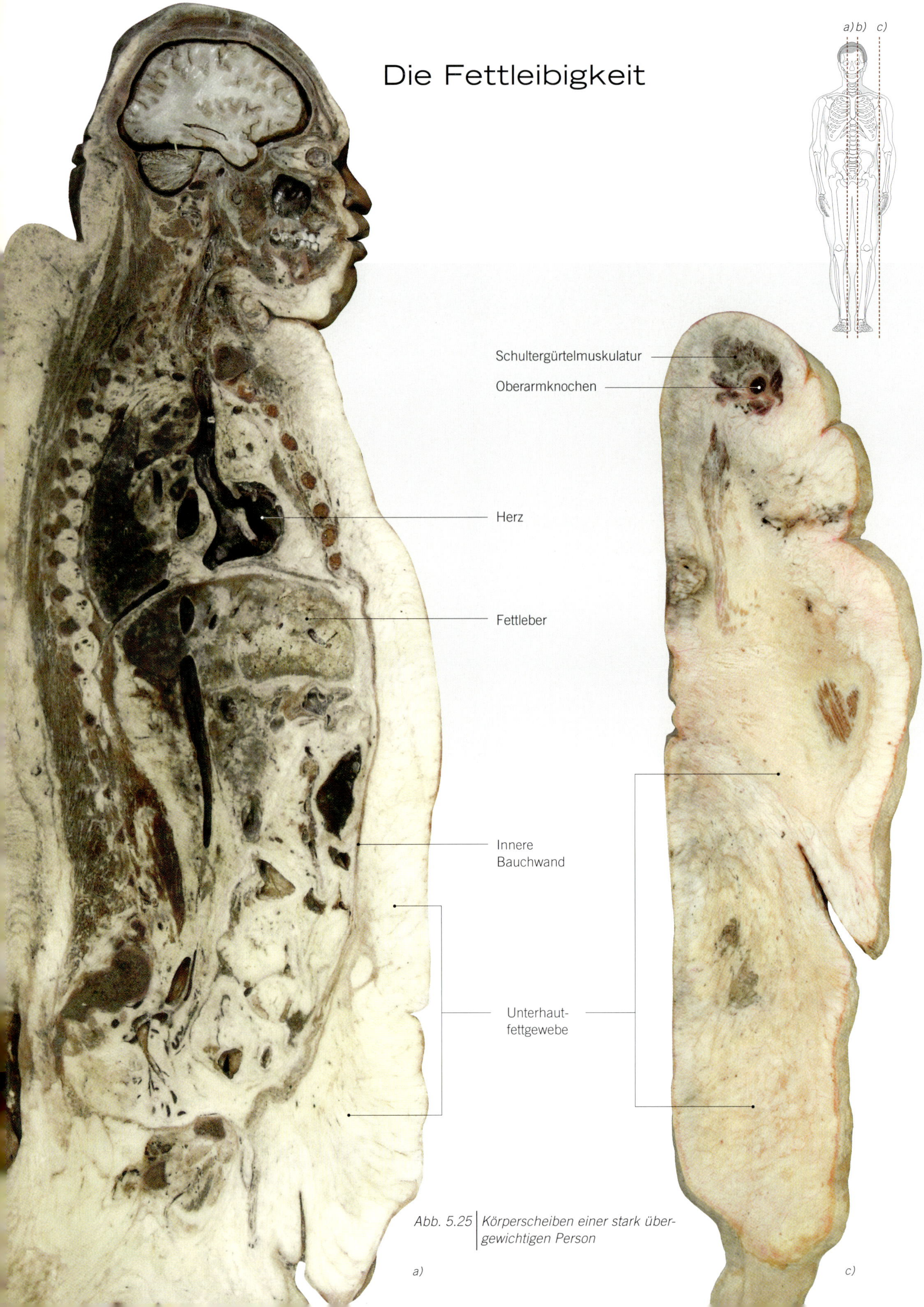

Abb. 5.25 Körperscheiben einer stark übergewichtigen Person

Abb. 5.26 | *Körperscheibe einer normalgewichtigen Person*

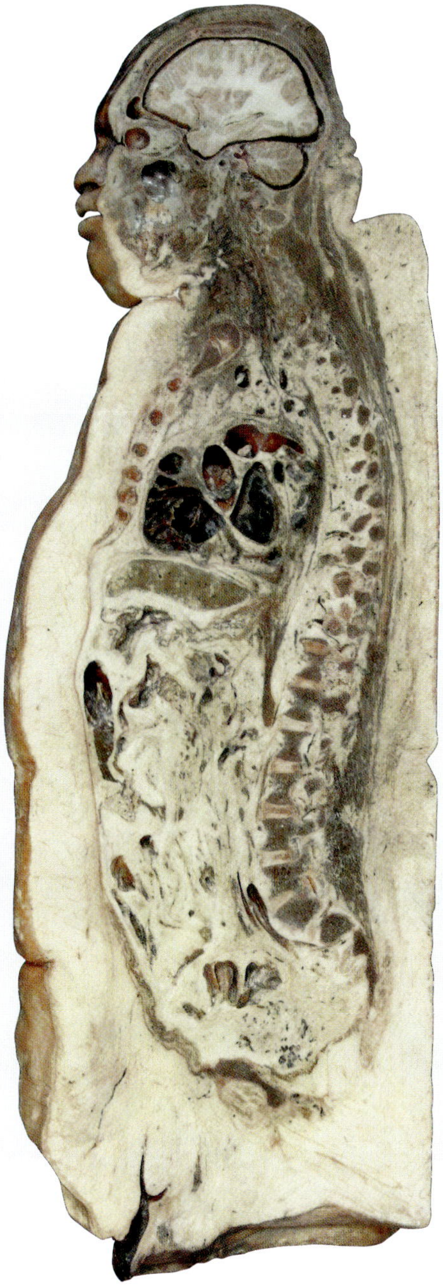

Abb. 5.27 | *Körperscheibe einer stark übergewichtigen Person*

Die Abb. 5.25 und 5.27 zeigen Längsschnitte
eines stark übergewichtigen Mannes.
Massive Fettansammlungen haben sich
sowohl unter seiner Haut
als auch in der Bauchhöhle
und in den Organen ausgebildet.
Zu Lebzeiten wog diese Person 150 Kilogramm.

Zur Fettleibigkeit kommt es,
wenn wir über längere Zeit mehr Kalorien zu uns nehmen,
als wir verbrauchen.
Übermäßiges, ungesundes Essen, unsere Gene
sowie mangelnde körperliche Bewegung
begünstigen die Gewichtszunahme.

Übergewicht stellt einen Schlüsselfaktor
für die Entwicklung vieler chronischer Erkrankungen
und für den damit verbundenen frühen Tod dar.
Dazu gehören vor allem Herz- und Atemwegskrankheiten,
Bluthochdruck, Diabetes mellitus und einige Krebsarten.
Auch das Herz- und Schlaganfallrisiko ist erhöht.
Wissenschaftliche Studien weisen darauf hin,
dass sich die Gesundheitsrisiken
auch schon bei einem relativ geringen Anstieg
des Körpergewichts erhöhen.

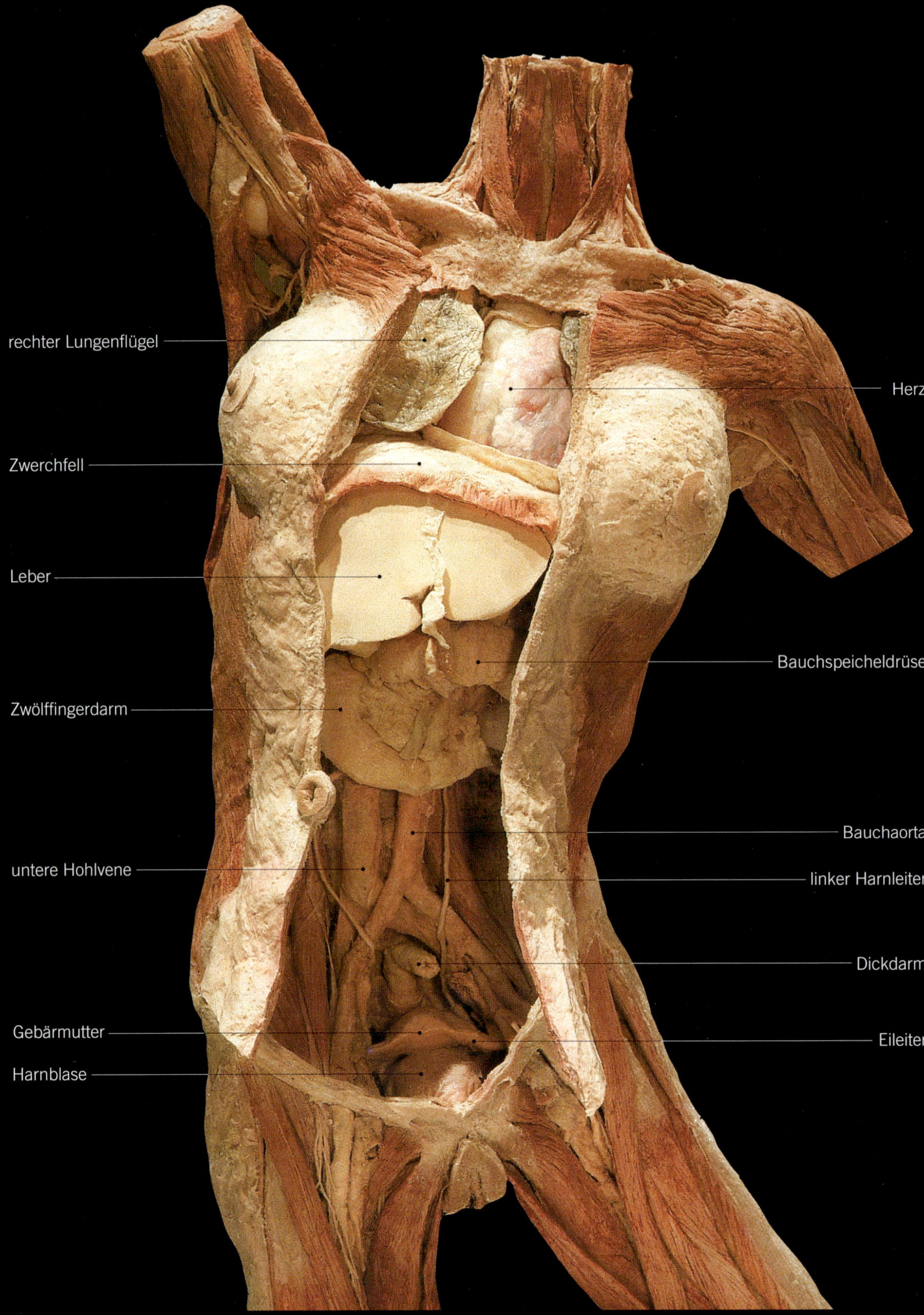

Weiblicher Torso (1999)
Der geöffnete Torso
zeigt die inneren Organe des Brust- und Bauchraums
in regelrechter Lage.
Magen, Dünndarm und Dickdarm
wurden fast vollständig entfernt,
um den Blick auf die Organe zu ermöglichen,
die zwischen dem Bauchraum
und der rückwärtigen Bauchwand liegen,
dem sogenannten Retroperitoneum.
Dazu zählen die beiden Harnleiter,
die Aorta und die untere Hohlvene
sowie die Bauchspeicheldrüse
und der Zwölffingerdarm.
Im kleinen Becken erkennt man die Blase
und dahinter die nach vorn geneigte Gebärmutter
mit den zur Seite ziehenden Eileitern.
Der Dickdarm verläuft hinter der Gebärmutter abwärts.

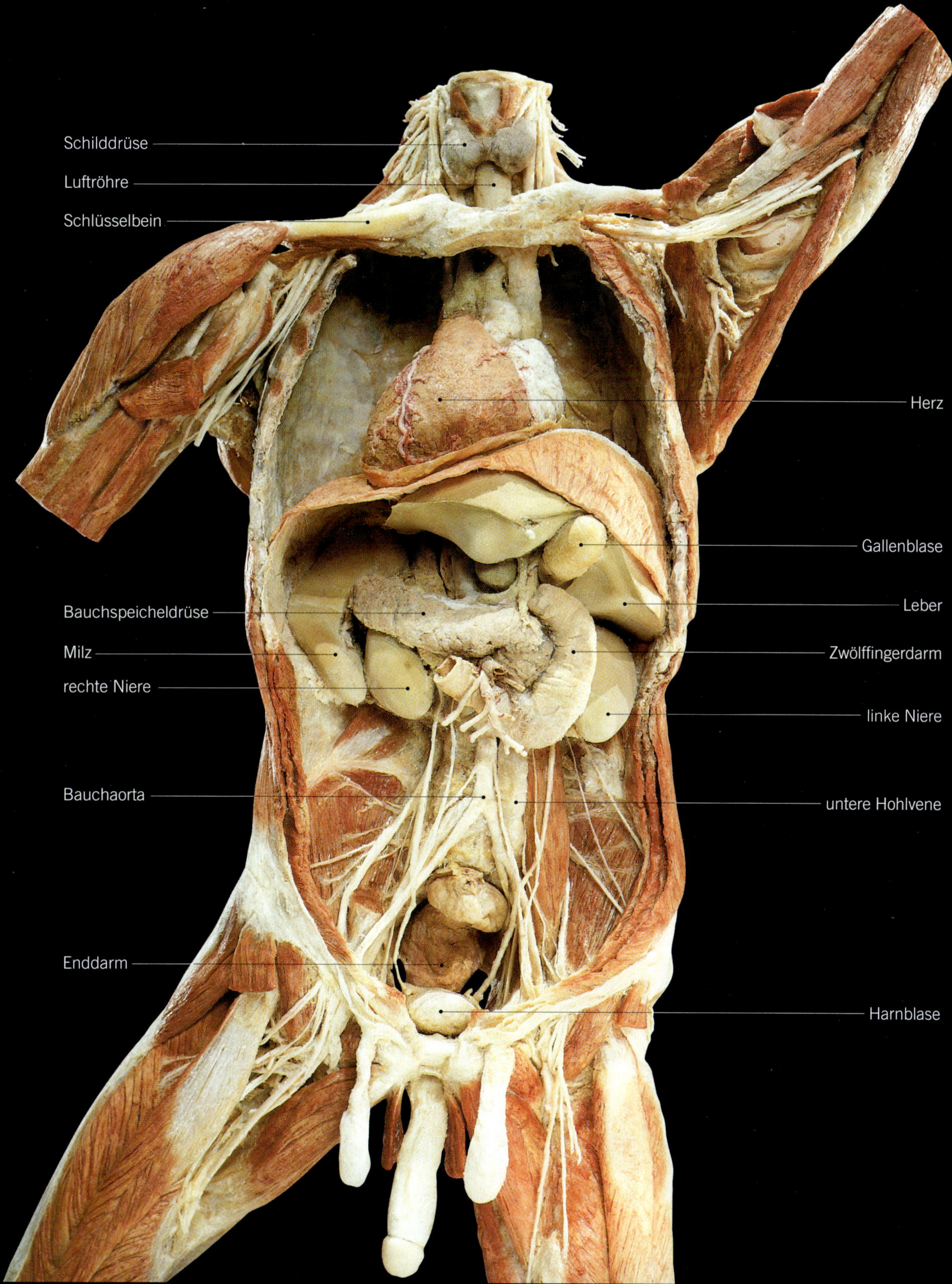

Männlicher Torso mit Situs inversus (1999)
Dieser Torso zeigt eine seltene anatomische Variation, die Situs inversus genannt wird.
Dabei sind die Organe des Brust- und Bauchraums seiten- und spiegelverkehrt angelegt: die Herzspitze zeigt nach rechts statt nach links; die Leber befindet sich auf der linken Körperseite und die Milz auf der rechten; und die Bauchspeicheldrüse verläuft von links nach rechts über die Wirbelsäule statt umgekehrt.
Diese anatomische Variation verursacht meist keine Beschwerden, kann jedoch leicht bei akuten Krankheitsfällen oder Unfällen zu Fehldiagnosen führen.
Sie tritt mit einer Häufigkeit von etwa 1:25.000 auf.

6. DER **HARNTRAKT**

Wie jeder Organismus
produziert auch der komplexe menschliche Körper
Abfallstoffe.
Ein Teil davon wird mit dem Urin ausgeschieden.
Dazu filtern die Nieren
beständig gelöste Abfallprodukte und Wasser
aus dem Blut.
Gleichzeitig halten sie unser inneres Milieu,
also das Gleichgewicht von Flüssigkeiten,
Mineralien und Spurenelementen im Körper aufrecht.

Ausscheiden von Abfallprodukten

Harnwege

Die Harnorgane sind das Filtersystem des Körpers. Die Nieren filtern die wasserlöslichen Abfallstoffe aus dem Blut und scheiden sie mit dem Urin über die ableitenden Harnwege aus. Dabei regulieren sie gleichzeitig das Volumen und die Zusammensetzung der Körperflüssigkeiten und sorgen für ein inneres, chemisches Gleichgewicht.

Ein Teil der Harnorgane steht in engen Lagebeziehungen zu den Genitalorganen. Beim Mann verläuft die Harnröhre von der Blase durch die Prostata bis zur Spitze des Penis. Sie ist etwa 20 cm lang und transportiert auch das Sperma. Bei der Frau ist die Harnröhre mit nur 4 cm sehr kurz. Deshalb erkranken Frauen relativ häufig an Harnwegsinfektionen.

Der Harntrakt besteht aus Nieren, Harnleitern, Harnblase und Harnröhre. Der Urin gelangt durch die Harnleiter nach unten in die Harnblase, wo er zunächst gesammelt wird. Ist die Blase voll, verspüren wir Harndrang und scheiden den Urin über die Harnröhre aus.

Die Harnblase liegt bei der Frau unter der Gebärmutter. Füllt sie sich mit Urin, hebt sie die Gebärmutter an, so dass sie über den Beckenring steigt und im Ultraschallbild sichtbar wird.

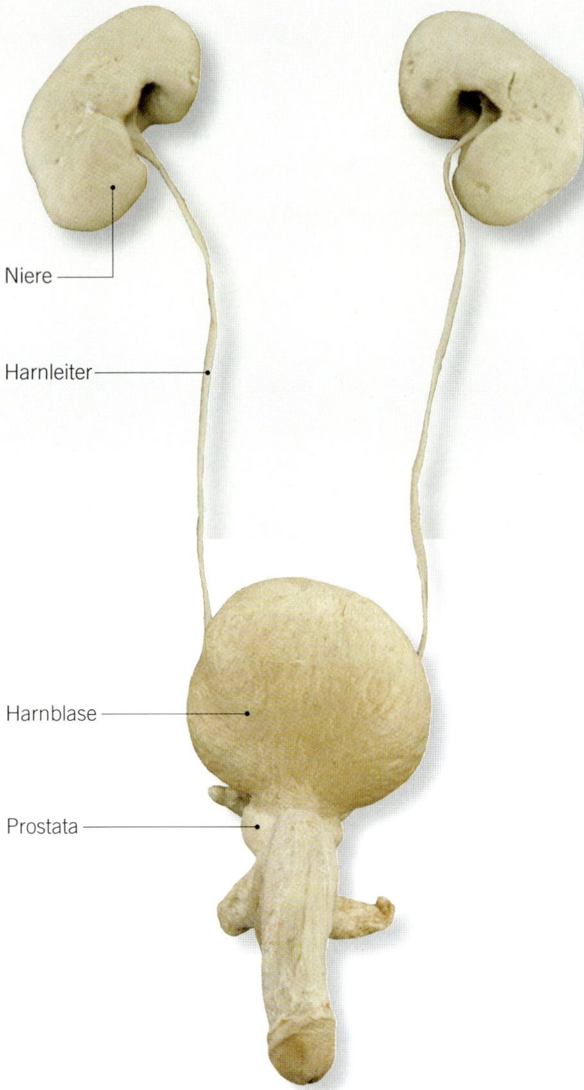

Abb. 6.1 | Harntrakt des Mannes

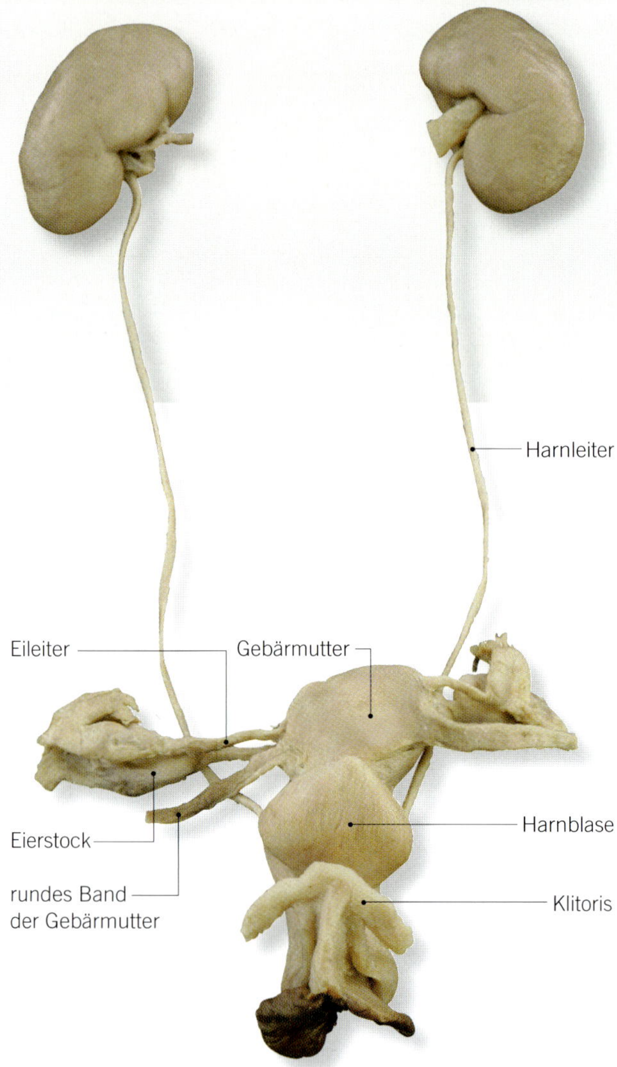

Abb. 6.2 | Harntrakt der Frau

Abb. 6.3 | Niere

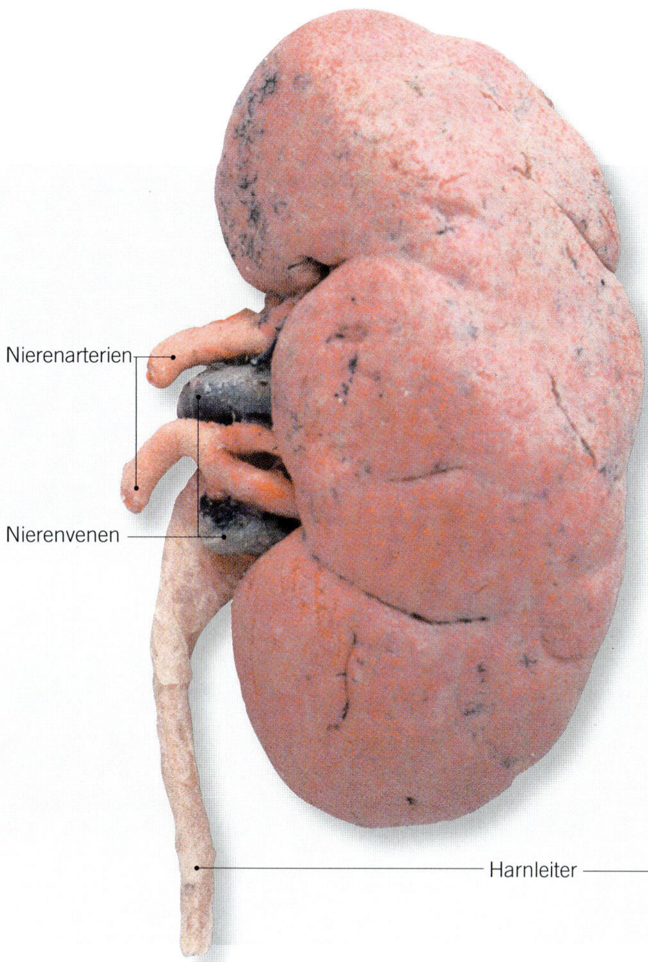

Abb. 6.4 | Niere, längs aufgeschnitten

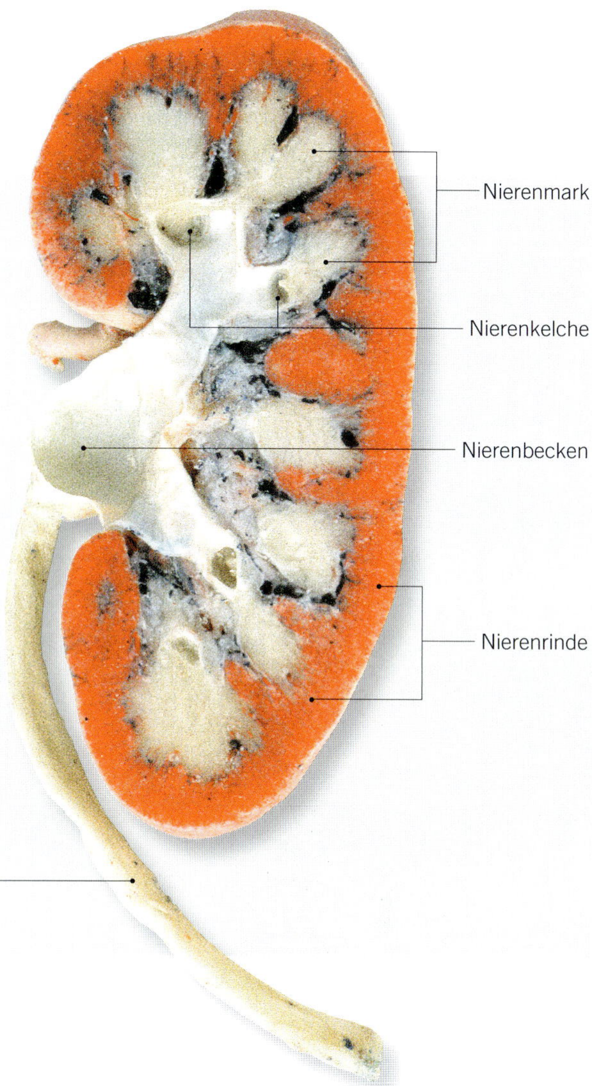

Die Nieren

Jeder Mensch besitzt zwei Nieren. Sie liegen beidseits der Wirbelsäule im so genannten Nierenlager, eingebettet in eine dicke Fettkapsel und nach außen hin geschützt durch die untersten Rippen. Ihre Größe ist abhängig von der Körpergröße. Im Durchschnitt ist jede Niere 12 cm lang und jeweils etwa 150 g schwer.

Die Niere besteht aus harnbildenden und harnableitenden Strukturen. Auf einem Längsschnitt sind drei Abschnitte zu erkennen: die Nierenrinde, das Nierenmark und das Nierenbecken. Die außen gelegene Rinde enthält eine Vielzahl kleiner Knäuel aus Blutgefäßen (Glomeruli), in denen der urin aus dem Blut herausfiltriert wird. Ein nachgeschaltetes Rohrsystem leitet den Urin in das innen gelegene Nierenmark. Hier wird der Urin konzentriert und gelangt über feine Sammelgefäße in die Nierenkelche und weiter in das Nierenbecken. Von hier fließt der Urin schließlich über die Harnleiter in die Blase.

Steuerung lebenswichtiger Funktionen

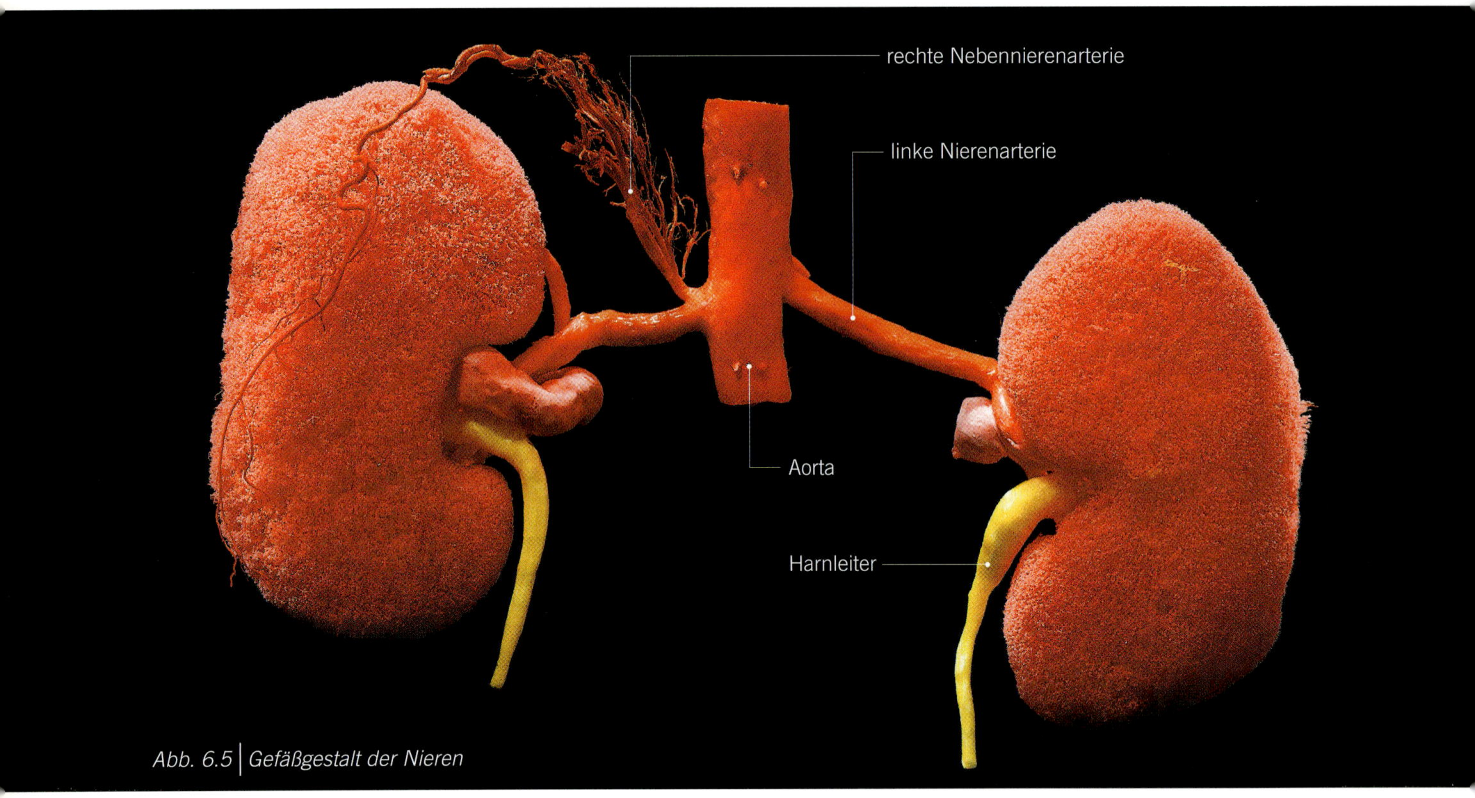

Abb. 6.5 | Gefäßgestalt der Nieren

Etwa 15 Mal pro Stunde
durchfließt das gesamte Blutvolumen des Körpers
die Nieren, um Giftstoffe und harnpflichtige Substanzen
aus dem Blut zu filtern.
Würden sie im Körper verbleiben,
käme es zu Vergiftungserscheinungen.

Die Nieren spielen auch eine wichtige Rolle
bei der Regulierung des Blutdrucks.
Fällt der Blutdruck in den Nierenarterien,
schüttet die Niere das Hormon Renin aus,
das einen komplexen Mechanismus
zur Erhöhung des Blutdrucks anstößt.
Das Blutvolumen ist eine weitere Stellschraube,
mit der die Nieren den Blutdruck beeinflussen.
Scheiden die Nieren wenig Flüssigkeit aus,
steigt das Blutvolumen und damit der Blutdruck.

Die Nebennieren
Die Nebennieren sitzen den Nieren kappenförmig auf.
Sie bilden Hormone,
die eine entscheidende Rolle bei der Energieproduktion
und Energienutzung des Körpers spielen
und uns bei der Bewältigung von
Gefahren- und Stresssituationen unterstützen.

Jede Nebenniere besteht aus einer äußeren Rinde
und einem innen liegenden Mark.
In der Rinde werden unter anderem Kortikosteroide gebildet,
die die Energieproduktion steuern.
Außerdem bildet sie das Hormon Aldosteron,
das den Wasser- und Salzhaushalt reguliert.
Das Mark produziert Adrenalin und Noradrenalin.
Beide werden vor allem in Notfallsituationen freigesetzt
und beschleunigen kurzfristig die Energiebereitstellung,
indem sie die Herzaktivität steigern
und Glukose freisetzen.

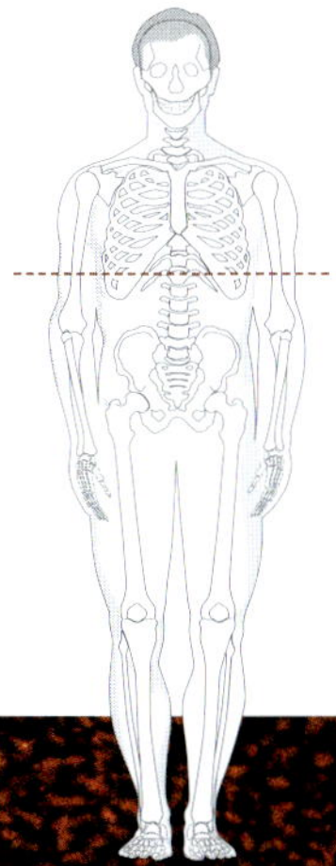

Abb. 6.6 | *Nierenquerschnitt, Detailaufnahme*

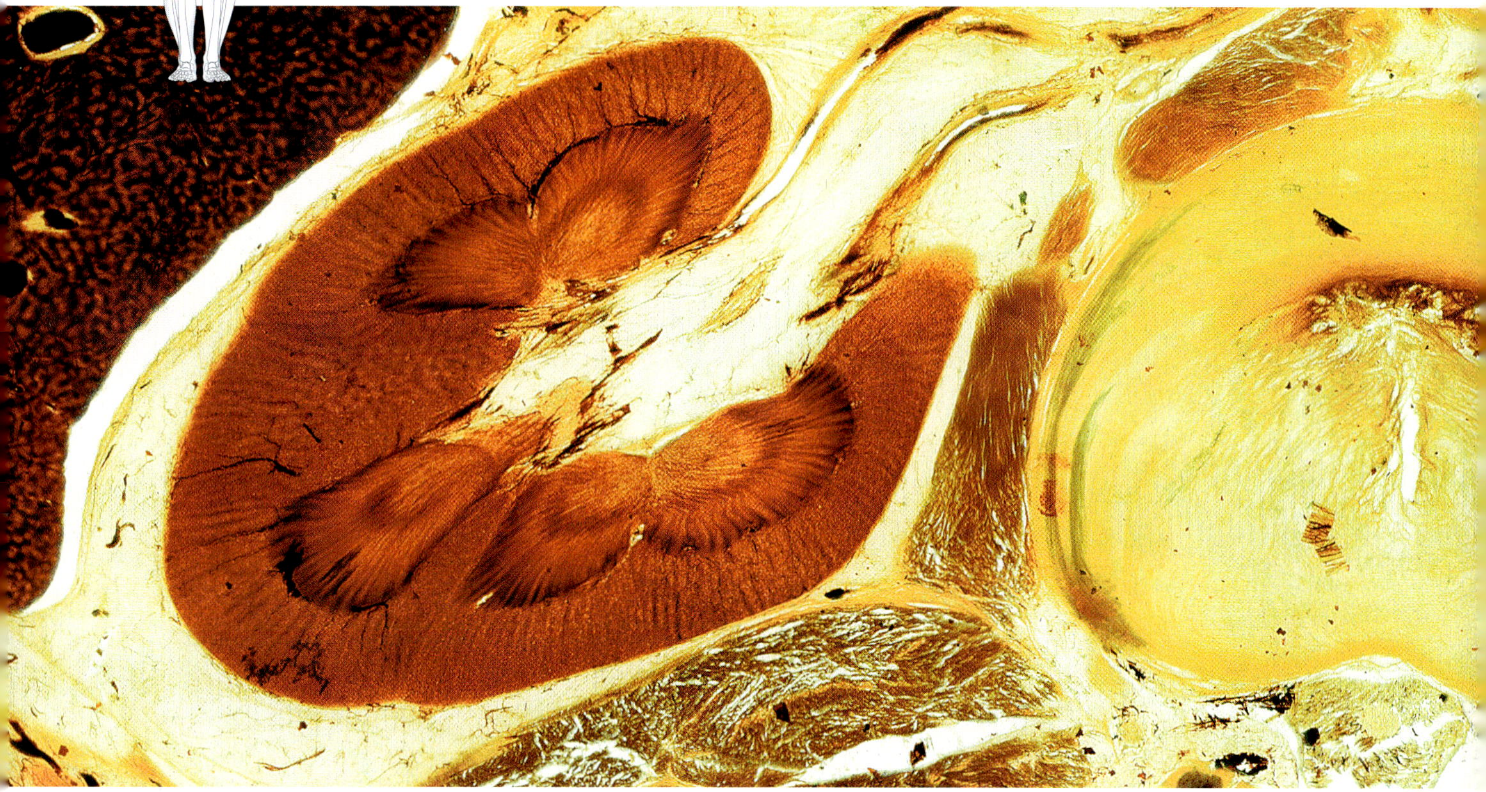

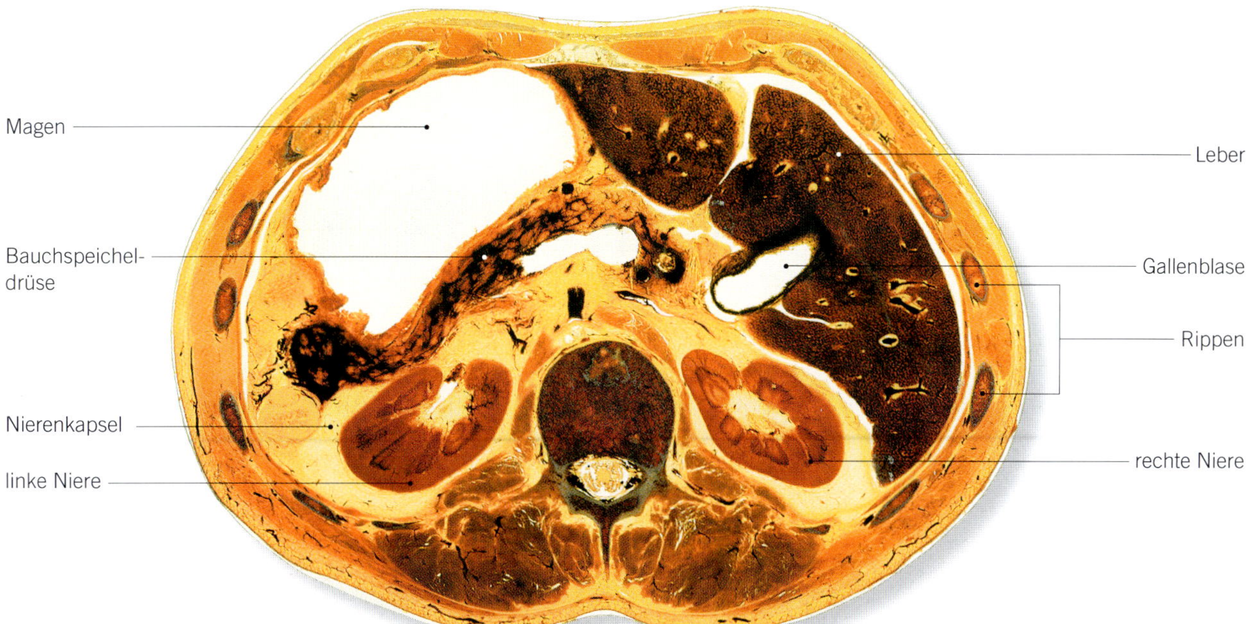

Abb. 6.7 | *Querschnitt durch den Oberbauch*

Die erkrankte Niere

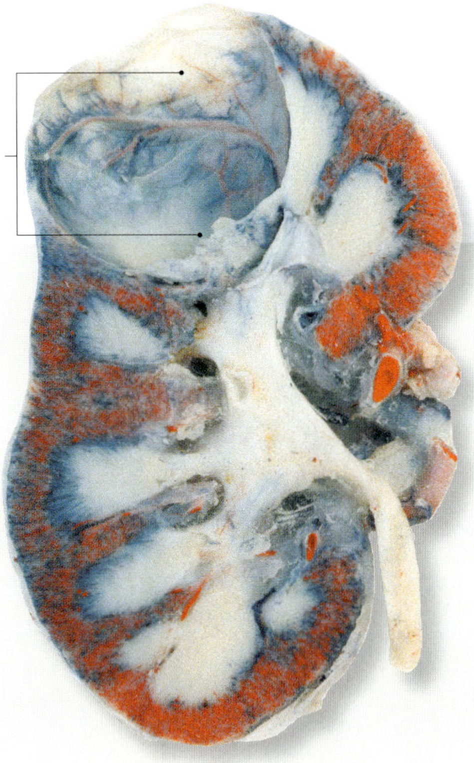

Abb. 6.8 | *Niere mit Einzelzyste*

Nierenzysten
Eine Zyste ist ein mit Flüssigkeit gefüllter Hohlraum, der mit einer feinen glatten Haut umgeben ist. Einzelne Nierenzysten sind sehr häufig. Sie kommen bei etwa jedem zehnten Menschen vor und werden im Alter häufiger. In der Regel verursachen sie keine Beschwerden und werden meist nur zufällig entdeckt, etwa bei einer Ultraschalluntersuchung des Bauches.

Abb. 6.9 | *Schrumpfniere infolge chronischer entzündlicher Prozesse*

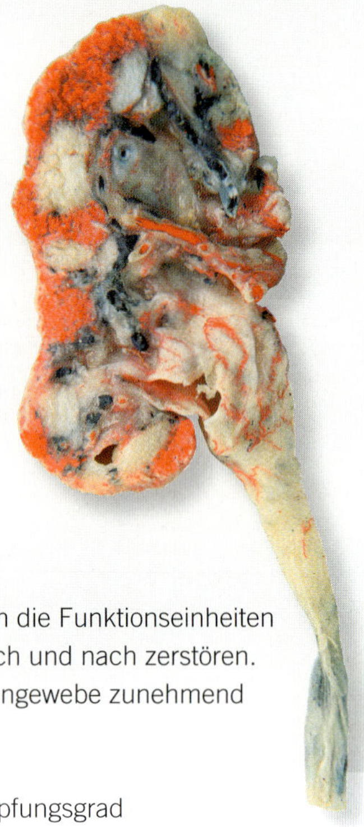

Schrumpfniere
Krankhafte Prozesse können die Funktionseinheiten in der Niere (Nephrone) nach und nach zerstören. Dadurch vernarbt das Nierengewebe zunehmend und das Organ schrumpft.

Mit zunehmendem Schrumpfungsgrad nimmt auch die Nierenfunktion ab. Eine Schrumpfniere ist meist Folge einer Arteriosklerose der Nierengefäße oder einer chronischen Nierenentzündung.

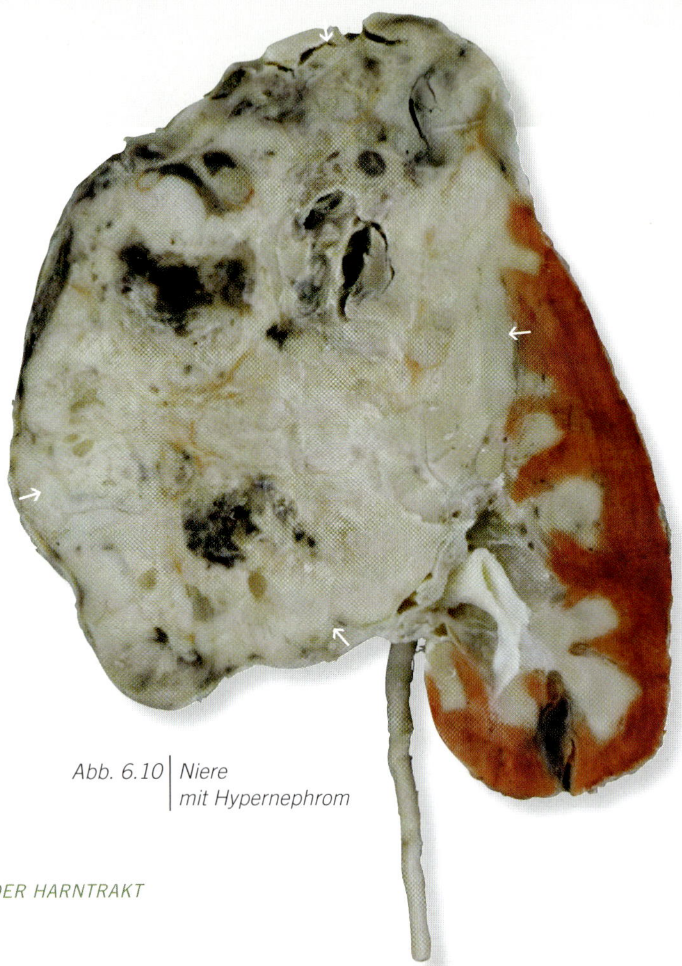

Abb. 6.10 | *Niere mit Hypernephrom*

Nierenkrebs (Hypernephrom)
Nierenkrebs entsteht durch bösartige Zellveränderungen in den Nieren. Das Nierenzellkarzinom, auch Hypernephrom genannt, gehört mit einer Häufigkeit von ca. 1-2% aller bösartigen Tumoren insgesamt zu den eher seltenen Krebserkrankungen. In fortgeschritteneren Stadien breitet sich der Tumor meist in die Lunge und Knochen aus. Dringt er in das Nierenbecken ein, wird oft Blut im Urin sichtbar.

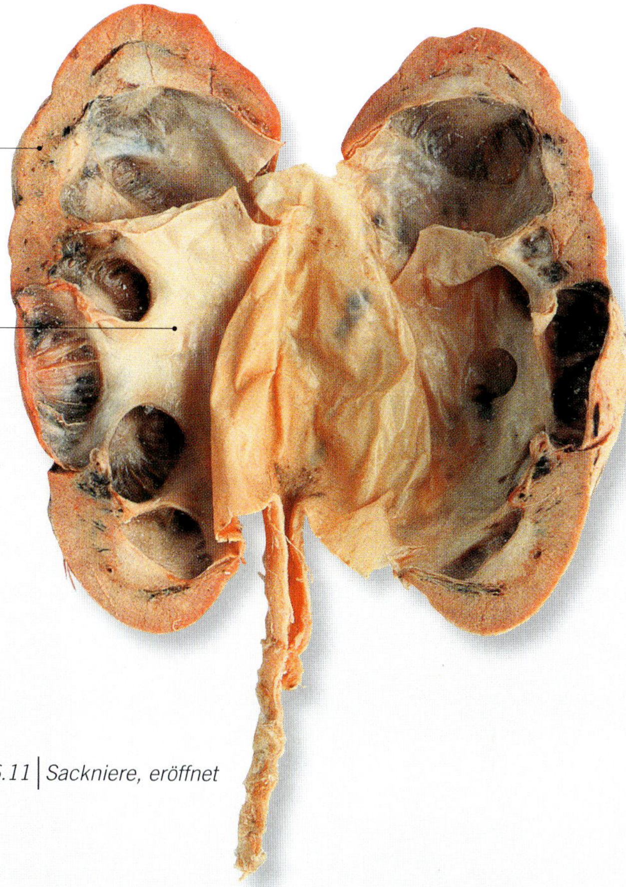

Sackniere (Hydronephrose)
Die Harnleiter haben einen Innendurchmesser von weniger als 3 Millimetern. Daher können sie leicht verstopfen, zum Beispiel durch Nierensteine. Der Urin staut sich in der Niere, weitet zunächst das Nierenbecken und übt Druck auf das Nierengewebe aus. Dadurch gehen nach und nach Zellen zugrunde. Bei längerem Bestehen schrumpft die Nierenrinde zu einem schmalen Streifen zusammen.

Abb. 6.11 | Sackniere, eröffnet

Polyzystische Niere
Bei dieser angeborenen Nierenerkrankung ist der Urinabfluss innerhalb der Nieren gestört, so dass sich zahlreiche flüssigkeitsgefüllte Zysten bilden, die nach und nach die ganze Niere durchsetzen. Die Krankheit führt schließlich zum Nierenversagen. Betroffene benötigen dann Dialyse oder eine Nierentransplantation. Polyzystische Nieren können bis zu 5 Kilogramm wiegen.

Abb. 6.12 | Zystenniere, a) Schnittfläche, b) Oberfläche

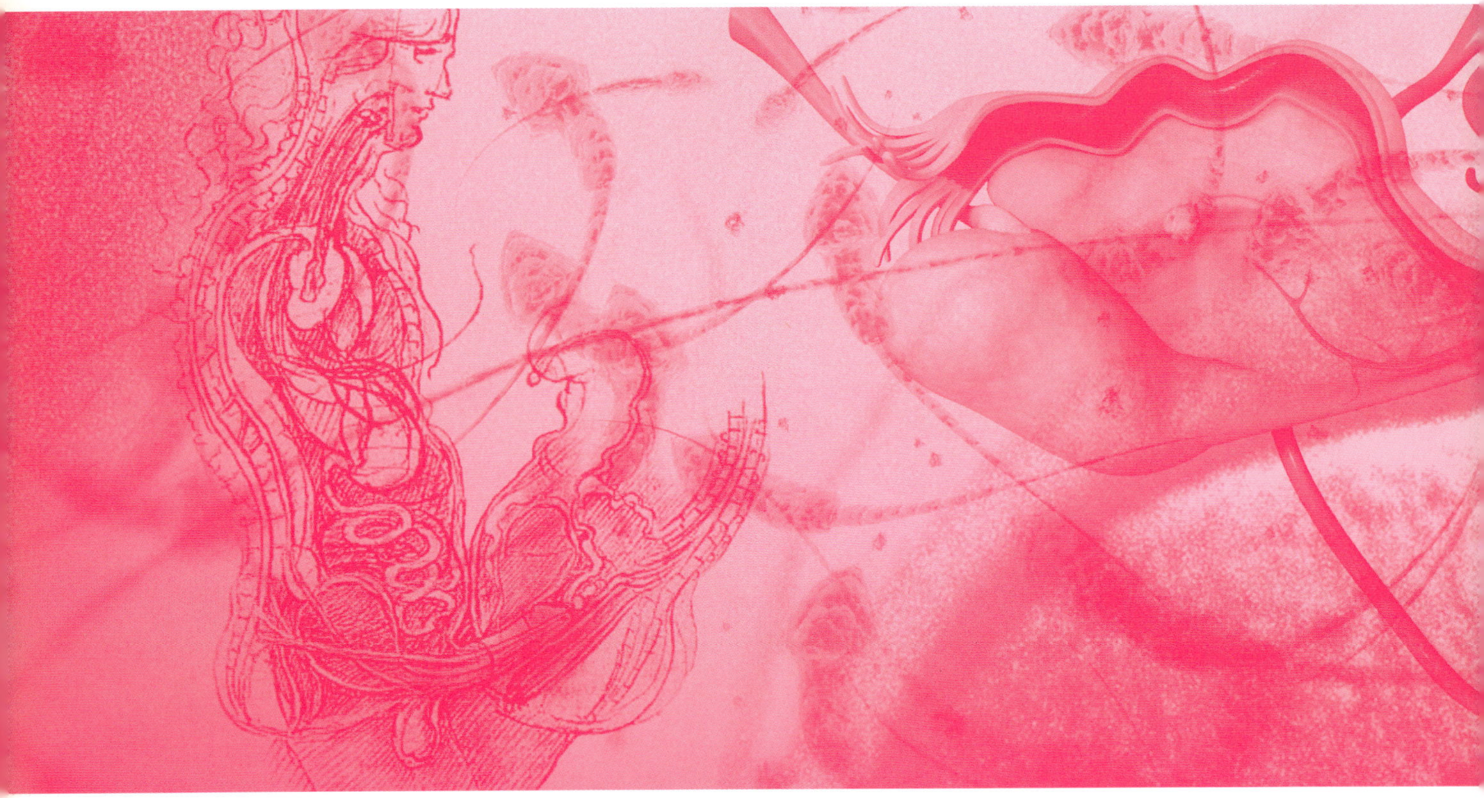

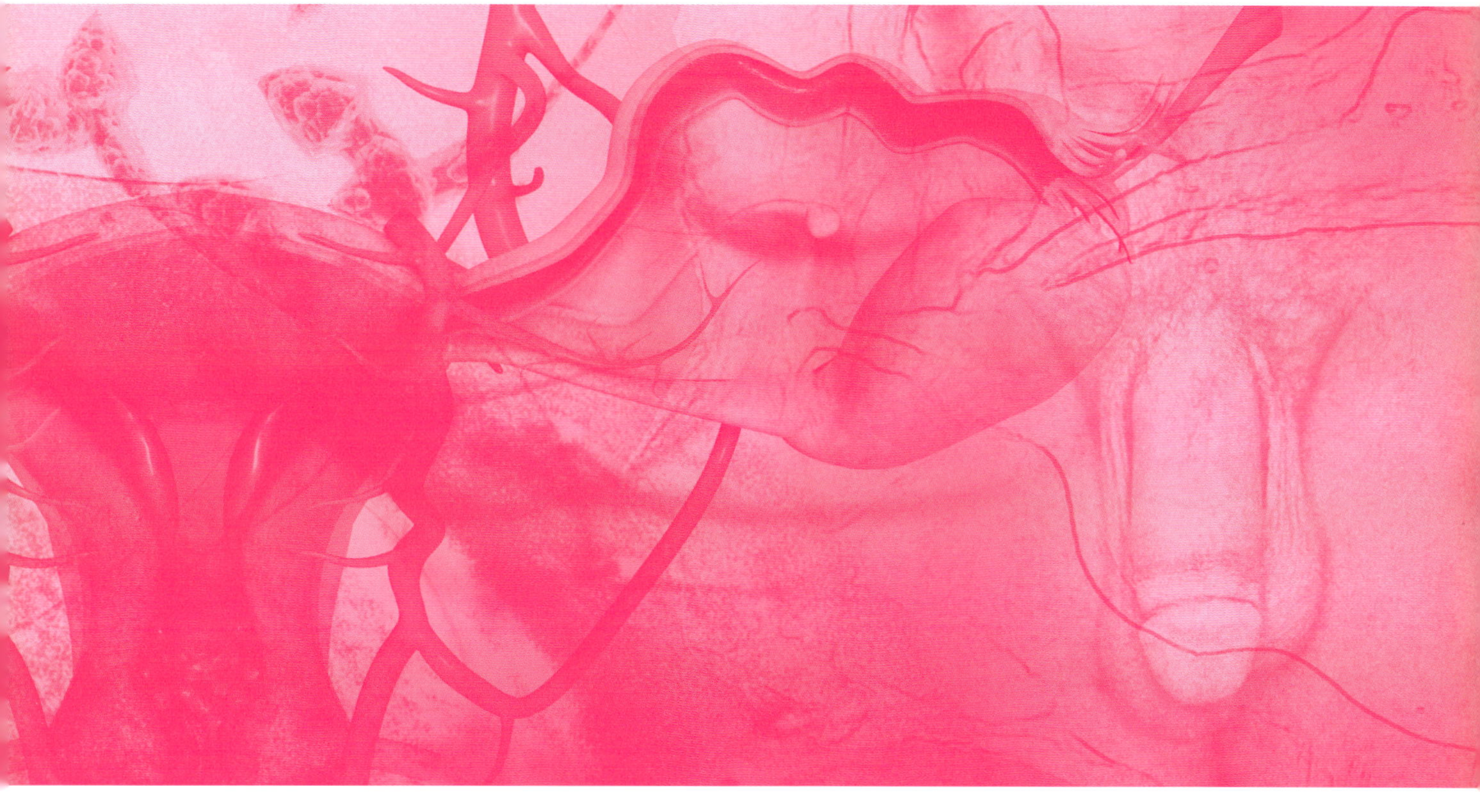

7. DIE FORTPFLANZUNGSORGANE

Die äußeren weiblichen
und männlichen Geschlechtsorgane
markieren den Ausgang der ableitenden Harnwege.
Die äußeren Geschlechtsorgane
dienen hauptsächlich der sexuellen Vereinigung,
während die inneren Geschlechtsorgane
die Keimzellen und Sexualhormone bilden.

Fortpflanzung beim Mann

Abb. 7.1 | Die männlichen Geschlechtsorgane

Die männlichen Fortpflanzungsorgane
Zu den Fortpflanzungsorganen gehören sowohl äußere
als auch innere Geschlechtsorgane.
Beim Mann zählen Penis und Hodensack (Scrotum)
zu den äußeren Fortpflanzungsorganen.
Der Hodensack enthält zwei eiförmige Hoden.
Sie bilden die männlichen Keimzellen, die Spermien.
Die Spermien werden in den Nebenhoden gespeichert
– in langen, gewundenen Schläuchen,
die den Hoden kapuzenförmig aufsitzen.
Zu den inneren Fortpflanzungsorganen des Mannes
gehören die Samenbläschen
und die Vorsteherdrüse (Prostata).
Beide steuern dem Sperma
zum Zeitpunkt des Samenergusses Flüssigkeiten bei,
die für die Beweglichkeit der Spermien wichtig sind
und sie auf dem langen Weg in Richtung Eizelle
mit Nahrung versorgen.

Hoden
Die Hoden haben etwa die Größe von Walnüssen.
Sie enthalten Tausende fein aufgerollter Schläuche,
die so genannten Samenkanälchen,
in denen täglich
etwa 300 Millionen Spermien heranreifen.
Anders als bei der Frau befinden sich die Keimzellen
beim Mann außerhalb des Körpers.
Der Grund dafür ist, dass die Reifung
der männlichen Samenzellen temperaturempfindlich ist.
Im Bauch wäre es für sie zu warm.

Während eines Orgasmus pumpen rhythmische Kontraktionen die Spermien aus dem Nebenhoden durch den Samenleiter. Dort, wo der Samenleiter in die Harnröhre mündet, werden dem Sperma die Flüssigkeiten von Prostata und Samenbläschen hinzugefügt. Rhythmische Kontraktionen der Harnröhrenmuskulatur stoßen das Sperma dann aus (Ejakulation).

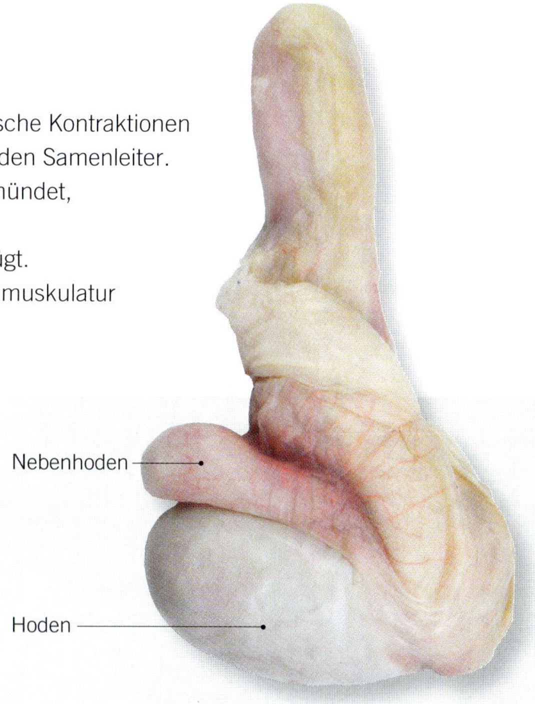

Abb. 7.2 | Hoden mit Nebenhoden

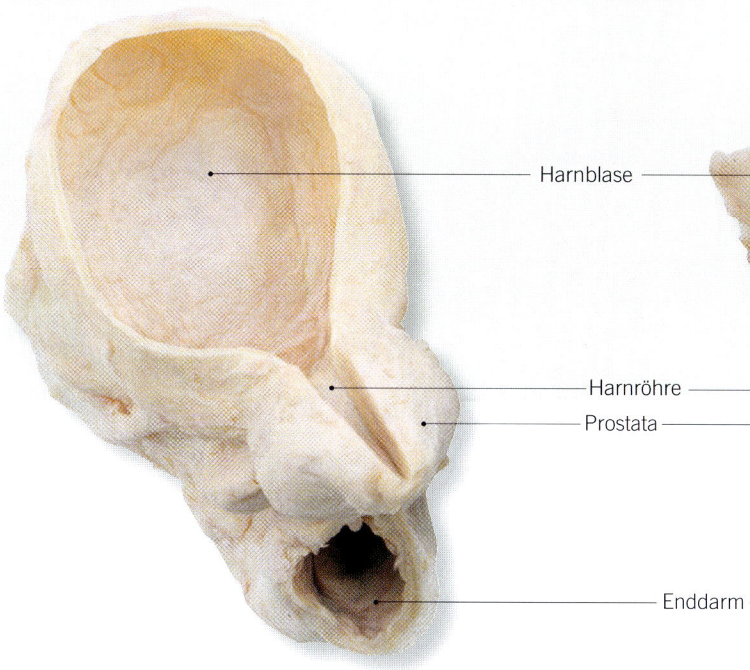

Abb. 7.3 | Harnblase mit darunterliegender Prostata

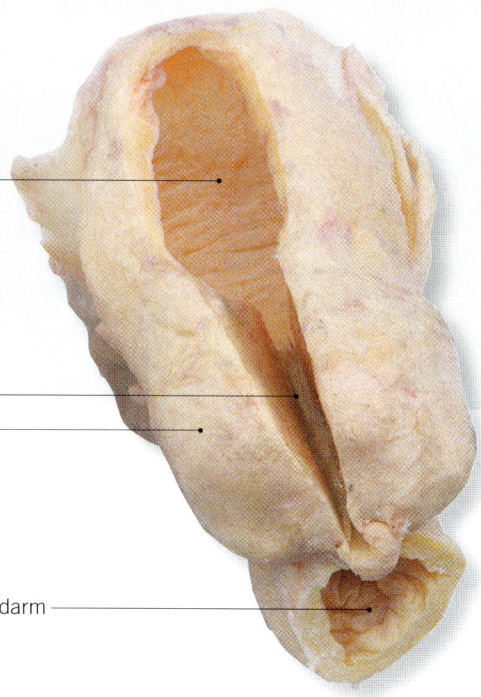

Abb. 7.4 | Harnblase mit deutlich vergrößerter Prostata

Vorsteherdrüse (Prostata)
Die Prostata ist eine Drüse von der Größe einer Kastanie, in der Samenleiter und Harnröhre zusammenlaufen. Sie liegt direkt unterhalb der Blase und umschließt dort die Harnröhre. Beim Samenausstoß (Ejakulation) schüttet sie ein milchiges Sekret aus, das die Beweglichkeit der Spermien fördert.

Vergrößerte Prostata (Prostatahyperplasie)
Mit fortschreitendem Alter neigt die Prostata dazu, sich zu vergrößern. Dadurch verengt sich die Harnröhre und der Harnabfluss wird immer mehr eingeschränkt, bis das angeschwollene Organ den Urin nur noch tröpfchenweise hinauslässt. Die Prostata kann operativ verkleinert werden. Die dazu notwendigen Instrumente werden unter Narkose in den Harnleiter eingeführt.

Fortpflanzung bei der Frau

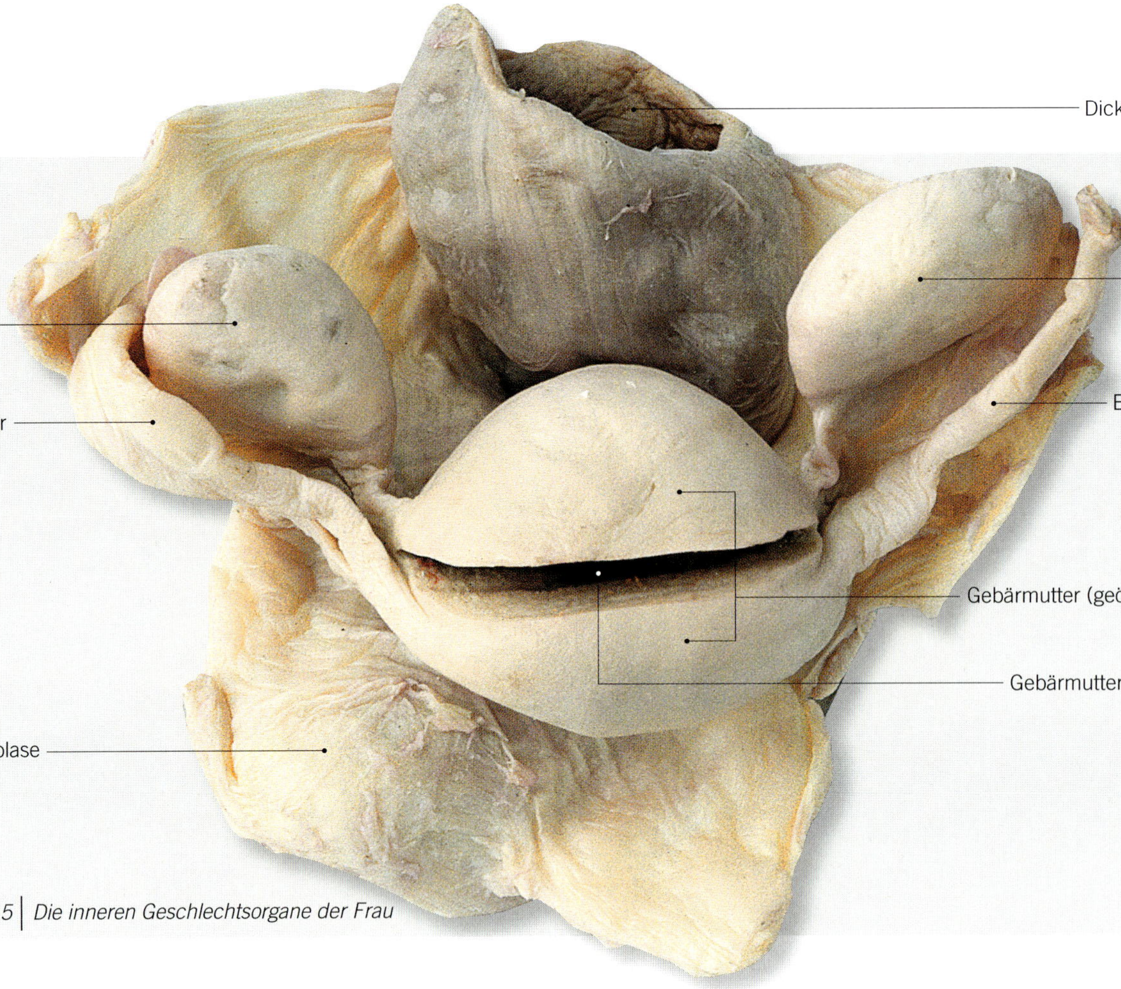

Abb. 7.5 | Die inneren Geschlechtsorgane der Frau

Die weiblichen Fortpflanzungsorgane
Bei der Frau sind die Fortpflanzungsorgane größtenteils im Köper verborgen: die beiden Eierstöcke mit den Eileitern, die Gebärmutter und die Scheide.

Anders als die Spermien beim Mann sind alle Eizellen bereits bei der Geburt angelegt. Im gebärfähigen Alter reift etwa alle 28 Tage eine Eizelle heran und gelangt über die Eileiter in die Gebärmutter. Die Gebärmutter ist mit einer Schleimhaut ausgekleidet, in der sich die befruchtete Eizelle einnisten und entwickeln kann. Hat keine Befruchtung stattgefunden, stößt die Gebärmutter die Schleimhaut ab und baut sie im nächsten Monatszyklus erneut auf.

Am Ende der fruchtbaren Phase einer Frau ist der Vorrat an Eizellen in den Eierstöcken aufgebraucht. Durch hormonelle Veränderungen geht dann auch die Gebärmutterschleimhaut in einen Ruhezustand über. Diese Phase nennt man Menopause.

Die äußeren weiblichen Genitalien werden zusammen als Vulva bezeichnet. Der Schamhügel oder Venushügel (mons pubis) und die äußeren Schamlippen sind Fettposter, die die darunter liegenden Knochen vor Druck schützen. Sie sind mit Haaren bedeckt und enthalten Schweißdrüsen. Die kleinen Schamlippen sind die inneren Lippen der Vulva. Sie umschließen den Scheidenvorhof, in welche die Harnröhrenöffnung und weiter hinten die Scheide mündet. An ihrer vorderen Umschlagfalte liegt die Klitoris, ein kleines, von Schwellkörpergewebe gebildetes Organ. Entwicklungsgeschichtlich entspricht es dem Penis des Mannes.

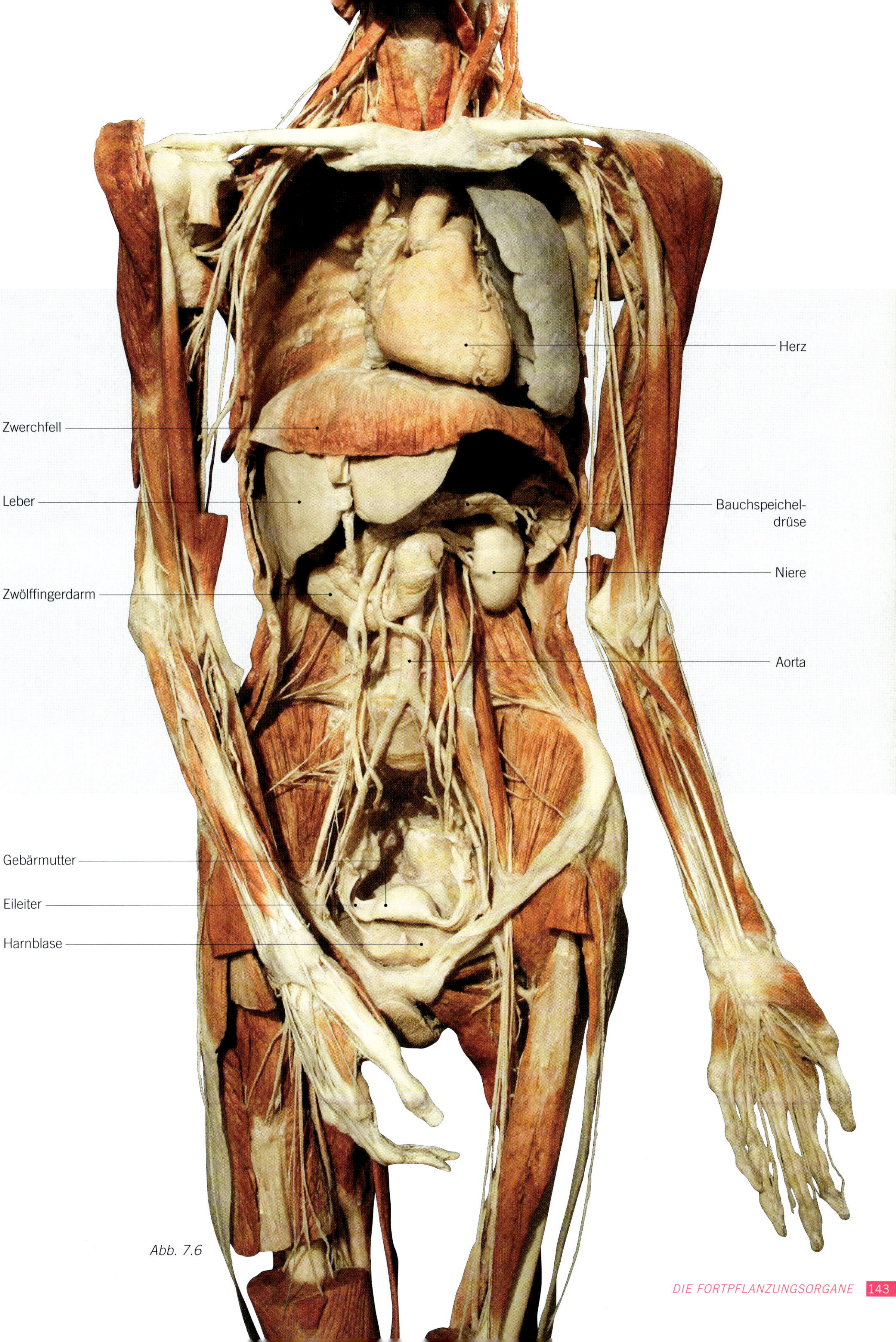
Herz
Zwerchfell
Leber
Bauchspeicheldrüse
Niere
Zwölffingerdarm
Aorta
Gebärmutter
Eileiter
Harnblase

Abb. 7.6

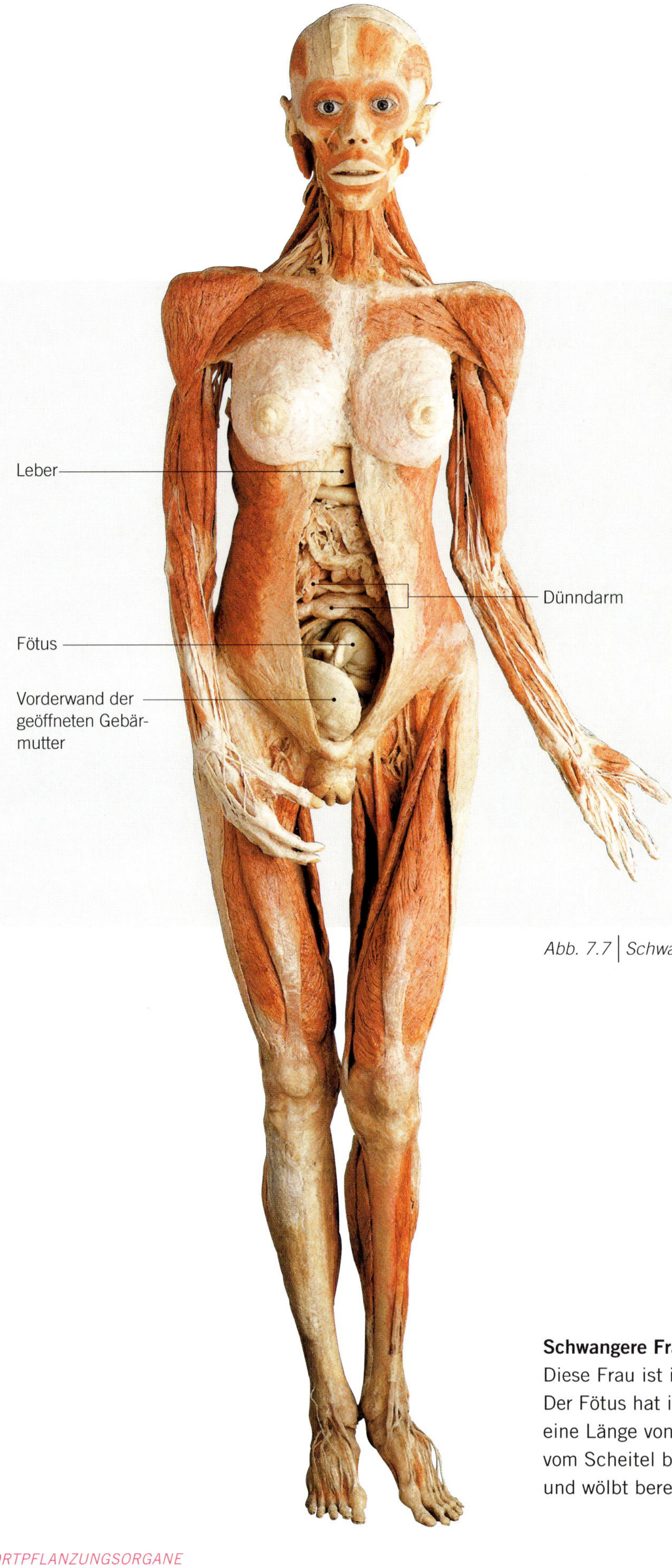

Abb. 7.7 | Schwangere Frau (1996)

Schwangere Frau

Diese Frau ist im fünften Monat schwanger. Der Fötus hat in diesem Stadium eine Länge von 17 Zentimetern vom Scheitel bis zum Steiß messend erreicht und wölbt bereits die mütterliche Bauchwand vor.

Myome

Myome sind gutartige Wucherungen,
die in der Muskelschicht der Gebärmutter auftreten.
Gutartig bedeutet, dass der Tumor zwar wächst,
aber im Gegensatz zum bösartigen Tumor (Krebs)
nicht das Gewebe zerfrisst
und auch keine Tochtergeschwülste (Metastasen) bildet.

Myome sind relativ häufig.
Ungefähr jede dritte bis vierte Frau über dreißig Jahre
ist davon betroffen.
Meistens verursachen Myome keine Beschwerden.
Manchmal kommen jedoch Zyklusstörungen
oder Komplikationen während einer Schwangerschaft vor.

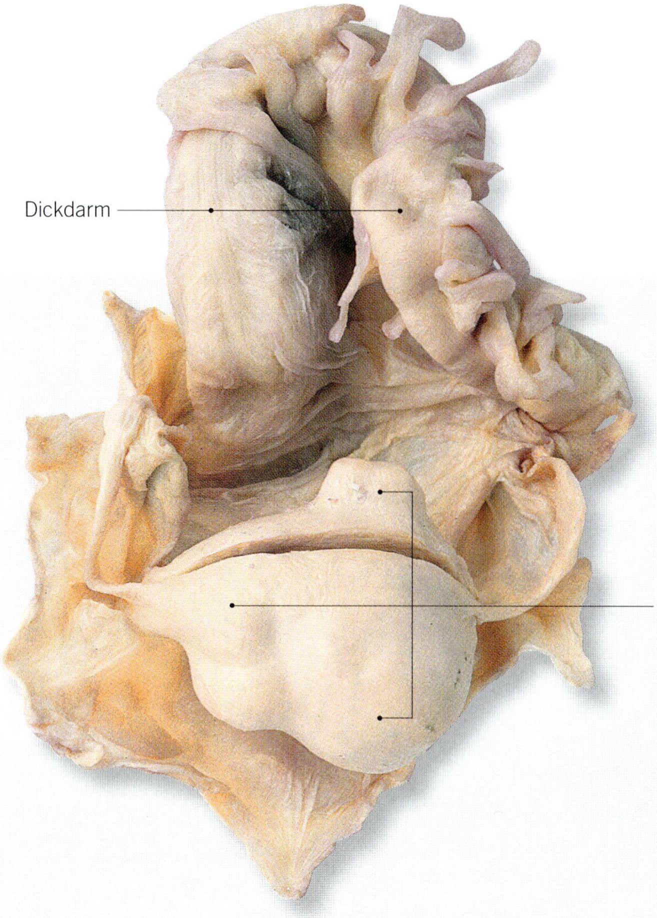

Abb. 7.8 | Myome (gutartige Tumoren aus Muskelgewebe) an der Gebärmutter

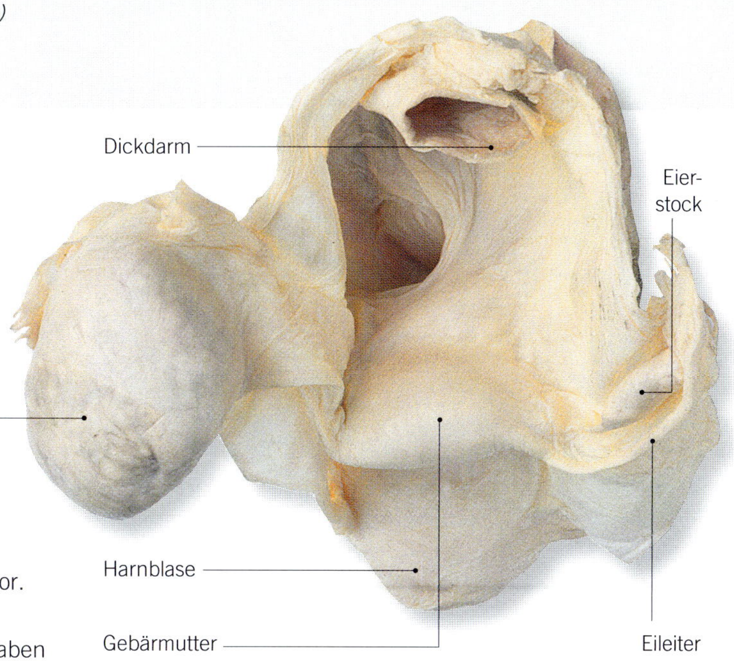

Abb. 7.9 | Tumor am Eierstock (Ovarialtumor)

Ovarialtumor

Das Präparat zeigt eine solide Geschwulst
am rechten Eierstock, einen sogenannten Ovarialtumor.
Ovarialtumoren werden meist erst spät entdeckt,
weil sie in der Bauchhöhle viel Platz zum Wachsen haben
und daher häufig erst Beschwerden verursachen,
wenn sie bereits eine erhebliche Größe erreicht haben.
Jeder dritte Ovarialtumor ist oder wird
zu einem späteren Zeitpunkt bösartig.

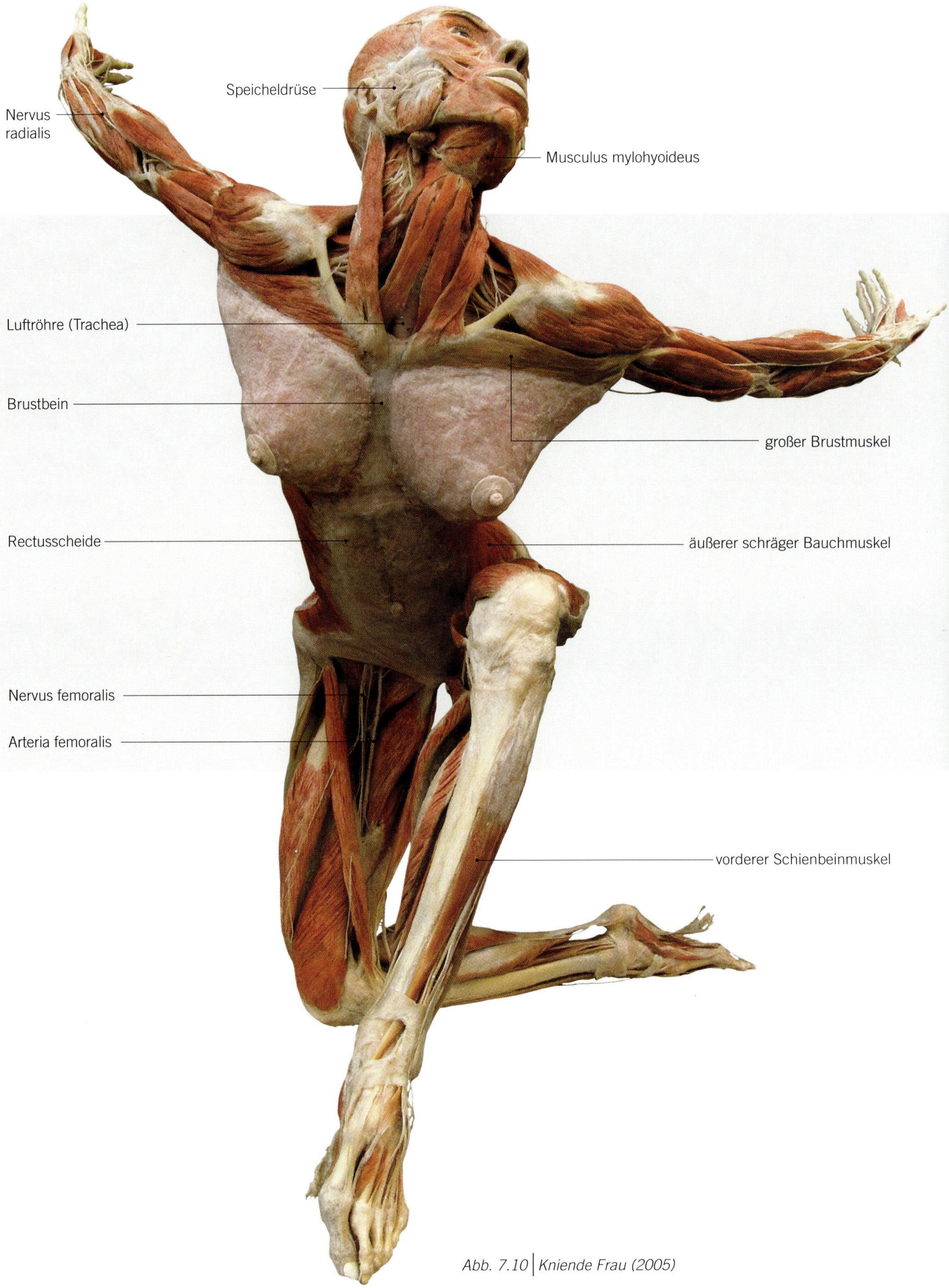

Abb. 7.10 | Kniende Frau (2005)

Abb. 7.11 | Längsschnitt durch die weibliche Brust

Abb. 7.12 | Längsschnitt durch die weibliche Brust mit Brustkebs (markierter Bereich)

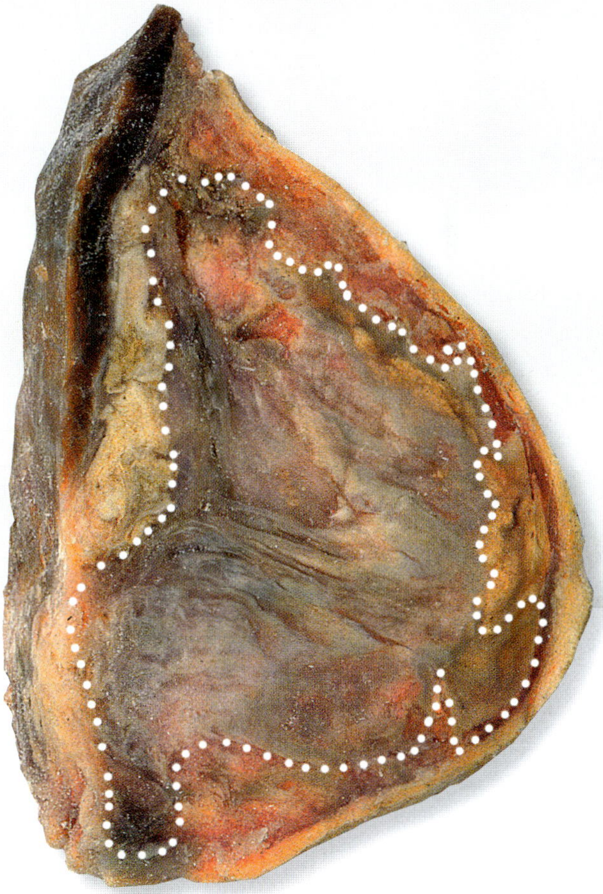

Die Brustdrüse
Die Brust besteht hauptsächlich aus Fettgewebe.
Darin eingebettet sind Milchdrüsen und ihre Drüsengänge.
Sie sind so fein,
dass nur die großen mit bloßem Auge zu erkennen sind.
Die Drüsengänge münden in der Brustwarze.
Während der Schwangerschaft
setzt der Körper Hormone frei,
die die Zahl der Milchdrüsen erhöhen
und das Drüsengangnetz erheblich erweitern.

Brustkrebs (Mammakarzinom)
Brustkrebs wird auch als Mammakarzinom bezeichnet
und ist ein bösartiger Tumor der Brust.
Er ist die häufigste Krebserkrankung der Frau.
In sehr seltenen Fällen
kann Brustkrebs auch bei Männern entstehen.
Veränderungen auf einem bestimmten Gen
können dafür verantwortlich sein.
Dieser Längsschnitt zeigt eine weibliche Brust,
die fast vollständig
von dem derben Krebsgewebe durchsetzt ist.

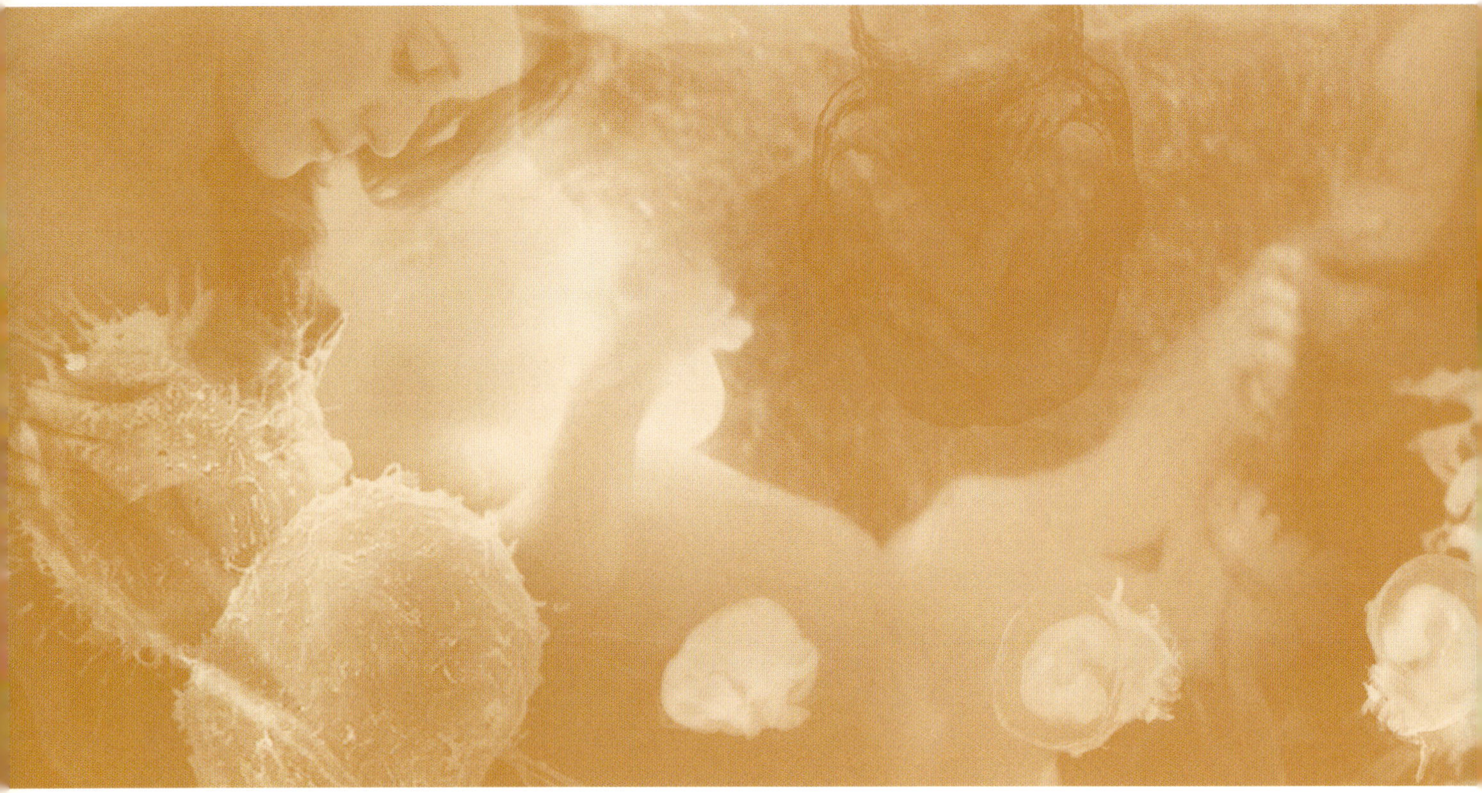

8. DIE VORGEBURTLICHE ENTWICKLUNG

Die erste Periode menschlichen Lebens
verläuft unsichtbar im Mutterleib.
Sie beginnt mit einer einzigen Zelle, der Zygote,
wenn der väterliche Samen das mütterliche Ei befruchtet.

Die Zygote enthält das menschliche Genom,
den individuellen Bauplan eines ganzen Menschen.
Er besteht aus mütterlichen und väterlichen Genpaaren,
die auf Chromosomen angeordnet sind.
Sie bestimmen individuelle Eigenschaften
des entstehenden Individuums
wie beispielsweise Haar- und Augenfarbe,
Körpergröße, einige Verhaltensweisen
und viele Erkrankungen.

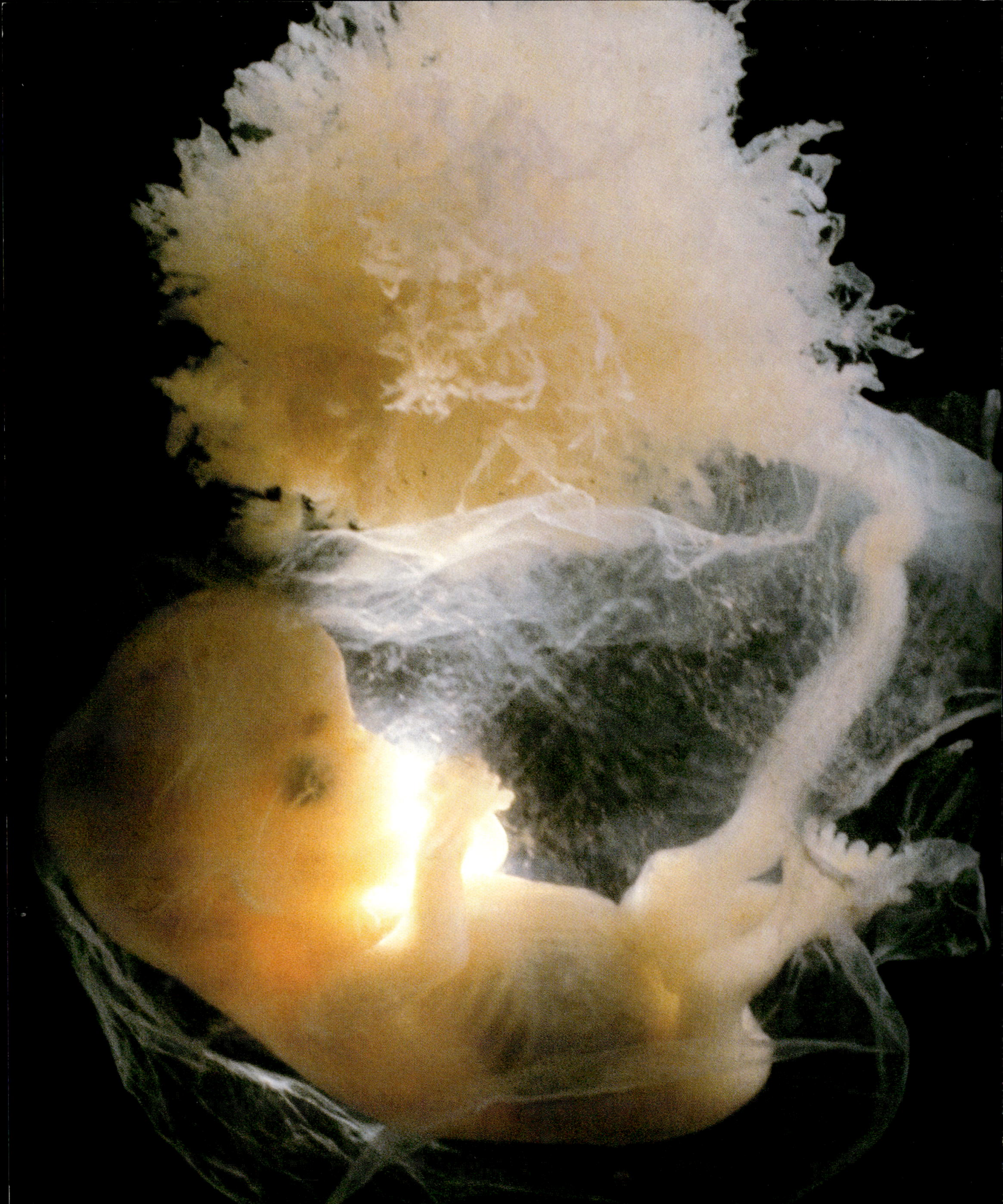

Abb. 8.1 | Embryo in der 8. Schwangerschaftswoche

Ein Mensch entsteht

Abb. 8.2 | *Entwicklungsstadien der vierten bis achten Schwangerschaftswoche. In den ersten acht Wochen der Schwangerschaft wird die Leibesfrucht als Embryo bezeichnet. In dieser Zeit werden alle Organe angelegt*

Die embryonale Entwicklung

Die befruchtete Eizelle teilt sich auf ihrem Weg
durch den Eileiter mehrfach,
bevor sie sich in die Schleimhaut
der Gebärmutterhöhle einnistet.
Dort teilen sich die Zellen weiter
und beginnen sich zu spezialisieren,
um später alle Gewebe und Organe auszubilden.

Schon nach vier Wochen hat die Leibesfrucht ein Herz,
eine Augenanlage und vier Knospen,
aus denen die Gliedmaßen hervorwachsen.
Nach acht Wochen ist die Organdifferenzierung
weitgehend abgeschlossen.
So lange wird die Leibesfrucht als Embryo bezeichnet.

Die fötale Entwicklung
Ab der neunten Schwangerschaftswoche wird die Leibesfrucht Fötus oder Fetus genannt. Diese Entwicklungsphase ist hauptsächlich durch Wachstumsvorgänge und Reifung der Organe geprägt. Bis zum vierten Monat sind Leber, Bauchspeicheldrüse, Darm und Nieren ausgebildet. Außerdem beginnen Haare und Nägel zu wachsen.

Im fünften Monat setzt die Ausreifung des Nervensystems ein und die Mutter kann Bewegungen des Kindes spüren. Nach sieben Monaten sind alle lebenswichtigen Organe herangereift. In den letzten zwei Monaten nimmt der Fötus hauptsächlich an Größe und Gewicht zu.

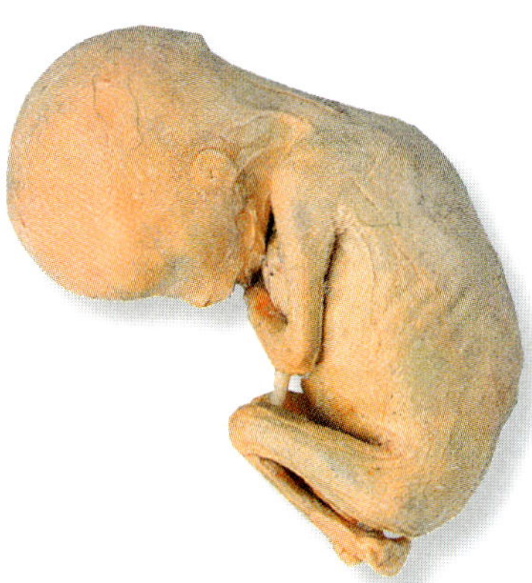

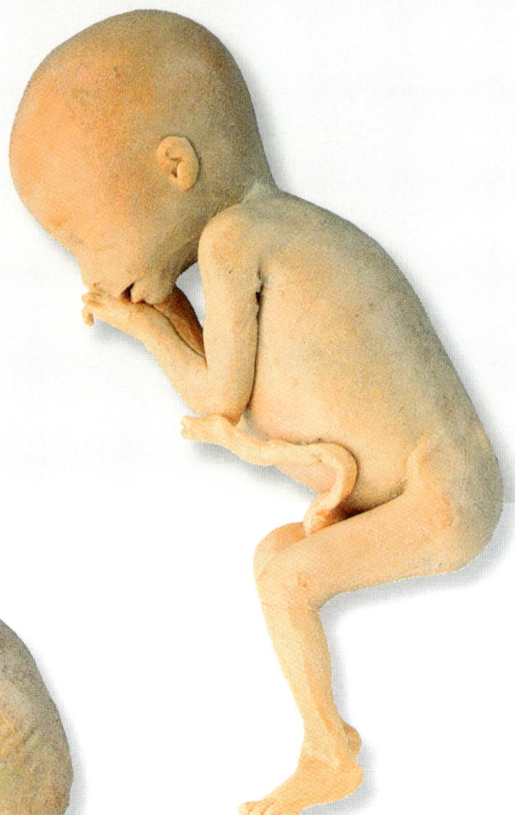

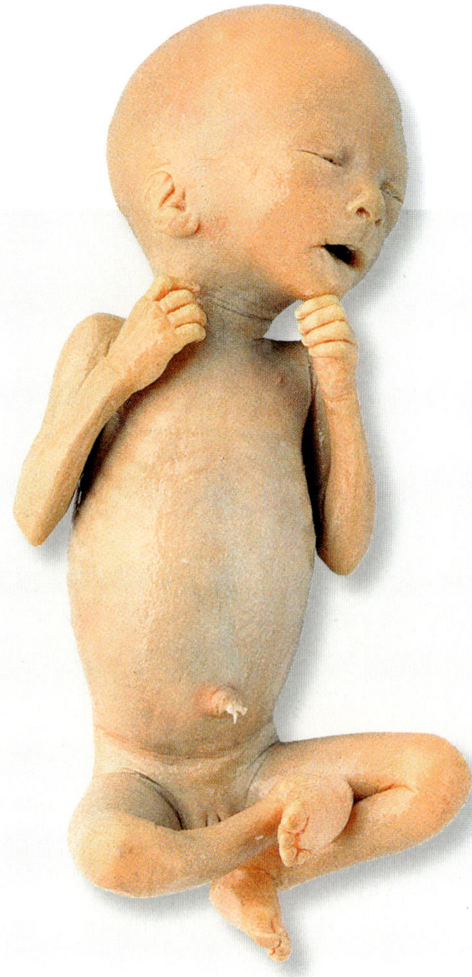

13. Schwangerschaftswoche

17. Schwangerschaftswoche

19. Schwangerschaftswoche

Abb. 8.3

23. Schwangerschaftswoche

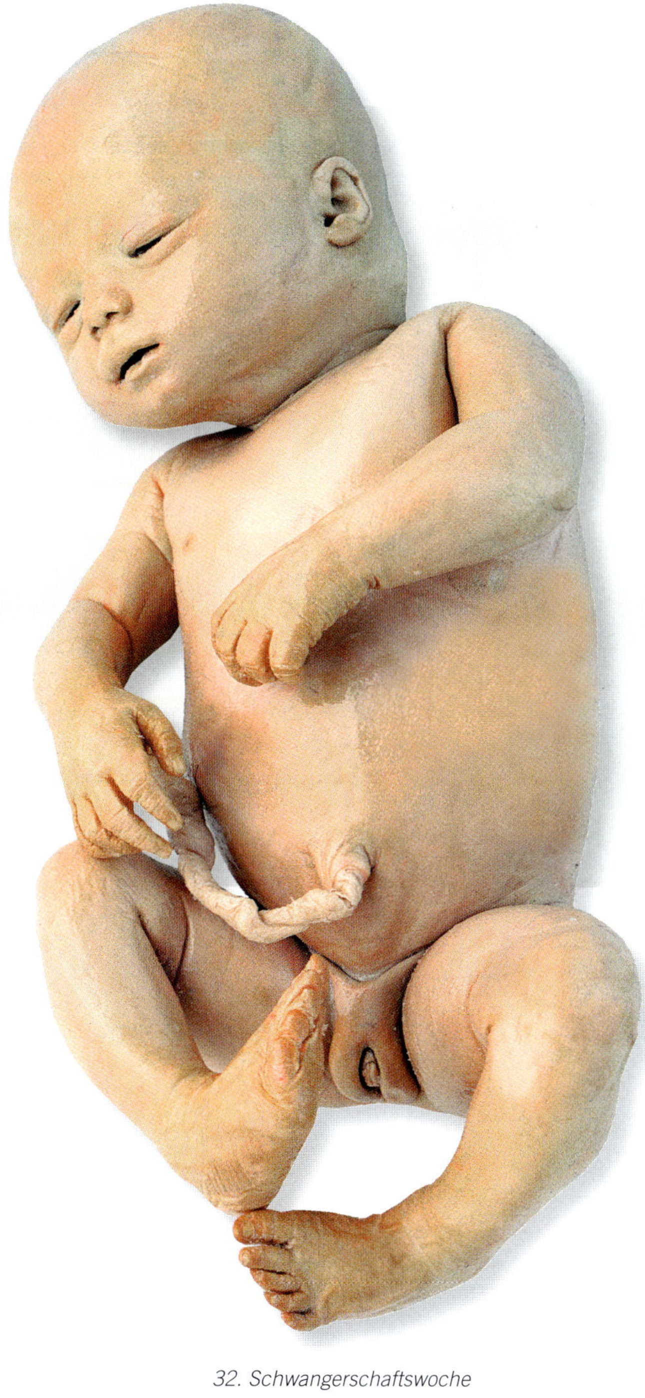

32. Schwangerschaftswoche

Die ersten Wochen

Etwa 30 Stunden nach der Befruchtung beginnt sich
das mikroskopisch kleine Ei zu teilen.
Der Keim wandert den Eileiter hinab in die Gebärmutter
und teilt sich dabei mehrfach,
bevor er sich am sechsten Tag
in die Schleimhaut der Gebärmutter einnistet.
Von da an dauert die Schwangerschaft
durchschnittlich 266 Tage.

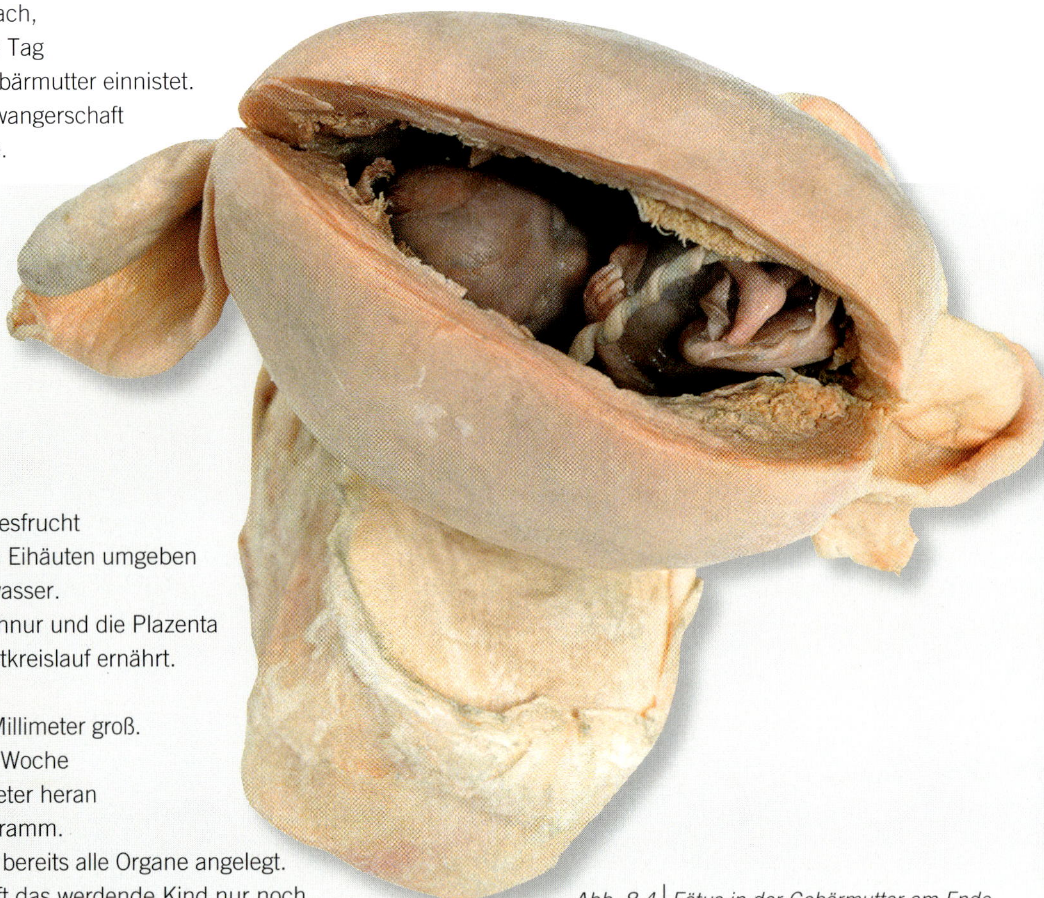

Abb. 8.4 | *Fötus in der Gebärmutter am Ende des 3. Schwangerschaftsmonats*

Die heranwachsende Leibesfrucht
ist in der Gebärmutter von Eihäuten umgeben
und schwimmt in Fruchtwasser.
Sie wird über die Nabelschnur und die Plazenta
aus dem mütterlichen Blutkreislauf ernährt.
Nach vier Wochen
ist der Embryo rund vier Millimeter groß.
Bis zum Ende der achten Woche
wächst er auf drei Zentimeter heran
und wiegt dann gut vier Gramm.
Zu diesem Zeitpunkt sind bereits alle Organe angelegt.
Von da an wächst und reift das werdende Kind nur noch
und wird fortan als Fötus oder Fetus bezeichnet.

13. bis 14. Woche

Erste koordinierte Bewegungen setzen ein,
die aber die Mutter noch nicht wahrzunehmen vermag.
Der relativ große Kopf richtet sich auf;
die unteren Gliedmaßen sind schon gut entwickelt,
und die Zehennägel beginnen zu wachsen.

15. bis 16. Woche

Der Fötus ist nun rund 15 Zentimeter lang
und ungefähr 200 Gramm schwer.
Sein Geschlecht ist im Ultraschallbild erkennbar,
und das Skelett zeichnet sich auf Röntgenaufnahmen
deutlich ab.
Die Bildung eigenen Blutes beginnt in der Leber.
Bei weiblichen Föten sind die Eierstöcke entwickelt.

17. bis 18. Woche

Das Wachstum verläuft jetzt nicht mehr so rasch.
Das Gewicht steigt auf 300 Gramm.
Die Haut ist nach wie vor dünn,
da noch das weiße Unterhautfettgewebe fehlt.
Doch das braune Fettgewebe,
das der kleine Organismus für die Wärmeproduktion braucht,
beginnt sich zu bilden.
Bei weiblichen Föten hat sich die Gebärmutter entwickelt.
Mütter, die schon einmal geboren haben,
spüren von nun an Kindsbewegungen.

19. bis 20. Woche

Gegen Ende dieser Periode beträgt die Körpergröße
rund 28 Zentimeter, das Gewicht bis zu 450 Gramm.
Eine feine, pigmentarme Kopf- und Körperbehaarung,
die man auch Lanugo-Haare nennt, ist vorhanden.
Auch Erstgebärende spüren nun Kindsbewegungen.

21. bis 24. Woche
Das Gewicht nimmt nun wieder stärker zu und die Körperproportionen verändern sich. Schnelle Augenbewegungen setzen ein, die Fingernägel beginnen zu wachsen, und die Haut ist noch rot und runzlig. Die Lungen sind bereits atmungsfähig, wenngleich die Koordination zwischen ihnen und dem Nervensystem noch aussteht.

25. bis 28. Woche
Die Lungen sind nun weitgehend reif für die Atmung, sodass die Überlebenschancen im Falle einer Frühgeburt gut sind. In der 26. Woche vermag das Kind die Augen zu öffnen, und der Körper nimmt durch die Entwicklung des Unterhautfettgewebes runde Formen an. Sein Gewicht übersteigt ein Kilogramm. Die Blutbildung in Milz und Knochenmark setzt ein.

29. bis 32. Woche
Die Körpergröße misst jetzt mehr als 42 Zentimeter, und das Gewicht beträgt zwischen 1.500 und 2.100 Gramm. Die Fingernägel erreichen die Fingerspitzen. Die Haut ist rosa und glatt, und Pupillen- und Greifreflexe sind auslösbar.

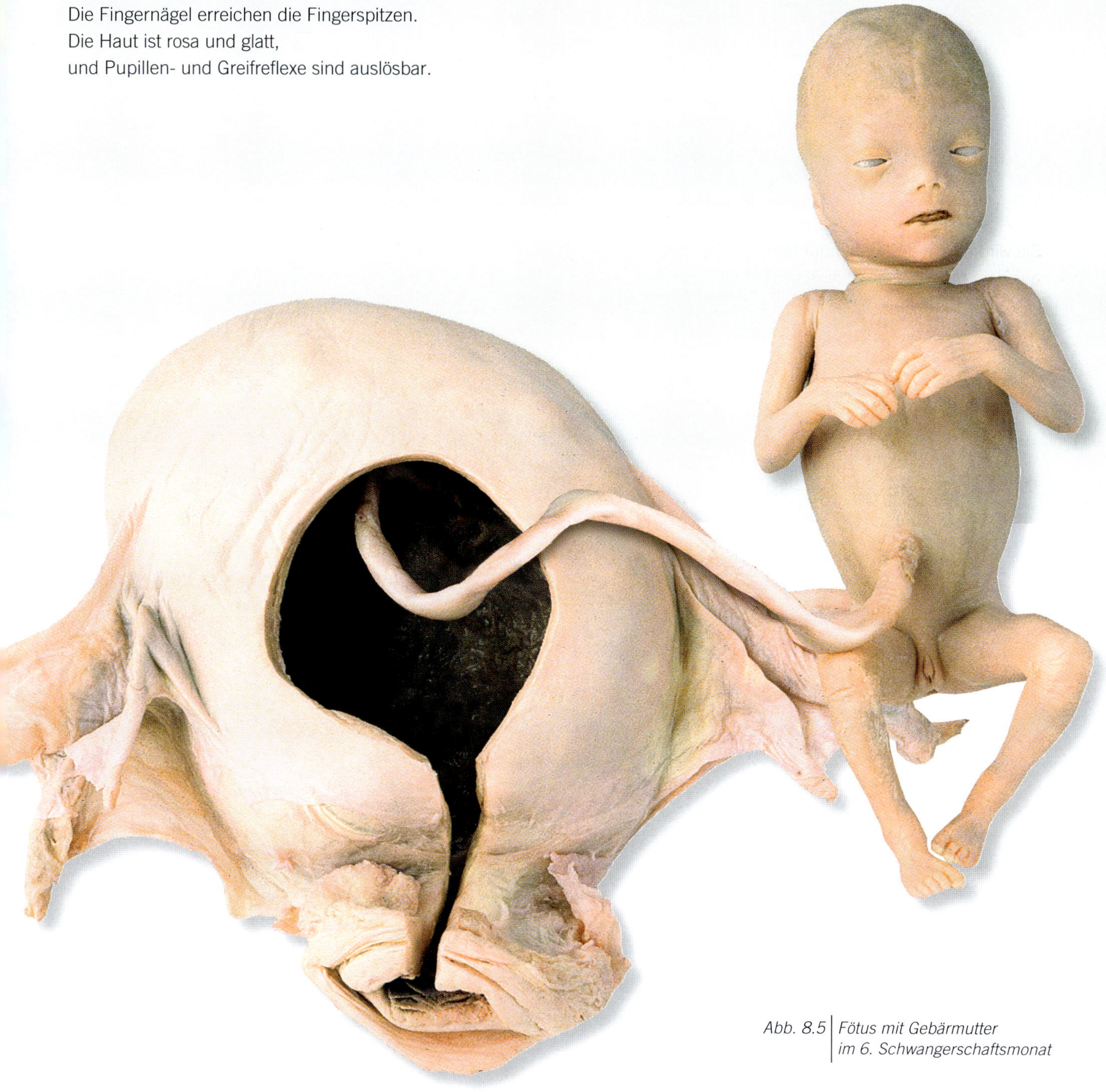

Abb. 8.5 | Fötus mit Gebärmutter im 6. Schwangerschaftsmonat

Die Ernährung des Föten

Plazenta
Die Plazenta existiert nur während der Schwangerschaft. Sie entwickelt sich in den ersten zehn Wochen dort, wo sich die befruchtete Eizelle in die Gebärmutterschleimhaut eingenistet hat.

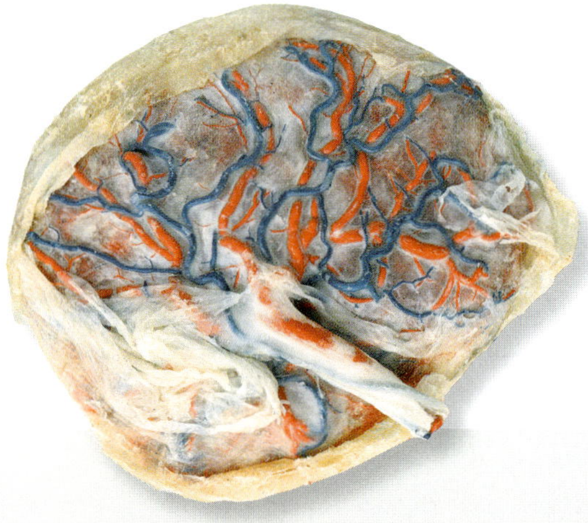

Abb. 8.6 | *Plazenta. Auf der Oberfläche der dem Fötus zugewandten Seite verzweigen sich die Arterien und Venen der Nabelschnurgefäße.*

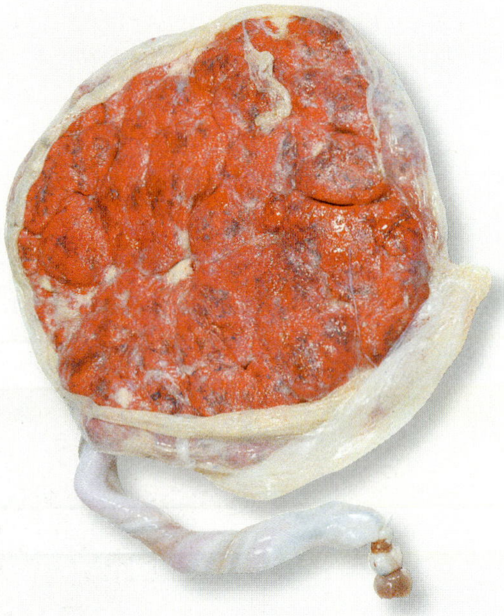

Abb. 8.7 | *Plazenta. Die der Gebärmutter zugewandte Seite zeigt das dichte Gefäßbett, in dem der Nähr- und Sauerstoffaustausch stattfindet.*

Die Plazenta steht mit dem Fötus über die Nabelschnur in Verbindung und versorgt ihn mit Nährstoffen und Sauerstoff. Das Herz des Fötus pumpt das Blut durch die Nabelschnurarterie in das Kapillarbett der Plazenta. Dort werden die kindlichen Gefäße von außen vom mütterlichen Blut umspült. Dabei treten Nährstoffe und Sauerstoff in das kindliche Blut über, ohne dass es zur Durchmischung von kindlichem und mütterlichem Blut kommt. Danach fließt das angereicherte Blut über die Nabelschnurvene wieder in den kindlichen Organismus zurück.

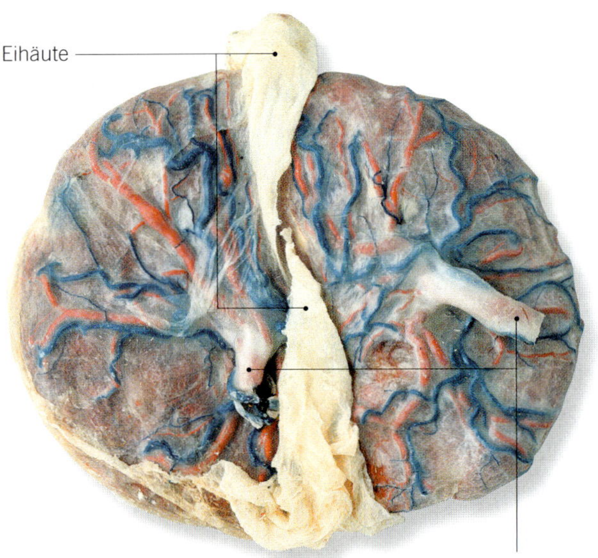

Abb. 8.8 | *Plazenta eineiiger Zwillinge*

Zwillinge
Eineiige Zwillinge entstehen, wenn sich die befruchtete Eizelle in zwei Keimanlagen teilt. Die Kinder besitzen somit dasselbe Erbgut und sind stets gleichgeschlechtlich. Sie können sich eine Plazenta teilen oder auch je eine eigene haben. Zweieiige Zwillinge entstehen immer aus zwei verschiedenen befruchteten Eiern. Ihr Erbgut ist genauso ähnlich oder verschieden wie bei sonstigen Geschwistern. Bei zweieiigen Zwillingen existieren immer zwei getrennte Plazenten.

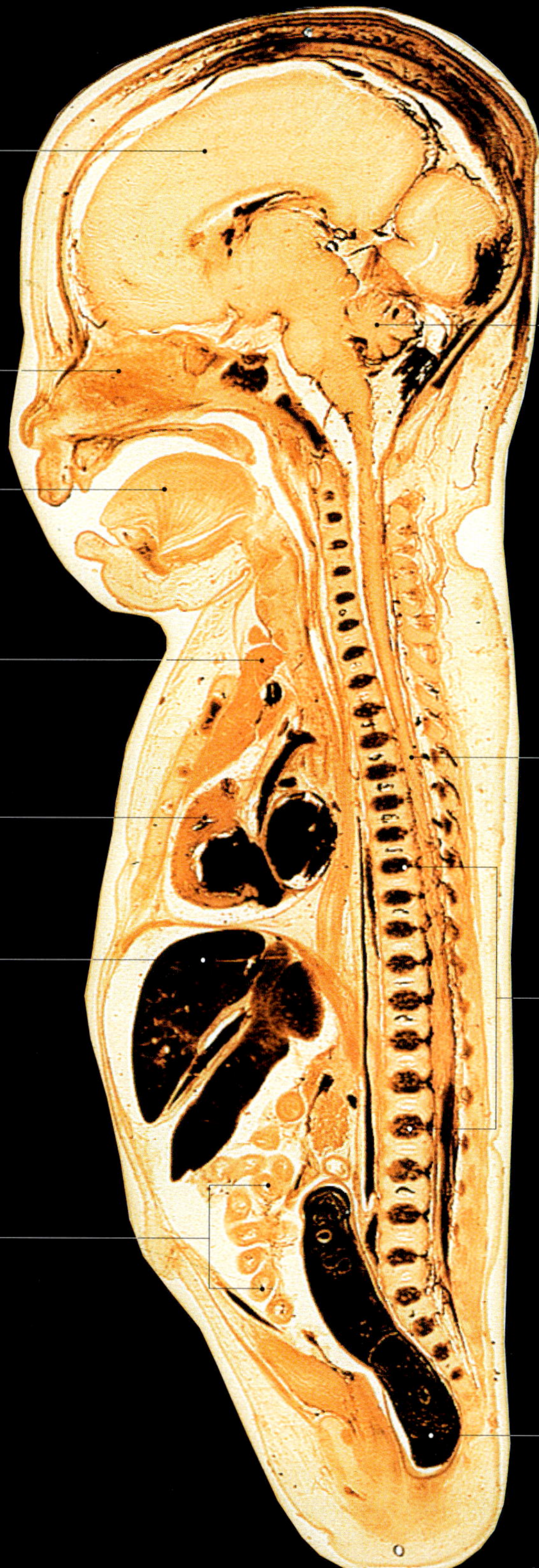

Abb. 8.9

Längsschnitt eines sieben Monate alten Fötus

Die Lagebeziehungen der Organe
entsprechen bereits denen eines Erwachsenen

Angeborene Fehlbildungen

Ein vor der Geburt fehlerhaft angelegtes Organ bezeichnet man in der Medizin als Fehlbildung oder Missbildung.
Sie kann auch mehrere Organe betreffen.
Fehlbildungen können spontan, also ohne erkennbare Ursache auftreten, genetisch bedingt sein oder durch umweltbedingte (teratogene) Einflüsse ausgelöst werden, zum Beispiel infolge von Infektionen oder von Alkohol- oder Drogenmissbrauch der Mutter.
Oft bleibt die Ursache auch ungeklärt.

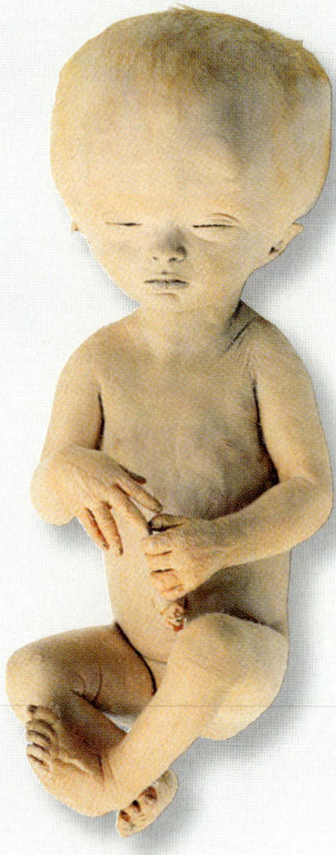

Abb. 8.10 | Neugeborenes mit Wasserkopf (Hydrocephalus)

Abb. 8.11 | Siamesische Zwillinge

Wasserkopf (Hydrocephalus)
Diesem Krankheitsbild liegt ein Abflusshindernis im Hohlraumsystem des Gehirns zugrunde, sodass sich Hirnflüssigkeit (Liquor) staut.
Die Drucksteigerung weitet bei Föten und Kleinkindern nicht nur die Gehirnventrikel auf, sondern vergrößert den gesamten Schädel.
Denn in diesem Alter sind die Knochenplatten des Schädels noch nicht fest miteinander verwachsen und passen sich der Größe des Hirnvolumens an.
Unbehandelt wird der Kopf immer größer.
Epileptische Anfälle, Bewegungsstörungen und geistige Behinderung können die Folgen sein.
Zur Behandlung wird ein dünner Schlauch in die Hirnkammern eingelegt und die Hirnflüssigkeit von dort in die Bauchhöhle geleitet.

Siamesische Zwillinge
Siamesische Zwillinge sind eineiige Zwillinge, die miteinander verwachsen sind.
Sie entstehen, wenn sich im frühen Embryonalstadium einzelne Zellen oder Zellverbände nur unvollständig teilen.
Die Überlebensfähigkeit siamesischer Zwillinge hängt vom Ausmaß der Verwachsung ab.
Sind sie nur über einen Hautlappen verbunden, können sie leicht operativ getrennt werden.
In schweren Fällen teilen sich die beiden Individuen lebenswichtige innere Organe wie Herz oder Leber, mitunter sogar mehrere Organe.

Der Name „Siamesische Zwillinge" stammt von dem aus Siam (heute Thailand) stammenden Zwillingspaar Eng and Chang Bunker.
Sie waren an den Körperseiten miteinander verbunden und wurden um 1800 auf Jahrmärkten als Sensation präsentiert.
Später heirateten beide und zeugten insgesamt 18 normal entwickelte Kinder.

Gefährdet ist der Embryo vor allem
zwischen der dritten und achten Schwangerschaftswoche,
da in dieser Zeit die Zellteilung besonders intensiv ist
und die Organdifferenzierung stattfindet.
Die Fehlentwicklung einer einzigen Zelle
kann dann schwere Fehlbildungen
des gesamten Individuums bewirken.

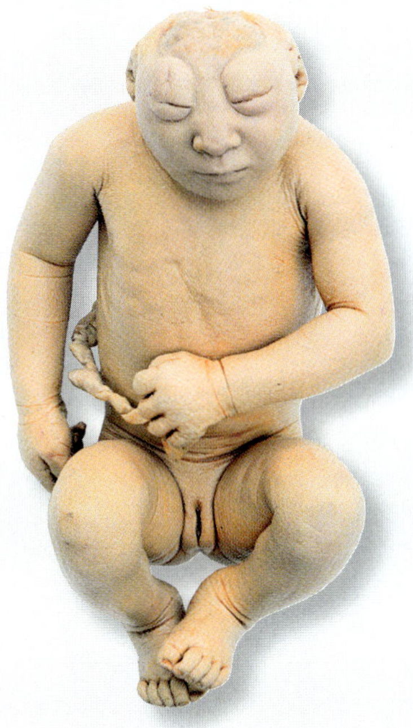

Abb. 8.12 | Fötus mit Anencephalie

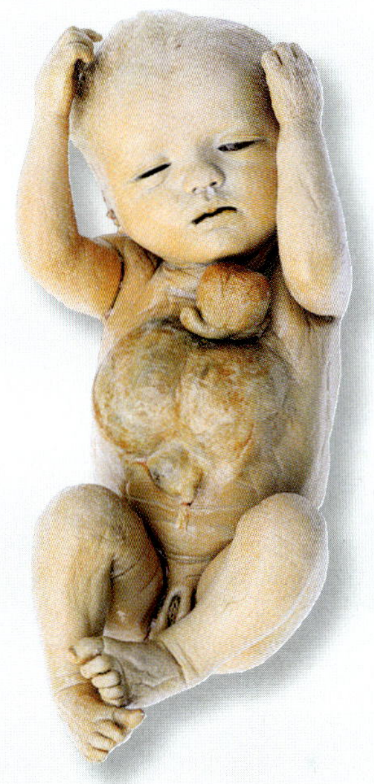

Abb. 8.13 | Fötus mit Brust- und Bauchwanddefekt

Anencephalie
Dies ist eine sehr schwere Missbildung des Kopfes,
bei der ausgedehnte Teile des Gehirns fehlen.
Der Kopf nimmt dadurch
eine charakteristische Form an,
weshalb die Missbildung im Volksmund
auch Froschkopf genannt wird.
Sie beruht auf einer Entwicklungsstörung
des Nervensystems während der dritten
bis vierten Schwangerschaftswoche.
Etwa jede tausendste Schwangerschaft ist betroffen.
Für die Anenzephalie gibt es keine Therapie.
Die Kinder werden meist tot geboren
oder sterben kurz nach der Geburt.
Die Missbildung ist in der Schwangerschaft
schon sehr frühzeitig anhand von Blut- und
Ultraschalluntersuchungen feststellbar.

Brust- und Bauchwanddefekt
Bei dieser seltenen Missbildung liegt eine Spalte
in der Mittellinie der Bauchwand vor.
Dies nennt man Gastroschisis.
Durch die Lücke hindurch
können sich Eingeweide nach außen verlagern
und sich außerhalb des Körpers entwickeln.
Meist treten Darmschlingen und/oder der Magen
oder seltener – wie hier – das Herz nach außen.
In den meisten Fällen kann eine Operation helfen.
Die Organe müssen dabei gleich nach der Geburt
in den Körper zurückverlegt
und die Bauchdecke verschlossen werden.
Andernfalls würden die betroffenen Organe
sehr schnell austrocknen und nicht funktionieren können.

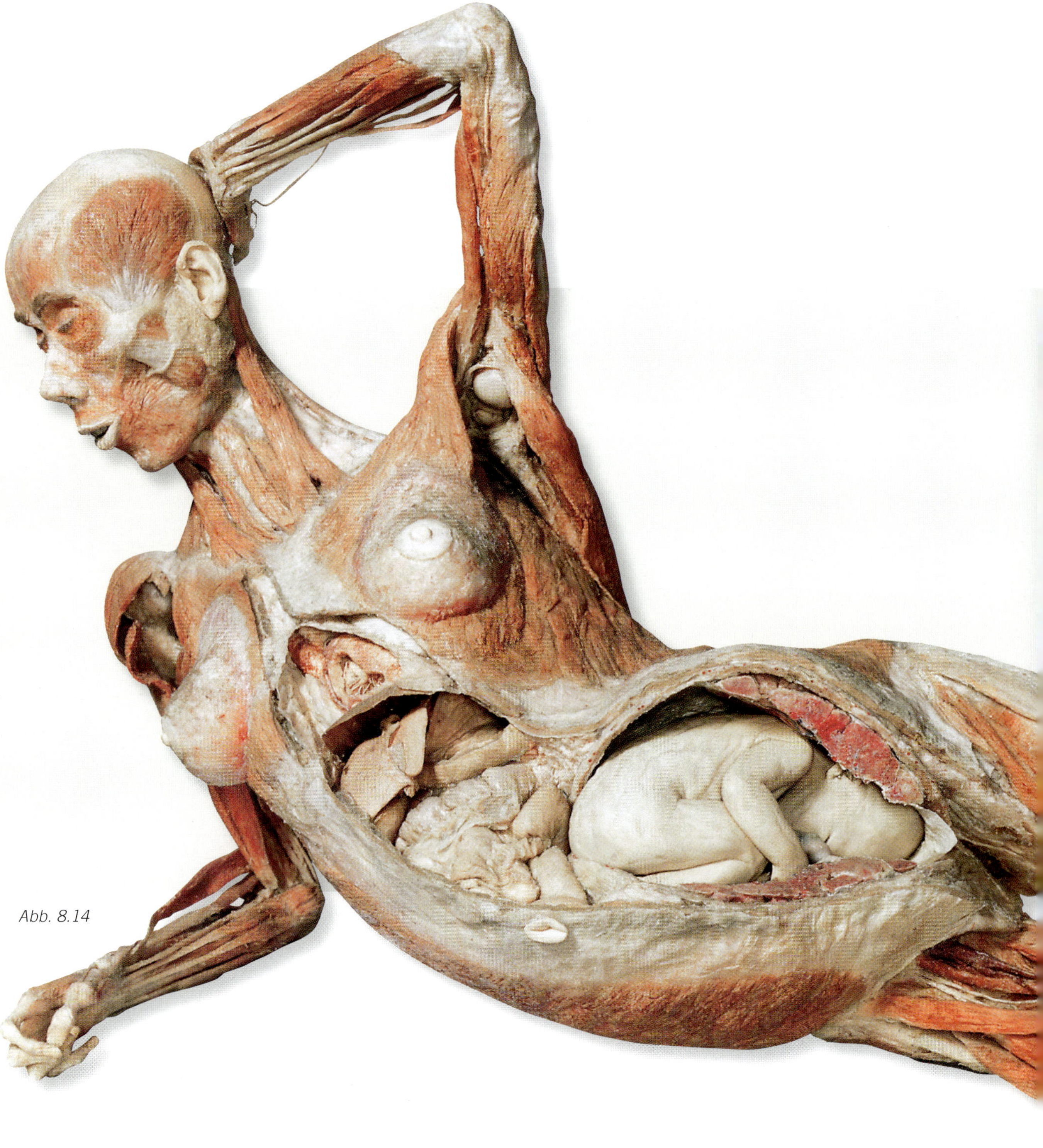

Abb. 8.14

Liegende Schwangere
(1999)

Dieses Plastinat zeigt eine Schwangerschaft im achten Monat. In der eröffneten Gebärmutter sind der Fötus und die Plazenta zu sehen; die Plazenta ist in der Mittellinie durchtrennt.

Das Kind hat in diesem Entwicklungsstadium bereits eine Scheitel-Steiß-Länge von 28 Zentimetern und drängt die Bauchorgane der Mutter weit nach oben. Unter ihrem rechten Rippenbogen ist die Leber zu erkennen, unter dem linken der eröffnete Magen. Darunter liegen der quere Anteil des Dickdarms und die Dünndarmschlingen.

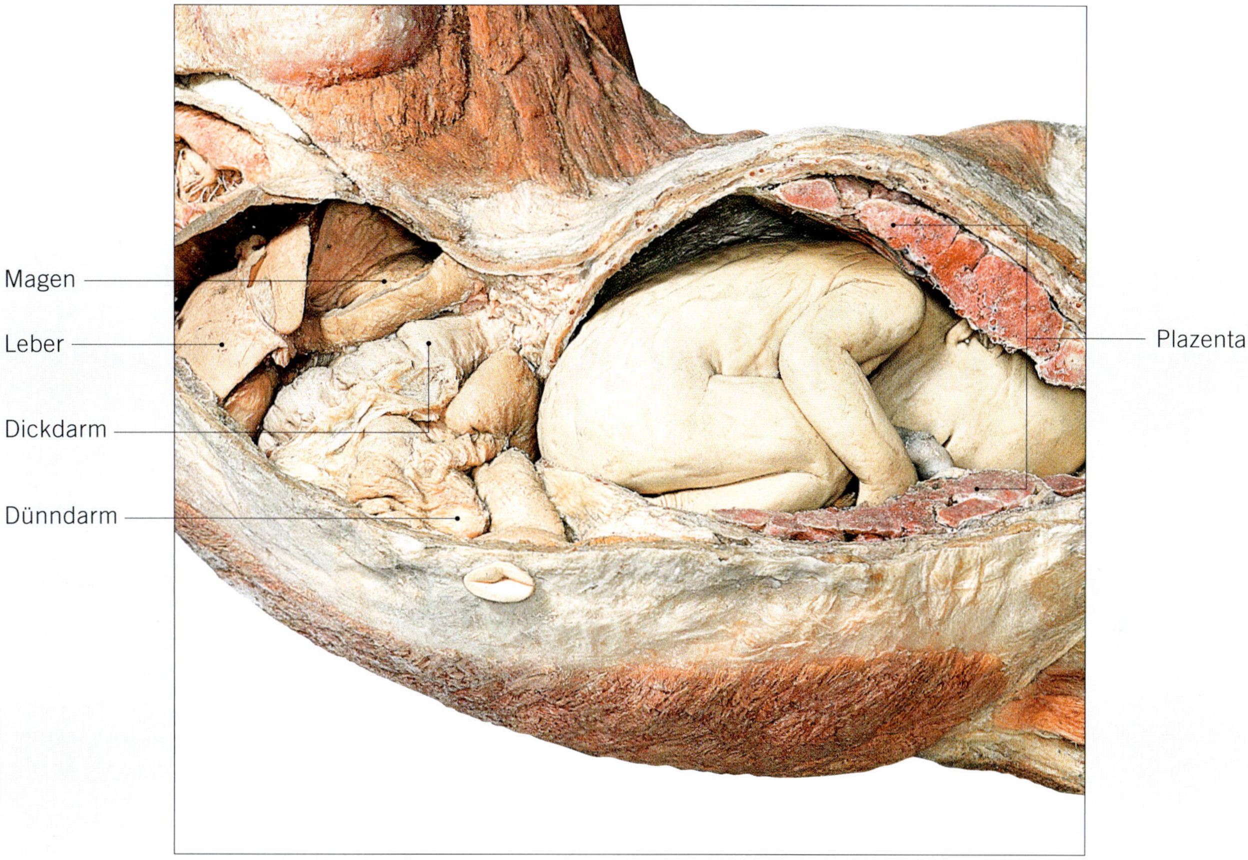

Abb. 8.15

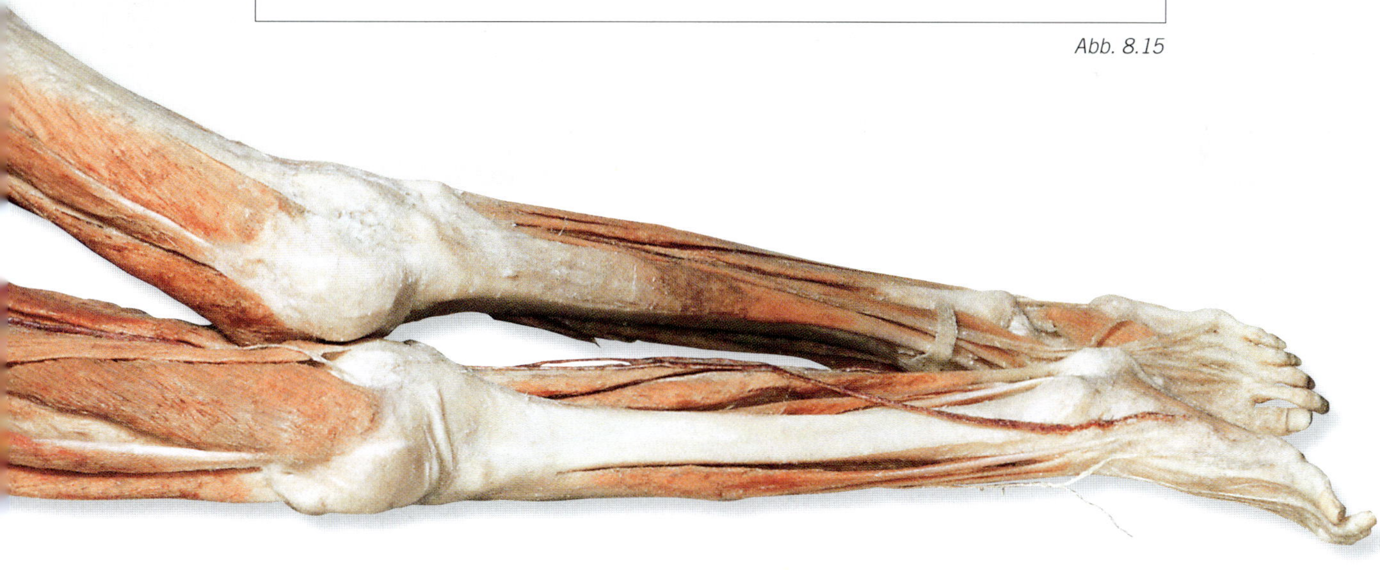

9. GANZKÖRPER-PLASTINATE

Andreas Vesalius (1514 bis 1564),
Begründer der modernen wissenschaftlichen Anatomie,
setzte als erster ein vollständiges Skelett zusammen.
Seither dienen diese inneren Grundgerüste
des menschlichen Körpers
als Lehr- und Anschauungsmodelle.
Zu jener Zeit war es noch nicht möglich,
einen vollständigen Körper
mitsamt seiner Muskulatur gut zu erhalten.
Die Weichteile wären schnell verwest oder
im besten Fall ausgetrocknet wie bei den Mumien.
Deshalb sind uns die anatomischen Präparationen
unserer Anatomieväter nur in Form von
Bildern und Zeichnungen überliefert.

Die dauerhafte Konservierung ganzer
anatomisch präparierter Körper in aufrechter Pose
wurde erst Anfang der neunziger Jahre
durch die Plastination möglich.
Mit ihrer Hilfe
wird das alte lateinische Motto der Anatomie,
„Hic gaudet mors succurrere vitae"
(Hier freut sich der Tod, den Lebenden zu helfen),
in seiner ureigensten Bedeutung umgesetzt.

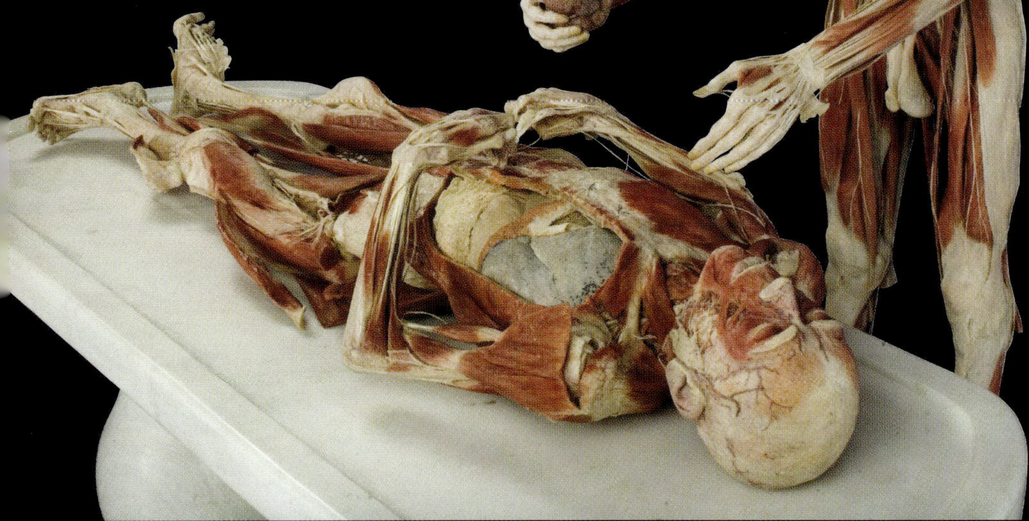

Abb. 9.1

Der Herzchirurg
(2007)

Die Ausstellung KÖRPERWELTEN steht ganz in der großen Tradition der ästhetischen, wissenschaftlichen Anatomie, die in der Renaissance ihre Blüte erlebte. Die Künstler jener Zeit legten besonderes Augenmerk auf eine realistische Darstellung und zeichneten die Körper in natürlicher Haltung, oft bei alltäglichen Verrichtungen oder vor dem Hintergrund einer schönen Landschaft.

Abb. 9.2

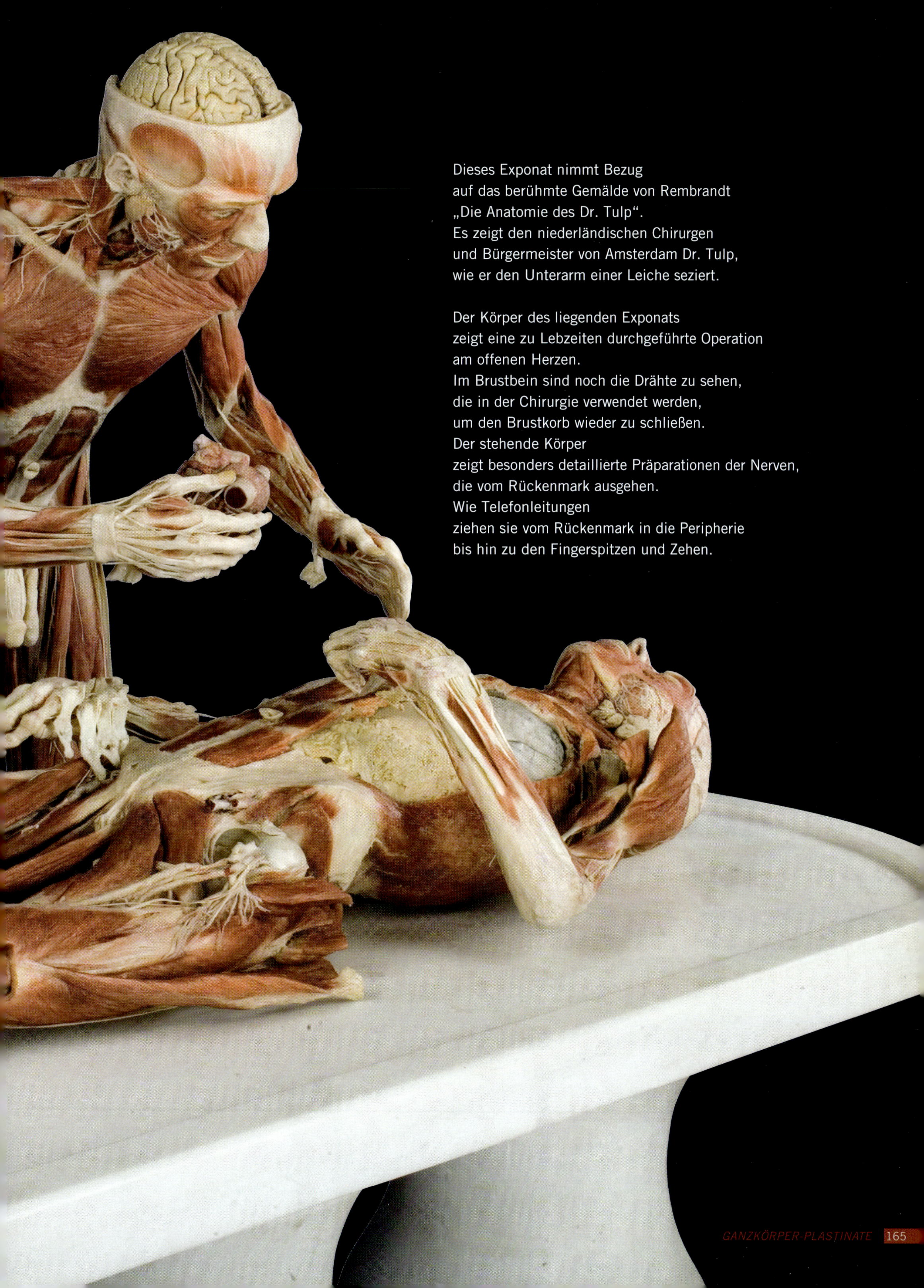

Dieses Exponat nimmt Bezug
auf das berühmte Gemälde von Rembrandt
„Die Anatomie des Dr. Tulp“.
Es zeigt den niederländischen Chirurgen
und Bürgermeister von Amsterdam Dr. Tulp,
wie er den Unterarm einer Leiche seziert.

Der Körper des liegenden Exponats
zeigt eine zu Lebzeiten durchgeführte Operation
am offenen Herzen.
Im Brustbein sind noch die Drähte zu sehen,
die in der Chirurgie verwendet werden,
um den Brustkorb wieder zu schließen.
Der stehende Körper
zeigt besonders detaillierte Präparationen der Nerven,
die vom Rückenmark ausgehen.
Wie Telefonleitungen
ziehen sie vom Rückenmark in die Peripherie
bis hin zu den Fingerspitzen und Zehen.

Abb. 9.3

Der Badmintonspieler
(2007)

Die Plastination ermöglicht ganz neue Arten der anatomischen Präparation wie beispielsweise die Präparation durch Expansion. Dabei werden die anatomischen Räume geöffnet und auseinandergezogen wie in einer Explosionszeichnung. So entstehen künstliche Zwischenräume, die sämtliche Organe im Körper sichtbar machen, die sich in ihrer natürlichen Lage überlagern oder verdecken würden. Solche Präparationen sind nur mit der Plastination möglich, da sie dem Gewebe die nötige Stabilität verleiht.

In diesem Gestalt-Plastinat wurden sowohl die Körperhülle als auch die Gliedmaßen frontal entlang funktionaler Strukturen gespalten und dann expandiert. So sind beispielsweise die Streckmuskeln des linken Oberarms im vorderen Teil zu sehen, während die Beugemuskeln hinten verblieben sind. In der Mitte ist die Wirbelsäule zusammen mit den inneren Organen zu sehen.

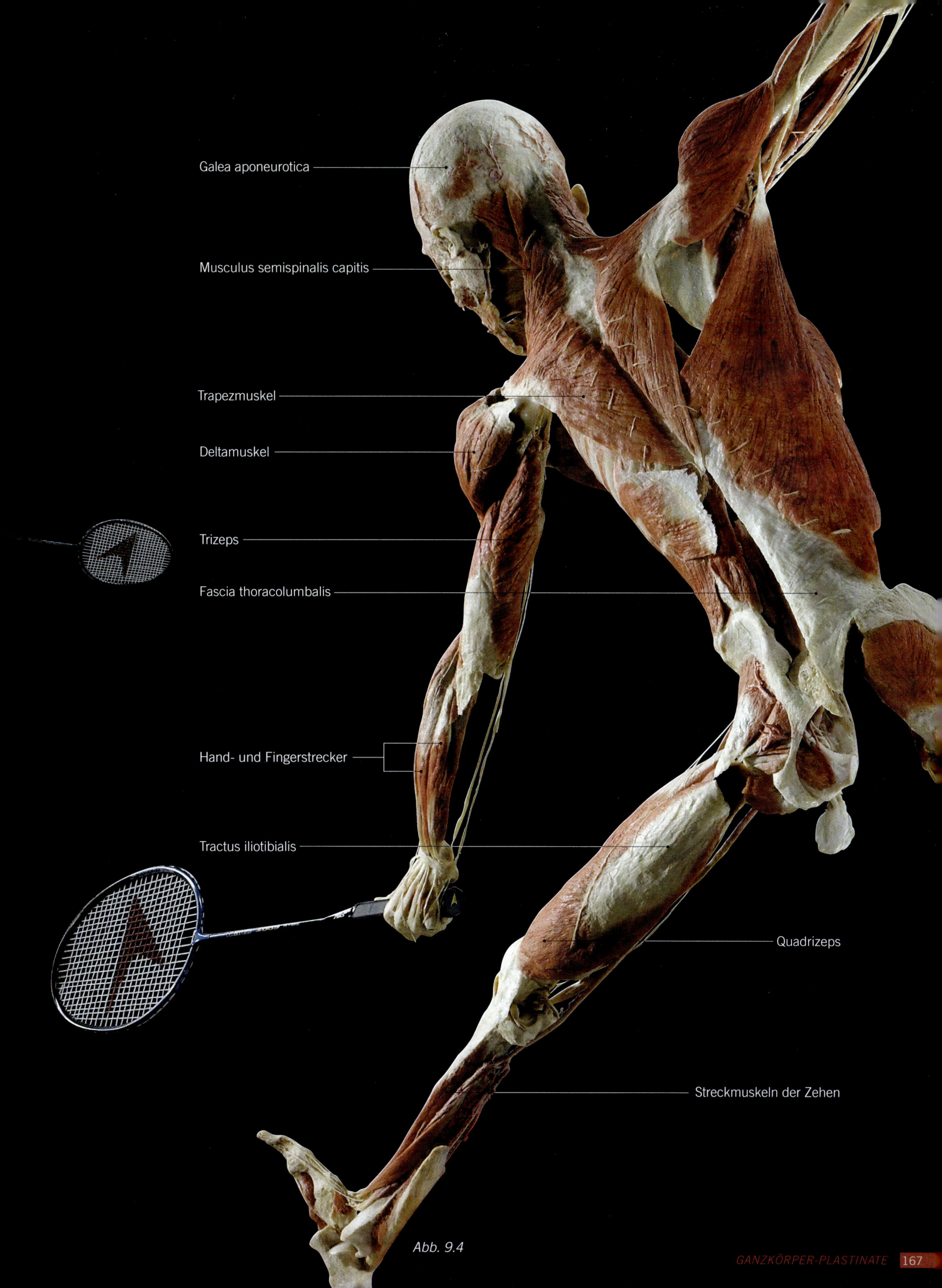
Galea aponeurotica
Musculus semispinalis capitis
Trapezmuskel
Deltamuskel
Trizeps
Fascia thoracolumbalis
Hand- und Fingerstrecker
Tractus iliotibialis
Quadrizeps
Streckmuskeln der Zehen

Abb. 9.4

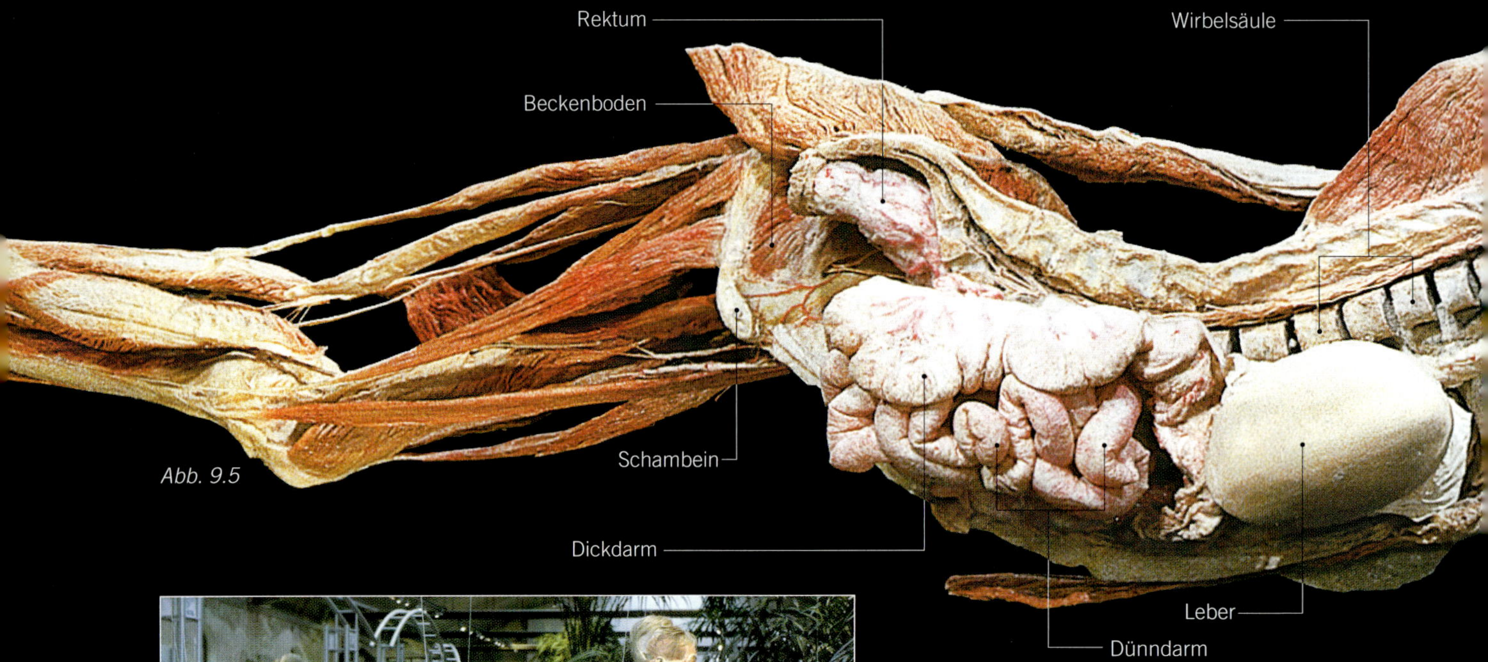

Abb. 9.5

Abb. 9.6

Die Schwimmerin
(2001)

Bei diesem Plastinat wurde die Körperhülle in der Längsachse in zwei Hälften geteilt. Die inneren Organe wurden dabei nicht durchtrennt, sondern als Ganzes entweder der linken oder der rechten Körperhälfte zugeordnet. Auf der jeweils gegenüberliegenden Körperseite weisen Hohlräume auf Lage, Form und Größe des jeweils herausgelösten Organs hin.

So sieht man in der linken Körperhälfte die Wirbelkörper und davor die Speiseröhre, außerdem die Leber und das Darmpaket in der Bauchhöhle. Die Zwischenwirbelscheiben sind dagegen in der rechten Hälfte sichtbar, ebenso die Gebärmutter mit den Eierstöcken und Eileitern im kleinen Becken.

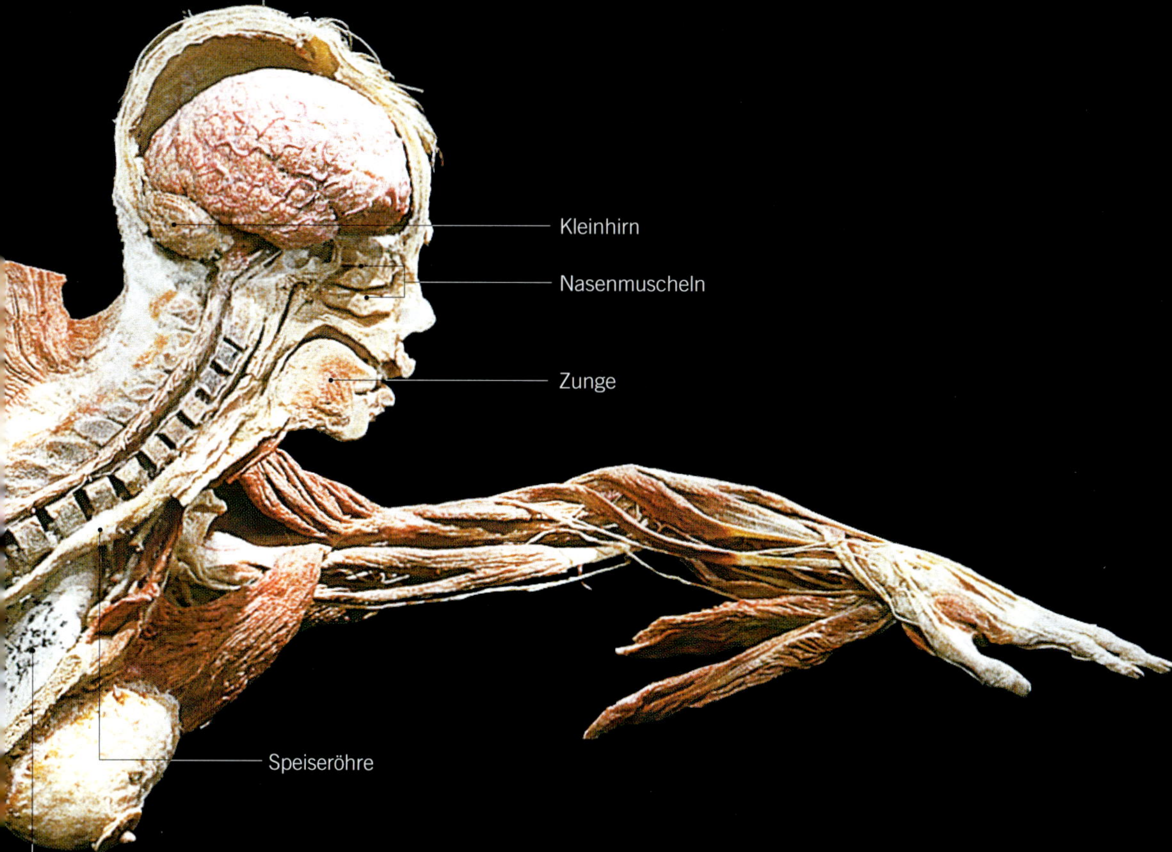
Kleinhirn
Nasenmuscheln
Zunge
Speiseröhre
linker Lungenflügel

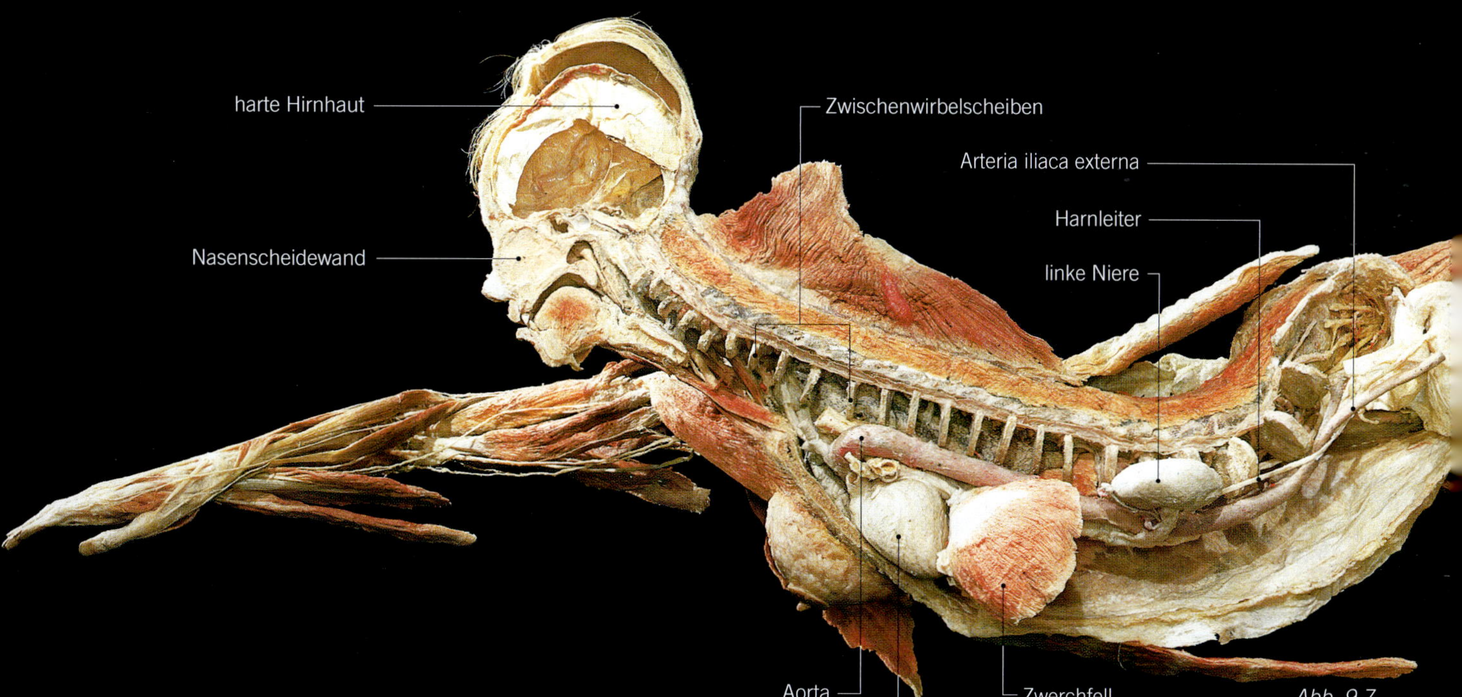
harte Hirnhaut
Zwischenwirbelscheiben
Arteria iliaca externa
Harnleiter
linke Niere
Nasenscheidewand
Aorta
Herz
Zwerchfell

Abb. 9.7

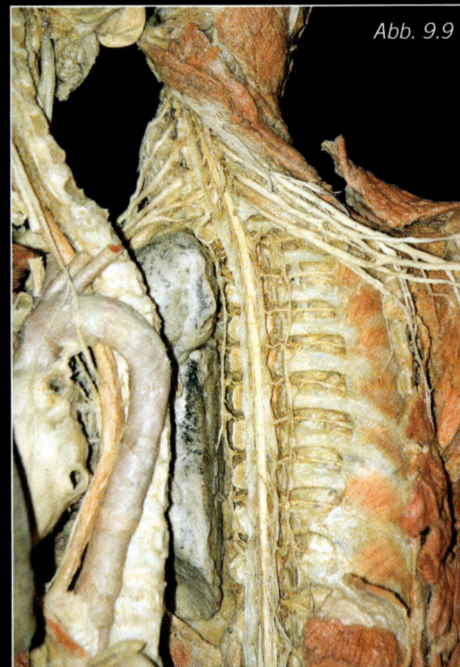

Abb. 9.9

Abb. 9.8

Der Fechter
(1999)

Dieses Gestalt-Plastinat
wurde an einer seiner Längsseiten gespalten
und die entstandenen Hälften wie ein Buch geöffnet,
sodass der Blick auf die inneren Organe
in Brust- und Bauchhöhle fällt.
Die Extremitäten wurden auf funktionelle Weise geteilt:
auf der einen Seite sind die Streckmuskeln verblieben
und auf der anderen die Beugemuskeln.
Weil nur Zwischenräume geschaffen
und keine Körperteile entfernt wurden,
kann der Betrachter
den Körper gedanklich wieder zusammenführen.
Die Augäpfel sind frontal geteilt.
Die Kopfdrehung lässt uns die Komplexität
der funktionellen Anatomie der Halswirbelsäule
mit den austretenden Nerven erahnen.

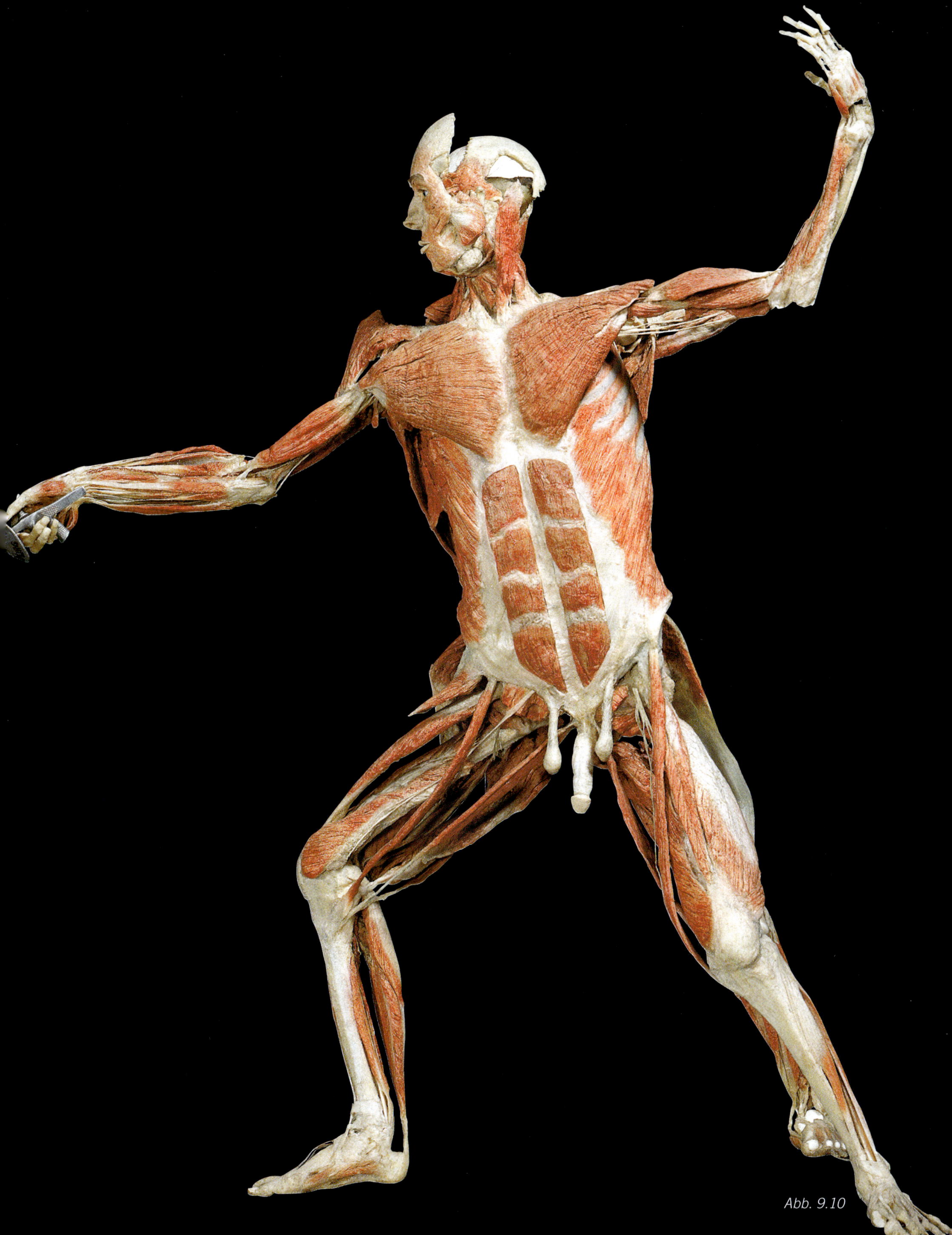

Abb. 9.10

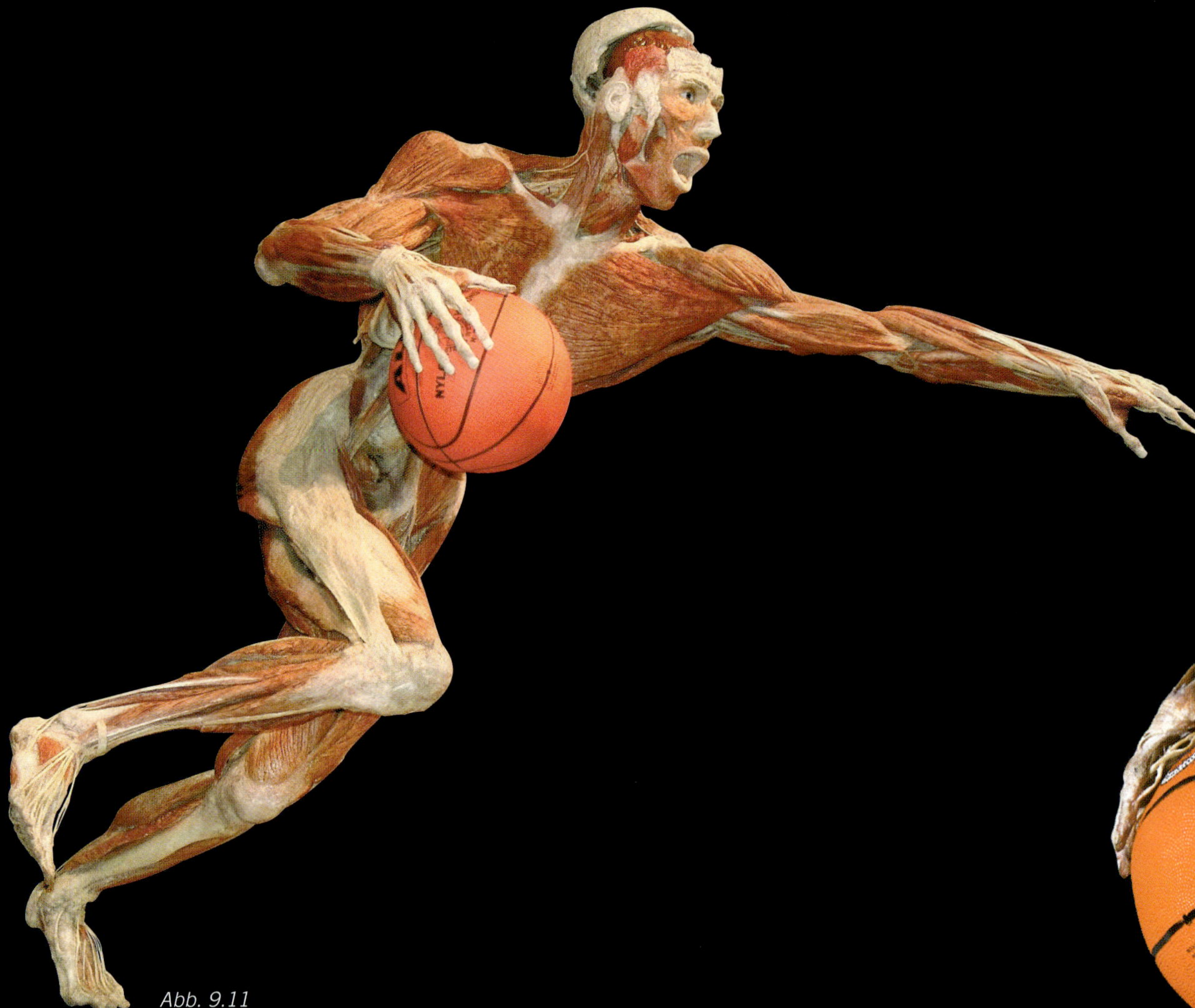

Abb. 9.11

Der Basketballspieler
(2002)

Das Basketball spielende Plastinat
veranschaulicht die formgebende Muskulatur
unseres Körpers in einer sehr lebendigen Pose.
In seinem geöffneten Schädel ist das Gehirn zu sehen.
Die Eingeweide wurden entfernt,
um die großen Muskeln
an der hinteren Leibeswand zu zeigen.
Im kleinen Becken ruht die Harnblase.

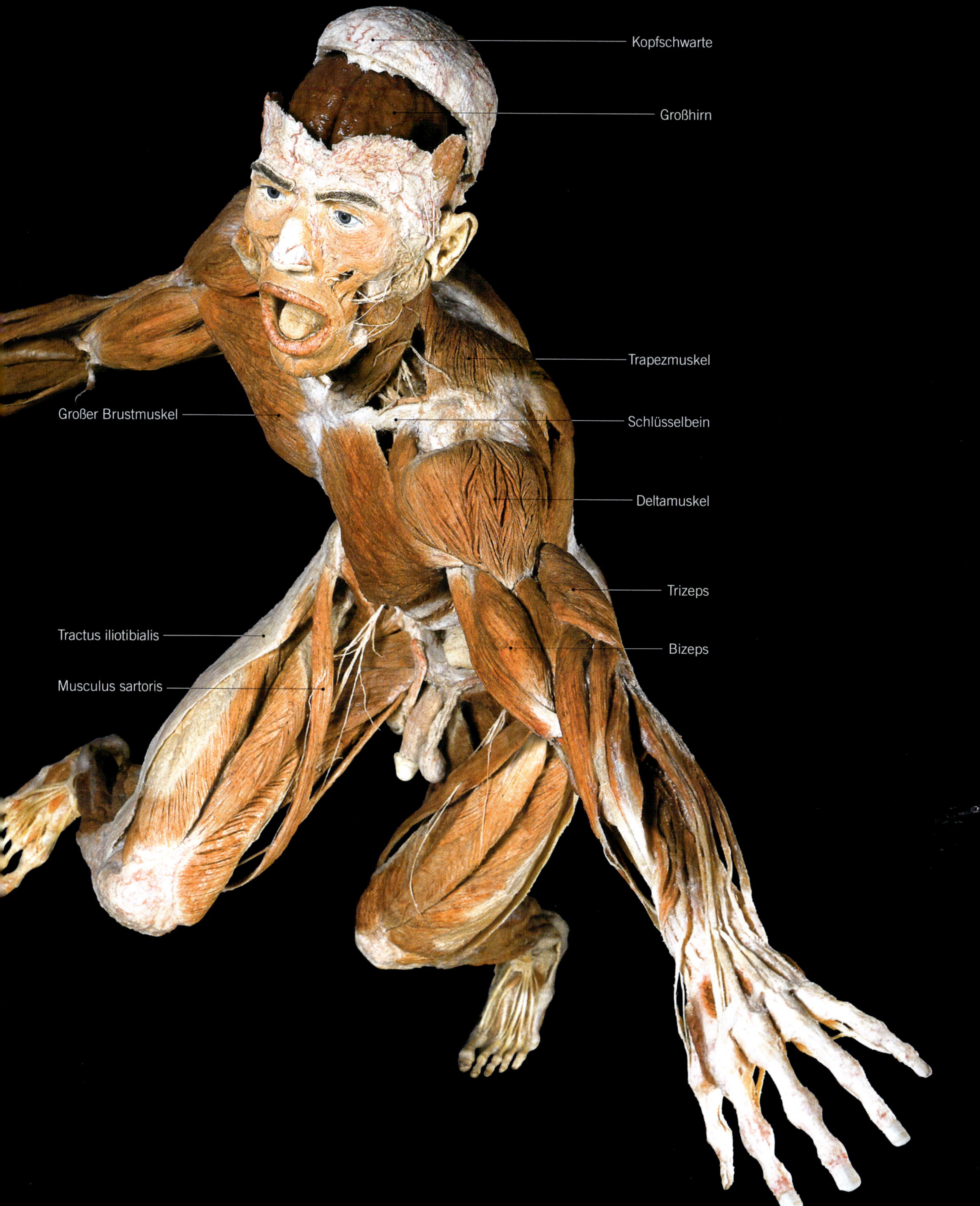
Kopfschwarte
Großhirn
Trapezmuskel
Großer Brustmuskel
Schlüsselbein
Deltamuskel
Trizeps
Tractus iliotibialis
Bizeps
Musculus sartoris

Abb. 9.12

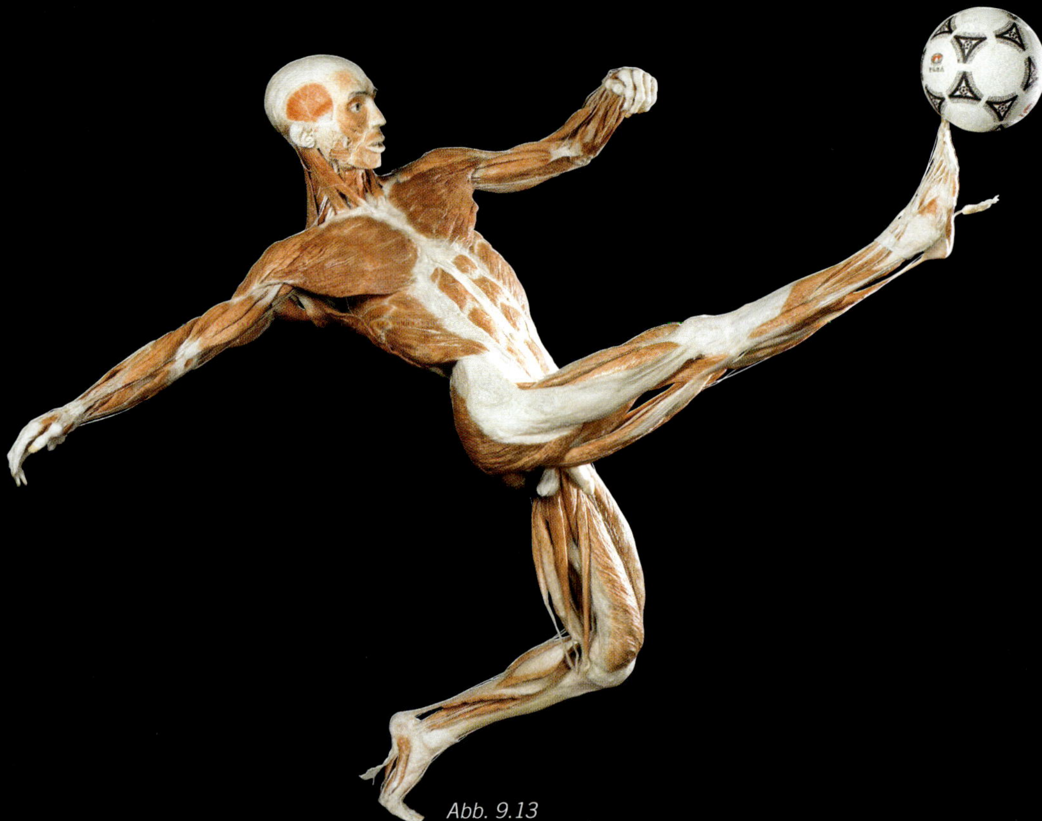

Abb. 9.13

Der Fußballspieler
(2005)

Die Skelettmuskeln
machen fast die Hälfte unseres Körpergewichts aus.
Wir brauchen sie sowohl zum Stehen und Sitzen
als auch bei jeder Bewegung.
Die einzelnen Muskeln sind von sehr unterschiedlicher
Form, Größe und Kontraktionskraft.
Die kräftigsten Muskeln sind die entlang der Wirbelsäule.
Sie ermöglichen uns unsere aufrechte Haltung.
Dieses Plastinat zeigt das Zusammenspiel
der oberflächlichen und mittleren Muskelschichten
in der Bewegung.

Abb. 9.14

Abb. 9.15

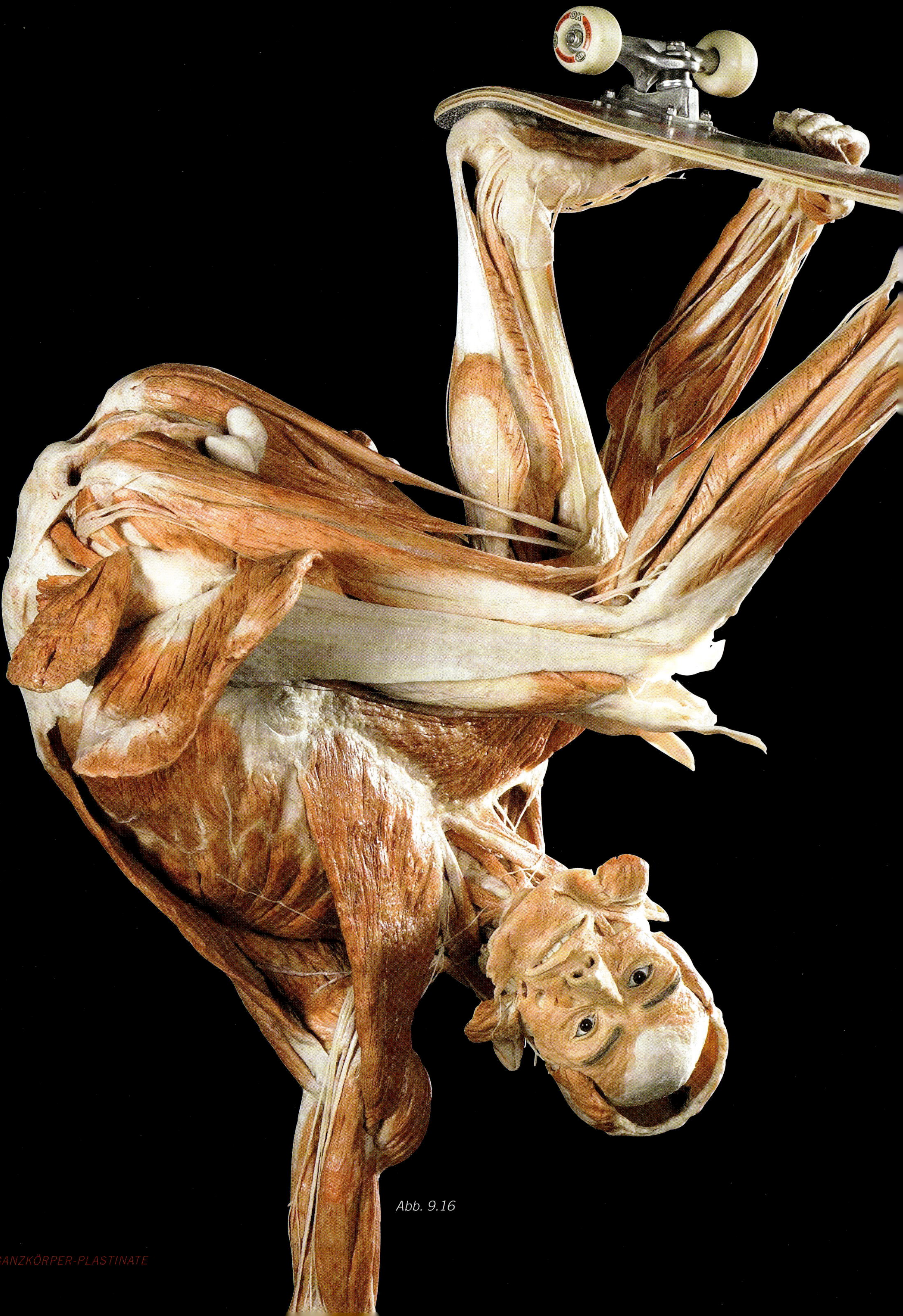

Abb. 9.16

Der Skateboarder
(2005)

Der Überkopftrick dieses Skateboarders
erlaubt einen Blick auf die Anatomie des Gesäßes.
Das Gesäß besteht aus drei Muskeln.
Der größte davon, der Gluteus maximus,
ist einer der stärksten Muskeln des Körpers.
Er streckt das Hüftgelenk
und hält beim Stehen unser Gleichgewicht.
Hier sind die Gesäßmuskeln zurückgeklappt,
sodass der darunter verlaufende Ischiasnerv
sichtbar wird.

Skateboard-Fahren ist sehr belastend
für die Kniegelenke.
Die Kniegelenke sind Scharniergelenke.
Sie tragen die größte Last unseres Körpers
und zeigen daher meist mit zunehmendem Alter
mehr oder weniger stark ausgeprägte
Abnutzungserscheinungen,
die man Arthrose nennt.
Übergewicht und Fehlstellungen der Gelenke
begünstigen das Entstehen von Arthrose.

Abb. 9.17

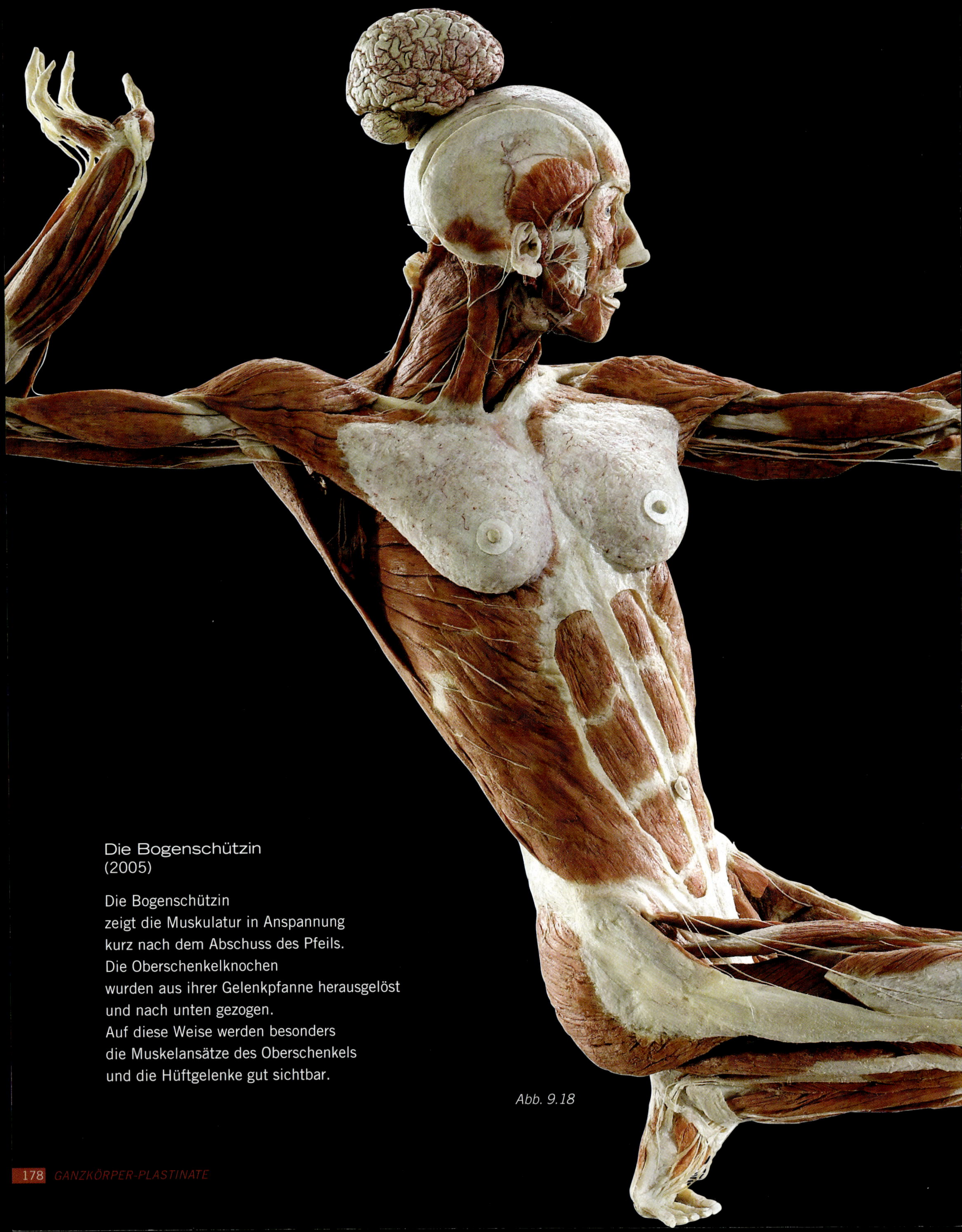

Die Bogenschützin
(2005)

Die Bogenschützin
zeigt die Muskulatur in Anspannung
kurz nach dem Abschuss des Pfeils.
Die Oberschenkelknochen
wurden aus ihrer Gelenkpfanne herausgelöst
und nach unten gezogen.
Auf diese Weise werden besonders
die Muskelansätze des Oberschenkels
und die Hüftgelenke gut sichtbar.

Abb. 9.18

Abb. 9.19

Abb. 9.20

Abb. 9.21

Paar in Umarmung
(2006)

Diese in inniger Umarmung positionierten Plastinate symbolisieren die engen Wechselbeziehungen zwischen Herz und Gehirn.

Bei beiden Körpern sind die Schädel und die Brust- und Leibeshöhle von hinten eröffnet und die Wirbelsäulen zusammen mit einigen Organen nach hinten verlagert.
Beim Mann sind vor allem die Brustorgane sichtbar und das Zwerchfell, unser wichtigster Atemmuskel.
Bei der Frau sind die Bronchien (weiß) und die großen Lungengefäße (rot) dargestellt.
Für diese Präparation wurden beide Systeme mit einem farbigen Kunststoff injiziert.
Bei seiner Aushärtung hat der Kunststoff die Form der Gefäße und Bronchien angenommen, sodass das umliegende Gewebe im Anschluss entfernt werden konnte.

Abb. 9.22

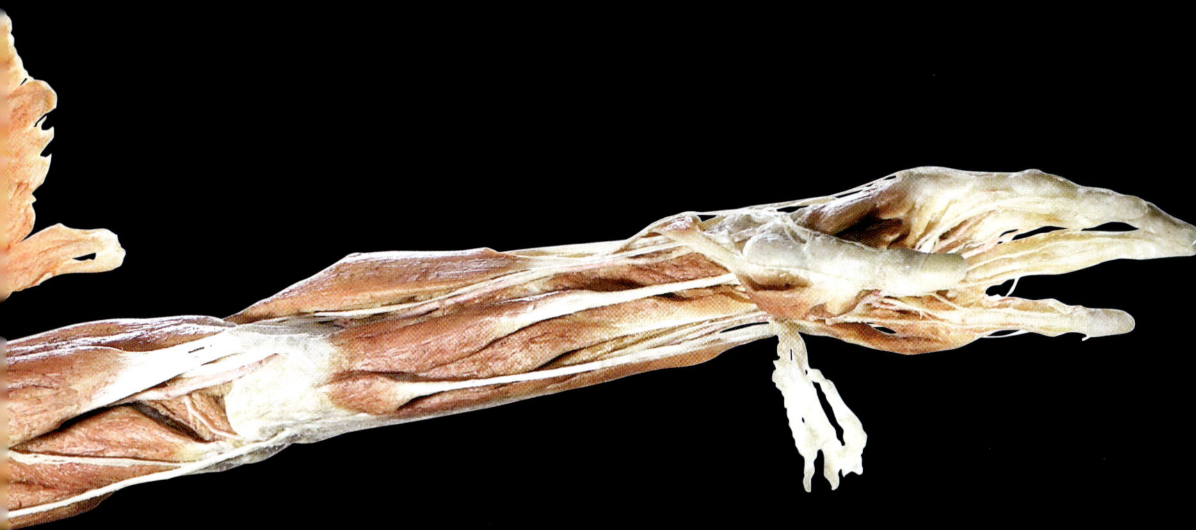

Der Spitzentänzer
(2006)

Hier ist die Körperhülle in der Mitte geteilt
und auseinandergezogen,
um den gleichzeitigen Blick
auf die vorderen Muskeln des Rumpfs
und die inneren Organe
in ihrer natürlichen Lage zu ermöglichen.
Die beiden Lungenflügel
mit dem dazwischen liegenden Herz
sind im geöffneten Brustkorb sichtbar.
Das Herz liegt größtenteils hinter dem Brustbein.
Es pumpt im Laufe eines Menschenlebens
etwa 200 Millionen Liter Blut.
Genug, um mehr als 3 Supertanker zu befüllen.

Abb. 9.23

Der Balanceakt
(2006)

Dieses Plastinat präsentiert seine inneren Organe
mit Lunge, Herz, Leber und Verdauungstrakt,
während es mit gestreckten Beinen
auf drei Holzkugeln balanciert.
Hinten ist die Wirbelsäule nach oben geklappt
und gibt den Blick auf die Brust- und Leibeshöhle frei.

Die Fähigkeit, das Gleichgewicht zu wahren,
beruht auf Informationen,
die das Gehirn von den Augen, Muskeln und Gelenken
sowie von den Gleichgewichtsorganen im Innenohr erhält.
Diese drei Quellen
senden Informationen mittels Nervenimpulsen
von sensorischen Rezeptoren an das Gehirn.
Die Körperhaltung wird hauptsächlich unwillkürlich
durch Reflexe gesteuert.

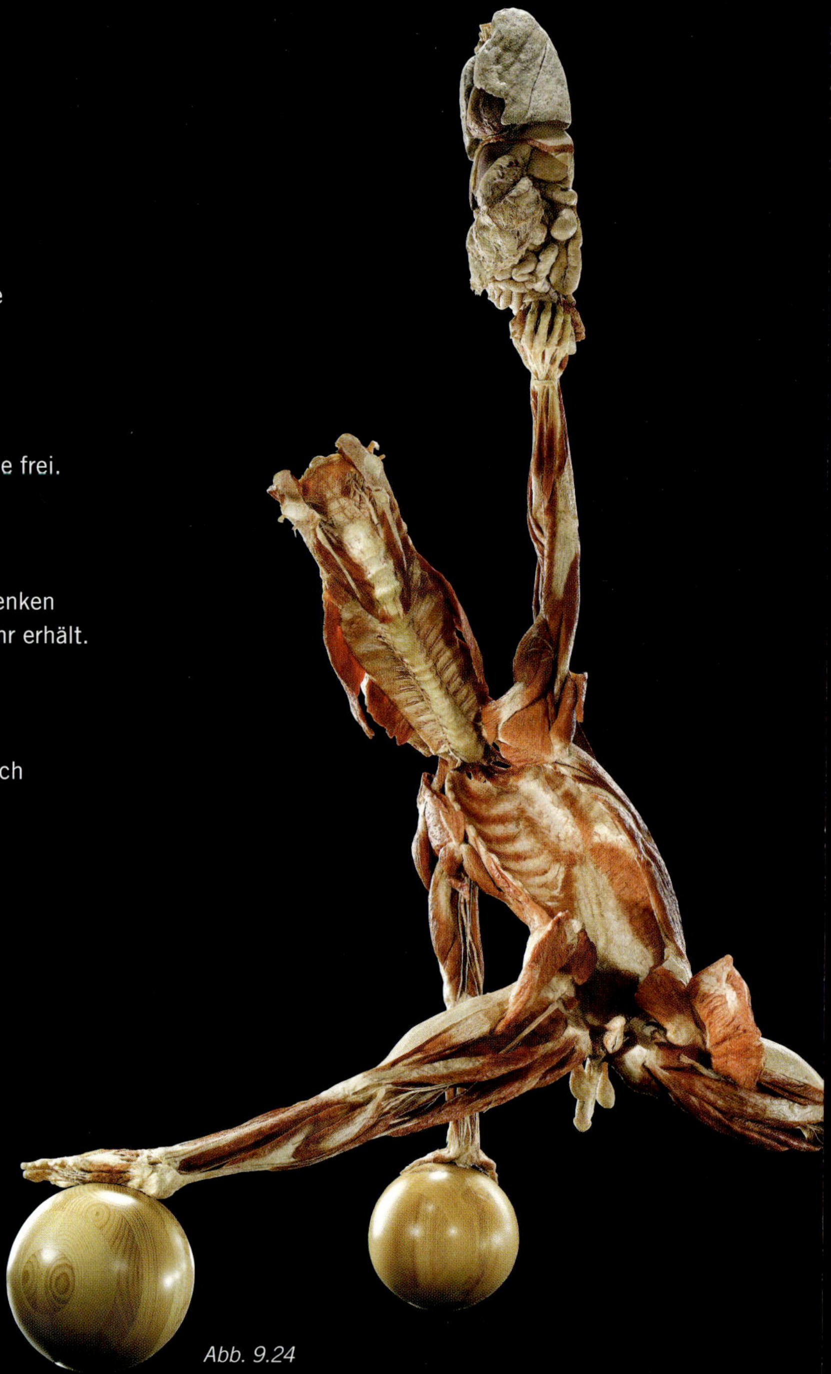

Abb. 9.24

Abb. 9.25

Der Denker
(2005)

Bei diesem sitzenden Mann
wurde das zentrale und periphere Nervensystem
herausgearbeitet.
Das Gehirn und das Rückenmark
werden zusammen als Zentrales Nervensystem bezeichnet.
Es steuert all unsere Körperfunktionen.
Durch seine Lage im Schädel bzw. Wirbelkanal
ist es gut vor Schlag und Stoß geschützt.
Darüber hinaus ist es eingehüllt
in drei Hirn- und Rückenmarkshäute, die Meningen.
Das Nervenbündel am unteren Ende des Rückenmarks
ist der sogenannte Pferdeschweif (Cauda equina).

Die peripheren Nerven treten zwischen den Wirbelkörpern
aus dem Rückenmark heraus
und ziehen in die Körperperipherie.
Insgesamt sind es 31 paarig angelegte Nervenstränge,
die sich in ihrem weiteren Verlauf mehrfach aufzweigen.
Der dickste und längste periphere Nerv im Körper
ist der Ischiasnerv.
Er tritt unten aus dem Rückenmark aus
und verlässt das Becken auf der Rückseite.
Mit seinen Aufzweigungen
zieht er durch die Kniekehlen bis zu den Füßen.

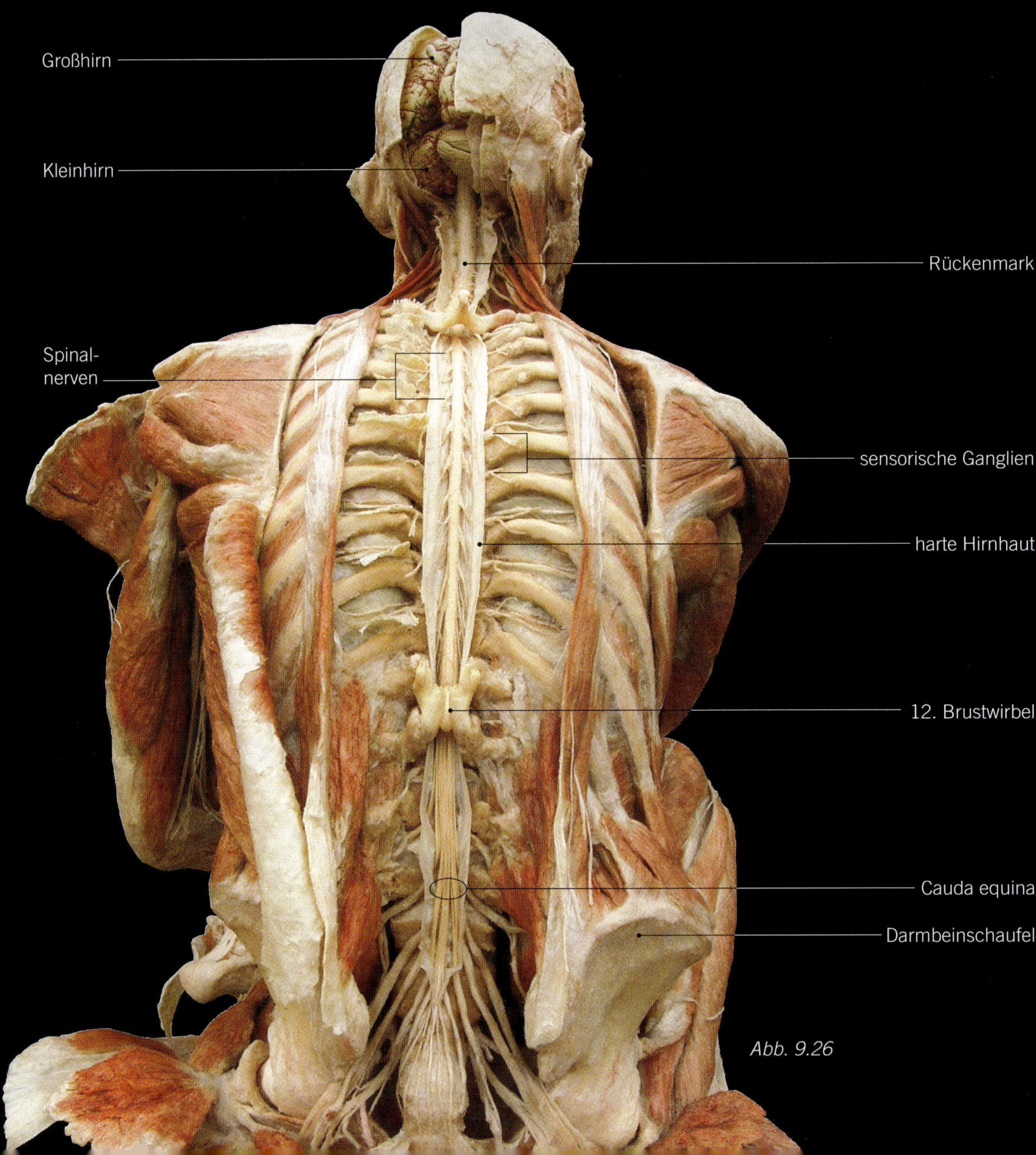

Abb. 9.26

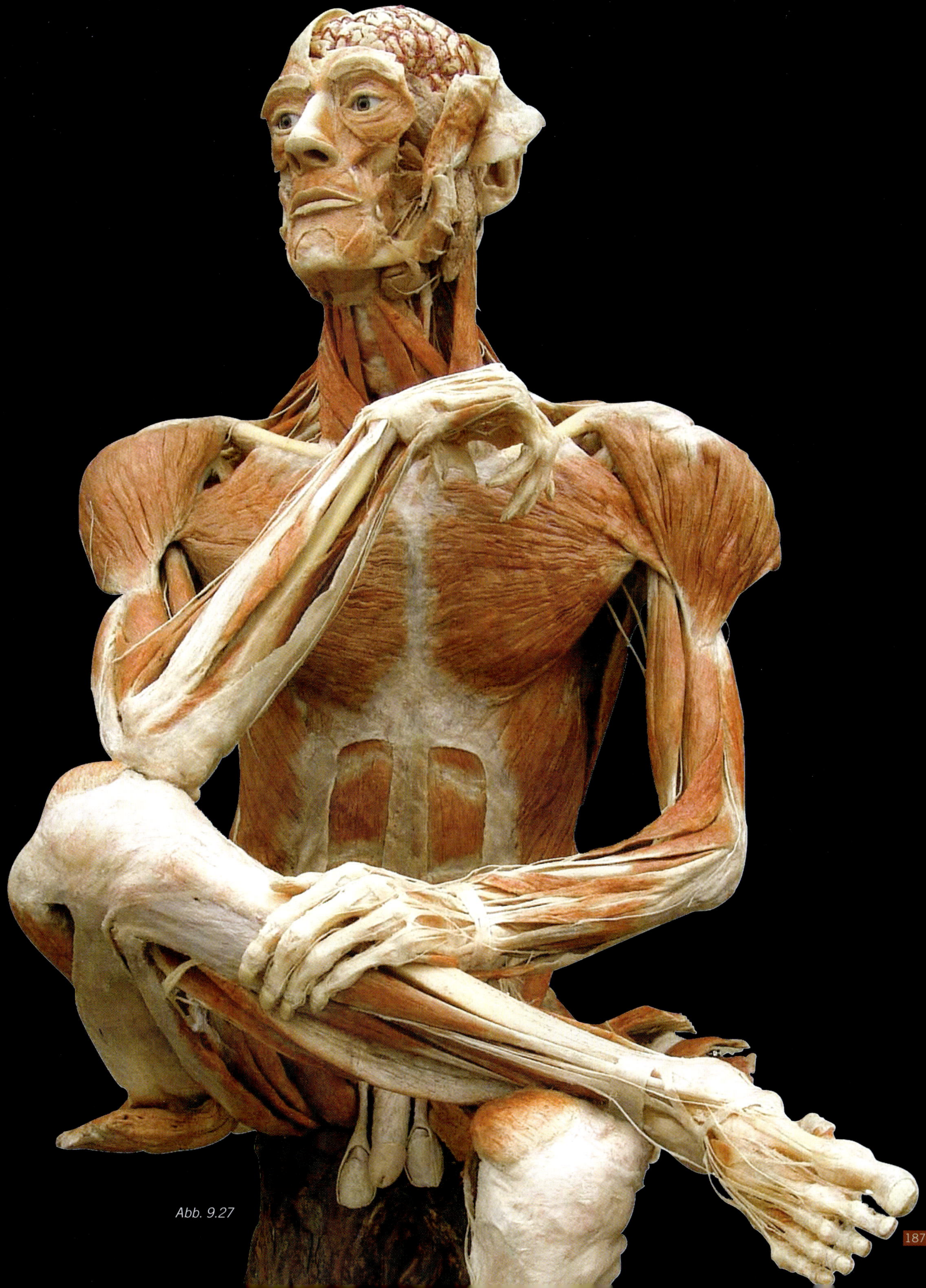

Abb. 9.27

Der Gitarrist
(2007)

Der Gitarrist zeigt alle Muskeln,
die direkt unter der Haut liegen.
Die Muskeln wandeln Energie in Bewegung um.
Wenn sich die Muskelfasern zusammenziehen,
wirken sie wie ein System von Hebeln,
das die Knochen bewegt.
Das Zusammenziehen und Entspannen
der Muskeln erfolgt in Gruppen
mit meist gegenläufiger Wirkung.
Erst ihr gemeinsames Zusammenspiel
ermöglicht die fein abgestimmten Bewegungen,
wie sie beispielsweise
für das Gitarrenspiel nötig sind.

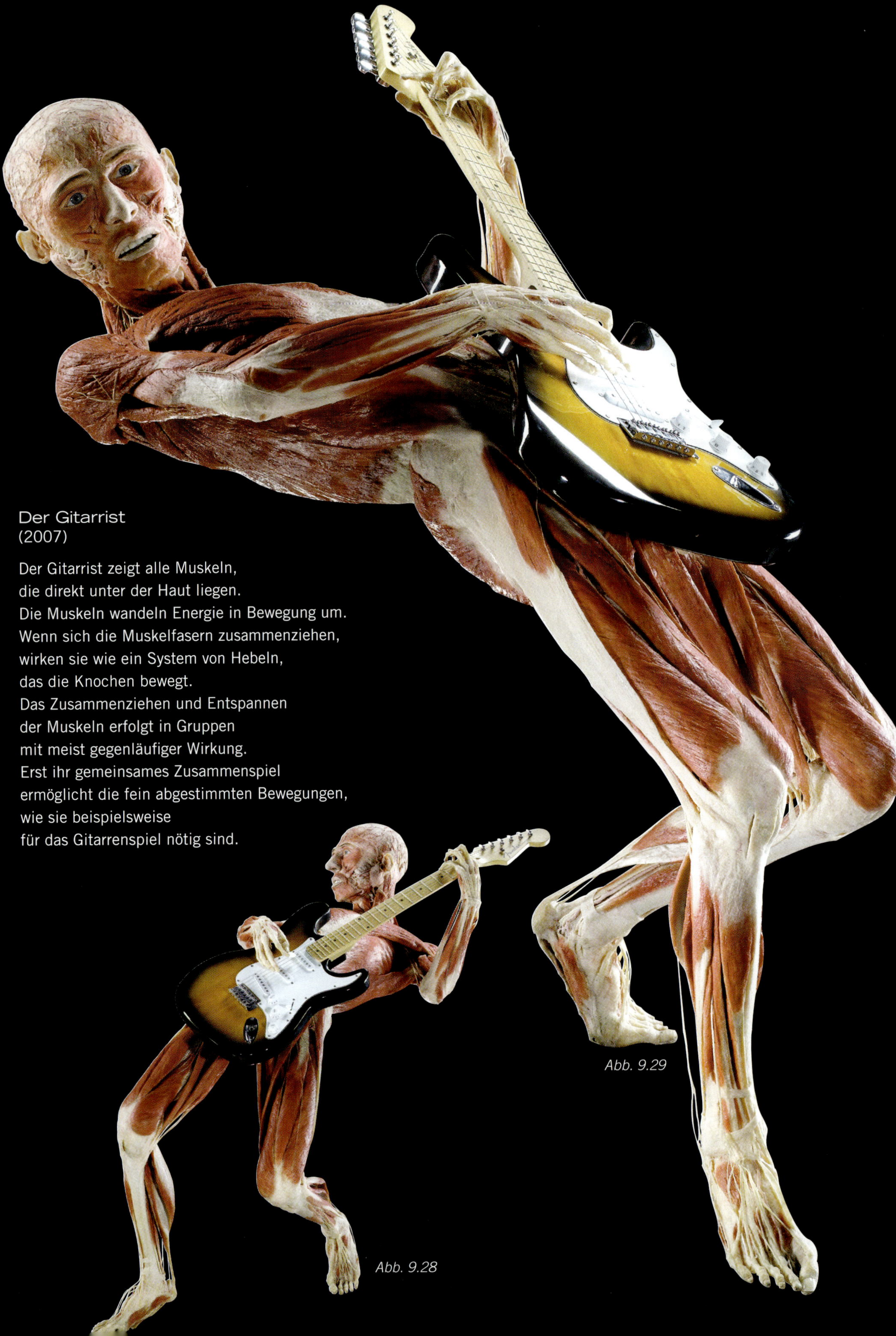

Abb. 9.29

Abb. 9.28

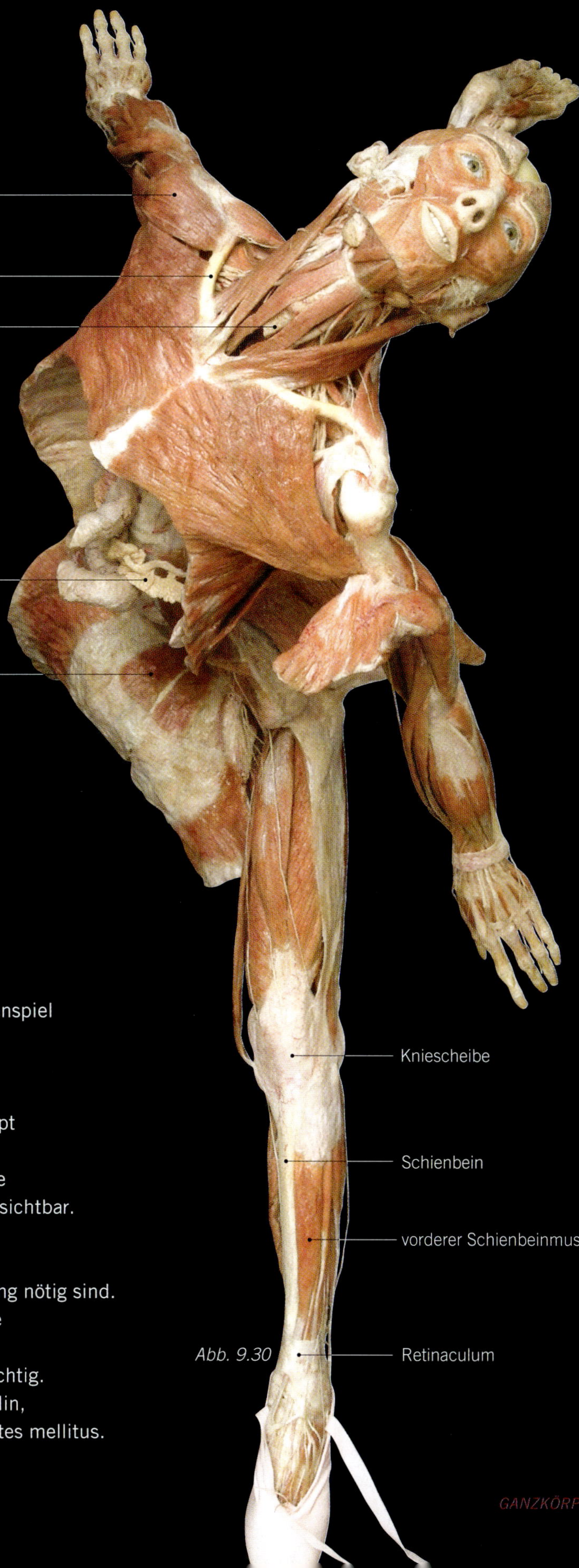

Abb. 9.30

Die Balletttänzerin (2005)

Tanz und Gleichgewicht
entwickeln sich aus vollkommener Harmonie
von Geist und Körper.
Dieses Plastinat zeigt ein perfektes Zusammenspiel
der Muskeln.

Brust- und Leibeshöhle sind geöffnet.
Die Bauchmuskelwand ist nach unten geklappt
und fast alle inneren Organe sind entfernt.
Dadurch wird die vor der Wirbelsäule liegende
Bauchspeicheldrüse im hinteren Bauchraum sichtbar.
Die Bauchspeicheldrüse entleert ihre Säfte
in den Zwölffingerdarm.
Die Säfte enthalten Enzyme, die zur Verdauung nötig sind.
Außerdem produziert die Bauchspeicheldrüse
das Hormon Insulin.
Insulin ist für unseren Zuckerstoffwechsel wichtig.
Bildet die Bauchspeicheldrüse zu wenig Insulin,
sprechen wir von Zuckerkrankheit oder Diabetes mellitus.

Springender Tänzer
(2005)

Dieses Präparat erlaubt den gleichzeitigen Blick
auf die Muskeln von vorne
und auf die inneren Organe von hinten.
Dafür wurde die hintere Rumpfwand eröffnet
und zusammen mit dem Gehirn nach unten geklappt.

Abb. 9.31

Von hinten sind im Brustraum die Lungen
und die abwärts ziehende Aorta zu sehen.
Die Lunge ist infolge langjährigen Rauchens
schwarz verfärbt.
Unterhalb des Zwerchfells erkennt man beidseits
die Nieren mit den ableitenden Harnleitern.

Besondere Beachtung verdient das durchtrennte Becken.
Hier sieht man die beiden Oberschenkelköpfe,
wie sie in den Gelenkpfannen des Beckens liegen.

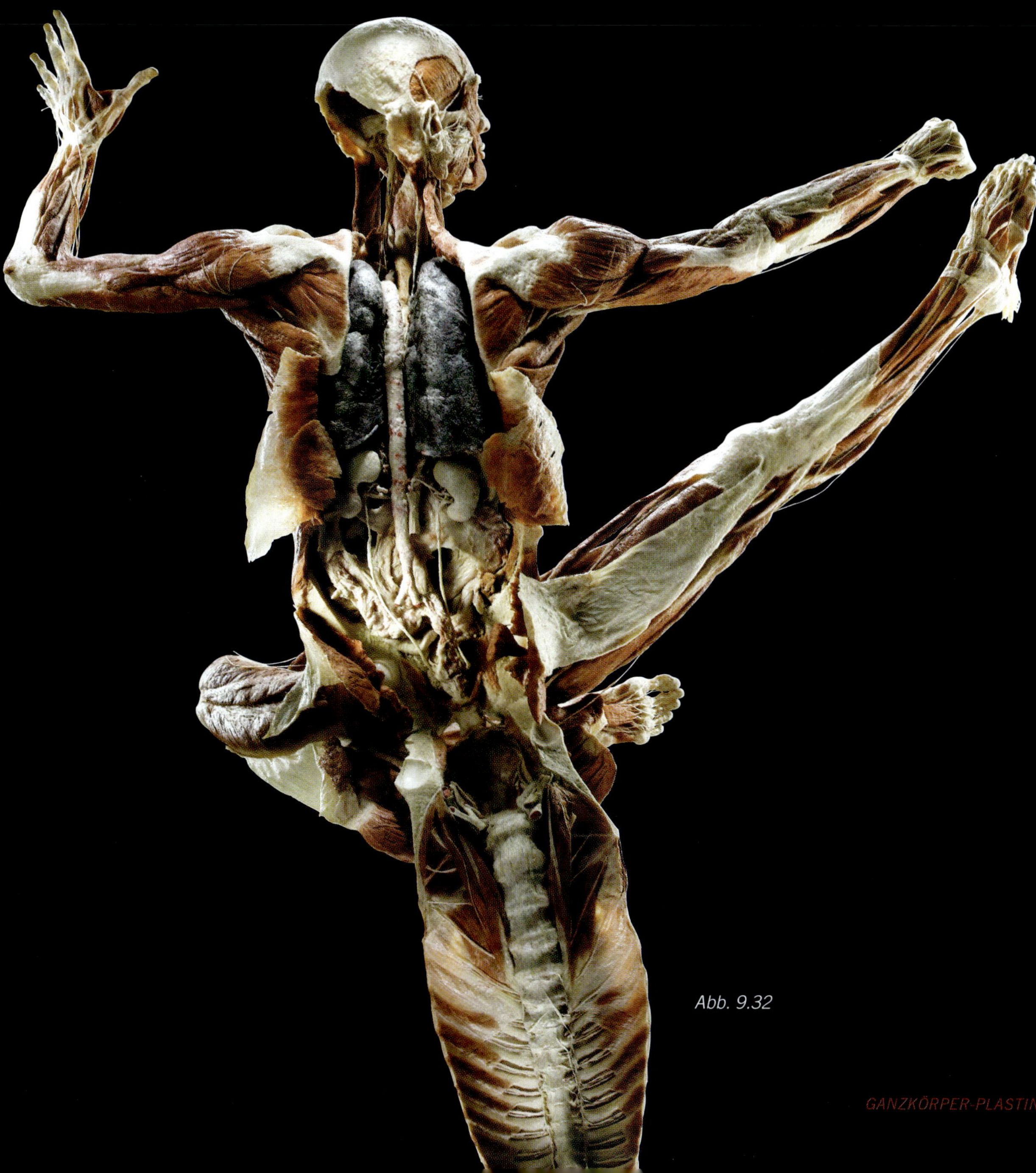

Abb. 9.32

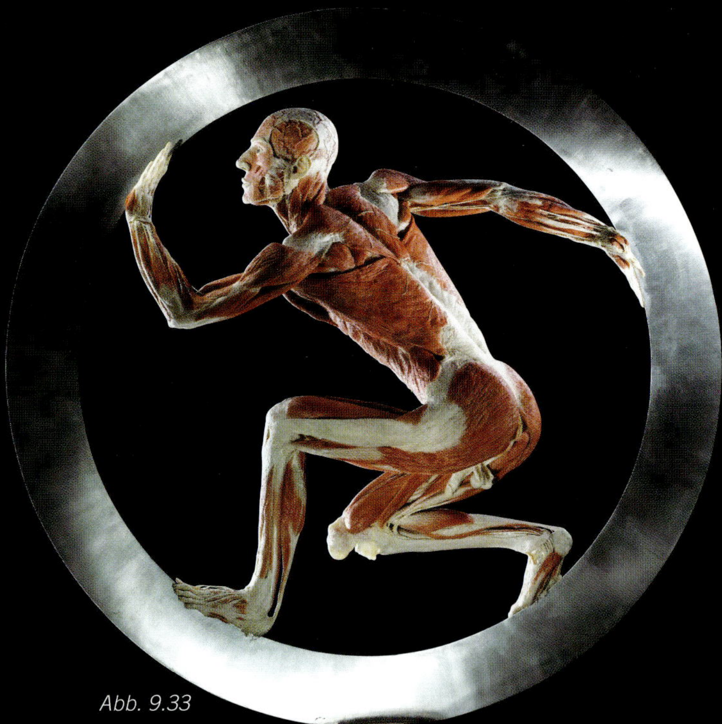

Abb. 9.33

Der Wellenreiter
(2007)

In seiner dynamischen Haltung
und in mühelosem Gleichgewicht
steuert der Wellenreiter sein Stahlrad
elegant den Wasserfall hinunter.
In dieser Haltung sind die angespannten Muskeln
und die sehnenartigen Aponeurosen
besonders gut zu sehen.

Aponeurosen sind flächenhafte Sehnen
eines oder mehrerer Muskeln.
Auffallendes Beispiel ist die große Sehnenplatte
an der vorderen Bauchwand.
Hier ziehen die schrägen
und querverlaufenden Bauchmuskeln
zu ihren Ansätzen in der Bauchwandmitte.
Auch am Rücken befindet sich eine große Aponeurose,
die sogenannte Fascia thoracolumbalis.
Sie ist die sehnige Fortsetzung der breiten Rückenmuskeln.

Sehnen bestehen aus zugfesten kollagenen Faserbündeln.
Sie übertragen die Kraft vom Muskel auf das Skelett.
Sehnen enthalten keine Blutgefäße,
sondern werden durch den langsamen Austausch
von Gewebsflüssigkeit ernährt.

Abb. 9.34

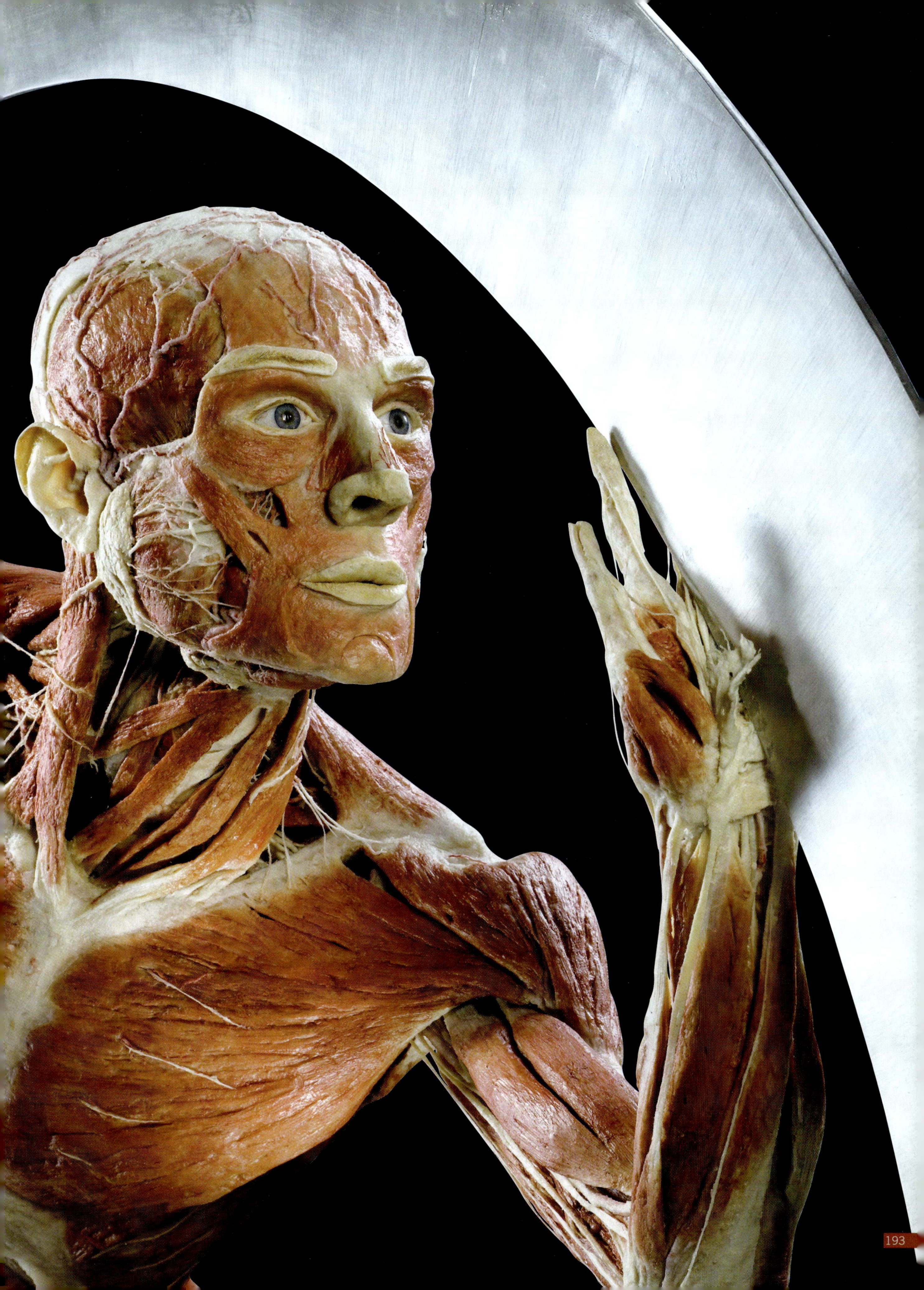

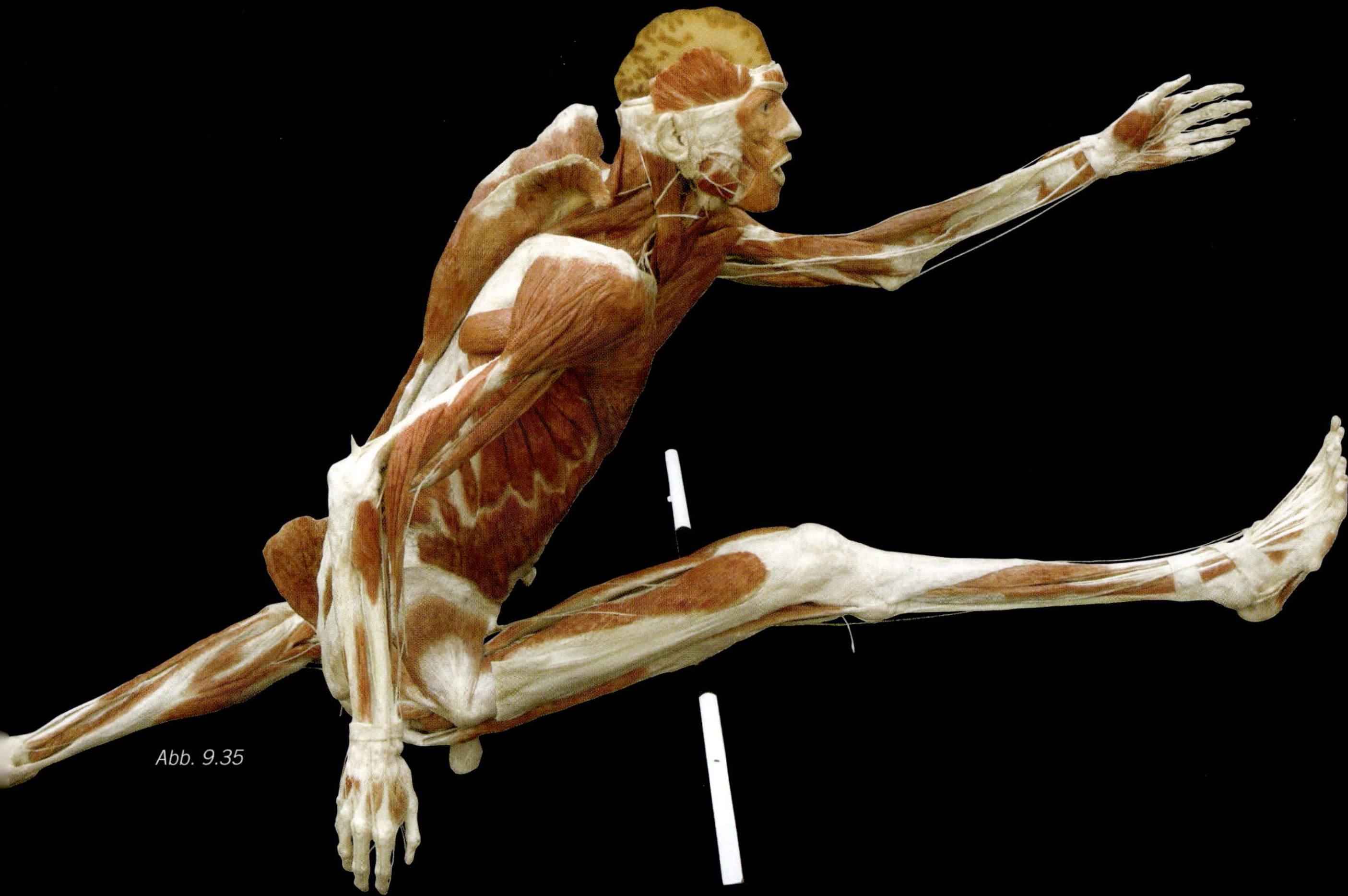

Abb. 9.35

Der Hürdenläufer
(2005)

Dieses Plastinat zeigt das Zusammenspiel zwischen oberflächlichen und tieferen Muskeln. Insgesamt besitzt unser Körper etwa 650 Muskeln. Jede unserer Bewegungen oder Haltungen, ob Gehen, Stehen, Sprechen oder Lächeln, erfordert die gleichzeitige Aktivität und Abstimmung mehrerer Muskelgruppen. Zum Runzeln der Stirn brauchen wir beispielsweise etwa vierzig feine Muskelfaserzüge, wohingegen zum Lachen nur etwa siebzehn notwendig sind.

Bei intensiver Bewegung steigt der Energieverbrauch unseres Körpers stark an. Dies erfordert eine schnelle Anpassung der Durchblutung. So beanspruchen unsere Muskeln während außergewöhnlicher Muskeltätigkeiten etwa 80 % bis 85 % der Pumpleistung des Herzens.

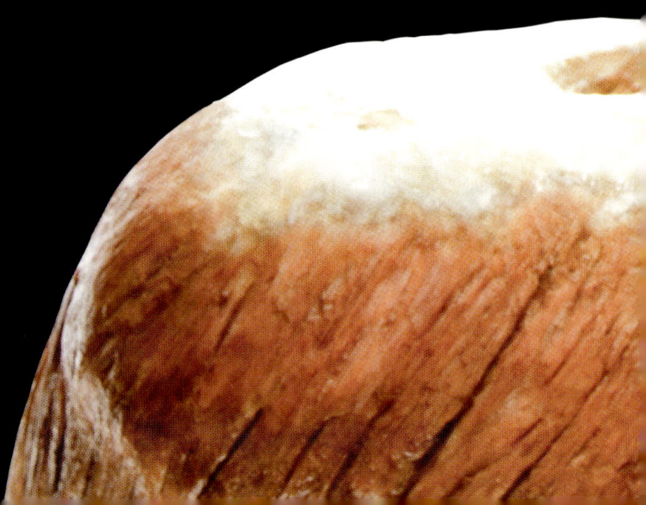

Abb. 9.36

Der Hochspringer
(2006)

Komplexe Bewegungen wie im Sport benötigen außer Kraft und Technik eine präzise Koordination zwischen Gehirn und Muskulatur. Dieses Plastinat zeigt die Muskulatur in Funktionsstellung eines Hochspringers. Seine Arme sind so weit vom Körper weggeführt, dass sich die Anatomie der Achselhöhle eröffnet. Dort verläuft die wichtige Gefäß-Nervenstraße zum Arm. Durch das aufgeklappte Bauch- und Brustschild fällt der Blick auf die inneren Organe in natürlicher Lage.

Abb. 9.38

Abb. 9.37

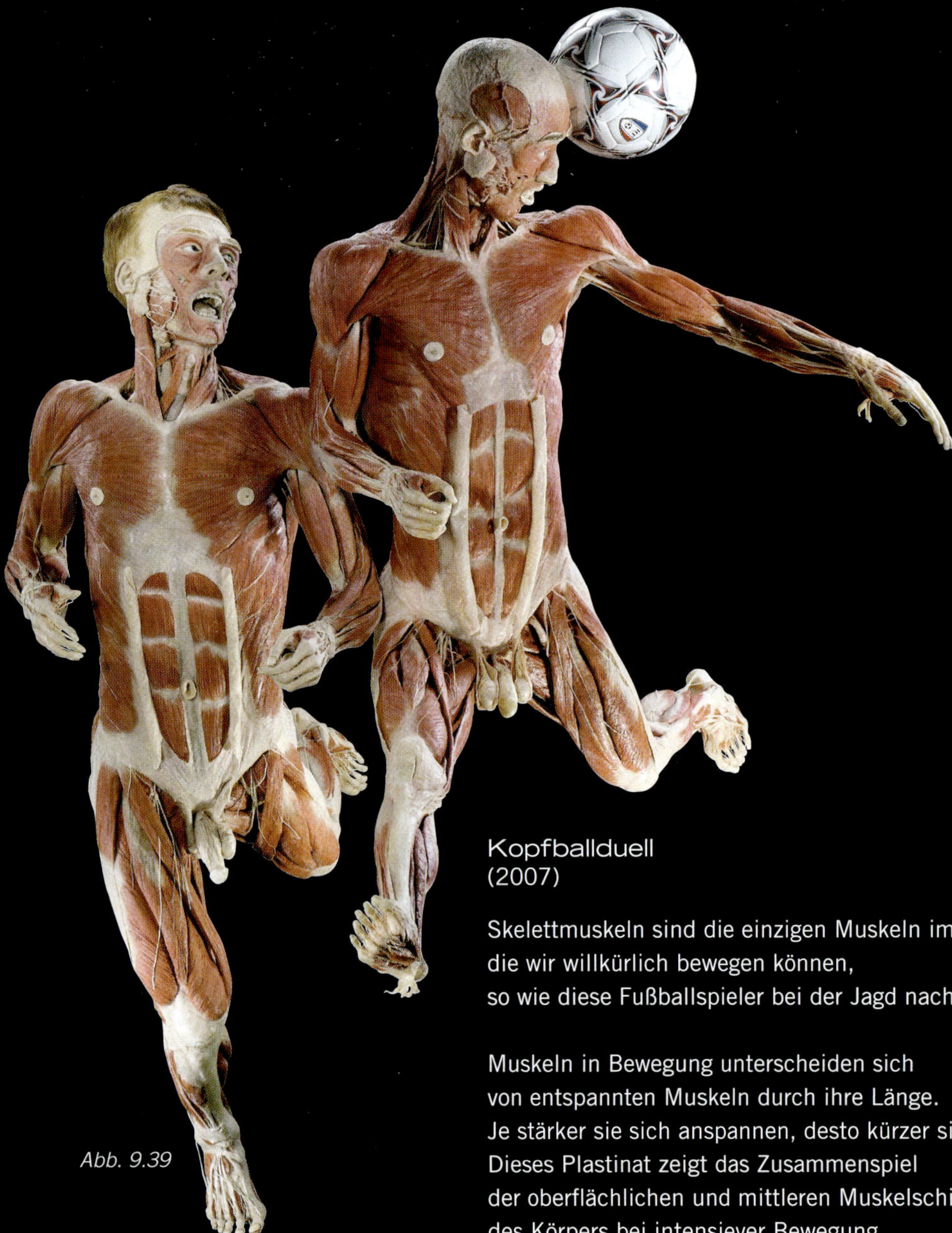

Kopfballduell
(2007)

Skelettmuskeln sind die einzigen Muskeln im Körper,
die wir willkürlich bewegen können,
so wie diese Fußballspieler bei der Jagd nach dem Ball.

Muskeln in Bewegung unterscheiden sich
von entspannten Muskeln durch ihre Länge.
Je stärker sie sich anspannen, desto kürzer sind sie.
Dieses Plastinat zeigt das Zusammenspiel
der oberflächlichen und mittleren Muskelschichten
des Körpers bei intensiever Bewegung.

Die Skelettmuskeln überlagern einander
in vielschichtiger Weise.
Sie bestimmen wesentlich unser äußeres Körperrelief
und machen einen großen Teil unserer Körpermasse aus:
etwa 23 % des Körpergewichts bei Frauen
und 40 % bei Männern.

Abb. 9.39

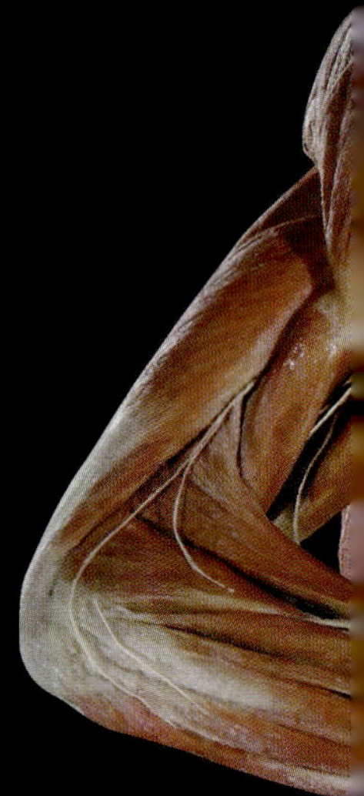

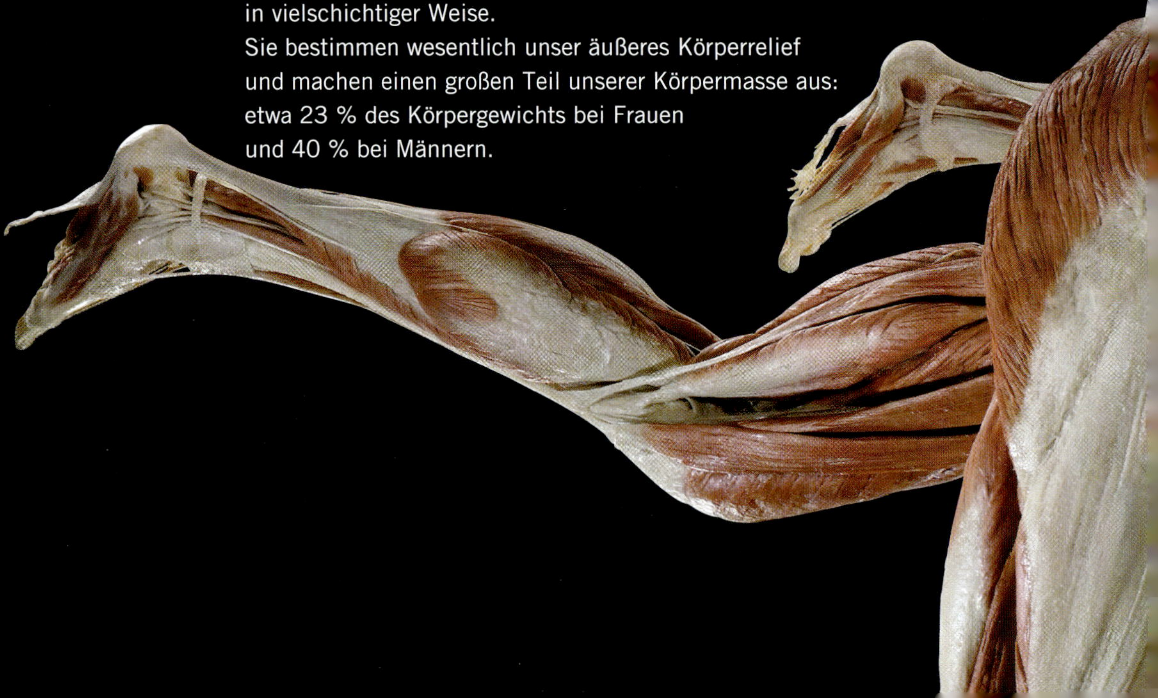

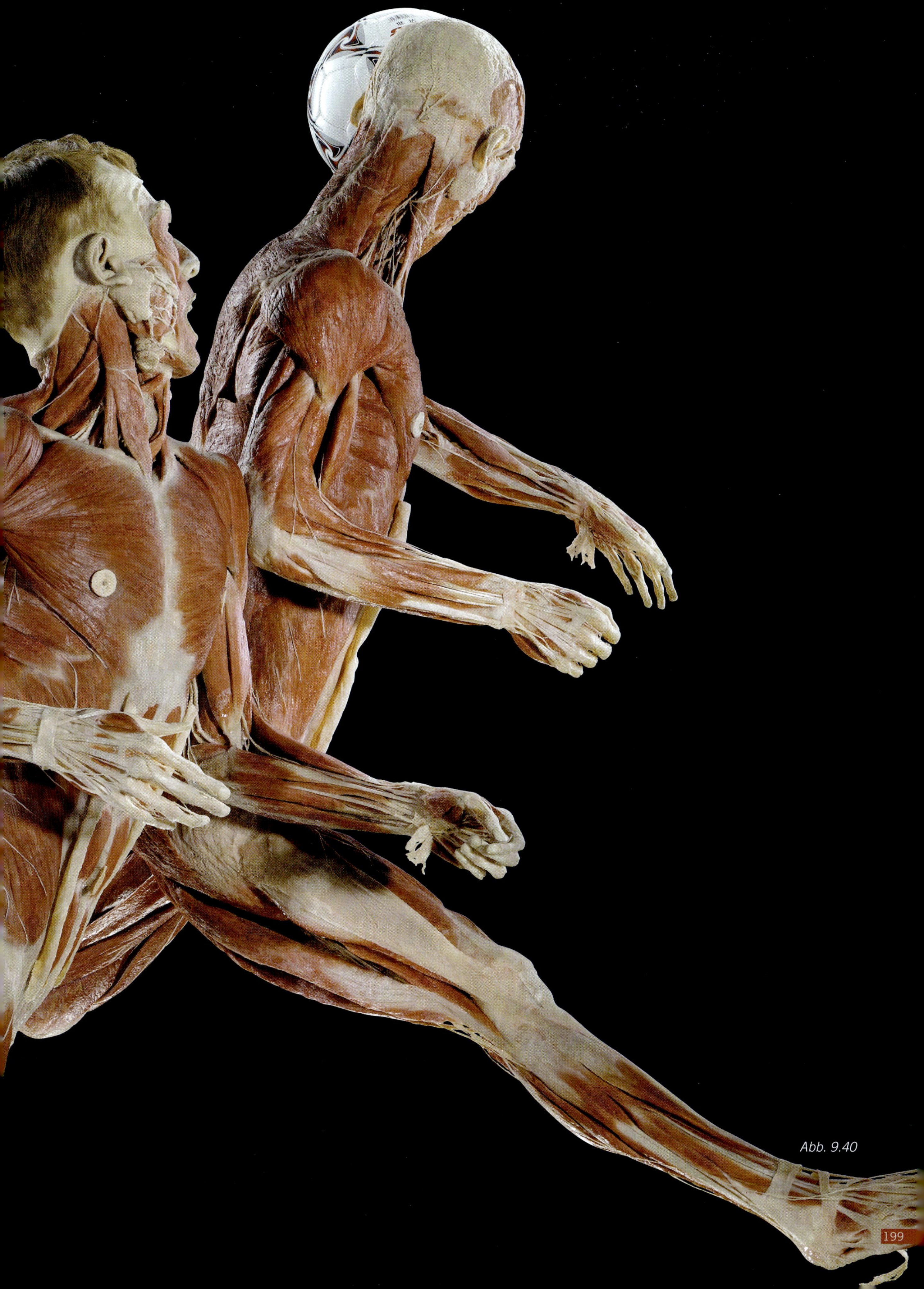

Abb. 9.40

American-Football-Gladiatoren (2007)

Diese Plastinate zeigen vor allem die oberflächlichen Muskeln in Anspannung. Muskeln enthalten Tausende von Muskelfasern. Sie sind in Bündeln angeordnet und jeweils von einer Schicht aus Bindegewebe umhüllt. Dadurch muss sich der Muskel bei Bewegung nicht vollständig kontrahieren, sondern kann die Aktivität je nach erforderlicher Zugkraft auf bestimmte Fasergruppen beschränken. Das ist besonders für die Feinmotorik wichtig. Zudem können sich bei dauerhafter Beanspruchung ermüdete Muskelfasern mit inaktiven Fasern ablösen.

Abb. 9.41

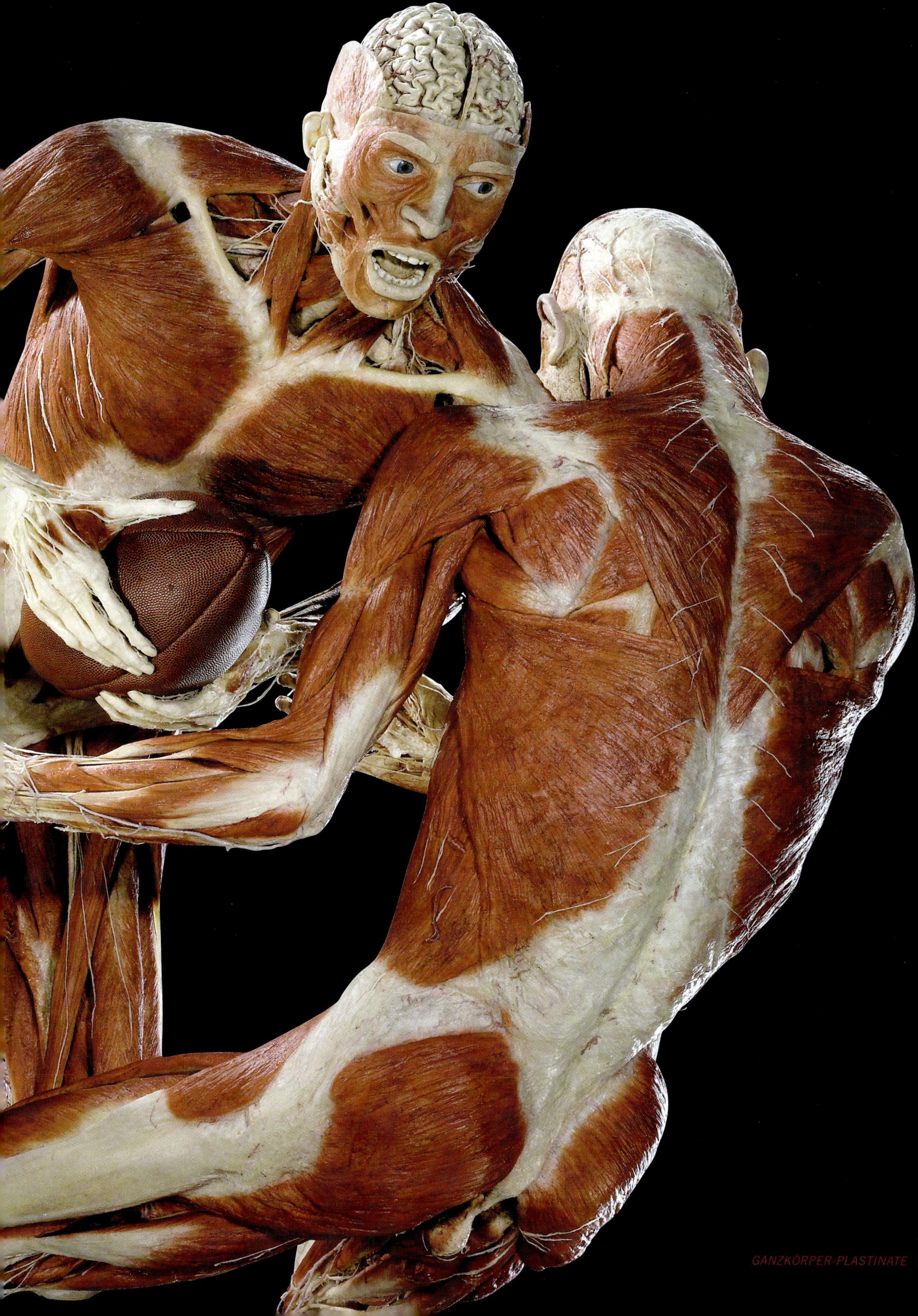

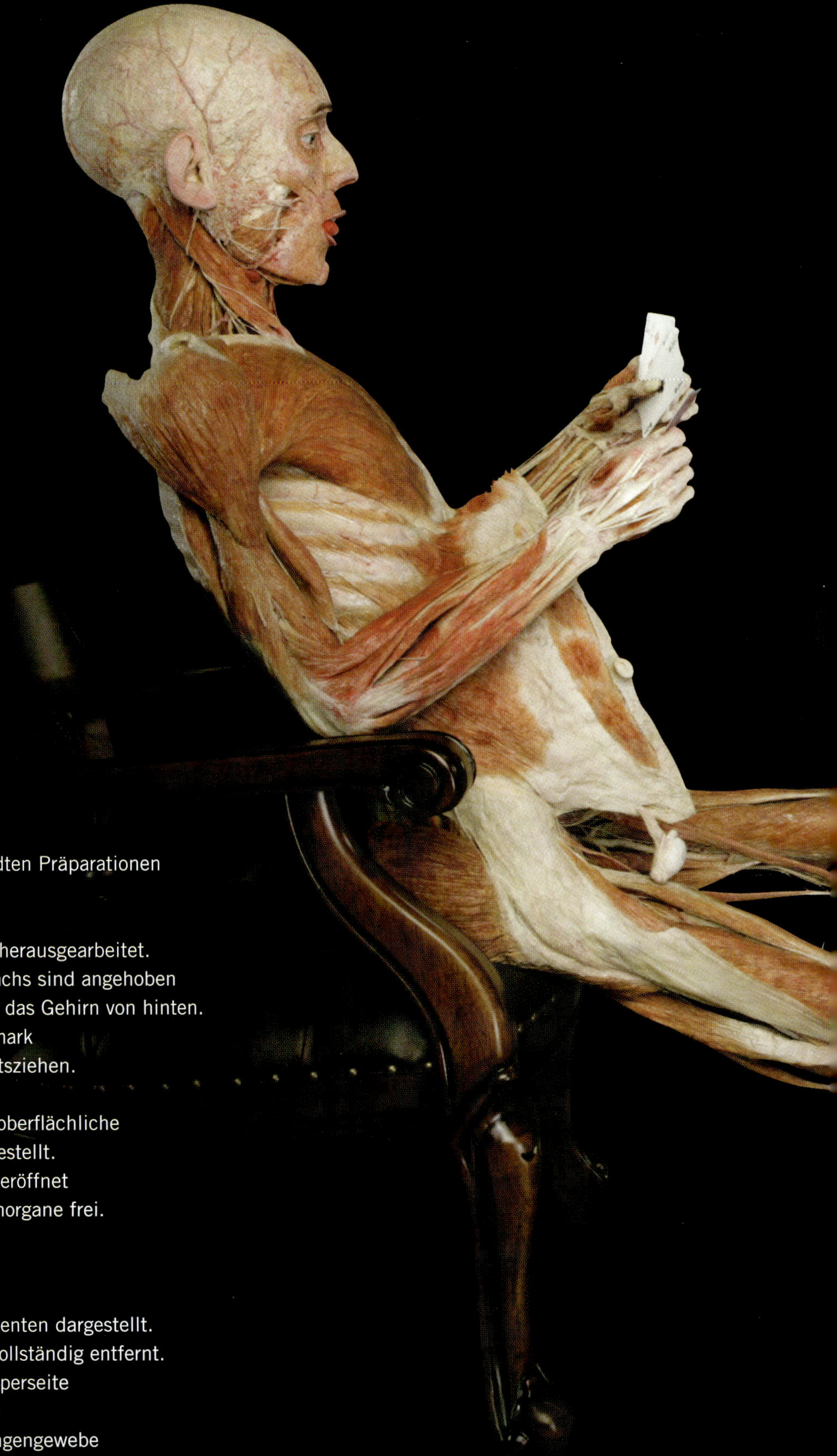

Die Pokerrunde
(2006)

Bei diesen Plastinaten
unterscheiden sich die angewandten Präparationen
so stark wie die Pokerstrategien.
Beim Pokerspieler rechts
ist besonders das Nervensystem herausgearbeitet.
Die Scheitelbeine des Schädeldachs sind angehoben
und ermöglichen einen Blick auf das Gehirn von hinten.
Darunter sieht man das Rückenmark
im eröffneten Wirbelkanal abwärtsziehen.

Bei dem Pokerspieler links sind oberflächliche
und tiefere Muskelregionen dargestellt.
Zudem ist die Bauchwand längs eröffnet
und gibt den Blick auf die Bauchorgane frei.

Beim Pokerspieler in der Mitte
sind vor allem die Gelenke
mit ihren Band- und Kapselelementen dargestellt.
Dazu wurden fast alle Muskeln vollständig entfernt.
Im Brustraum auf der linken Körperseite
erkennt man eine Raucherlunge;
auf der rechten Seite ist das Lungengewebe
bis auf die Lungenarterien entfernt.
In der Mitte liegt das Herz
mit seinen großen ein- und austretenden Gefäßen.

Abb. 9.42
Dieses Trio spielte im James-Bond-Film „Casino Royale“ eine Runde Poker.

Abb. 9.43

Abb. 9.44

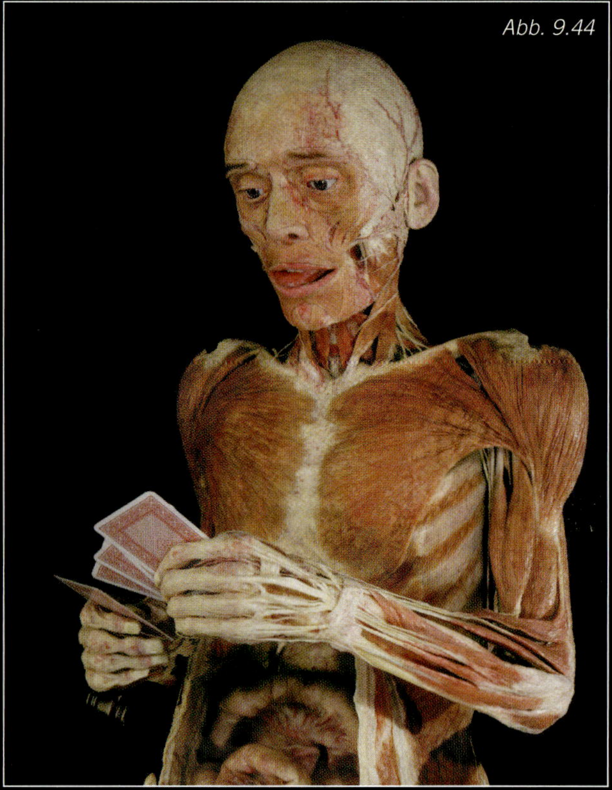

Abb. 9.45

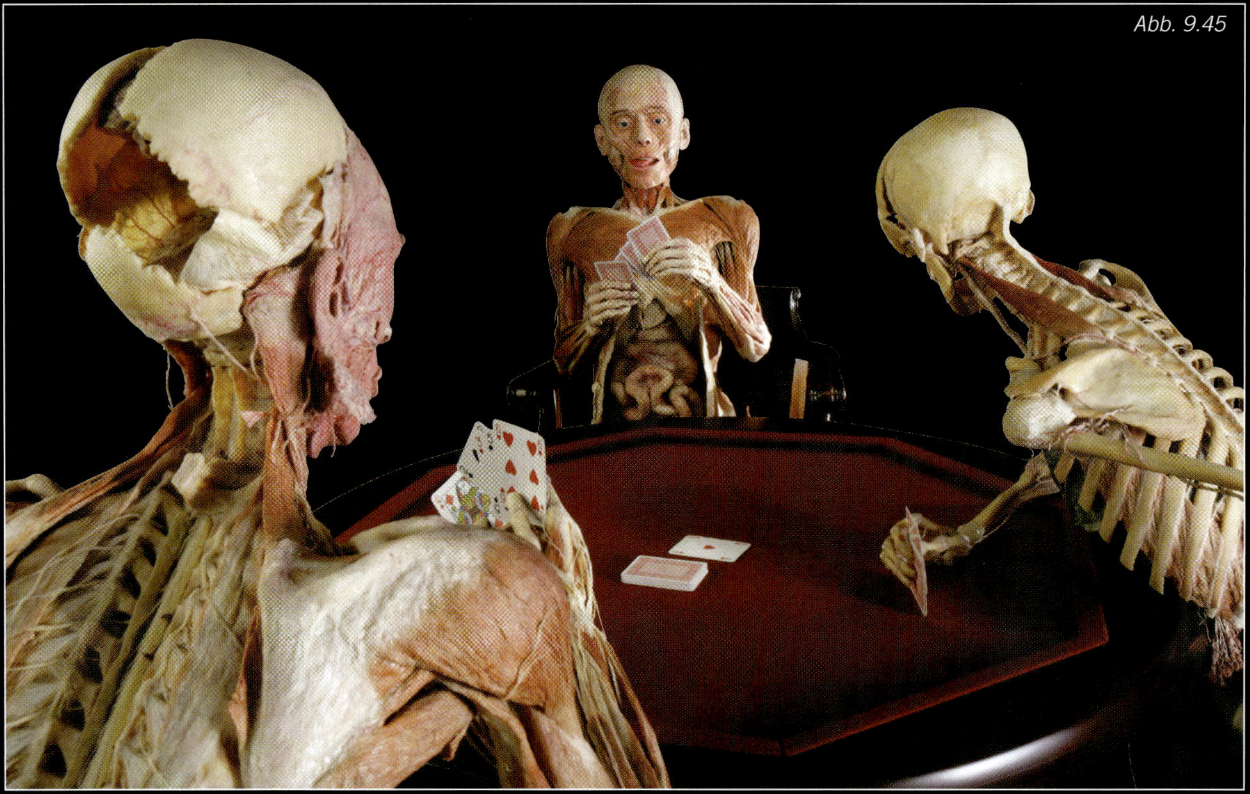

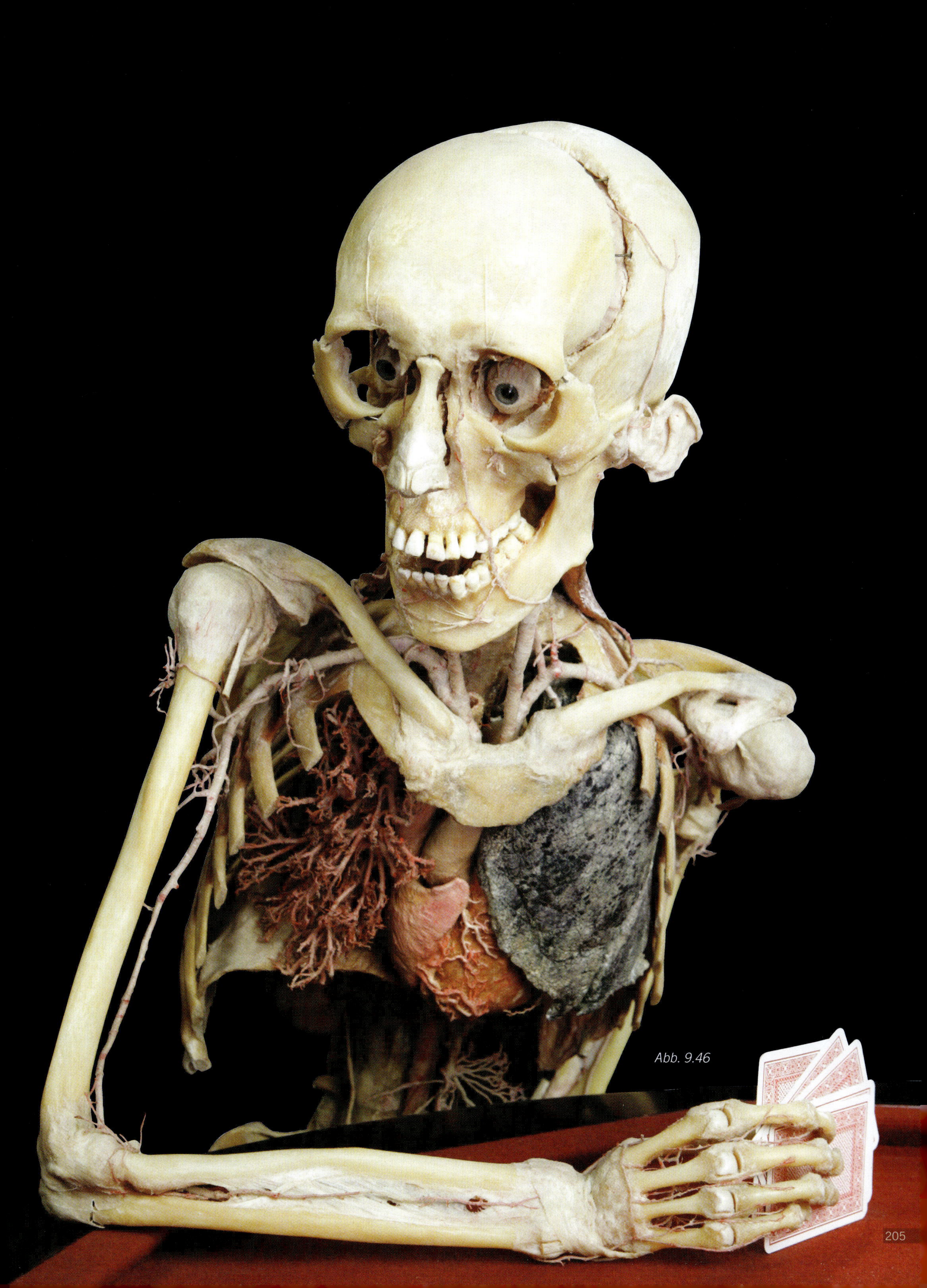

Abb. 9.46

Abb. 9.47

Scheuendes Pferd mit Reiter
(2000)

Mensch und Pferd ähneln sich anatomisch in Form, Lage und mikroskopischer Struktur ihrer Organe und Muskeln. Große Unterschiede bestehen jedoch in den Proportionen. So ist der Muskelapparat des Menschen im Vergleich zum Pferd eher kümmerlich ausgeprägt. Dagegen verhilft ihm sein größeres Gehirn zu deutlich höherer Intelligenz.

Große Unterschiede zeigen auch die Extremitäten: Beim Menschen sind die Oberarm- und Oberschenkelknochen relativ lang, die Hände und Füße dagegen eher kurz. Beim Pferd ist es genau umgekehrt; die Oberarm- und Oberschenkelknochen sind sehr kurz, sodass die Ellbogen- und Kniegelenke dicht am Rumpf liegen. Die anderen Arm- und Beinknochen sind dagegen verhältnismäßig lang, vor allem die der Hände und Füße. Ihre Länge macht etwa ein Drittel der jeweiligen Extremität aus. Auch ist die Anzahl der Finger- und Zehenglieder auf je ein Glied reduziert. Dabei entspricht der Huf des Pferdes dem Fingernagel des Menschen.

Abb. 9.48

Gorilla
2003

Primaten sind die Säugetiere, die dem Menschen in Anatomie und Verhalten am ähnlichsten sind.
Dieser Flachlandgorilla wiegt 200 Kilogramm und ist 1,85 Meter groß.
Sein Brustumfang beträgt 1,55 Meter, die Spannweite seiner ausgestreckten Arme 2,40 Meter.
Gorillaweibchen sind deutlich kleiner (1,30 Meter) und wiegen nur die Hälfte.

Abb. 9.49

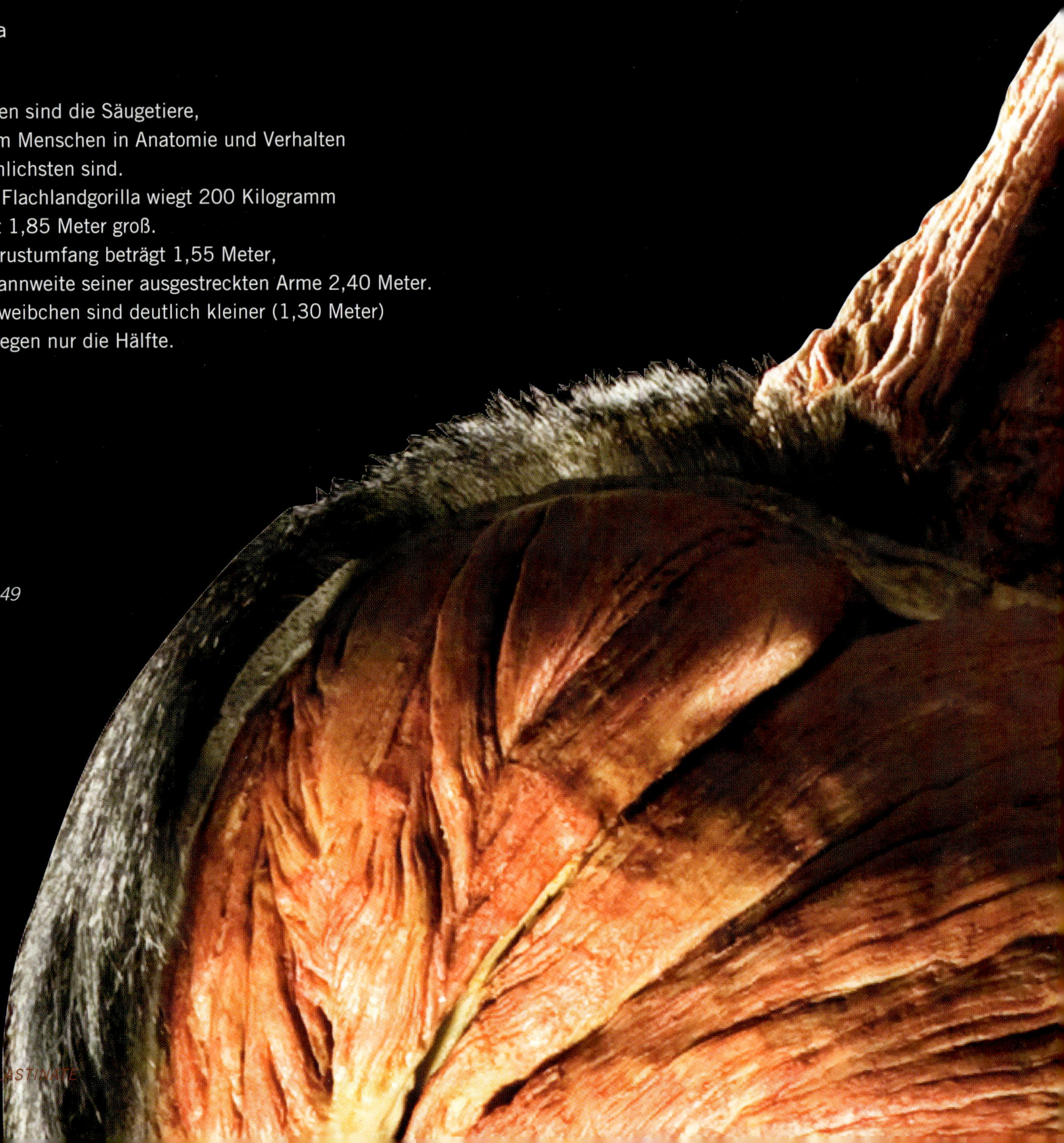

Abb. 9.50 | *Die inneren Organe des Gorillas*

Im Allgemeinen gehen Gorillas auf allen Vieren.
Der aufrechte Stand ist für sie anstrengend,
weil die Wirbelsäulenkrümmung bei ihnen anders ist
als bei uns Menschen.
Die Knochen von Unterarmen, Mittelhand und Fingern
sind relativ lang,
sodass die Arme des Gorillas im Stand
bis unter seine Knie reichen.
Die Anordnung der Arm- und Beinmuskeln
ist der des Menschen fast gleich.
Ein großer Unterschied liegt in der Anatomie des Fußes,
denn anders als Menschen können Gorillas
auch die Zehen zum Greifen verwenden.

Die inneren Organe des Gorillas
zeigen die langen Gedärme,
die für Pflanzenfresser typisch sind.
Die Hälfte ihrer Wachzeit
verbringen Gorillas mit Fressen,
wobei ihnen ihre starken Kaumuskeln nützlich sind.

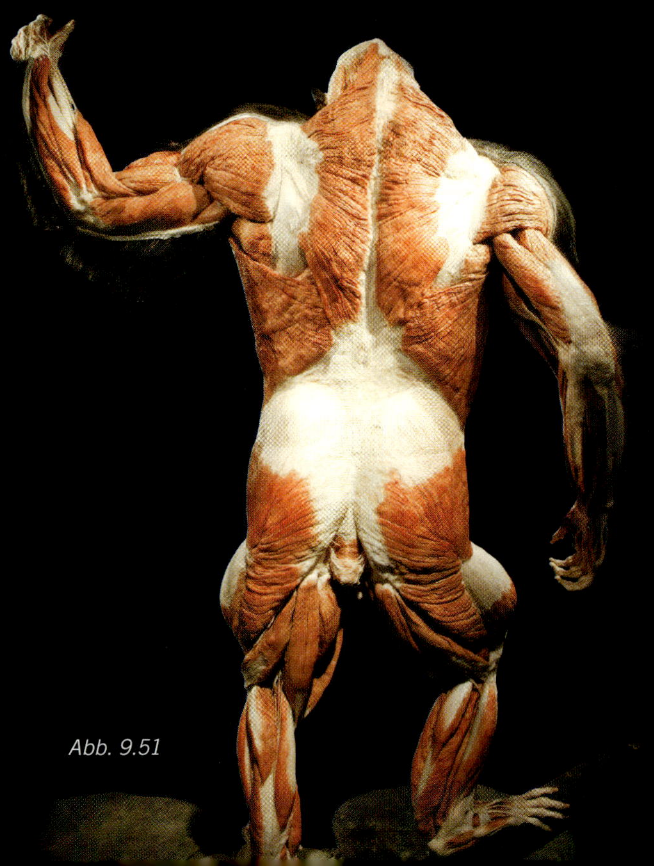

Abb. 9.51

Deltamuskel
großer Brustmuskel
kleiner Brustmuskel
äußerer schräger Bauchmuskel
gerader Bauchmuskel
vierköpfiger Oberschenkelmuskel (Quadrizeps)
Gracilis
Schneidermuskel
Schienbein
vorderer Schienbeinmuskel

Abb. 9.52

Gunther von Hagens

Gruselleichen, Gestalt-Plastinate und Bestattungszwang

Die Gruselleiche der Anatomie

»Der volle Leichensaal ist kein Eden [...]. Für zarte Nerven war er seit jeher ein Gegenstand des Entsetzens, und die mit wenig Ausnahmen kurze Lebensdauer der Anatomen lässt sich begreifen, wenn sie in solchen Räumen abzulaufen hat. Die mit der Zeit sich einstellende Abstumpfung hebt die Schädlichkeit nicht auf und zeigt, was der Mensch alles überwinden lernt, wenn ihn der Geist des Forschens selbst an solche Quellen der Wahrheit führt.« Dies schrieb der Anatom Hyrtl 1860 zu einer Zeit, als sich die Anatomen ihre Leichen noch vom Galgen holten und öffentlich sezierten.[1] Wegen der schnellen Verwesung im Sommer konnten die öffentlichen Sektionen nur in der kalten Jahreszeit stattfinden.

Für die anatomische Ausbildung war die Erfindung des Formalins gegen Ende des 19. Jahrhunderts eine große Erleichterung. Seither wird es zur Fixierung von Leichen angewendet. Die Verwesung wird gestoppt und es wird möglich, die Anatomieleiche unabhängig von den Jahreszeiten und über mehrere Monate hinweg zu präparieren. Dennoch ist der Anatomieleiche bis heute ein gewisser Grusel, eine emotionale Abscheu eigen geblieben, ihre psychologische Wirkung auf den Studierenden ist kritisch. So beschreibt Herbert Lippert, Anatom in Hannover, 1984 im Deutschen Ärzteblatt die Anatomieleiche als »dehumanisierend«.[2] Da sie den Anatomischen Unterricht monopolisiere, sei dieser »zu wenig auf den Lebenden ausgerichtet«. Die Leiche »gewöhnt den Studenten daran, keine Gefühlsäußerung des Patienten zu erwarten«. Er »wird allmählich nicht mehr als Mensch, sondern nur noch als Problem betrachtet. [...] Trotz aller offiziell beteuerten Hochachtung vor dem Körperspender können sich die meisten Studenten nicht vorstellen, dass aus ihrer Familie jemand seinen Körper der Anatomie vermacht.«

Was macht die Anatomieleiche so unbeliebt? Die Tatsache, dass sie tot ist, kann nicht entscheidend sein. Gestalt-Plastinate sind genauso tot wie Anatomieleichen, und dennoch unterschreiben täglich etwa fünf Besucher der KÖRPERWELTEN Ausstellung die Körperspende zur Plastination. Dagegen habe ich es in meiner zwanzigjährigen Zeit als Universitätsanatom nicht ein einziges Mal erlebt, dass ein Student oder ein Kollege zum Körperspender für die Anatomie wurde. Es muss also einen fundamentalen Empfindungsunterschied zwischen der Anatomieleiche und den Gestalt-Plastinaten der Ausstellung geben.

Der Grund dafür ist unschwer auszumachen. Mit der »Gruselleiche« der Anatomie kann sich der Betrachter emotional nicht identifizieren. Aufgedunsen, entfärbt und von beißendem Formalingeruch ist sie das unverzichtbare, aber notwendige Übel praktischer Anatomie. Die Studenten, viele erstmals ein Skalpell in der Hand, sind mit der Präparation überfordert. In der Kürze der zur Verfügung stehenden Zeit ist das Ergebnis nur allzu oft ein »Massakerpräparat«. Diese studentische Leichenverwüstung trägt zusammen mit zunehmender Vertrocknung und der damit verbundenen Braun- und Schwarzfärbung der Anatomieleiche zur »Vergruselung« bei. Dass sie dennoch für die anatomische Ausbildung von Wichtigkeit ist, liegt in ihrer Authentizität begründet. Auch noch so gute Bilder oder Modelle können das Original nicht ersetzen, so wie die Betrachtung eines Landschaftsbildes oder einer Computeranimation nicht zu einer realistischen Vorstellung vom Wald führen kann. Das authentische anatomische Präparat macht das Körperinnere im doppelten Wortsinne »begreifbar«.

Neue Gestaltungsmöglichkeiten durch Plastination

Plastinate sind echte anatomische Präparate. Sie sind dauerhaft konserviert, weil ihr Gewebswasser und lösliches Gewebsfett zunächst durch eiskaltes Azeton und danach durch Kunststoff im Vakuum ersetzt wurden. Die verwendeten Reaktionskunststoffe wie Silikonkautschuk oder Epoxidharz werden nach der Durchtränkung ausgehärtet. Dadurch sind Plastinate trocken, geruchlos und detailgetreu bis in den mikroskopischen Bereich hinein. Sie können flexibel, fest oder sogar transparent sein.[3] Das macht sie zu den natürlichsten und haltbarsten Dauerpräparaten, seit es Anatomie gibt.

Durch die Härtung des Kunststoffs im Präparat kommt es zu einer durchgehenden Gewebsverfestigung, so dass nicht mehr nur die Knochen, sondern auch Muskeln und andere Weichgewebe Haltefunktionen übernehmen können. Dadurch lässt sich der anatomisch präparierte Körper nicht nur aufrecht stellen, wie es bisher nur mit Skeletten möglich war, sondern es eröffnen sich darüber hinaus völlig neuartige präparatorische Darstellungsformen. So gelingt es beispielsweise erst durch die Plastination, den Muskelapparat völlig isoliert von seinem eigenen Skelett in aufrechte Pose zu stellen; ohne den gehärteten Kunststoff würden die Muskeln in sich zusammenfallen. Weil solche Körper gestaltet sind, nenne ich sie Gestalt-Plastinate. Die Gestaltgebung muss strategisch geplant werden; das Thema bestimmt dabei die Pose. Bei der Gestaltung unterscheide ich zwischen der anatomisch korrekten Positionierung, der Bewegungspose und der Fragmentierung des Körpers.

Die Pose

Das mit Silikonkautschuk durchtränkte, aber noch nicht gehärtete, flexible Ganzkörperpräparat ist ein »Präplastinat«, das erst durch die Härtung des Silikons zum Plastinat wird. Die Härtung kann jedoch nicht sofort nach der Herausnahme aus dem Silikonbad erfolgen, denn wenn es tropfend dem Bad entnommen wird, ist es zunächst ein zusammengefaltetes Häuflein Stofflichkeit. In dieser Situation besteht geradezu ein Gestaltungszwang, die Notwendigkeit zur Pose – auch wenn dies nur die aufrechte Körperhaltung ist. Darüber hinaus müssen alle herauspräparierten Strukturen, jedes Organ, jeder Nerv und jedes Gefäß korrekt anatomisch positioniert werden, bevor die Kunststoffhärtung die Pose unwiderruflich verfestigt. Ein falscher Winkel auch nur eines der acht unmittelbar aus dem Herzen austretenden Gefäße, und dieser Fehler kündet über die Lebenszeit des Plastinators hinaus. Ein Ganzkörperpräparat benötigt an die tausend Stecknadeln, Schaumstoffkissen und haltende Drähte, bis jede Struktur in anatomisch korrekter Position fixiert ist und gehärtet werden kann.

Bei den ersten Ganzkörperplastinaten richtete ich die Pose nach den zu zeigenden anatomischen Strukturen aus, ohne Rücksicht auf die Wirkung der Gesamtgestalt. Im Ergebnis wirkten die Präparate entweder starr wie leblose Puppen, oder aber sie sahen unnatürlich verdreht, ja geradezu grotesk aus, wenn beispielsweise der Unterschenkel zur besseren Ansicht der Fußsohle gebeugt oder der Kopf zur besseren Ansicht der Unterkiefer-Hals-Region in den Nacken gelegt war. Es wurde offenbar, dass die instruktive Wirkung anatomischer Darstellungen erheblich von der ästhetischen Gesamtwirkung des Gestalt-Plastinats beeinflusst wird. So wie die Wirkung eines Bildes vom Rahmen und umgekehrt bestimmt wird, gehen auch Pose und Instruktion im Gestalt-Plastinat eine Wechselbeziehung ein. Für spezielle anatomische Themen eignen sich einige Körperposen mehr, andere weniger. Jede Pose, jede Körperhaltung hat ihr spezifisches instruktives Potential. So erfordert konkret die Darstellung eines künstlichen Schulter-, Ellenbogen-, Hüft- und Kniegelenks die Beugung der jeweiligen Gelenke. Wie Abb. 1 zeigt, können diese gebeugten Gelenke harmonisch in der Pose eines Tänzers gezeigt werden.

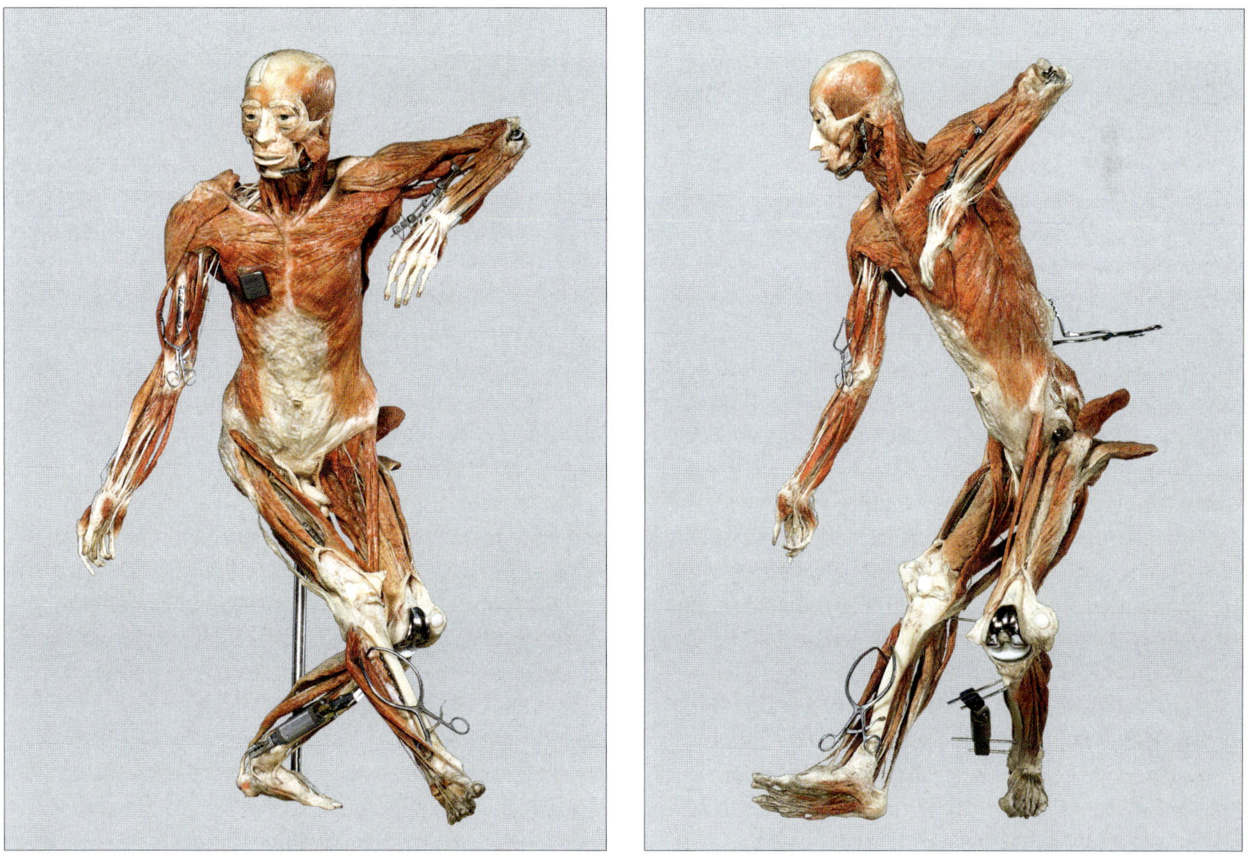

Abb. 1: Der Tänzer (1997)

Es waren die Anatomiekünstler der Renaissance, die erstmals den Abstand zwischen der anatomierten Leiche und dem Lebenden verringerten, indem sie Ganzkörperpräparaten Bewegungsposen gaben. Zu bewundern ist dies auf vielen Abbildungen; auch gibt es noch einige Trockenpräparate aus späterer Zeit, zumeist jedoch in erbarmungswürdigem Zustand.[4] Die lebendige Pose dieser Muskelmänner gibt dem Präparat eine Illusion von Leben zurück, die den Gedanken an Leiche und Trauer zurückdrängt, ja aufzuheben vermag. Die Bewegungsillusion bei der Betrachtung lebensnah positionierter Gestalt-Plastinate beruht auf der unbewussten Erinnerung visueller Bewegungsbilder. Die Bewegungspose animiert das Gestalt-Plastinat in der Vorstellung des Betrachters. Dies gelingt besonders, wenn typische Bewegungsmomente verdichtet oder gar überhöht werden. Konkret heißt das beim Läufer, den ausholenden Schritt bis in den phantastischen Bereich hinein zu vergrößern. Dies ist im Prinzip die gleiche Technik, mit der auch der Bildhauer den Marmorblock durch das Herausarbeiten einer Bewegungsskulptur verlebendigt.
Die lebensnahe Pose nähert das Gestalt-Plastinat so sehr dem Lebendigen an, dass der Betrachter in ihm seine eigene Leiblichkeit erkennen oder sogar erfühlen, sich mit ihm identifizieren kann. Das Gestalt-Plastinat ist kein Trauerfall, es ist ein Lehrpräparat. Trauer behindert das Lernen, die Gedanken schweifen ab. Deshalb versuche ich, das Gestalt-Plastinat so lebendig wie möglich erscheinen zu lassen. Befreit vom Makel des Ekels wird so eine lebendige, ganzheitliche Anatomie möglich, bei der sich der Betrachter von der Echtheit faszinieren lassen kann. Gerade die ganzheitliche, lebensnahe Darstellung lässt nicht vergessen, dass jedes Plastinat ein ganz individuelles Leben repräsentiert. Jedes Plastinat ist ein anatomischer Schatz, individuell bis in den mikroskopischen, ja bis in den genetischen und damit molekularen Bereich hinein. Insofern beweist das Gestaltungsbemühen des Plastinators geradezu seine Intention, den menschlichen Körper aufzuwerten. Damit wird der ethische Vorbehalt, dass in der Gestalt-Plastination »der menschliche Leichnam [...] als Sache entwürdigt wird«, entkräftet.[5]
Die Illusion der Verlebendigung lässt sich durch eine markante Gesichtspräparation, eine emotionale Pose, lebenstypisches Beiwerk wie Accessoires, Kleidung, Werkzeuge und durch das Schaffen von den dem Betrachter vertrauten Lebensräumen wie den Arbeitsplatz oder die freie Natur noch verstärken. Zur Bewegungsillusion tritt die Funktionsvorstellung. Wenn das Plastinat »Schach spielt« oder »reitet«, wird der Tod in geradezu humoristischer Weise an das Leben herangeführt. »Das nicht wegzudenkende Besondere an den Ganzkörperplastinaten ist der Humor (die Pose, wie einer der wenigen hasserfüllten Besucher als Hauptgrund seiner Ablehnung angibt), mit dem es von Hagens ganz offensichtlich gelingt, die Energie der Drohung, die aus der Verdrängung ausstrahlt, in Lust umzuwandeln, ohne Wunsch und Verbot zum Bewusstsein durchdringen zu lassen [...].«[6]

Fragmentierte Gestalt-Plastinate
Die traditionelle anatomische Präparation ist wegnehmend. Das Körperinnere wird schichtweise entblößt, »herunterpräpariert«, wie es bezeichnenderweise heißt. Zunächst wird die Haut entfernt, dann die Muskeln, gefolgt von der Entnahme der Organe, bis nur noch die Knochen und Bänder übrigbleiben. Darin liegt auch die Schwäche dieser Präparation, denn am Kursende hat der Studierende häufig vergessen, was er am Kursbeginn weggeschnitten hat. Laien sind solche »Restpräparate« noch unverständlicher.
Im Studium der Architektur und der Ingenieurswissenschaften ist es dagegen üblich, komplexe dreidimensionale Situationen in sogenannten Explosionsmodellen zu vermitteln, die nichts weglassen, sondern die Strukturen durch Auseinanderschieben der Einzelkomponenten darstellen. Durch deren Auseinanderweichen wird struktureller Einblick möglich, der die kompakte Dreidimensionalität verstehen hilft.
Als ich zum ersten Mal einen anatomischen Atlas aufschlug, wunderte ich mich, wie ich dort Bild für Bild in großen Schritten in die Tiefe des Körpers geführt wurde, doch die Zwischenstrukturen, die mir das dreidimensionale Verständnis ermöglicht hätten, waren nicht zu sehen. Als Student lernte ich, dass es sich bei den vermissten Gewebslücken vor allem um Fett- und Bindegewebe handelte, das im Präparierabfall landet. Der sogenannte Sprengschädel, der Einblick in seine komplexe Knochenstruktur durch Auseinanderweichen seiner Einzelknochen ermöglicht, ist das bisher einzige Explosionspräparat der Anatomie. Verständlich, denn man braucht zur Fragmentierung Härte, die Weichgeweben vor Erfindung des Plastination nicht gegeben werden konnte.
Fragmentierte Ganzkörperpräparate können aufgeklappt, aufgeschoben, aufgefächert, ja »explodiert« ihr Innenleben zeigen. Dazu werden Körperfragmente expandiert, als Körpertüren geöffnet oder wie Schubladen gegeneinander verschoben. Es werden durch Auseinanderweichen Einblicke geschaffen, ohne dass Organe oder gar Körperteile weggenommen werden müssen. Damit werden bisher nicht gesehene Schauräume des Körperinneren eröffnet. Fragmentierte Gestalt-Plastinate sind dann gelungen, wenn das Arrangement den Betrachter nahezu zwangsläufig veranlasst, die auseinandergeführten Körperfragmente in ihre Ursprungspositionen zurückzuführen, den Körper vor dem geistigen Auge wieder zu schließen. Damit

kommt es zur gedanklichen Animation der fragmentierten Gestalt-Plastinate im Auge des Betrachters, die deren Eindrücklichkeit noch steigert.
Der praktischen Fragmentierung und Expansion geht die gedankliche, zwischenraumschaffende Präparation voraus. Sie ist die mein Vorstellungsvermögen am intensivsten beanspruchende Form gestalterischen Denkens, die ich erst nach fünfzehn Jahren präparatorischer Arbeit zu beherrschen begann. Die ersten Jahre lehrte ich Anatomie nach Bildern, wie ich sie in Atlanten und im Präparierkurs kennenlernte. Dozierte ich Anatomie, tauchten diese Bilder hilfreich vor dem geistigen Auge auf. In meiner Vorstellung ähnelte der menschliche Körper damals mehr einem Steckmodell als dem echten, dicht strukturierten Körperinneren. Nach der Erfindung der Scheibenplastination und der täglichen anatomischen Beschäftigung mit plastinierten Körperscheiben verdichtete sich mein anatomisches Wissen. Meine Vorstellung vom Körperinneren wurde kompakt, weil es mir drei Millimeter dünne Serienscheiben erlaubten, stets nachzuschauen, wie sich Strukturen im Körper ausbreiten, welche über und unter ihnen, welche rechts und links davon, welche vor und hinter ihnen liegen. Zur Verdichtung meiner anatomischen Vorstellung trug bei, dass ich über Jahre Studierende in Seminaren aufforderte, sich gedanklich in beliebige Körperstrukturen zu versetzen, Pfeile in alle Richtungen des Raumes abzuschießen und den dabei beschrittenen anatomischen Weg genau zu beschreiben. Hilfreich bei der Etablierung neuer Ansichten des Körperinneren ist es, anatomische Bilder nicht daraufhin anzusehen, was sie zeigen, sondern zu analysieren, was sie nicht zeigen. Warum beispielsweise wird die Ohrtrompete nie von unten, die Gesäßmuskulatur nie von vorn gezeigt? Inzwischen hilft mir bei derlei Überlegungen eine ca. 20 000 Anatomiebilder umfassende Datenbank aus fünf Jahrhunderten, die ich beständig erweitere.

Als mir die etwa 5000 anatomisch benennbaren Strukturen des Körperinneren so vertraut waren wie jedem die eigene Körperoberfläche, brauchte ich keine Bilder mehr, um zu wissen, wo die Strukturen genau in der Tiefe liegen. So wie jeder seine Wohnung in der Vorstellung durchlaufen kann, so begann ich gedanklich den menschlichen Körper zu durchstreifen. Im Gegensatz zur Wohnung ist im Körper alles zwischenraumlos dicht an dicht gepackt, liegt Struktur an Struktur. Ich bewege mich deshalb gedanklich nicht zwischen anatomischen Strukturen, sondern in ihnen. Ich durchstreife Organe, Knochen und Muskeln und rutsche durch Nerven, so als ob ich mich im dicht gepackten Vorratskeller durch Kartoffel- und Erbsensäcke und dazwischen liegende Stromkabel bewegen würde. Dem die Feldfrüchte umspannenden Sackleinen entspricht dabei im Körper das die Organe, Muskeln und Leitungsbahnen umhüllende Bindegewebe. Nun brauche ich nur noch aufmerksam die Umgebung zu betrachten, umgebende Organe oder Teile davon wegzudenken, um völlig neue Körperlandschaften entstehen zu lassen. Diese werden gedanklich freigelegt durch Entfernung, Verschiebung oder Trennung davor liegender Strukturen. So kann der die Bauchspeicheldrüse verdeckende Magen durch Wegnahme, Verschiebung nach oben oder durch Zertrennung und seitliche Verschiebung sichtbar gemacht werden. Stets habe ich bei solch invasivem Freilegungsdenken die Wahl, Strukturen entweder geometrisch durch Schnitt oder funktionell, entsprechend ihrem natürlichen Oberflächenrelief zu trennen.
Doch nicht nur im Körper selbst, auch von außen nach innen können lehrreiche Trennflächen in den Körper hineingedacht werden. Diese werden gedanklich zu Spalten erweitert, interessierende Strukturen gegebenenfalls auf die instruktivere Seite gedacht und schließlich die Spalten zu ästhetisch ansprechenden Schauräumen des Körperinneren gestaltet. So entstehende Gestalt-Plastinate müssen immer wieder an- und weitergedacht werden, vergleichbar einer Blindschachpartie, wenn die Züge nur angesagt werden und sich die vor dem geistigen Auge stehende Figurenkonstellationen gedanklich im Fortlauf des Spieles beständig verändern. Die Züge werden auch umso besser, je häufiger sie überdacht und gegebenenfalls gedanklich geändert werden. Die Stellung der Fragmente wird dabei durch isoliertes Bewegen vor dem geistigen Auge optimiert. Je zügiger dieses Bewegen vor dem geistigen Auge in allen drei Raumrichtungen nacheinander gelingt, umso besser lassen sich Alternativen auswählen und Entscheidungen treffen, welches der gerade gedachten Körperbilder der Zielvorstellung am nächsten kommt.
»Explosionspräparate« des ganzen Körpers nenne ich fragmentierte Gestalt-Plastinate. Sie dienen in besonderem Maße dem Verständnis der in das Präparat hineinschauenden Laien, welche die Gesamtheit des Körpers zur Erkenntnis brauchen. Die aus der Fragmentierung des Körpers resultierenden ungewöhnlichen Körperformen sind dabei notwendige Folge, aber nicht Ziel meines gestalterischen Bemühens. Der heutigen, rein auf studentische Lehre und Forschung ausgerichteten makroskopischen Anatomie ist jeder Gestaltungszwang fremd, ist es doch gar nicht möglich, die nasse Formalinleiche aufrecht zu stellen und ihr Haltung zu verleihen. Insofern ist es verständlich, wenn Fachanatomen schon mal die »durch kein didaktisches Prinzip zu rechtfertigenden Leichenpräparate« der Ausstellung »KÖRPERWELTEN« kritisieren, bricht sie doch mit jahrzehntelangen anatomischen Sehgewohnheiten.[7] Die Reaktion der Besucher der »KÖRPERWELTEN« zeigt, dass die zwischenraum-

schaffende Darstellung, die ohne Wegnahme auskommt, traditionellen Restpräparaten bei der Vermittlung ganzheitlichen anatomischen Wissens überlegen ist.

Gestaltungsbeispiele

Läufer

Der Läufer ist weltweit das erste und bisher einzige anatomische Ganzkörperpräparat, an dem sowohl das Skelett als auch alle Muskeln gleichzeitig sichtbar sind. Dafür wurden die Muskeln an ihren fleischigen, meist rumpfnah liegenden knöchernen Ursprüngen abgelöst und in Gruppen abgeklappt oder seitlich verschoben. Zur problemlosen Rundumbetrachtung war es nötig, die Extremitäten vom Rumpf weg, z. B. nach vorn oder hinten zu führen. Daraus ergab sich zwangsläufig die Position des Läufers.

Wenn hier für einige »Assoziationen an Baron Frankenstein« geweckt werden,[8] so ist dies für mich ein Indiz für die mir von Bazon Brock vermittelte Erkenntnis, dass unterschiedliche Denkrichtungen zu gleichen Gestaltungsergebnissen führen können.[9] Entsprechend wird der Läufer unterschiedlich bewertet. Die Beurteilung des Präparats reicht von »insbesondere für Krankengymnasten« eine »einzigartige synergistische Betrachtung des Bewegungsapparates«[10] über »ein Bild wie aus dem Gruselkabinett: [...] Er ist nackt, mehr noch: [...] Die Fleischfetzen hängen herunter [...]«[11] bis zum »Götterboten Merkur auf Schwingen«.[12]

Liegende Schwangere (Abb. 2)

Die Positionierung des Gestalt-Plastinats Liegende Schwangere war schwierig: Der Körper sollte nicht leblos wirken und dabei einen optimalen Blick auf den Fötus in der Gebärmutter erlauben, gleichzeitig aber auch der doppelten Todestragödie gerecht werden. Die körperliche Beschwerlichkeit einer fortgeschrittenen Schwangerschaft legte die liegende Pose nahe. Dabei half die seitliche Aufrichtung des Oberkörpers, der Pose die gewünschte Lebendigkeit und notwendige Spannung zu verleihen. Der Kopf wurde mit geschlossenen Augen zur Seite geneigt, also bewusst vom Betrachter abgewendet, und die Hand des freien Armes wie beim Kopfschmerz an den Hinterkopf gelegt. Damit unterscheidet sich diese Pose in ihrer Körpersprache grundlegend von einer lasziven Provokation, bei welcher der Kopf kokett nach hinten geworfen wäre und sich die Augen auffordernd auf den Betrachter richteten.

Zwei Beurteilungen, die sehr unterschiedliche Betrachtungsweisen deutlich werden lassen, sollen zitiert werden: »Das Bild der Schwangeren geht mir nicht aus dem Kopf. Ich bin Mutter von vier Kindern. Das Wunder der Schwangerschaft aber habe ich erst vor dieser Figur begriffen.«[13] Dagegen: »Eine plastinierte Schwangere in Pin-up-Pose kommt Kerstin geschmacklos vor.«[14]

Expansionsbeispiele

Der »Explosionsschädel« ist das einzige in der traditionellen Anatomie bekannte Beispiel expandierter Präparation. Dabei werden alle zuvor separierten Einzelknochen des Schädels in Art eines anatomischen Urknalls gezeigt, als ob sie auseinanderfliegen würden. Dieses Prinzip auf den ganzen Körper übertragen führte zum Total Expandierten Körper (Abb. 3). Die nächste Überlegung war, Körperfragmente nicht in alle Richtungen des Raumes gleichzeitig, sondern wahlweise in eine der möglichen Richtungen zu expandieren. Beim in die Länge expandierten Körper erfolgte die Expansion nach oben (Abb. 4), beim Organpräsentator zur Seite (Abb. 5) und beim Fechter (Abb. 6) nach vorn und hinten.

Fechter (Abb. 6)

Von allen drei gerichtet expandierten Gestalt-Plastinaten wurde der Fechter mit seiner typischen Stellung am konsequentesten verlebendigt. Um dem Betrachter die gedankliche Rückführung der

Fragmente in die Ursprungsposition zu erleichtern, dient sein rechtes Knie- und Ellenbogengelenk als Scharniergelenk zum Öffnen der vorderen und der hinteren Körperhälfte. Die Herausarbeitung einer dritten Organschicht mit Wirbelsäule, Nieren, Herz und den Eingeweiden des Kopfes wurde vom didaktischen Bemühen diktiert, die Organe so separiert wie möglich zu zeigen, bei gleichzeitiger Darstellung des Rückenmarks von vorn mit den davon abgehenden peripheren Nerven, insbesondere denen der Arme und Beine.

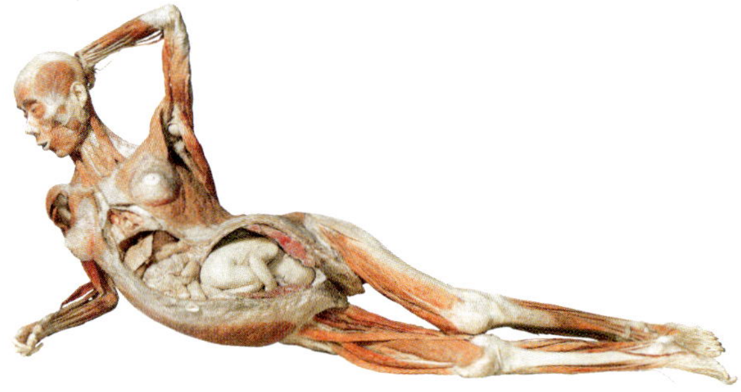

Abb. 2: Liegende Schwangere (1999)

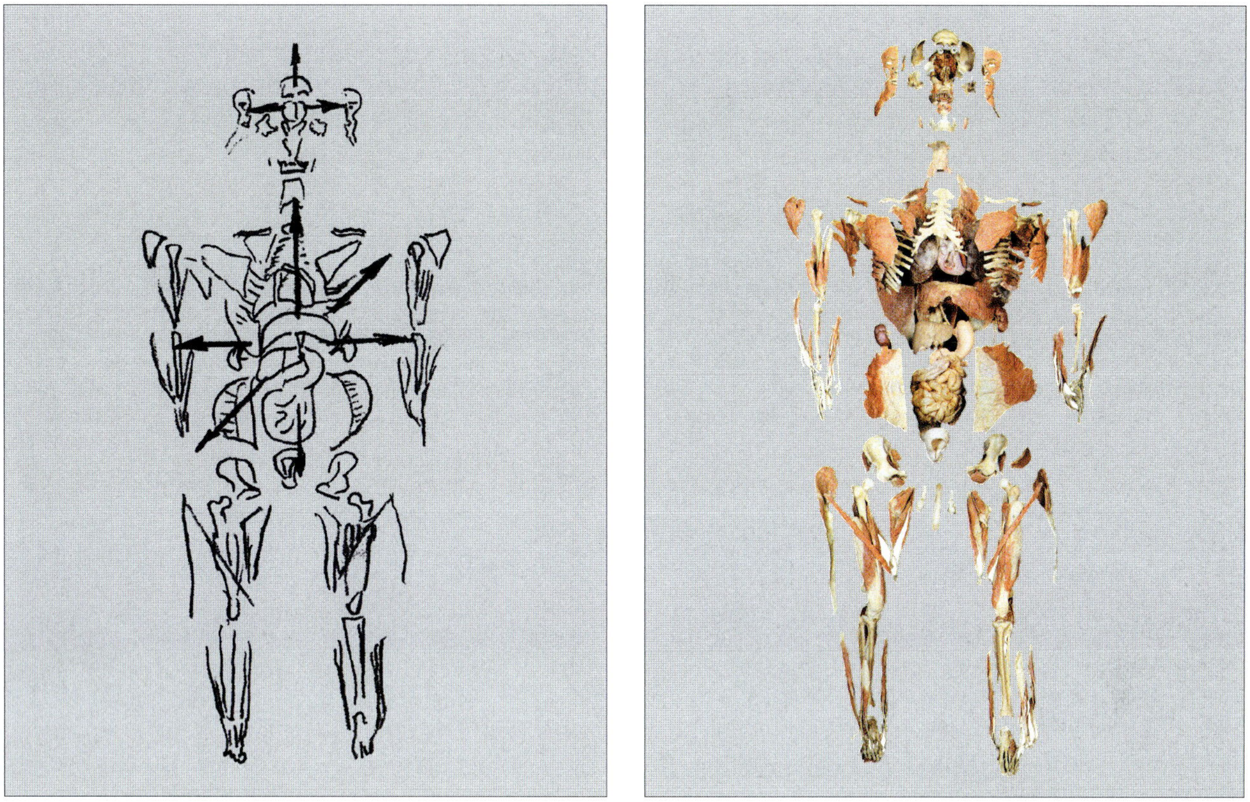

Abb. 3: Total Expandierter Körper (1997)

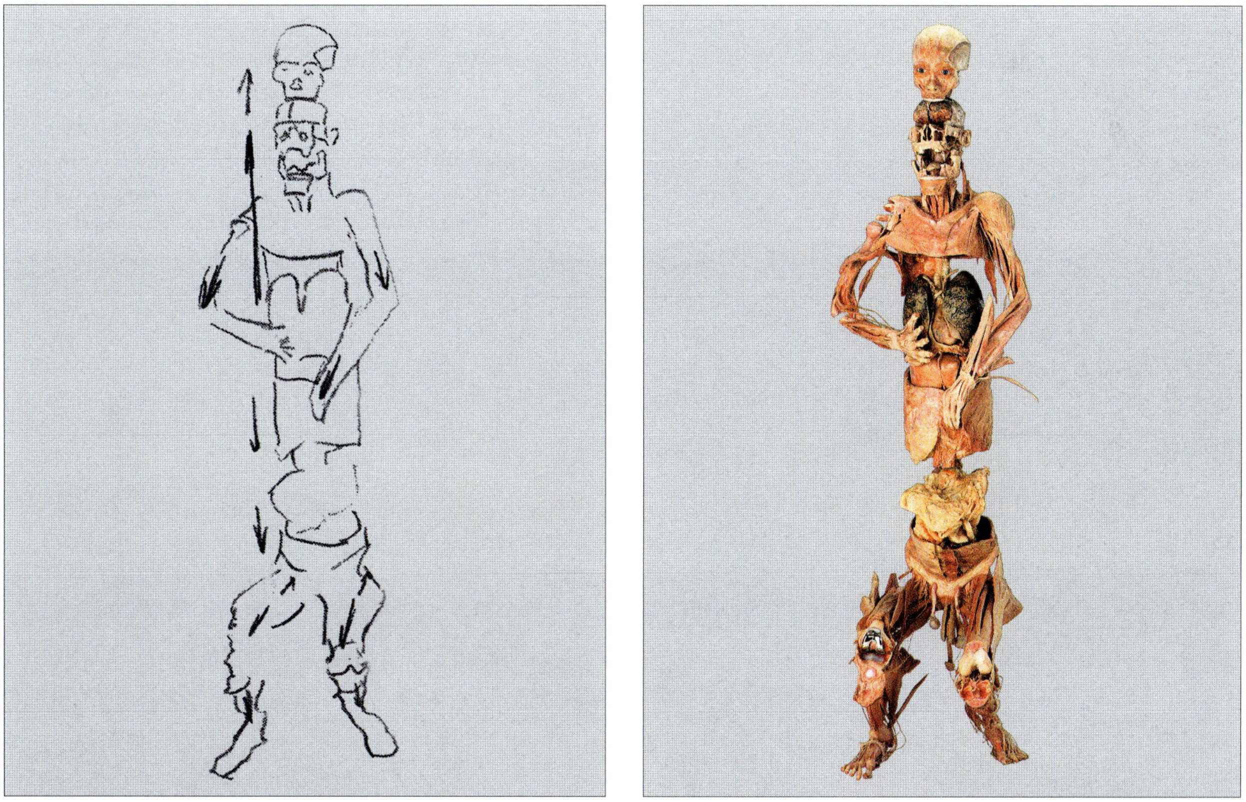

Abb. 4: Längsexpanierter Körper (1996)

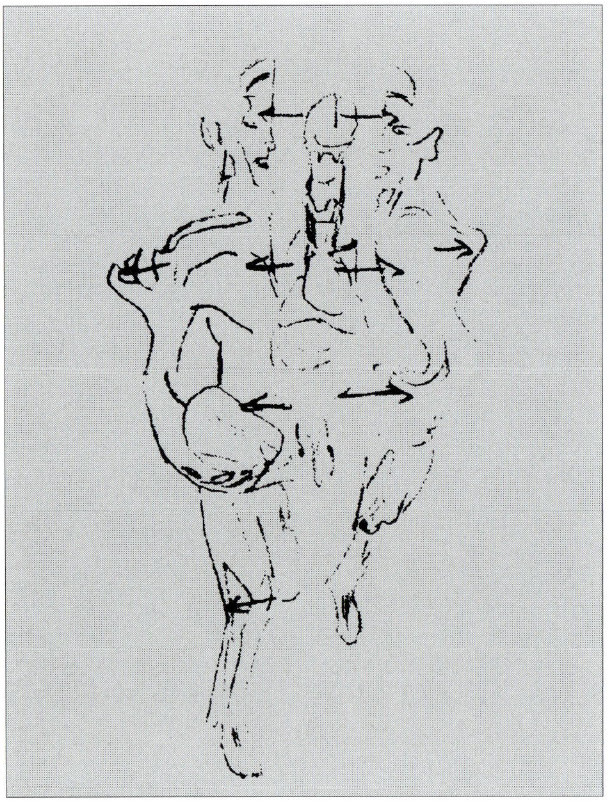

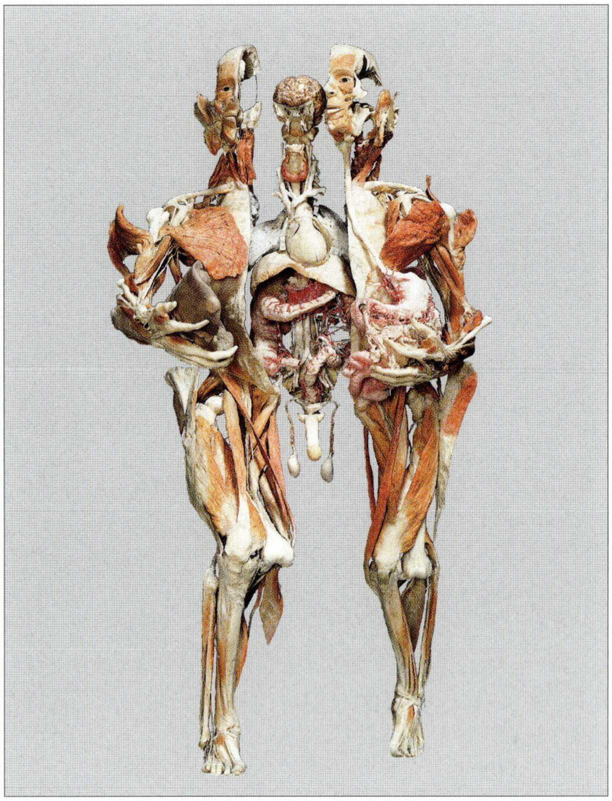

Abb. 5: Organpräsentator (2000)

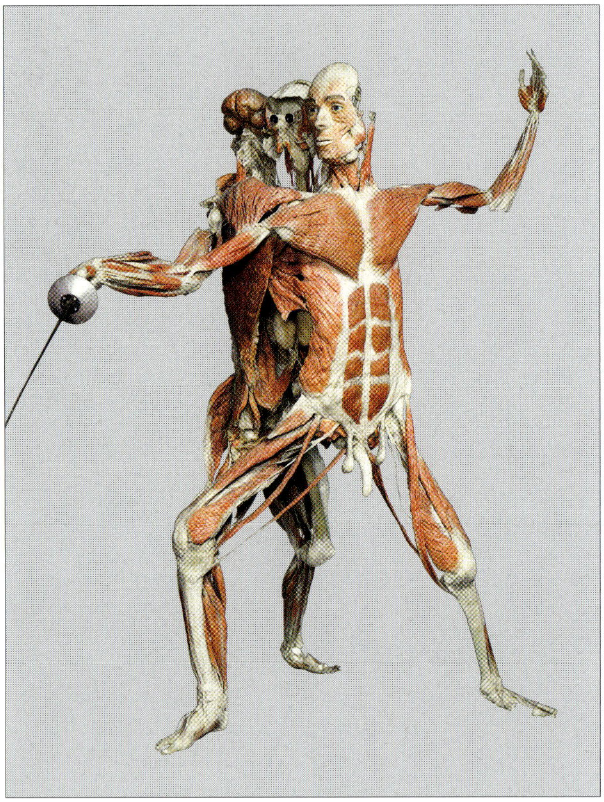

Abb. 6: Fechter (1999)

Lassowerfer (Abb. 7)

Beim Lassowerfer wurden mehrere Expansionstechniken miteinander kombiniert. So wurde die Linkswendung des Kopfes nicht durch einfaches Drehen des Kopfes erreicht, sondern durch Einblick gebendes Aufklappen. Dazu wurde der Kopf durch zwei parallel zur Nase verlaufende Längsschnitte geöffnet und die entstehenden Fragmente zieharmonikaartig auseinandergefaltet. Der Blick in den Rumpf wurde durch das Aufklappen von drei Segmenten der Leibeswand realisiert. Um dem Betrachter das gedankliche Schließen der Leibesbedeckung zu erleichtern, wurden in der Mittellinie ein Gewebsstreifen der Bauch- und Brustwand sowie das untere linke Leibessegment in seiner Position belassen. Um die Vielzahl der Finger- und Fußmuskeln mit ihren marionettengleichen Sehnen zu zeigen, wurden die Sehnen beider Unterarme und des rechten Unterschenkels von ihren Ansätzen gelöst und zusammen mit den Muskelbäuchen seitwärts so gedreht, dass die Ellenbogengelenke und das Kniegelenk als Drehpunkte dienten. Am linken Oberschenkel wurden durch Ablösung der Muskeln von ihrer Unterlage die oberflächlichen und tiefen Muskeln gleichzeitig sichtbar gemacht. Diese kombinierte oberflächliche und tiefe Präparation wurde mit einer seitlichen Verschiebung des linken Beines verbunden, so dass sowohl der aus der Hüftpfanne herausgezogene Oberschenkelkopf als auch die Hüftgelenkpfanne selbst zu sehen sind.

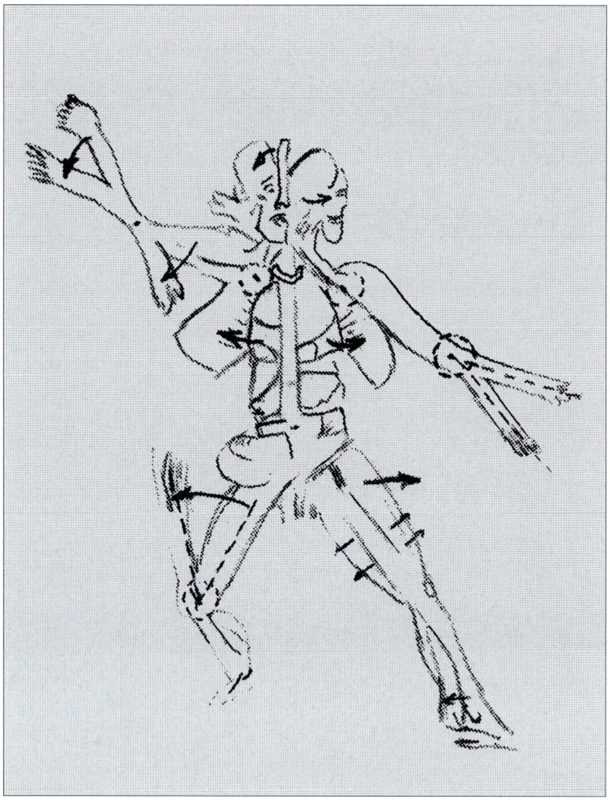

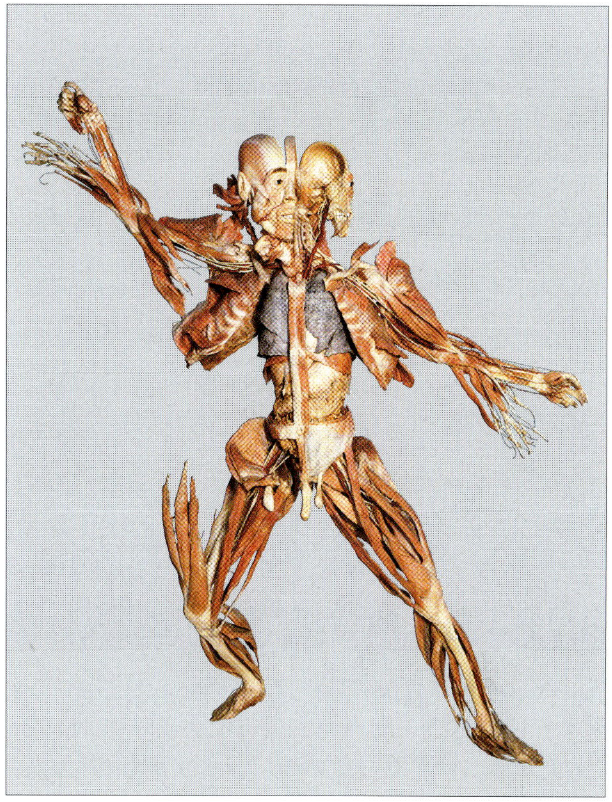

Abb. 7: Lassowerfer (1999)

Schubladenmann (Abb. 8)
Die traditionelle anatomische Darstellung vermittelt einen falschen Eindruck von der Kompaktheit des Körperinneren und den dichten Lagebeziehungen der Strukturen zueinander. Das Körperinnere ist ein eng aneinanderliegendes funktionelles Gefüge ohne Spalten und Zwischenräume. Eben diese Kompaktheit des menschlichen Leibes präsentiert der Schubladenmann. Um nicht an Figuren von Dalì zu erinnern, verzichtete ich auf Präparation mehrerer Schubladen, nämlich für die Brustorgane, den Drüsenbauch, den Darmbauch und das kleine Becken mit den Geschlechtsorganen, obwohl dies nach meiner Vorstellung die verständlichste Darstellung gewesen wäre. Statt dessen zog ich aus dem Rumpf ein einziges großes Fragment heraus, das zur detaillierten Betrachtung zwei Körpertüren erhielt: eine für das Herz und eine weitere für den Drüsenbauch, die ich mit der Öffnung des Magens kombinierte.

Lebensnahes Ambiente
Ein wesentliches gestalterisches Prinzip der Ausstellung »KÖRPERWELTEN« beruht auf der Überzeugung, dass eine lebensnahe, attraktive, z. B. mit Pflanzen und Alltagsgegenständen belebte Umgebung den Umgang mit menschlichen Präparaten erleichtert. Wenn uns die Anatomie des Lebenden interessiert, sollte sie in einer Umgebung vermittelt werden, in der sich der Besucher vertraut und wohl fühlt. Wie die Künstler der Renaissance ihre anatomischen Figuren in lebendige, mit Pflanzen und Tieren geschmückte Landschaften stellten, so stelle ich die Gestalt-Plastinate in die lebendige Welt zurück, aus der sie kamen. Das in der Pose eines Schachspielers gezeigte Gestalt-Plastinat erhält ein Schachbrett, das des Fechters ein Florett, weitere Gestalt-Plastinate werden in einer Gartenlandschaft mit Bachlauf gezeigt. Auf die negative Wirkung und Atmosphäre üblicher universitärer Präpariersäle weist schon Lippert hin, für den die Anatomieleiche dem Studierenden in einer Umgebung präsentiert wird, »die eher Angst als Vertrauen einflößt«. Der Studierende gewöhne sich so an die Arbeit in der ungemütlichen, sterilen Umwelt der Laboratorien, »dass er den Schock der Patienten auf die Räumlichkeiten der Krankenhäuser gar nicht mehr versteht« (Lippert, vgl. Anm. 2).

Gestaltende und Ästhetische Anatomie
Die Anatomiekünstler der Renaissance zeichneten den Körper genauso, wie sie ihn wahrnahmen. Um die realistische Darstellung der Wirklichkeit, die »Autopsie«, also das »Selbstsehen« deutlich zu machen, bezogen sie Licht und Schatten auf dem Präparat mit ein, oder sie zeichneten gleich die Fliege mit, die auf dem Präparat saß, um vom Augenblick der Betrachtung zu künden. Auf diese Bilder sollte man sich verlassen können, nichts wurde verallgemeinert. Die Schematisierung anatomischer

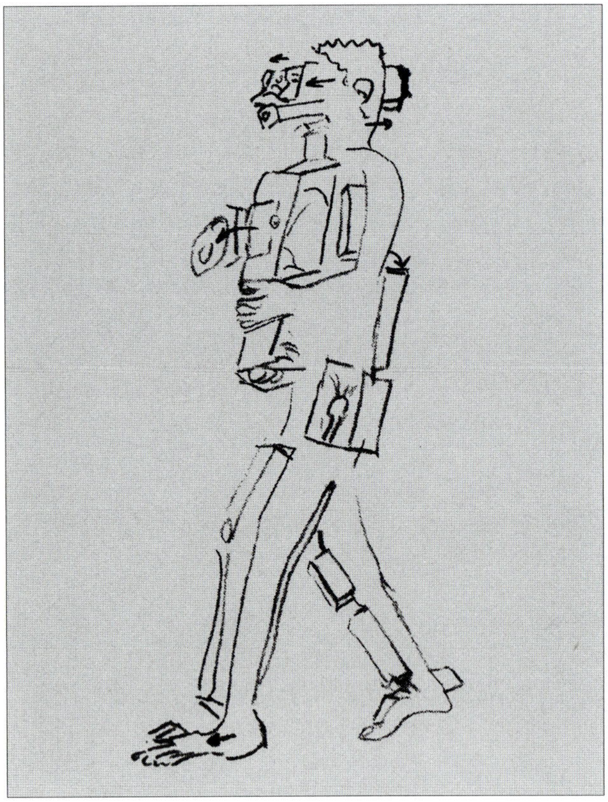

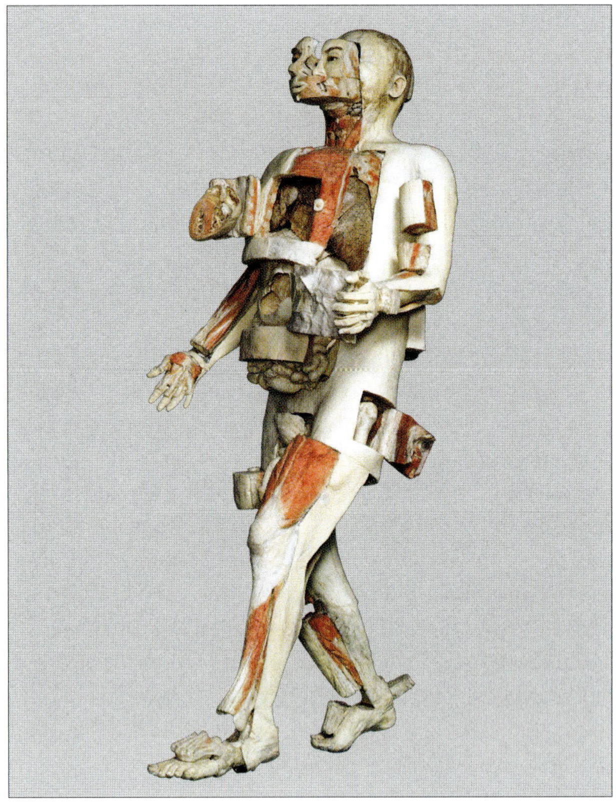

Abb. 8: Schubladenmann (1999)

Zeichnungen entwickelte sich erst später. Die Anatomiekünstler zeichneten vorzugsweise Muskelmänner in ästhetischer und lebennaher Haltung, gewissermaßen erstarrt zwischen Leben und Verwesung, waren sie doch mehr an Relief und Gestalt des präparierten Körpers als an dessen inneren Details interessiert. Als die Anatomiekünstler ausstarben, verlor die Präparation ihre gestaltende und ästhetische Komponente. Gestaltende Anatomie wird heute nur noch in klinischen Fächern wie der wiederherstellenden Chirurgie (z. B. wiederherstellende Gesichtschirurgie) und der ästhetischen Chirurgie (auch Schönheitschirurgie) praktiziert.

In der Kritik, dass »die Präparation eben nicht, wie vorgegeben wird, nach sachlichen Gesichtspunkten [...], sondern nach Effekten« erfolge,[15] sehe ich eine Geringschätzung der Bedeutung des Umfeldes, in dem Wissen vermittelt wird. Das positiv emotional Besetzte, der ästhetische Anatomieatlas und nicht das Schmuddelbuch, das farbenprächtige Plastinat und nicht die Gruselleiche machen Anatomie emotional positiv erlebbar. Warum sind heute Schulbücher, warum Museen so viel besser als vor zwanzig Jahren? Weil sie auf Effekte, bunte Bilder, kleine erinnerbare Geschichten setzen. Die Lernforschung hat bewiesen, dass das, was emotional positiv präsentiert wird, schneller erlernt wird und besser erinnerbar bleibt. Gern setze ich auf Effekte, wenn sie das Lernen erleichtern. Die Kirche erkannte das schon viel früher als die Lernforschung. Was in den Köpfen hängen bleiben sollte, wurde vergoldet, optisch auf alle nur erdenkliche Weise aufgewertet sowie in Monstranzen eingelegt und öffentlich gezeigt, so z. B. heiliggesprochene Skelettreste, die bei Fronleichnamsprozessionen durch Köln getragen wurden. Wo liegt der sittlich-moralische Unterschied zwischen dem Glasauge eines Gestalt-Plastinats und dem Glasauge nach einer wiederherstellenden Gesichtsoperation oder der zwischen einer Bewegungsgeste des Gestalt-Plastinats und der Busenvergrößerung einer Lebenden? Es gibt keinen Grund, dem Gestalt-Plastinat nicht das zukommen zu lassen, was uns Lebenden selbstverständlich ist. Dabei ist das Plastinationslabor kein Schönheitssalon des Körperinneren, denn das kunstgerecht angewendete Plastinationsverfahren verhindert lediglich die bisher übliche anatomische Leichenvergruselung. Das wird zum einen deutlich an ästhetischen transparenten Körperscheiben, die ohne jede Färbung auskommen,[16] zum anderen an der Demonstration missgebildeter Föten in der Ausstellung, die in keiner Weise eine ästhetische Augenweide sind.

In uns verwurzelte Gestaltungsgrenzen können bei der Rekonstruktion bzw. Positionierung nicht verlassen werden, wenn das Gestalt-Plastinat als Ganzes wahrgenommen werden soll. Offenbar ist das Gestaltungspotential unseres Körpers über die vorgegebene anatomische

Struktur hinaus durch ein tief verwurzeltes Vorstellungsverständnis unserer selbst begrenzt. Ich kann zwar beliebig Zwischenräume der Einsicht schaffen, doch die Vorstellungstoleranz ist eng begrenzt, soll der Körper ganzheitlich empfunden werden. Die unversehrte Symmetrie der Gestalt scheint wichtig. Das verschobene Auge, die entfernte Schulter, das Fehlen einer Extremität lassen die Gestalt kippen und den Körper zerstückelt erscheinen. Das durch die Weichteilverfestigung möglich gewordene posierende und fragmentierte Gestalt-Plastinat vermittelt mehr als das traditionelle, formalinisierte Rest- und Einzelpräparat oder die liegende Anatomieleiche das Gefühl, dass es sich hier um einen authentischen Repräsentanten eines ganz individuellen menschlichen Lebens handelt. Dies kommt meinem Ziel entgegen, gruselfreie Körperlichkeit sichtbar zu machen, die kein Menschenauge je gesehen hat und die den Betrachter ob des derart erlangten ästhetisch-instruktiven Wissenserwerbs so freudig erstaunt, dass er die Gestaltung geradezu als zwingend, weil überzeugend instruktiv und ästhetisch, nicht aber als moralisch verletzend empfindet.

Die Schönheit des Körperinneren

Ist der menschliche Körper prinzipiell schön? Wenden wir uns zur Beantwortung dieser Frage zunächst der Darstellung des Körperäußeren in der Kunstgeschichte zu: Zweifelsohne zeigen die Bildnisse und Skulpturen der Renaissance des 15. Jahrhunderts nur die Schönheit des Körpers. Im Gegensatz dazu stellten die Expressionisten des 20. Jahrhunderts auch das Leid, den anfälligen, ausgezehrten, kranken Körper dar. Keiner, weder die Künstler der Renaissance noch die Expressionisten zeigten die Unwahrheit. Beide Seiten des Körpers, die schöne und die weniger schöne, sind real – hier der perfekte, straffe Leib, dort der hinfällige alte Körper oder die Verstümmelung. Beide Seiten werden auch in der Ausstellung »KÖRPERWELTEN« gezeigt – hier das ästhetische Gestalt-Plastinat, dort die schwere Missbildung des Ungeborenen.
Das Schönheitsempfinden für das Körperäußere wurde evolutionär eingeübt. Dabei haben sich nur solche Körperattribute als Schönheitsmerkmale durchsetzen können, die Gesundheit und Kraft signalisieren (Körpersymmetrie, Muskelmasse, glatte zarte Haut etc.) und damit ein erfolgreiches Weitergeben der eigenen Gene an die nächsten Generationen versprechen. Für das unsichtbare Körperinnere hat die Evolution dagegen keine optischen Präferenzen herausgebildet, ist es doch nur indirekt (beispielsweise durch Ausdünstungen oder Exkremente) erfahrbar. So kommt es, dass der Betrachter das kranke Herz oder die Schrumpfleber nicht weniger attraktiv empfindet als die gesunden Organe. Der Pathologe kann sogar von den wunderbaren Krebsmetastasen der Leber schwärmen.
Unangenehme optische und indirekte Attribute des Körperäußeren lassen dagegen Fluchtekel aufkommen.
Unter Berücksichtigung unterschiedlicher ästhetischer Bewertungen des Körperäußeren und -inneren ist die ästhetische Darstellung von Gestalt-Plastinaten zu erreichen durch Vermeidung von Körperekel (keine Zahnlücken, keine leeren Augenhöhlen, keine Exkremente, kein Gestank etc.) und durch Berücksichtigung von allgemeinen ästhetischen Gesetzen, denen unsere Wahrnehmung unterliegt:

Die ästhetische Gestaltung von Plastinaten hilft leibfeindliche Körpertabus abzulegen. Sie gestattet uns, die tiefe Neugier zu uns selbst zu stillen und die Herzen zu uns selbst zu öffnen. Der Körper erfährt einen Bedeutungswandel: vom gruseligen Unbekannten zur intimen Sehenswürdigkeit der Schöpfung.

Kultur und Körper

Der aristotelische Denkansatz des Dualismus von Leib und Seele fand über das römisch-katholische Weltreich seinen Weg ins Christentum. So kam es, dass die christliche gleichzeitig die anatomiefreundlichste Religion wurde und die Anatomie der Neuzeit sich in Italien, im Land der anatomiefreundlichen Päpste, etablieren konnte. Der Mensch der Aufklärung lernte, sich dem Körper selektiv anatomisch zu widmen, befreit von Mystik und Trauer.
Zu Beginn des dritten Jahrtausends erlaubt uns der technische Fortschritt eine Neubetrachtung der menschlichen Gestalt anhand tiefenfotografischer Verfahren der Medizin, wie Computertomographie, Magnetresonanzverfahren oder 3D-Ultraschall am lebenden Körper. Ob nun das Körperinnere anhand der Dichteverteilung unseres Körperwassers oder der Körpertemperatur sichtbar gemacht wird, stets erfahren wir unseren Körper bildlich neu. Mittels computergesteuerter Bildbearbeitungsverfahren ist es möglich, solche körperbezogenen Daten artifiziell aufzuarbeiten. Leistungsfähige dreidimensionale Computergrafikprogramme erlauben es, neue Körpergestalten im »Cyberspace« zu erschaffen, die beim Betrachter emotionale Reaktionen hervorrufen können.
Zu dieser bildlichen Erfahrbarkeit ermöglicht die Plastination, das Körperinnere authentisch dreidimensional wahrnehmbar zu machen. Es sind keine neuen Abbildungsmöglichkeiten des Körpers, die faszinieren, es ist der Körper selbst. Zum Skelett und zur Mumie gesellt sich nunmehr ein neuer Repräsentant postmortaler körperlicher Existenz, das Gestalt-Plastinat. Selbstbestimmt wird es vom Körperspender als »anatomisches Kulturgut« in kommende Generationen gestellt. Dem Plastinator kommt dabei die Rolle des Gestalters zu.

Gunther von Hagens und sein Team bei der Positionierung des Großplastinates „Scheuendes Pferd mit Reiter" (2000)

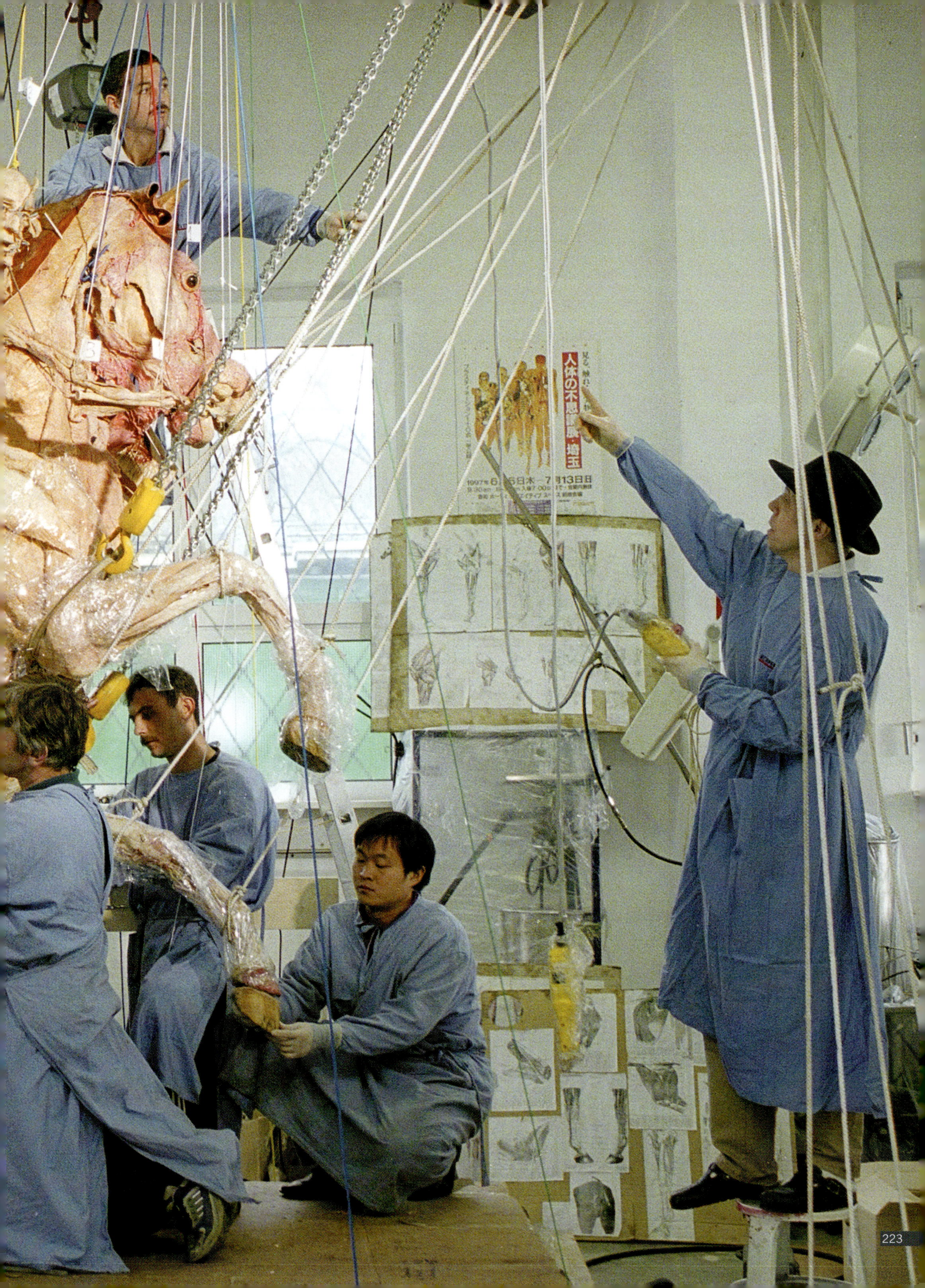

Charakteristikum	Schönheit	Hässlichkeit
Übersichtlichkeit	klare, genaue Präparation	grobe, ungenaue Präparation
Dynamik und Funktion	lebensnahe Pose, Muskelspiel	tote Pose, Bewegungslosigkeit
menschliche Gestalt	erhaltene, perfekte Gestalt Beachtung von Symmetrie	Zerstückelung des Körpers Verstümmelung, Missbildung
harmonische Verteilung	harmonische Körperfenster	unharmonische Körperöffnung
Größen und Formen	Strukturen ausgewogen	Strukturen unausgewogen
Häufigkeit der Darstellung	selten und überraschend	häufig, üblich, gewöhnlich
Farbe	Farbigkeit	graue Einfarbigkeit
Geruch	geruchlos	stinkend, stechend
Blut	fest oder abwesend	tropfend

Tab. 1: Wirkungen des menschlichen Körpers

Die Debatte um die KÖRPERWELTEN, insbesondere um die darin gezeigten Gestalt-Plastinate, wird emotional geführt, berührt sie doch die kulturell erworbenen Bewertungen unserer Körperlichkeit. Die Art des Umgangs mit dem Körper wird über die Tradition kulturell geprägt. Wieviel Nacktheit und wieviel Körperinneres in der Öffentlichkeit gezeigt wird, ist normiert und tabuisiert. Es berührt das auf Gruppenakzeptanz ausgelegte kulturelle Selbstverständnis. Von der totalen Verschleierung der Frau in streng islamischen Staaten bis zur freizügigen Nacktheit beim Karneval von Rio de Janeiro finden sich alle Nuancen des Umgangs mit nackter Haut. Im Sudan trennt gar eine umkämpfte Nacktheitsgrenze den verhüllten islamischen Norden vom freizügig nackten schwarzafrikanischen Süden. Entsprechend unterschiedlich ist der Umgang mit nackter Haut und dem Körperinneren.
Nur weil Gestalt-Plastinate der Aufklärung dienen, dürfen sie nackter als nackte Haut sein, denn in den meisten Kulturen ist das Nackte allein in der Kunst und der Medizin akzeptiert. Die Tabuisierung des Nackten ist damit nicht nur orts-, sondern auch zweckabhängig. Dem Aktmaler wird die Nacktheitsschau eher zugestanden als dem Besucher einer Striptease-Show. Mit dem Körperschauprivileg des Körperinneren ist es nicht anders. Der Medizinstudent darf das Körperinnere sehen, der Künstler nicht unbedingt, der Laie muss sich rechtfertigen, kein Voyeur zu sein: „Es sei wohl dieses unheimliche Gruseln, ein Stück weit Voyeurismus, was die Menschen in die KÖRPERWELTEN treibt, diese Sensationshascherei, wenn eine Leiche in den Raum glotzt.“[17] – Die kulturelle Bedeutung der Plastination ist dreifach:

1. Zum ersten Mal verzichten Menschen zugunsten der öffentlichen Aufklärung auf die traditionelle Bestattung.
2. Die Darstellung des schönen Körperinneren macht Körperemanzipation möglich. Das Körperinnere wird nicht mehr verdrängt mit unmittelbaren Auswirkungen auf das körperliche Selbstbewusstsein. Anatomischer Körperstolz kann sich entwickeln. Zahlreiche Besucherkommentare dokumentieren dies: „Ich begreife mich jetzt besser und bin voller Hochachtung vor meinem Körper“. „Ich bin Mutter von fünf Kindern. Heute habe ich das Leben, was ich meinen Kindern schenken konnte, besser begriffen“. „Ich bin in Bewunderung für den Schöpfer, werde aufhören zu rauchen und mehr aus meinem wunderbaren Körper machen, schade, dass ich das nicht eher gesehen habe“.[18]
3. Mit den Gestalt-Plastinaten erhält der Tod ein neues Gesicht. Er gewinnt eine Realitätsnähe, die der Vorstellung vom Tod eine besondere Versöhnlichkeit gibt. Körperspenderkommentar: „Seit ich die KÖRPERWELTEN gesehen habe, sehe ich meinem Tod absolut gelassen entgegen“.

Eine für die Kommentatoren der Gesellschaft, den Medien, Kirchenrepräsentanten, anatomischen Fachkollegen und Politikern überraschend große Zahl von Besuchern der KÖRPERWELTEN mit hohen Zustimmungswerten zeigt, dass sich der Laie nicht an erwartete Vorhersagen seiner Interessen hält.[19] Genau das bedeutet Demokratisierung von Anatomie.
Vor einem halben Jahrtausend schraubten die Anatomiekünstler erstmals das Skelett zusammen und stellten

es auf Dauer in die Gesellschaft. Nun erleben wir an der Wende zum neuen Jahrtausend in den KÖRPERWELTEN gleichsam die Auferstehung des hautnackten Leibes als Gestalt-Plastinat. Damit befriedigt die Plastination auf zeitgemäße Weise die Sehnsucht nach Unsterblichkeit, welche bisher die Kirche monopolisierte. Die christliche Bestattung ist quasi die stillschweigende, etablierte Körperspende für das kirchliche Bestattungszeremoniell. Doch dieses Zeremoniell ist seelenlastig und körperfremd. Die Körperspende zur Plastination gibt dem Körper Wertigkeit zurück, fürchten wir uns doch vor dem Sterben des Körpers und nicht vor dem Sterben der Seele.
Den täglichen Tod der Seele erleben und üben wir bei jedem Einschlafen, der Tod des Körpers wird verdrängt. Der lebenslang täglich gepflegte, wertvolle, einzigartige Körper muss aber mit dem Tod nicht plötzlich zur nutzlosen Sache werden. Tiefenpsychologisch kommentiert Susanne Sarial dazu, dass „von Hagens es [...] in einer Gratwanderung am Abgrund der Projektion [...] schafft, das Verdrängungsgefüge durch den unerwarteten Humor und die Ästhetik der Präparate so weit zu lockern, dass ein kleiner Verbindungstunnel zur ursprünglichen sexuellen Neugier und dem damit individualhistorisch in engstem Zusammenhang stehenden allgemeinen Erkenntnisinteresse und zum Narzissmus entsteht".[20] Dieser Narzissmus wirke zweifach, zum einen in der narzisstischen Befriedigung, »dass man nicht irgendwann einmal spurlos von der Bildfläche verschwindet, sondern mit der Plastination eine gewisse Unsterblichkeit erreicht wird«, zum anderen wirke diese narzisstische Befriedigung in einer Form, »die dem Körper alle nur erdenkliche Aufmerksamkeit zuteil werden lässt und den Gedanken der ästhetischen Gestaltung des Körpers nach eigenen Werten impliziert [...] nicht ein ›Gefäß ekliger Flüssigkeiten‹, nicht Sündenpfuhl ist der Körper, wie das Christentum lehrt, sondern ›stilisiertes Kulturereignis‹.«[21] Die Neugestaltung des Körpers durch die Plastination sei eine Stärkung des Narzissmus, die dem *Memento mori* der Kirche, ihrer Lehre „Staub zu Staub" geradewegs entgegenstehe.[22]

In einer Zeit der Neubewertung des Körpers, die mit einer höheren Wertschätzung verbunden ist, scheint die Körperspende zur Plastination eine Antwort auf die nicht mehr zeitgerechte christliche Körpernegation zu sein, eine Antwort, die auf den Körper weniger als „Madensack" (Luther), sondern eher als Wunder der Schöpfung abhebt.

Gestalt-Plastinate zwischen Kunst und Wissenschaft
Die öffentliche Diskussion über den Kunstcharakter von Gestalt-Plastinaten zeigt deren kommunikative Funktion auf, die sie zum Kulturereignis macht. Gestalt-Plastinate dienen keinem künstlerischen Zweck; sie können aber durchaus künstlerischen Kriterien genügen. Wie Kunstwerken ist gelungenen Gestalt-Plastinaten die ästhetische Ausstrahlung und die emotionale Bewertung eigen. Dies äußert sich unter anderem darin, dass die Hälfte der Besucher auch wegen des ästhetischen Reizes in die Ausstellung geht. Knapp ein Drittel der Besucher bewertet die Ausstellung gar als Kunstausstellung.[23]

Ich persönlich lasse hier allenthalben den Aspekt der „Könnenskunst"[24] gelten und habe – um Missverständnissen vorzubeugen – den Begriff der Anatomiekunst geprägt. Diese definiere ich als die ästhetisch-instruktive Darstellung des Körperinneren. Darstellung ist dabei sowohl im Sinne von Präsentation als auch von kunsthandwerklicher Tätigkeit zu verstehen. Die mit der Plastination möglich gewordene ästhetisch-dynamische Gestaltung des Körpers für anatomische Lehrzwecke ermöglicht eine emotionale Erlebnis- und Schauanatomie statt Schulanatomie. Neben „Anatomiekunst" bietet sich dafür die Bezeichnung „Gestaltende Anatomie" an, deren Ergebnis „Gestalt-Plastinate" sind. Die Gestaltung von Plastinat und Ambiente wertet das Präparat anatomisch auf, wie die Monstranz die religiöse Wirkung der Reliquie. Gestaltende Anatomie hat die Vermittlung anatomisch-funktioneller Einsichten zum Ziel und transformiert deshalb nicht anatomische Präparate zu Kunstobjekten. Deshalb fertige ich keine Kronleuchter aus menschlichen Knochen[25] oder umlege gar ein Gehirn mit Hoden, um es „Männlichkeitsmedaillon" zu nennen.[26] Ich schnitze keinen Blumenkohl aus dem Gehirn und transformiere keinen Penis mit Hoden zum Revolver. Weil Kunst im Auge des Betrachters liegt, werden Gestalt-Plastinate durch meinen vermeintlichen „Habitus eines Künstlers" nicht zu Kunstobjekten. Ich bin Erfinder; mir ist die Kreativität des Künstlers aber noch mehr diszipliniert sachbezogenere Denken des Wissenschaftlers eigen. Mein Vorbild ist ein Erfinder wie Edison, der seine Erfindungen zu Lebzeiten mit wirtschaftlichem Erfolg realisierte.
Zur Kunst werden Gestalt-Plastinate auch nicht durch den vermeintlichen Habitus des Künstlers, den man mir nicht selten wegen meines Hutes unterstellt.[27] Als Erfinder ist mir die Kreativität des Künstlers wie das diszipliniert sachbezogenere Denken des Wissenschaftlers eigen. Erfinder sind wie Künstler Individualisten. Und dies waren auch die Anatomen der Renaissance, wenn sie im Kreise ihrer Kollegen mit Hut dozierten oder präparierten. Nachdem ich mich mit dem Werk von Josef Beuys vertraut gemacht habe, sage ich heute nicht mehr, dass ich mit ihm „nichts am Hut" habe. Denn Vorbild ist mir sowohl sein unkonventionelles Denken als auch sein Bemühen, mit dem Laien über seine Arbeiten und Thesen einen ständigen Diskurs zu führen. Der Unterschied liegt eher darin,

dass er sich um die Gunst der Laien bemühte, aber die Zustimmung der Intellektuellen gewann, während ich die Gunst meiner Fachkollegen suchte, Zuspruch aber von den Laien erhielt.

Was ist eine Leiche?

Was ein lebendiger Mensch ist, scheint unstrittig. Denn die Diskussion über den Zeitpunkt von Lebensbeginn und Lebensende und damit vom Beginn und Ende des lebendigen Körpers ist weitgehend abgeschlossen. Noch bis vor 200 Jahren glaubte man, Beginn und Ende eines Menschenlebens am ersten und letzten Atemzug festmachen zu können. Genauere Erkenntnisse stellten sich erst mit zunehmendem Wissen in der Medizin ein. So konnte mit der Erfindung des Mikroskops der Beginn des menschlichen Lebens auf die Befruchtung der Eizelle festgelegt werden, und nach der Entdeckung des Blutkreislaufs war man überzeugt, dass das Leben mit dem Herzstillstand ende. Weiteren Aufschluss lieferten die Erfindungen der Elektrokardiographie (EKG) und der Elektroenzephalographie (EEG), mit denen die elektrischen Ströme von Herz und Hirn abgeleitet und grafisch dargestellt werden können. Das Fehlen jeglicher elektrischen Herz- und Hirnströme markiert seither die Zäsur zwischen Leben und Tod. Von diesem Zeitpunkt an nennt man den toten Körper eines Menschen umgangssprachlich eine Leiche.

Die Entwicklungen der künstlichen Beatmung und der Herz-Lungen-Maschine ließen später die Diskussion um den Todeszeitpunkt erneut aufkommen aufgrund der Tatsache, dass das Herz auch nach Eintritt des Hirntodes weiterschlagen und der restliche Organismus künstlich »am Leben« gehalten werden kann. Heute wird der Hirntod als das entscheidende Todeskriterium angesehen, auf dem auch die Transplantationsmedizin basiert.

Die Frage „Was ist eine Leiche"? scheint dagegen vor dem Hintergrund der neuerlichen kontroversen Diskussion um die Rechtmäßigkeit der Ausstellung KÖRPERWELTEN klärungsbedürftig. In einem geradezu dramatischen, in den Medien ausgetragenen Kulturkampf geht es um die Frage: Leichenschau oder Lehrschau, Anatomisches Museum oder illegaler Friedhof, Gruselleichen oder Gestalt-Plastinate. Höhepunkt im Streit um die Kölner Ausstellung war die Forderung von Vertretern der Stadtkirche, die Ausstellung zu verbieten.[28] Diesem öffentlichen Disput liegt ein höchst unterschiedliches Verständnis des Leichenbegriffs zugrunde. Die Heftigkeit der Kontroverse wurde durch den uneinheitlichen Gebrauch unterschiedlicher Begriffe verschärft. So wurden die Begriffe „Leiche", „Leichnam", „Verstorbener" und „Toter" synonym verwendet, obwohl die Begriffe inhaltlich klar voneinander abzugrenzen sind. Allgemeine Lexika, so wie *Brockhaus* und *Meyer*, definieren die Leiche als „Körper eines Menschen nach dem Eintritt des Todes" bzw. „Der menschliche Körper nach dem Eintritt des Todes".[29] Damit wird die Leiche über den Beginn ihrer Existenz definiert, die sich aus dem Todeszeitpunkt ergibt. Das Deutsche *Rechtslexikon* versucht die Definition über die menschliche Gestalt: „Leiche ist der als solcher in seiner Gesamtheit noch erkennbare Körper eines gestorbenen oder tot geborenen Menschen (nicht die Fehlgeburt). Ihre rechtliche Einordnung ist umstritten".[30] Beide Definitionsansätze bleiben jedoch die Anwort auf die Frage „Wann hört eine Leiche auf, eine Leiche zu sein"? schuldig. Die Frage war auch so lange nicht von Belang, wie die Transformation der Leiche zu Staub oder Asche dem Auge verborgen blieb, ob nun im Erdgrab oder im Ofen des Krematoriums.

Die umfassendste Leichendefinition liefert Jürgen Gaedke; er definiert die Leiche über das Ende ihrer Existenz, wenn er schreibt: „Leichnam ist der entseelte menschliche Körper bis zu dem Zeitpunkt, in dem der Zusammenhang zwischen den einzelnen Teilen durch den natürlichen Verwesungsprozess oder eine diesem gleichzustellende Vernichtungsart (z. B. Verbrennung) aufgehoben ist, sowie der zu wissenschaftlichen Zwecken zerlegte menschliche Körper, solange die Absicht einer gemeinsamen Bestattung der einzelnen Teile in der herkömmlichen Weise besteht".[31] Bei dieser Definition fällt auf, dass Gaedke den Begriff „Leichnam" verwendet und für die abgrenzende Definition die „Verweslichkeit" und die „Absicht" der Bestattung hervorhebt. Demnach wären Plastinate nicht als bestattungspflichtige Leichname anzusehen, denn sie verwesen nicht und [müssen] werden nicht bestattet. Die Definition und ihre Anwendung auf die Plastinate ist jedoch insofern nicht scharf genug, als sie die Verwesungsleiche ungenügend von den verschiedenen Formen der nicht verwesenden Leiche abgrenzt. Hierzu fehlt eine klare Systematik, welche die unterschiedlichen Leichenexistenzen gegenüberstellt.

Im folgenden habe ich den Versuch unternommen, die üblicherweise in diesem Zusammenhang verwendeten Begrifflichkeiten zu ordnen, ihre Qualitätsmerkmale herauszustellen und die Ergebnisse in einem Diagramm zusammenzufassen (siehe Diagramm 1).

Alle Leichen sind Tote, aber nicht alle Toten sind Leichen

Bei Toten ist zunächst nach existentiellen Gesichtspunkten zwischen der real existierenden »Leiche« und dem real nicht existierenden »Verstorbenen« zu unterscheiden. Wie könnten wir sonst, wie Wetz scharfsinnig bemerkt, vom Leichnam eines Verstorbenen sprechen?[32] Der Begriff »Leiche« beschreibt den toten, leblosen Körper, der Begriff „Verstorbener" hingegen das Bild des ehemals Lebenden, das in der Erinnerung der Hinterbliebenen fortexistiert. Eine Sonderform des Toten ist der hirntote Organspender, die „Transplantationsleiche"; sie ist

definitionsgemäß aufgrund irreversiblen Erlöschens der Hirnfunktionen tot (hirntot), aber die übrigen Organfunktionen werden bis zur Organentnahme künstlich »am Leben gehalten«.
Bei der systematischen Kategorisierung der verschiedenen Formen postmortaler körperlicher Existenz verwende ich aus Übersichtsgründen im folgenden ausschließlich den Begriff der »Leiche«. Die Klassifizierung der Leichen erfolgt nach dem qualitativen Merkmal der Dauerhaftigkeit, die sich aus ihrer Stofflichkeit oder genauer ihrem Gehalt an Wasser und Konservierungsstoffen ergibt. Danach lassen sich drei Hauptformen der Leiche unterscheiden, nämlich der *Leichnam* (auch Verwesungsleiche), die *Feuchtleiche* und die *Trockenleiche*.

1. *Der Leichnam* ist ein toter menschlicher Körper, der an freier Luft verwest oder schrumpfend vertrocknet. Er wird üblicherweise bestattet; deshalb auch »Verwesungsleiche« oder »Bestattungsleiche«. Der Leichnam ist »die Leiche im Sinne des Gesetzes«; auch umgangssprachlich bezieht sich der Begriff Leiche zumeist auf den so definierten Leichnam. Das behördliche Interesse ist dem Leichnam sicher, weil die Verweslichkeit seine potentielle Infektiösität bedingt. Deshalb schreibt der Gesetzgeber eine Bestattung des Leichnams innerhalb von 36 bis 96 Stunden vor.[33] Weil die Identität des Leichnams in der Regel bekannt ist und meist Angehörige und Freunde existieren, sind Leichname meistens »Trauerleichen«, also Objekte individueller Trauer und individuellen menschlichen Mitgefühls. Der anonyme Leichnam, dessen Identität unbekannt ist, ist der Fundleichnam. Eine Sonderform der Fundleiche ist die Wasserleiche. Der Leichnam hat nicht nur eine Trauerfunktion; er kann auch durch die pathologische oder rechtsmedizinische Sektion zur Klärung der Todesursache nützlich werden.
2. *Feuchtleichen* sind feucht konservierte menschliche Körper, die an frischer Luft schrumpfend vertrocknen, wobei sie sich aufgrund des Schrumpfungsprozesses braun bis schwarz verfärben. Will man sie erhalten, müssen sie vor schrumpfender Austrocknung geschützt und entweder feucht (d. h. in Flüssigkeit oder doch wenigstens bei 100 Prozent Luftfeuchtigkeit) aufbewahrt oder aber eingefroren werden, damit sie nicht trocknen und schrumpfen können. Da sie wegen der Konservierung nicht infektiös sind, stellen sie aus gesundheitsbehördlicher Sicht zumeist kein Problem dar. Zu den Feuchtleichen gehören vor allem die Anatomieleichen und die Moorleichen. Bei Anatomieleichen kommt es während der studentischen Präparation an freier Luft auch bei guter Feuchtpflege nach drei bis vier Monaten zu erheblichen Vertrocknungs- und Schrumpfungserscheinungen. Nach ihrer Verwendung im Präpariersaal werden Anatomieleichen üblicherweise bestattet. Zur Ergänzung ihrer Museen ist es in Anatomischen Instituten üblich, ganze Anatomieleichen oder Teile davon in Dauerpräparate oder in Skelette zu transformieren. Moorleichen sind durch die im Moor enthaltenen Gerbsäuren konserviert. Auch sie müssen unter feuchten Bedingungen aufbewahrt werden, sollen sie nicht massiv schrumpfen. Die Identität von Moorleichen ist meist unbekannt, weil sie zum Zeitpunkt ihres Auffindens bereits Jahrhunderte alt sind. Eine Sonderform der Feuchtleiche ist die Eis- oder Gletscherleiche (Beispiel »Ötzi«). Bei ihr ist die Verwesung nicht durch chemische Prozesse, sondern durch Dauerfrost aufgehalten. Sie unterliegt auch im gefrorenem Zustand kontinuierlicher, wenn auch langsamer Trocknung (»Gefrierbrand«) und ist deshalb – je nach Verweildauer im Eis – entweder Feucht- oder Trockenleiche. Taut die Eis- oder Gletscherleiche vorzeitig auf, so wird sie in den nicht getrockneten Anteilen zum verweslichen Leichnam.
3. *Trockenleichen* sind trocken konservierte menschliche Körper, die an frischer Luft stabil sind. Aufgrund dauerhaften, schonenden Wasserentzugs sind sie weder verwest noch während des Trocknungsprozesses nennenswert geschrumpft. Künstliche Trockenleichen enthalten Konservierungsmittel oder Füllstoffe wie beispielsweise Naturharze oder Kunststoffe und verhindern so das Eindringen von Feuchtigkeit mit nachfolgendem Schädlingsbefall. Die typische Trockenleiche ist die Mumie. Aus kultischer Verehrung wurde die Körperhülle der verstorbenen Pharaonen als sichtbare Körperlichkeit für das Jenseits erhalten. Heute gemahnen sie als Abglanz vergangener Zeiten an unsere eigene Sterblichkeit.

Zur besseren Übersicht sind die wichtigsten Unterscheidungskriterien noch einmal in Tabelle 1 zusammengefasst.

Entsprechend dieser Klassifikation nach durch Stofflichkeit bedingter Dauerhaftigkeit sind auch Gestalt-Plastinate und Skelette den Trockenleichen zuzuordnen. Beide lassen in ihrer Gesamtheit die Gestalt eines menschlichen Körpers erkennen, beide sind trocken konserviert und verwesen nicht, und Trocknungsprozesse hinterlassen an ihnen keine sichtbaren Spuren der Schrumpfung.
Alle drei genannten Vertreter sind unvollständig; künstlichen Mumien fehlen die inneren Organe, den Gestalt-Plastinaten zumeist die Haut und den Skeletten Muskeln, Organe und die Haut. Entsprechend können Skelette als Knochenskelette, Mumien als kombinierte Haut-Knochen-Muskelskelette (ohne Organe) und Plastinate als kombinierte Organ-Muskel-Knochenskelette (ohne Haut) angesehen werden.
In Diagramm 2 werden menschliche Körperteile, Organe und Gewebereste klassifiziert, nämlich nach frisch, abgestorben und konserviert. Es macht mit der Vielfalt anatomischer Dauerpräparate vertraut.

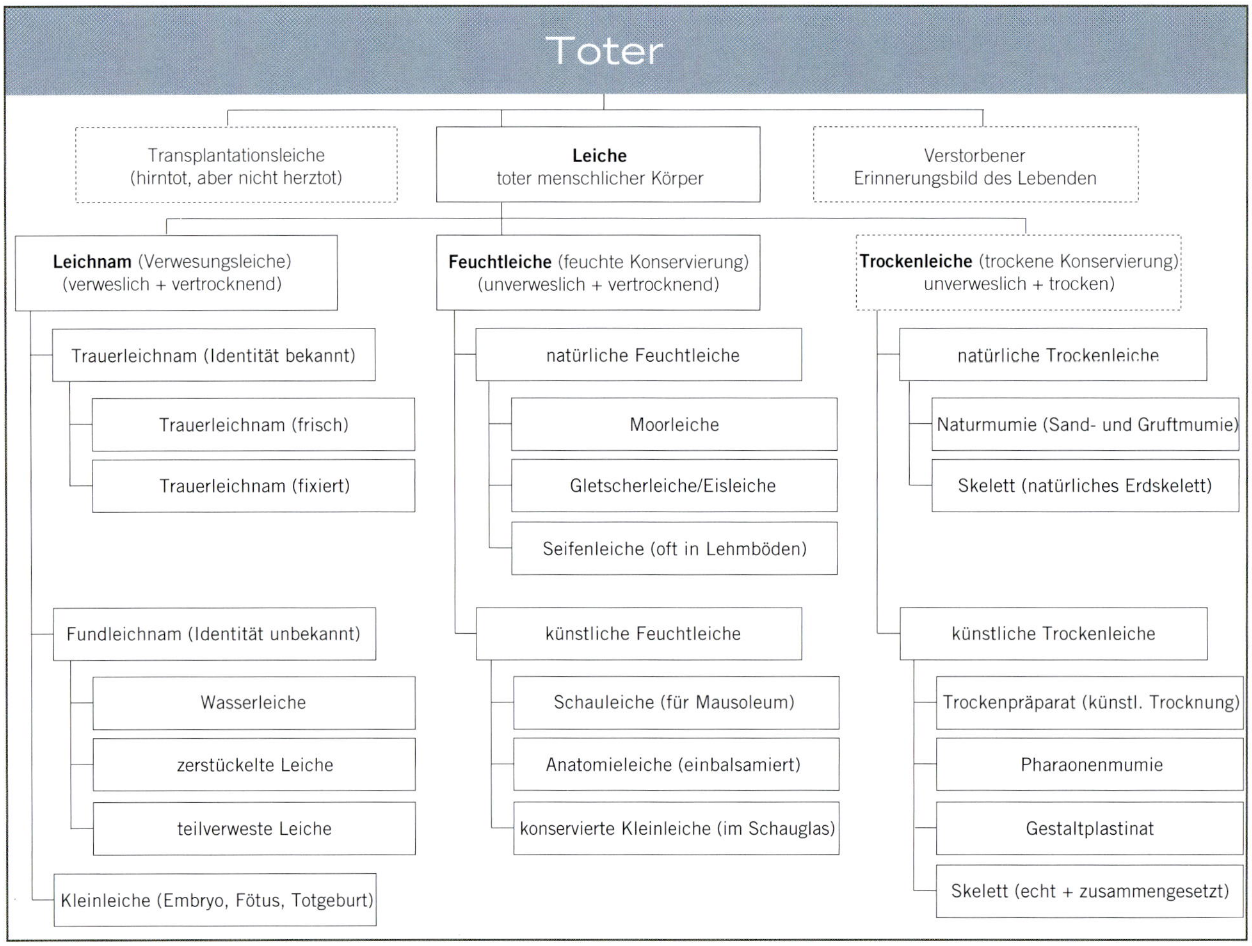

Diagramm 1: Der Tote, der Leichnam und die Leichen (© Gunther von Hagens)

Bestattungspflicht für Plastinate?

Ein Bestattungszwang für Plastinate wurde in der jüngeren Vergangenheit nicht nur von Kirchenvertretern, sondern auch von Juristen gefordert. Nach Thiele »normieren die landesrechtlichen Bestattungsregelungen ausdrücklich einen Bestattungszwang«, zumal ein Bestattungszwang für »Anatomieleichen«, aber auch »für abgetrennte Körperteile« bestehe.[34] Diese gesetzliche Regelung habe »ihre Grundlage zudem in Überlegungen des Brauchtums und eines ethisch verantworteten Umgangs mit Verstorbenen, der dem Kulturkreis entspricht«. Beim »Ausnahmefall Anatomieleiche« werde »die Pflicht zur Bestattung nur aufgeschoben«.

Im Rheinischen Merkur argumentiert von Campenhausen: »Es ist Ausdruck der menschlichen Sitte und des Respekts vor der über den Tod hinausreichenden Würde des verstorbenen Menschen, wenn in Deutschland ausnahmsloser Bestattungszwang von Rechts wegen gilt.« Bei Anatomieleichen sei »die Bestattung nur aufgeschoben, ebenso wie bei der Organtransplantation, wo das gespendete Organ später mit dem Organempfänger bestattet wird. Es gibt keine Ausnahme von der würdigen Entsorgung.«[35]

Ernst Benda argumentiert dreifach gegen die KÖRPERWELTEN, zum einen mit dem Bestattungszwang, zum zweiten mit der Bestimmung des § 13 der Bestattungsverordnung des Landes Baden-Württemberg: »Leichen dürfen nicht öffentlich ausgestellt werden« und zum dritten mit dem rechtlichen Fazit »Die Verwandlung einer Leiche in ein dauerhaftes Ausstellungsobjekt ist unzulässig [...].« Der Fehler liege dort, »wo die verändernde Behandlung stattgefunden hat«, also im Institut für Plastination in Heidelberg.[36]

In der nunmehr über 30jährigen Geschichte der Plastination ist die Forderung nach Bestattung von Plastinaten neu. Sie wäre vermutlich nicht erhoben worden, würden in der Ausstellung KÖRPERWELTEN nicht präparierte und plastinierte ganze Körper, die Gestalt-Plastinate, gezeigt werden. Die Forderung ist allerdings kaum verständlich, weil in zahlreichen Museen anatomierte Dauerpräparate existieren, ohne dass für sie je eine Bestattung gefordert worden wäre. Menschliche Dauerpräparate werden in Europa seit der Renaissance in öffentlich zugänglichen anatomischen Sammlungen gezeigt und immer wieder auch um neue Präparate ergänzt. Als Beispiel sei für Deutschland das Pathologisch-Anatomische Museum der Berliner

Leichenqualität	Leichnam	Feuchtleiche	Trockenleiche
verweslich	+	-	-
vertrocknend	+	+	-
Wassergehalt	+	+	-
Konservierungsmittel	-	+	+
Ganzkörperbeispiel	Trauerleiche, Fundleiche	Moor-, Gletscher-, Anatomieleiche	Mumie, Skelett, Gestaltplastinat
Teilkörperbeispiel	verwesliches Leichenteil	Feuchtpräparat	Reliquie, Organplastinat

Tab 2: Unterscheidungskriterien von Leichen

Charité (Virchow-Museum) genannt, für Österreich das Pathologische-Anatomische Bundesmuseum im »Narrenturm« in Wien und für die Schweiz das Anatomische Museum, Basel. In Italien, wo die öffentliche Anatomie in der Renaissance mit den Anatomischen Theatern in Padua und Bologna begründet wurde, finden sich die meisten Anatomiemuseen Europas: Museum für Veterinärmedizin, Pathologie und Teratologie, Ozzano (Emilia); Museo di Antropologia Criminale, Torino; Museo di Anatomia Patologica, Roma; Museo di Anatomia e Istologia Patologica, Bologna; Museo dell'Istituto di Anatomia Umana e Patologia, Pavia; Museo Anatomico, Modena; Museo Anatomico, Napoli. Darunter finden sich auch einige Museen, deren anatomische Sammlungen sogar präparierte ganze Körper beinhalten. Ist dies den Kritikern entgangen? Oder sind solche Präparate aufgrund ihres Alters und ihrer historischen Bedeutung anders zu bewerten?

Es fällt auch auf, dass die Bestattung von Plastinaten nicht von Anatomen, sondern von – wenn auch wenigen – Juristen und Theologen gefordert wird, die nicht mit der komplexen anatomischen Präparatewirklichkeit (Diagramm 2) und der weltweit geübten anatomischen Praxis vertraut sind. Wenn die Forderung nach Bestattung in der Ganzkörperlichkeit ihre psychologische Ursache haben sollte, stellt sich die berechtigte und durchaus nicht zynisch gemeinte Frage: Wie groß darf ein anatomisches Präparat sein, um nicht mehr als bestattungspflichtige Leiche bewertet werden zu müssen? Würde vielleicht eine Vierteilung oder das Schneiden und die räumliche Trennung, z. B. der Versand in mehreren Kisten, die Leichenqualität beenden? Wie viele Körperteile müssen abgetrennt, wieviel Gewebsmasse (Haut, Muskeln, Organe oder ganze Extremitäten) wegpräpariert sein? Oder zugespitzt formuliert: Wie viele Scheiben braucht eine Leiche? Das Beispiel der zerstückelten Leiche lehrt uns, dass eine Leiche nicht notwendigerweise zusammenhängend sein muss. Ein Mörder darf nicht argumentieren können, es sei keine Leiche mehr da, nur weil er sie zerstückelt habe. Daraus ergibt sich, dass das Kriterium der Ganzkörperlichkeit oder Vollständigkeit kein geeignetes Bewertungskriterium sein kann. Es ist wichtiger, zwischen verweslichen Leichen bzw. Leichenteilen einerseits und unverweslichen Dauerpräparaten andererseits, gleich welcher Vollständigkeit, zu unterscheiden. Im Vordergrund des Disputs steht damit auch nicht, ob Plastinate Leichen sind, sondern wie mit Leichen und Leichenteilen umzugehen ist.

Merkmale von Plastinaten

Im folgenden sollen weitere Qualitätsmerkmale von Plastinaten im Vergleich zu anderen Leichen herausgearbeitet werden. Dafür bietet sich die Klassifikation der Zweckbestimmung, des administrativen Umgangs und der qualitativen Änderung an. Für Plastinate ergibt sich die Zweckbestimmung aus der Körperspende zur Plastination zum Zwecke von Forschung, Lehre und Aufklärung. Der administrative Akt besteht in der Annahme der Leiche zur Plastination mit Übergabe der unterschriebenen Körperspende zur Plastination und der Anonymisierung. Die qualitative Änderung erfolgt im ersten Plastinationsschritt, d. h. in der Transformation der Leiche zum Präplastinat. Dies geschieht durch Injektion von für die Plastination geeigneten Chemikalien in das Blutgefäßsystem und – im Falle der Scheibenplastination – durch Einfrieren und Einschäumen im Schaumstoffblock. Die Transformation vom Präplastinat zum Plastinat (Ganzkörper- oder Einzelplastinat) erfolgt durch die Härtung des in jeder Körperzelle befindlichen Kunststoffes. Die Anonymisierung ist zur Abgrenzung des Leichnams gegen das Präparat wesentlich, weil nur so die Pietätsqualität sicher beendet wird, d. h. das Gefühl der individuellen emotionalen Verbundenheit mit dem Verstorbenen. Die Anonymität von Plastinaten

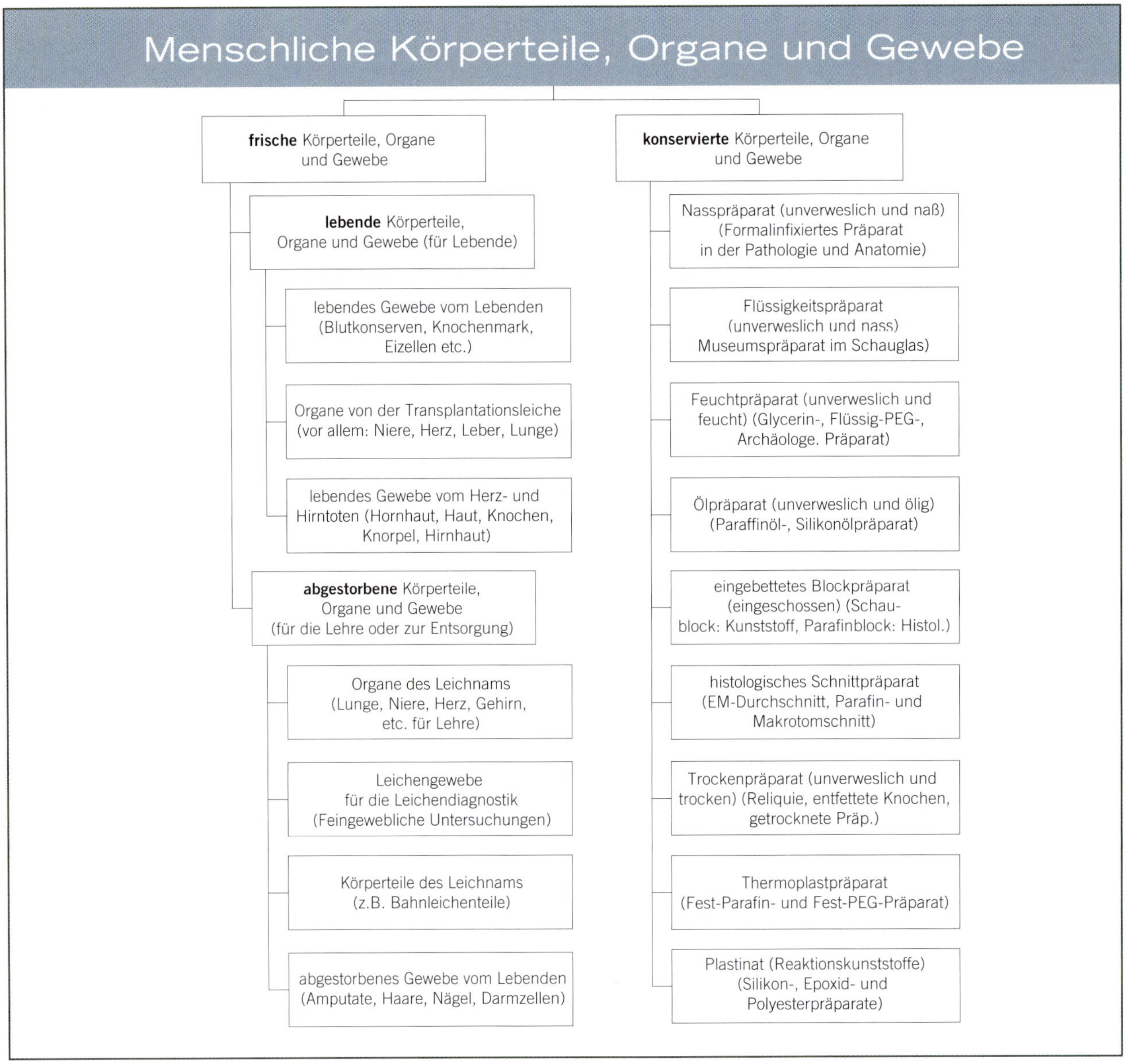

Diagramm 2: Menschliche Körperteile, Organe und Gewebe und ihre Präparate (© Gunther von Hagens)

ist auch deshalb sinnvoll, weil sie anatomischer Tradition entspricht und durch sie Plastinate gegen Trauerleichen sowie Mumien und Reliquien bekannter Personen abgegrenzt werden. Daher sollte es nicht-anonyme Plastinate nur in gut begründeten Ausnahmefällen geben. Selbstverständlich ist jedem menschlichen Präparat die menschliche Qualität weiterhin eigen. Das bedeutet auch, dass Plastinate entsprechend der letztwilligen Verfügung des Spenders ausschließlich für Forschungs-, Lehr- und Aufklärungszwecke verwendet werden dürfen. Nicht mehr verwendbare Plastinate sind – wie andere menschliche Überreste auch – in geeigneter Weise zu beseitigen. Das heißt, sie werden separat verbrannt und nicht im Hausmüll entsorgt.

Zweckbestimmung

Die Zweckbestimmung macht Handlungen möglich, die sich am Trauerleichnam verbieten würden. So ermöglicht erst die Zweckbestimmung für die Anatomie die Zergliederung. Gaedke formuliert in seiner Definition der Leiche zur Zweckbestimmung: »Leichnam ist der entseelte menschliche Körper [...] , solange die Absicht einer gemeinsamen Bestattung der einzelnen Teile in der herkömmlichen Weise besteht.«[37] Zu denjenigen, die bestimmen, wie der Körper entsorgt wird, schreibt er: »Träger dieses Verfügungsrechts werden in der Regel die Angehörigen sein. [...] Aus dem Verfügungsrecht kann sich auch die Befugnis ergeben, die Leiche zu fotografieren und möglicherweise auch sezieren zu lassen.«[38]

Religiösen Ganzkörperreliquien wie den Mumien der Kapuzinermönche sowie den gestalteten Knochenornamenten in Kirchen ist die kultische Zweckbestimmung des Verweilens auf Erden eigen. Die staatliche Achtung dieser Zweckbestimmung macht ihr Überdauern in Grüften und Kirchen bis auf den heutigen Tag möglich. Früher dienten Mumien und Reliquien kultischen, heute meist touristischen Zwecken. Das öffentlich ausgestellte Plastinat dient der Aufklärung. Noch vor hundert Jahren lockten in Köln Reliquienprozessionen Hunderttausende an, heute tun dies die Plastinate. Sie verbinden zeitgemäß die Neugier mit Wissensdurst und dem Wunsch nach tieferer Erkenntnis über das, was die Welt in uns zusammenhält.

Einverständnis der Betroffenen und der Angehörigen

Die Einwilligung Betroffener zur Verwendung ihres Körpers nach dem Tod für Forschungs-, Lehr- und Aufklärungszwecke ist erst eine Entwicklung der letzten Jahrzehnte. So verwandte man in der Anfangszeit der wissenschaftlichen Anatomie im ausgehenden Mittelalter für anatomische Studien vorzugsweise Leichen hingerichteter Verbrecher. Später ging man dazu über, sogenannte herrenlose Leichen im Anatomieunterricht zu verwenden. Diese Praxis wurde bereits in den Preußischen Runderlassen von 1889 festgeschrieben, nach denen herrenlose Leichen an Anatomische Institute zu überführen seien. Nach dieser Regelung wurde in den meisten Anatomischen Instituten in Deutschland bis in die achtziger Jahre hinein verfahren. Moralischer Hintergrund dieser Regelung ist die Überzeugung, dass eine anatomische Verwendung nicht weniger unehrenhaft als die Bestattung sei. Zudem stand hinter dieser Gesetzgebung die Überzeugung, dass es staatliche Pflicht sei, einer Verknappung von Leichen für Forschungs-, Bildungs- und Ausbildungszwecke entgegenzuwirken. Die Knappheit an Anatomieleichen hatte in der Anfangszeit der wissenschaftlichen Anatomie zu Grabplünderungen und sogar zu Mordtaten geführt.[39] Nach 1945 wurden in Deutschland nach und nach Vermächtnisregelungen etabliert, nach denen Personen zu Lebzeiten ihre postmortale anatomische Verwendung bestimmen konnten, so dass der Leichenbedarf Anatomischer Institute zunehmend auch durch Körperspenden Freiwilliger gedeckt werden konnte. Entgegen mancher Laienüberzeugung hat es niemals Geld für das Vermächtnis der Körperspende für anatomische Zwecke gegeben. Diese Vermächtnisregelung entwickelte sich in Deutschland zur alleinigen Leichenquelle Anatomischer Institute, als das Sterbegeld von ca. DM 7500 auf zunächst DM 2100 und im Jahre 2004 schließlich ersatzlos gestrichen wurde. Die Zahl der »Vermächtnisgeber« stieg danach so stark und sprunghaft an, dass seither der Jahresbedarf Anatomischer Institute an Körperspendern zumeist schon in den ersten Monaten des jeweiligen Jahres gedeckt ist und für den Rest des Jahres keine weiteren Vermächtnisse mehr angenommen werden. Aus dieser Entwicklung heraus wird heute in Deutschland oft die Zustimmung des Betroffenen für die Verwendung zu anatomischen Zwecken gefordert, wenngleich sie nicht gesetzlich vorgeschrieben ist. Der Einführung der Körperspende für die Plastination liegt die Überzeugung zugrunde, dass für eine öffentliche Ausstellung nur die selbstbestimmte Entscheidung des Körperspenders den Werten einer demokratischen Gesellschaft entspricht, nämlich dem einzelnen soviel Verfügung über seinen Körper wie möglich einzuräumen.

Die allgemeine Forderung nach postmortaler Selbstbestimmung wird in der Praxis uneinheitlich angewandt. So bedürfen rechtsmedizinische Sektionen im Gegensatz zu anatomischen Sektionen keinerlei Zustimmung des Verstorbenen oder der Angehörigen; ihr Einspruch ist hier sogar wirkungslos. Nach fast jedem tödlichen Verkehrsunfall wird beispielsweise von der Staatsanwaltschaft eine Sektion zur Klärung der Schuldfrage verfügt, ohne dass jemand daran Anstoß nähme. Auch die Dauerpräparate anatomischer Museen stammen fast ausnahmslos von Personen, die nie nach ihrem Einverständnis zur Ausstellung als Dauerpräparat gefragt wurden.

Andererseits kann Mumien, Skeletten und Knochenresten, ja selbst kleinsten anatomischen Präparaten dann noch ein Bestattungsrecht oder eine moralische oder gesetzliche Bestattungspflicht zukommen, wenn eine religiöse oder moralische Beziehung zu ihnen besteht. Bei Völkern, deren Religion eine Bestattung zwingend macht, genügt eine kollektive, gefühlsmäßige Verbundenheit zu gefundenen sterblichen Überresten (zumeist Knochenresten) ihrer Vorfahren, um diese zu einem gruppenbildenden, kollektiven Trauerfall zu machen. Dazu sei als Beispiel das einklagbare Bestattungsrecht amerikanischer und australischer Ureinwohner erläutert. 1989–90 wurden in den USA zwei Gesetze (»National Museum of the American Indian (NMAI) Act« und »Native American Grave Protection and Repatriation«) vom amerikanischen Kongress verabschiedet. Beide Gesetze bestimmen, dass anonyme menschliche Verwesungsreste indianischer Vorfahren indianischen Gruppen auf begründeten Antrag hin zur Bestattung übergeben werden müssen. In Australien, Bundesstaat Victoria, wurde 1987 das »Aboriginal und Torres Strait Islander Heritage Protection Law« verabschiedet, das Gruppen australischer Ureinwohner das Recht auf Rückführung archäologischer Knochenfunde einräumt, was zur Wiederbestattung von bis zu zehntausend Jahre alten fossilen Skelettfunden führte.[40] Doch es gibt auch ein deutsches Beispiel: Im Südwest 3-Fernsehen wurde 1989 ein Kurzfilm über die nationalsozialistische Herkunft histologischer Präparate an deutschen Universitäten gezeigt.[41] Die Heidelberger Universitätsleitung nahm sich des Problems »leichnamsgerecht« an: Die gläsernen Objektträger wurden zerstampft und auf dem Heidelberger Friedhof bestattet. Dieses Beispiel zeigt, dass die Größe des Körpergewebes und die Konservierungsart keinen Einfluss auf Bestattungsentscheidungen haben müssen, entspricht doch das Gewebevolumen eines solchen histologischen Präparates dem fünfzigsten Teil eines Blutstropfens einschließlich 70 Prozent an Kunststoff, mit dem es zwischen Objektträgern durchtränkt ist. Andererseits besteht für Hunderttausende anonymer Skelette in Schulen, Theatern, Grüften und in Privatbesitz weltweit keine Bestattungspflicht. Das gleiche gilt für Pharaonen- und Gletschermumien.

Anonymisierung

Es entspricht anatomischer Tradition, Anatomieleichen für den studentischen Unterricht zu anonymisieren, denn es soll für den Anatomiestudenten die anatomische Struktur und nicht das Lebensschicksal des Verstorbenen von Interesse sein. Mit der Anonymisierung wird die individuelle gefühlsmäßige Verbundenheit zum Verstorbenen aufgehoben und der Bedeutungswandel von der Trauerleiche zur Lehrleiche unterstrichen. Diese Praxis wird von Lippert kritisiert, wenn er schreibt: »An der Leiche trainiert der Student alle Aspekte der Dehumanisierung: Denn dieser Patient ist eine bloße Nummer, ohne Namen und Gefühl. [...] Sein einziges Bedürfnis ist ein wenig Befeuchtung [...]. Am Anfang des Kurses bestürzen die Studenten den Lehrer mit Fragen nach der Herkunft der Leiche, nach Beruf und Krankengeschichte. Im Laufe des Kurses erstirbt dieses personenorientierte Interesse. Die Leiche wird Objekt, an dem es ein Testat zu bestehen gilt.«[42]

In Abwägung des Für und Wider würde ich mich bei Anatomieleichen für die Bekanntgabe der wesentlichen Lebensdaten entscheiden, welche die sichtbare Körperlichkeit der Leiche bestimmen, wie Alter und Todesursache. Bei Gestalt-Plastinaten gibt es allerdings ernst zu nehmende Gründe, die Anonymisierung konsequent durchzuhalten. Einmal wird das Gestalt-Plastinat durch die Anonymisierung zusätzlich gegen den Leichnam abgegrenzt, zum anderen entfallen damit juristische Probleme, die sich dann aus nicht erlöschenden Verfügungsrechten der Angehörigen ergeben könnten. Wie die Praxis anatomischer Vermächtnisse zeigt, ist es leider gar nicht so selten, dass über die Realisierung der Körperspende familiäre Konflikte ausgetragen werden, die mitunter sogar die Gerichte beschäftigen. Insofern wird die Aufhebung der Anonymität von Gestalt-Plastinaten eine Ausnahme bleiben müssen.

Sitte und Würde

Religiöse Gefühle wie auch die Vorstellungen von Moral, Sitte und Würde spielen eine entscheidende Rolle bei der Ausbildung von Umgangsformen mit Leichen; sie haben in verschiedenen Gesellschaften sehr unterschiedliche Bestattungsriten hervorgebracht. So werden beispielsweise in Tibet aus religiöser Überzeugung die Leichen an Geier verfüttert und in Indien als Asche dem Ganges übergeben. Gaedke schreibt zu diesem Themenkomplex: »Für alle Verfügungen des Verstorbenen gilt die Grenze des § 138 BGB, wobei die Frage, ob die Anordnung gegen die guten Sitten oder gegen die Pietät, also das Menschenrecht und die Menschenwürde überhaupt, verstößt, weder allein nach der Auffassung des Verstorbenen noch allein nach derjenigen der Angehörigen zu beurteilen ist; vielmehr muss die Anordnung objektiv einen Verstoß gegen die guten Sitten oder das Pietätsgefühl darstellen.«[43] Mit anderen Worten: Die Realisierung sittlicher und moralischer Vorstellungen bedarf des gesellschaftlichen Konsenses.

In bezug auf die »KÖRPERWELTEN« bedeutet dies, dass die Diskussion um Menschenwürde und die öffentliche Ausstellung von Plastinaten nicht losgelöst von den sittlichen und moralischen Überzeugungen der Bevölkerung gesehen werden kann. Insbesondere in einer Demokratie soll der Bürger sehr wohl selbst darüber mitentscheiden können, was würdevoll und was würdelos ist, was gezeigt werden darf und was nicht, wenn damit die Rechte anderer nicht eingeschränkt werden.

Die im Zusammenhang mit der Ausstellung immer wieder diskutierte Würde der Verstorbenen findet sich für mich als sittliche Wertempfindung im Kopf des Trauernden. Sie liegt weder im vermodernden Leichnam, in der Urnenasche noch in den Plastinaten. Insofern ist, soziologisch gesehen, der sichtbare Leichnam ein die Erinnerung wachhaltendes, mit zunehmender Verwesung nach und nach an Wert verlierendes »Trauersouvenir«, wenn einbalsamiert, ein »Trauerfetisch« (siehe z. B. das Lenin- oder Mao-Mausoleum). Darauf, dass der Leichnam selbst nichts mit der Würde zu tun hat, weist auch Benda hin, wenn er argumentiert: »Auch der tote Mensch behält seine Würde, aber es ist nicht sein Körper, dem Respekt gebührt, sondern das, was nach der Glaubensüberzeugung nicht sterblich ist und sich von dem Leichnam gelöst hat.«[44] Damit verneint Benda die Würde für die Leiche und legt sie in die Seele des Toten. Sicherlich eine Alternative, wenn man die Existenz der Seele bejaht.

Rechtliche Würdigung des Bestattungszwangs

Bestattungsrecht ist Ländersache. Für das Institut für Plastination in Heidelberg gilt somit das Baden-Württembergische Bestattungsgesetz.[45] Eine Leichendefinition wird darin nicht gegeben. Alle Paragraphen, in denen das Wort »Leiche« verwendet wird, weisen aber inhaltlich darauf hin, dass der Gesetzgeber mit »Leiche« nur die verwesliche Leiche, den »Leichnam« für die Bestattung und für die anatomische Verwendung gemeint hat. Der Leichnam ist damit die »Leiche im Sinne des Gesetzes«. In § 27 des Bestattungsgesetzes heißt es: »Ist eine öffentliche Leichenhalle vorhanden, so muss jede Leiche binnen 36 Stunden nach Eintritt des Todes, jedoch nicht vor Ausstellung der Todesbescheinigung, dorthin überführt werden.« und in § 37: »Jede Leiche muss bestattet werden.« Wie oben diskutiert, macht die unscharfe Leichendefinition das Plastinat jedoch nicht als bestattungspflichtige Leiche klassifizierbar. Dies zeigt auch die weltweit geübte Praxis im Umgang mit toten menschlichen Körpern, nach der eine Bestattungspflicht nicht für alle Leichen zwingend vorgeschrieben ist, sondern nur für solche, die nach obiger Klassifikation Leichname sind. Andernfalls gäbe es keine Museen, in denen Moorleichen, Mumien oder Skelettfunde gezeigt werden, keine dauerhaft konservierten Anatomieleichen und keine öffentlich zugänglichen Mausoleen. Das Argument, für Anatomieleichen gebe es einen – wenn auch zeitlich verschobenen – Bestattungszwang,[46] ist in diesem Zusammenhang belanglos, weil die Dauer des Zeitaufschubs nicht festgeschrieben ist und völlig willkürlich in Abhängigkeit der Nutzbarkeit der Leiche angewandt wird; damit würde auch die Ausstellungsdauer von Plastinaten nicht begrenzt werden müssen. Der Umgang mit Feuchtleichen wie der Moorleiche oder der Gletscherleiche wird im Bestattungsrecht ebensowenig geregelt wie der Umgang mit Trockenleichen, also Mumien, Skeletten und Gestalt-Plastinaten. Wären Trockenleichen Leichen im Sinne des Gesetzes, so müssten Skelette und Mumien bei zwischenstaatlichem Grenzübertritt Leichenpässe erhalten und in Zinksärge eingeschweißt werden, so wie es für Leichname (Bestattungsleichen) vorgeschrieben ist. Ebenso finden sich darin keine Vorschriften über die pathologische und die gerichtsmedizinische Sektion; diese sind in separaten Landesgesetzen geregelt. Bei toten Kleinleichen (Embryonen und Föten) und Teilpräparaten des menschlichen Körpers wird nur auf verwesliche Präparate Bezug genommen. So in § 30,2 BadWürtt.BestattVO: »Fehlgeburten, die nicht bestattet werden, und abgetrennte Körperteile sind hygienisch einwandfrei und dem sittlichen Empfinden entsprechend zu beseitigen.«

Auch § 49 des Bestattungsgesetzes, der Ordnungswidrigkeiten behandelt, hat für Dauerpräparate keine Konsequenz. Dort heißt es: »Ordnungswidrig handelt, wer vorsätzlich oder fahrlässig eine Leiche beiseite schafft oder der Bestattung entzieht.« Doch wie das Bestattungsgesetz nicht den Umgang mit Dauerpräparaten regelt, so verbietet es auch nicht die Transformation von verweslichen Leichen oder Leichenteilen in Dauerpräparate. Es gibt also keine gesetzliche Vorschrift, die das Transformieren von »Verwesungsleichen« in »Feucht- oder Trockenleichen« verbietet. Dies ist die Voraussetzung dafür, dass es seit jetzt vierhundert Jahren möglich ist, aus Leichen Skelette herzustellen. So wie sich für den Präparator die Bestattungspflicht der Leiche durch die Skelettherstellung aufhebt, so entfällt für den Plastinator die Bestattungspflicht durch die Transformation zum Gestalt-Plastinat.

Die Transformation vom Leichnam zum Plastinat

Zusammenfassend lässt sich festhalten, dass der Körper des Spenders nach dem Tod eine Transformation vom Leichnam zur Trockenleiche erfährt. Noch bevor die Bestattung gesetzlich zu erfolgen hätte, wird durch das Herbeiführen der Unverweslichkeit, der Zweckbestimmung und der Anonymisierung die Transformation zum Präplastinat vollzogen, womit die Leiche ihre bestattungspflichtigen Eigenschaften verliert. Die Unverweslichkeit tritt zeitlich mit der Fixierung zur Plastination ein; dieser Prozess ist nach acht bis 24 Stunden nach Erhalt des Leichnams abgeschlossen. Durch die Präparation und den Plastinationsprozess wird das Präplastinat schließlich zum Gestalt-Plastinat. Dieser Vorgang benötigt einen Zeitraum von zwei Wochen bis zu einem Jahr und ist mit der Härtung des Kunststoffes im Präparat (Kunststoffanteil ca. 70 Prozent) abgeschlossen.

Für den Wegfall der Bestattungspflicht ist wesentlich, dass der verstorbene menschliche Körper unverweslich und damit nicht mehr infektiös ist, dass eine Zweckbestimmung für die anatomische Lehre und Aufklärung wie für museale Ganzkörperpräparate vorliegt und dass eine Anonymisierung herbeigeführt wurde.

Zollbestimmungen

Abschließend seien die geltenden Zollbestimmungen für den internationalen Versand menschlicher anatomischer Dauerpräparate, Plastinate eingeschlossen, kommentiert, die entgegen einiger sensationslüsterner Medienberichte[47] eindeutig und nachvollziehbar geregelt sind. Plastinate sind »Anatomische Sammlungsstücke« und werden deshalb unter der Zollklassifikationsnummer 97050000 versandt.[48] Diese Zollnummer umfasst »Zoologische,

botanische, mineralogische oder anatomische Sammlungsstücke und Sammlungen«. Weil Zollgesetze noch nicht durchgehend internationalisiert sind, kann es jedoch durchaus vorkommen, dass in Deutschland ein Plastinat als Anatomisches Sammlungsstück abgesandt, in Mexiko aber als »Medical Specimen«, vergleichbar Organen zu Transplantationszwecken, eingeführt wird. Beim Versand plastinierter Präparate ins Ausland ist es auch schon vorgekommen, dass Erklärungen abzugeben waren, wonach »Anatomische Sammlungsstücke« auch »menschliche und tierische Präparate im weitesten Sinne, für den menschlichen Verzehr nicht geeignet« sind. Auch als »Menschliche Folgeprodukte«, vergleichbar z. B. mit Urnenasche, oder als »Medikament« im weitesten Sinne, Blutkonserven vergleichbar, wenn auch fest und dauerhaft konserviert, wurden Plastinate schon zolltechnisch anderswo eingeführt.
Weltfremd erscheint das Argument, fixierte Ganzkörperpräparate müssten als Leichen deklariert werden, um per Leichenpass kontrollieren zu können, dass es sich nicht um Opfer von Verbrechen handele.[49] Staatlicherseits wird nirgends kontrolliert, dass Leichen auch wirklich bestattet werden. Dies ist auch nicht nötig. Ist es doch geradezu das Problem von Mördern, Leichen nicht behalten, sondern loswerden zu wollen. Dazu taugt die dauerhafte Konservierung am wenigsten. So ist auch noch kein Fall von Leichenbeseitigung über den Umweg der Konservierung für Lehrzwecke bekannt geworden.

Anmerkungen

1 J. Hyrtl, Handbuch der praktischen Zergliederungskunst, Wien 1860.

2 H. Lippert, Die Inhumanität der Medizin und die Anatomie, in: Deutsches Ärzteblatt Heft 36, S. 2540 ff; Heft 37, S. 2615 f; Heft 38, S. 2700 ff (alle Jahrgang 1984).

3 G. von Hagens, Deutsches Patent 27 10 149 (1978); USA-Patente: 4,205,059 (1981), 4,244,992 (1981), 4,278,701 (1982), 9,320,157 u. a.; ders., K. Tiedemann, W. Kriz, The Current Potential of Plastination. Review article, in: Anat. Embryol. 175 (1987), 411–421.

4 KÖRPERWELTEN. Die Faszination des Echten. Ausstellungskatalog, hg. vom Institut für Plastination, Heidelberg 9. Aufl. 2000, 15: Abb. 8 u. 9: Zwei ca. 200 Jahre alte anatomische Ganzkörperpräparate.

5 U. Bleyl, »Und was wir sind, das werdet ihr sein«. Zur Würde und Unantastbarkeit der plastinierten Toten. Editorial, in: Der Pathologe 19 (1998), 171–175.

6 S. Sarial, KÖRPERWELTEN – Ein Ausstellungserfolg aus psychoanalytischer Sicht, in: Zeitschrift für Klassische Psychoanalyse 16 (1998), 1.

7 Institut für Anatomie der Medizinischen Universität zu Lübeck (Hg.), Mitteilungen der Anatomischen Gesellschaft 2 (1998).

8 H. Eggebrecht, Mehr als Haut und Knochen, in: Märkische Oderzeitung vom 14.2.1998.

9 B. Brock, Symposium zur Ausstellung »KÖRPERWELTEN«, Vortrag in Gürzenich, Köln am 8.3.2000.

10 E. J. Wormer, Faszination Plastination, in: Orthopädie & Rheuma vom 1.4.2000.

11 U. Clewing, Makabres Arrangement zum Anfassen, in: TAZ, Tageszeitung vom 8.10.1998.

12 A. Krzok, ... werde ich auferweckt in einem neuen Körper, in: Der Weg (evangel. Wochenzeitschrift) vom 14.12.1997.

13 Eintragung im Gästebuch der Ausstellung »KÖRPERWELTEN« in Köln, Heumarkt (12.2.–31.7.2000).

14 R. Willemsen, Wir sind wieder wir, in: Süddeutsche Zeitung Magazin vom 9.6.2000. Kerstin war eine Teilnehmerin der ersten Staffel der TV-Reality Show Big Brother.

15 W. Wortreng, M. Meili, Sind die Augen wirklich echt?, in: Die Weltwoche vom 23.9.1999.

16 G. von Hagens, K. Tiedemann, R. Romrell, M. Ross, Farbatlas der Schnittanatomie, Stuttgart, Schwer 1991.

17 I. Vorpahl, Die Toten nicht der Neugier preisgeben, in: Rhein-Neckar-Zeitung vom 18.11.1997, dort Zitat: Prof. Klaus Unsicker.

18 Eintragungen in den Gästebüchern der Ausstellung »KÖRPERWELTEN«.

19 E.-D. Lantermann, »KÖRPERWELTEN« im Spiegel der Besucher, in: Ausstellungskatalog »KÖRPERWELTEN« (wie Anm. 4), 211–218.
20 Sarial (wie Anm. 6).
21 Ebd.
22 Ebd.
23 Vgl. Lantermann (wie Anm. 19).
24 B. Tag, Symposium zur Ausstellung »KÖRPERWELTEN«, Vortrag Gürzenich, Köln am 8.3.2000.
25 Siehe Anm. 4, S. 18, Abb. 16: Tschechische Kirche mit Kronleuchter aus Knochen.
26 M. Brendel, Von den Heimlichkeiten der Natur, Berlin 1998, S. 17, Abb. 7.
27 U. Fischer, Wenn der Tod zum Spektakel wird, in: Ausstellungskatalog »KÖRPERWELTEN« (wie Anm. 4), 233–237.
28 I. Müller-Münch, Gruseln und Kommerz – ein Graus für die Geistlichkeit, in: Frankfurter Rundschau vom 26.1.2000; M. Stankowski, Hauptsache schön, in: Kölner Woche vom 10.2.2000.
29 Brockhaus-Enzyklopädie, 19. Aufl. Mannheim 1990; Meyers Enzyklopädisches Lexikon, Mannheim 1971.
30 Deutsches Rechtslexikon, München 1992, 885.
31 J. Gaedke, Handbuch des Friedhofs- und Bestattungsrechts, Köln, München u. a. 7. Aufl. 1997, 119–122.
32 F. J. Wetz, Die Würde des Menschen, in: Ausstellungskatalog »KÖRPERWELTEN« (wie Anm. 4), 10. Aufl. 2000, 246. Vgl. auch seinen Beitrag in diesem Band.
33 Gesetz über Friedhofs- und Leichenwesen (Bestattungsgesetz), Gemeinde-Ordnung für Baden-Württemberg (21.7.1970, 23.7.1993, 7.2.1994).
34 C. Thiele, Plastinierte »KÖRPERWELTEN«, Bestattungszwang und Menschenwürde, in: Neue Zeitschrift für Verwaltungsrecht (NVwZ) 4 (2000), 405–408.
35 A. von Campenhausen, »KÖRPERWELTEN« verletzt das deutsche Recht, in: Rheinischer Merkur vom 10.3.2000.
36 E. Benda, Von der Vergänglichkeit zum Plastinat. Zur KÖRPERWELTEN Ausstellung in Köln, in: Neue Juristische Wochenschrift (NJW) 24 (2000), 1769–1771, der im vorliegenden Band ebenfalls abgedruckt ist.
37 Gaedke (wie Anm. 5).
38 Ebd.
39 J. Suttcliffe, N. Duin, The Resurrection Men, in: A History of Medicine, New York 1992.
40 K. Wiltschke-Schrotta, Human remains on display B curatorial und cultural concerns. Tod und Museum. Vortrag im Pastoralzentrum Bozen am 3.6.2000.
41 Fernsehsendung: Südwest 3 vom 20.3.1989, Reihe Abenteuer Wissenschaft: »NS-Präparate – Präparate von NS-Opfern als Unterrichtsmaterial ...«.
42 Lippert (wie Anm. 2).
43 Gaedke (wie Anm. 5).
44 Benda (wie Anm. 36).
45 Siehe Anm. 31.
46 Vgl. Thiele (wie Anm. 34).
47 Fernsehsendung: 3sat vom 5.1.2000: »Die Leichenshow«.
48 Warenverzeichnis für die Außenhandelsstatistik, Ausgabe 1998 des Statistischen Bundesamtes.
49 Leichenshow (wie Anm. 47).

Charleen M. Moore and C. Mackenzie Brown

Gunther von Hagens and BODY WORLDS Part 1: The Anatomist as Prosektor and Proplastiker

Recent calls to reintegrate the sciences and humanities are challenged by the contemporary work of anatomist Gunther von Hagens and his *BODY WORLDS* exhibits of plastinated cadavers. The anatomical quest to understand our physical interior has long been in tension both with aesthetic ideals and religious sensitivities regarding the metaphysical significance of the human body. Part I of this two-part Historical Note examines tensions epitomised by Goethe's figures of the prosektor and proplastiker. The former, driven by scientific curiosity, is willing to destroy, even desecrate, the human form to obtain knowledge. The latter demurs at such mutilation of our physical body, wondrous even in death – seeking instead to rejoin what the prosektor has pulled apart, to restore human dignity. In the confrontation between prosektor and proplastiker, roles disturbingly fused in the person of von Hagens himself, questions arise regarding the authenticity of models as well as the appropriate recipients of such mediated yet intimate anatomical knowledge. Part II will focus on religious perspectives on the human body, variously interpreted as God's handiwork, habitation for the soul, and vehicle of resurrection. Consideration also is given to the role of anatomist as priest, prophet and Promethean creator, roles self-consciously embraced by von Hagens.
Anat Rec (Part B: New Anat) 276B:8–14, 2004.

KEY WORDS: anatomy; art; anatomical exhibitions; medical education; education; plastination; religion

The Conflict of Two Cultures Continues

The intersection between anatomy, art and religion has frequently resulted in a conflict between different views of the human body and of what it means to be human. The anatomist historically has stood at this intersection, often striving to integrate quite disparate roles – scientist, artist/dramatist, and priest/prophet. We explore this conflict and the roles of the anatomist, using Gunther von Hagens and his *BODY WORLDS* exhibitions of plastinated cadavers as the contemporary embodiment of this controversy. Von Hagens' work challenges the recent call to reintegrate the sciences and the humanities. Proponents of such integration decry the lack of insight into human creativity on the part of those who would regard the two enterprises as tightly boundaried or opposed. Stephen Jay Gould, for example, in one of his last books, *crossing over: where art and science meet*, coauthored with the artist Rosamond Wolff Purcell, notes:

"Small minds have usually viewed Science and Art as adversarial – at least from Goethe's complaints about narrow-minded naturalists who would not take his anatomical and geological works seriously because he maintained a day job as a poet to C.P. Snow's identification and lament about two noncommunicating cultures... But the unifying modes and themes of human creativity surely transcend the admitted differences of subject matter in these two realms of greatest interest and occasional (even frequent) triumph of both heart and mind." (Gould and Purcell 2000, p. 13).

Of direct relevance to our present topic are some of the anatomical illustrations in the book, including a beautiful photograph of the original skeletons juxtaposed with wax models of craniopagus Siamese twins. Perhaps even more unsettling are the photographs in an older Gould and Purcell collaboration, *Finders, Keepers,* of Fredrik Ruysch's remarkable late 17th century preparations of infant heads, variously adorned with frilly lace, preserved as wet specimens in shimmering glass jars (Purcell and Gould 1992, 25-27).

Confined to the printed page, Gould and Purcell's integration of anatomy and art remains safely abstract. However, in the exhibit halls of Japan, Germany, Austria, Belgium, South Korea, and England where *BODY WORLDS* has appeared, such integration can be as explosive as some of the "exploded view" plastinated cadavers themselves (Fig. 1).

For human anatomy, unlike other areas of scientific investigation, both explores and proposes who and what we humans are in the most intimate of ways, using methods and means that often disturb deep-seated aesthetic, moral and religious sensitivities.

Interestingly, Goethe himself, while lamenting the separation of the two cultures, was keenly aware of the deep tension between the scientific quest for certain kinds of knowledge – specifically that of our physical interior – and the humanistic imperative to preserve human dignity. These two ideals collide in the figures of the Prosektor and the Proplastiker in Goethe's story of the young and ambivalent anatomy student Wilhelm Meister. Confronted in the dissecting room with the arm of a young woman who, despairing of love, had drowned herself, Wilhelm visualises the lovely limb encircling the neck of her lover. The image overwhelms the aspiring anatomist: "The repugnance to deform still further the splendid production of Nature was at variance with the demand which man, thirsting for knowledge, has to make on himself" (Goethe 1947, 234). A visiting Proplastiker (plastic anatomist) sees Wilhelm's hesitation and suggests an alternative to anatomical destruction: modeling in wax and other materials. The visitor explains "that building up teaches more than tearing down, joining together more than separating, making what is dead alive, more than making what is already dead still further dead." (Goethe 1947, p. 236). Taking Wilhelm aside, the Proplastiker contrasts the gruesome work of the Prosektor (dissector) with his own beautiful plastic transformations (compare Figs. 2 and 3), and reveals to Wilhelm a replica of the bony skeleton of the young woman's arm. The Proplastiker sees his art as an imitation of divine creativity – even of divine restitution. Claiming his work represents a first step "to put life again into the rattle of the dead bones," the Proplastiker refers to Ezekiel's vision of the Lord's resurrecting the dead, noting how the prophet "had first to see his valley of bones gather together and join themselves in this manner before the limbs were able to move, the arms to touch and the feet to raise themselves upright." (Goethe 1947, p. 236).

Human anatomy, unlike other areas of scientific investigation, both explores and proposes who and what we humans are in the most intimate of ways, using methods and means that often disturb deep-seated aesthetic, moral and religious sensitivities.

Fig. 1: Gunther von Hagens' late 20th century plastinated whole body in an "exploded-view" presentation. The intent stated by von Hagens is to show relationships between various structures of the body. This and other whole-body plastinates of von Hagens have been publicly displayed in Europe and Asia in a travelling exhibition called BODY WORLDS. Copyright: Gunther von Hagens, Institut für Plastination, Heidelberg, Germany (www.bodyworlds.com).

In Gunther von Hagens we see a fusion of Goethe's scientific Prosektor and humanistic Proplastiker, with his various pedagogical, aesthetic and spiritual – or quasi-spiritual – agendas. As Prosektor, von Hagens is universally acknowledged as unexcelled. As Proplastiker, he is most engaging and, at the same time, most enraging. To gain insight into the controversies surrounding the creator of *BODY WORLDS*, we must first examine in historical perspective the diverse views of the human body that such a fusion brings and the tensions it generates, focusing on the interpretive viewpoints of the anatomist as scientist, artist/dramatist and priest/prophet.

Scientific Views of the Human Body – The Anatomist as Prosector

There are many ways to glean scientific knowledge about the body other than peering into dead ones – for instance, one could observe how the living body reacts to being needed or burned, as with the Chinese practices of acupuncture and moxibustion (Kuriyama 1999, p. 118; Porter 1997, pp. 7-8). Such practices are often sustained by and implicated in traditional notions of the body as a mirror or microcosmic reflection of cosmic forms and forces. The reasons that anatomy became the privileged mode of exploring the body in the West during and after the Renaissance are naturally complex, but the development is related at least in part to the view of the body, not as a microcosm, but as a beautifully and intricately designed machine. Thus, the Western anatomist is interested in the way the body moves and functions, its structure and parts, and the means to repair the delicate mechanisms when they no longer perform properly. It seems hardly an accident that the meticulously rendered drawings of flayed bodies and articulated skeletons found in anatomical textbooks from the Renaissance on are frequently in motion, the reanimations depicting the abilities of this incredible machine.

The basic assumption of anatomy, then, is that "the dead shall teach the living," an anonymous motto that in one form or another adorns the entrances to many anatomy laboratories in medical schools today. But who is to have access to knowledge about the internal workings of the complex machinery that is our body? In other words, to whom are the dead to teach? Only those who, by academic or professional qualifications are allowed to pass through the dissecting room doors of our teaching institutions – that is, only research scientists and future health care providers? Or is such knowledge to be given to the general public, regardless of educational qualifications and motivations?

The scientist is often portrayed as being unconcerned about the lay public's view of her work. And yet, in order to make informed decisions from voting for funding for scientific research to participating in their own health care, the general public needs to be informed about their bodies and the effects various insults can have. At the same time, few members of the general public would want to access such intimate knowledge in the traditional venue of the dissecting room. While authenticity of presentation is an important desideratum for the public, perhaps even more so is concern for a non-repelling and aesthetic presentation. Thus, in general, models have been used to disseminate knowledge to the lay audience while actual specimens have been reserved for the education of a privileged few.

For teaching future scientists and health care professionals, the use of models alone – at least until the very recent possibility of using virtual cadavers – has often been regarded as less than ideal (Aziz et al., 2002). At the same time, anatomy instructors have viewed preserved specimens as valuable adjuncts in assisting students to interpret their own dissections from Vesalius' articulated skeleton overlooking the dissecting table, down to the present use of plastinated sections of muscle and bone in the anatomy laboratories along side the whole cadaver. Development of ways to preserve soft tissues began with the early preparations of anatomists such as Frederik Ruysch (1638-1731) and Honoré Fragonard (1732-1799), using desiccation, special varnishes or injection of vessels with embalming fluids. Such specimens increasingly have come into use, providing an authenticity missing in models that tend to be idealised representations and lack the unique and anomalous features of real cadavers.

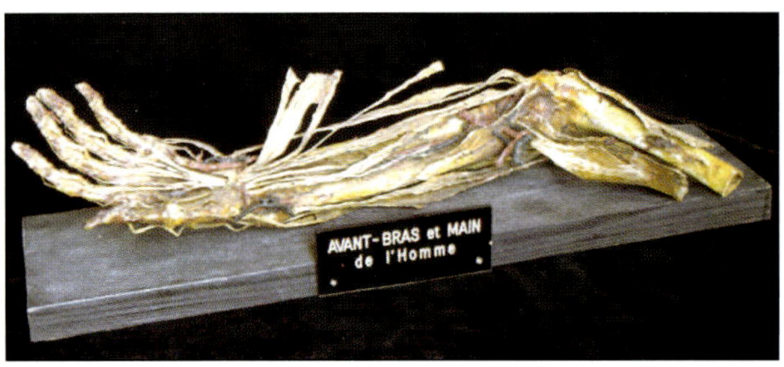

Fig. 3: Honoré Fragonard's eighteenth century dissection of a preserved arm, suggestive of the Prosektor's "gruesome works." In the musée Fragonard de l'École nationale vétérinaire d'Alfort. The arm was preserved through desiccation and a varnish coating developed by Fragonard, whose exact formula has not been discovered. Copyright: C. Degueurce, musée Fragonard, France.

Fig. 2: Eighteenth century wax model of a woman's arm showing the magnificence of human anatomy without the horror inherent in human dissections, illustrative of the Proplastiker's "beautiful transformations." In "La Specola" Museum in Florence. Photo credit: Saulo Bambi, Museo di Storia Naturale, Sezione Zoological "La Specola."

Preservation methods have reached their acme in the plastination techniques used by Gunther von Hagens. In the late 1970s, von Hagens developed a procedure for preserving whole bodies and individual organs using curable polymers. These chemicals replace the water and lipids in the body and are subsequently hardened. As von Hagens notes: "When I replace this water by a permanent polymer like silicon rubber, then there is no decay anymore. Certainly, those specimens will hold longer than the mummies from the pharaohs" (quoted on National Public Radio, *All Things Considered* 2001, p. 11).

While stopping decomposition in a most convincing manner, plastination involves such extensive chemical manipulation of the corpse that some have asked how natural or authentic such specimens are. José Van Dijck, for one, questions whether plastination provides for any more "scientific transparent truth" than any other mechanical mediation that seems, naively in her opinion, to remove "the contamination of human intervention" (van Dijck 2001, p. 117). She notes that some of the classical, eighteenth century wax models are more life-like than von Hagens' specimens. Whatever the philosophical merits of such questions, from a practical standpoint, are the plastinates sufficiently "real" to serve the pedagogical needs of the professional anatomist? And does the chemical manipulation preserve enough of the authentic while removing the horror, smell and repugnance that is part of the dissecting room ambience to still attract and fascinate, as well as educate, the general public? A tentative answer is that they certainly are real enough to provoke the controversies that mere models would not, as well as to attract over eleven million visitors to the exhibits to date. Indeed, no other exhibition has presented the internal structure of the human body to as many individuals from the general population or even the scientific community.

One of us (CMM) saw *BODY WORLDS* while attending a scientific meeting in Vienna in 1999. First learning about von Hagens and *BODY WORLDS* when he came to her meeting to promote the exhibit, she became interested in seeing the exhibit for its educational components. Immediately striking to her while walking through the exhibit were the technically exquisite dissections. The spinal nerves of the "chess player," the whole skin dissection "carried" by one of the cadavers and the disembodied plastinated vessels of a hand were among the most impressive. The scientific information provided with the dissections illustrating the growth of a human foetus and the malformations that can occur, as well as the comparisons of healthy and diseased lungs and normal and cirrhotic livers that show the effects of smoking and drinking clearly served an educational function. Similarly, the displays of bodies showing pacemakers, hip replacements and artificial knees allowed the public to see more directly advances that have been made in medical care.

The circus element, however, that von Hagens encouraged when he escorted guests dressed as space creatures through the exhibit with TV cameras in tow, made the author uneasy with this so-called "edutainment." And yet as an anatomist/dramatist von Hagens is not dissimilar from the anatomists in the anatomical theatres of 16th century Bologna and Padua who sold admission tickets to their dissections, not only to medical and art students, but to the non-professional public as well who looked on the procedure as entertainment as much as education. In fact, on November 20, 2002, von Hagens recently reintroduced the public autopsy, dissecting an elderly male's preserved body before a London audience of five hundred people.

No other exhibition has presented the internal structure of the human body to as many individuals from the general population or even the scientific community.

The admission charge was £ 12. Unlike some other visitors to von Hagens' *BODY WORLDS* exhibit, though, the author was not particularly disturbed by the artistic poses in which many of the whole-body plastinates were presented, seeing the life-like postures as splendidly illustrating the workings of the body engaged in everyday activities. Von Hagens also follows in a long history of representing cadavers in artistic displays to help allay the sense of disgust, among whatever other motives may have been at work. While he often denies that he is an artist when arguing that his dissections have been made purely to educate, he does accept the notion that the plastinates themselves are "anatomy art" (von Hagens 2000, p. 34).

Artistic Views of the Human Body – The Anatomist as Proplastiker

According to the early 16th century anatomist Berengario de Carpi, the flayed figures like those appearing in his *Commentaria* (1521) were to assist physicians in their surgical incisions and artists in their rendering of the human body. Leonardo, Michelangelo and other artists dissected cadavers to learn the internal structure, especially the musculature and skeletal scaffolding. Such artistic representations of the human body have presupposed a conception of personhood as willful agent, making choices that muscles, especially, translate into action. As Kuriyama notes with regard to Western anatomical and artistic traditions: "Interest in the muscularity of the body was inseparable from a preoccupation with the agency of the self" (Kuriyama 1999, p. 144). Muscles are thus, par excellence, the mediating organ between the autonomous will of the person and the actions of his or her body. Renaissance anatomical artists celebrated this mediating function by displaying the flayed and dissected human body in their sketches, paintings, engravings and sculpture, not as lifeless forms, but as robust and vivid "musclemen," anticipating the Proplastiker's ideals of "making what is dead alive."

Throughout the 17-18th centuries, dissections and even dried specimens were rare, so artists (the real proplastikers) such as Zumbo, Ecolli, Susini and the Manzolinis created exceptionally realistic wax models of dissected human specimens. The models preserved the information from these dissections, and more often than not, appeared as pieces of art in themselves. Body casts from cadavers represented another way to present anatomical models in an aesthetically pleasing mode. William Hunter (1718-1783), who taught artists as well as medical students, did not actually display the body of the criminal he flayed, but instead made a cast of the smuggler recast of which now resides in the Royal Academy of Arts, London posed in the position of the Dying Gaul, a sculpture in the Capitoline Museum in Rome (Figs. 4 and 5). In the process, Hunter significantly blurred the line between anatomical and artistic goals.

Anatomy art – from sketch to sculpture – began as an imitation of body and life. In Hunter's "Smugglerius," anatomical representation imitates not just life but also art.

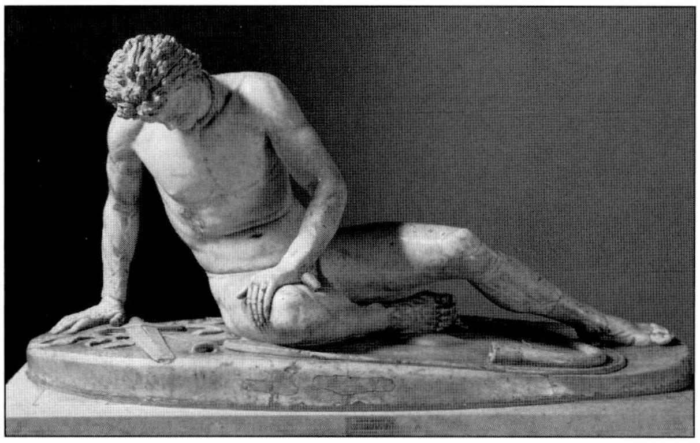

Fig. 4: A 3rd century B.C.E. Roman copy of an earlier Greek work from Pergamon, in the Capitoline Museum, Rome. Known as The Dying Gaul, this sculpture served as a model for William Hunter's anatomy art two millennia later. Photo credit: E. Lessing, Art Resource, NY.

With the development of better ways to preserve body specimens, the potential for anatomical presentation to effect a radical "reversal of art-representing-body into body-representing-art" (in the words of van Dijck, 2001, 116) was soon realised. Thus Ruysch created his fantastic dioramas made entirely of human material (Fig. 6). Honoré Fragonard, the cousin of the celebrated painter of the same name, posed one of his whole-body dissections as Samson holding the jaw of an ass (Fig. 7).

This radical reversal runs rampant in the plastinates of von Hagens. The positions of his figures "are at least as determined by artistic conventions as by scientific insights" (van Dijck 2001, p. 114). Van Dijck notes the resemblance between *The Chess Player* and Rodin's *The Thinker*, and between *The Runner* (Fig. 8), with its flying skin and muscle flaps, with "futurist art in which movement and speed were represented in new ways" (van Dijck 2001, p. 114). Among the most fascinating of von Hagens' reversals is his flayed plastinate bearing his own skin, an imitation of a similar figure in Juan Valverde's *Historia de la composición del cuerpo humano*, first published in 1556 and later reproduced in *Anotomia del corpo humano...* (1559). These two figures will be discussed in more detail in Part II.

Much of the controversy surrounding *BODY WORLDS*, at least in Europe, has focused on the dual purpose of the exhibits proposed by von Hagens – education and entertainment (in his word, "edutainment") – as well as on his own description of his work as "anatomical art." In part, the contentious nature of such a dual purpose historically reflects the separation of art and anatomical science that began by the end of the 18th century. The cavorting cadavers striding through exotic settings or coyly self-exhibiting their own dissected viscera so typical of 16th-18th century anatomical illustrations gradually gave way to a stark realism that eschewed imaginative embellishment, a development nicely documented in the recent *Dream Anatomy* exhibit at the National Library of Medicine. Thus, according to one reviewer of this exhibit, Gautier d'Agoty's 1773 mezzotint of a pregnant woman écorché,

Much of the controversy surrounding BODY WORLDS has focused on the dual purpose of the exhibits proposed by von Hagens as well as on his own description of his work as "anatomical art."

her musculature and developing foetus "daintily on display," is credibly *"Dream Anatomy's* most mesmerising image, one in which art and science seem to merge effortlessly" (Smith 2003, p. 829).

The wedge splitting medical schools and art academies soon made such fusions of art and science untenable – at least until von Hagens entered the anatomical scene in the late 20th century with his artistically posed plastinates, including his own version of a flayed pregnant woman with exposed foetus.

The reconvergence of science and art in von Hagens' work, however, is not in itself the most fundamental source of controversy. On one hand, it is the use of the particular medium, human organic material, that lifts the issues surrounding the aesthetic display of plastinates far beyond the tensions or conflicts between scientific and artistic prerogatives. On the other, as is evident in the context of the public autopsy where the artistic element was absent, something akin to sacerdotal privilege is at stake. When the British Inspector of Anatomy Dr. Jeremy Metters threatened von Hagens with arrest for violating a 1984

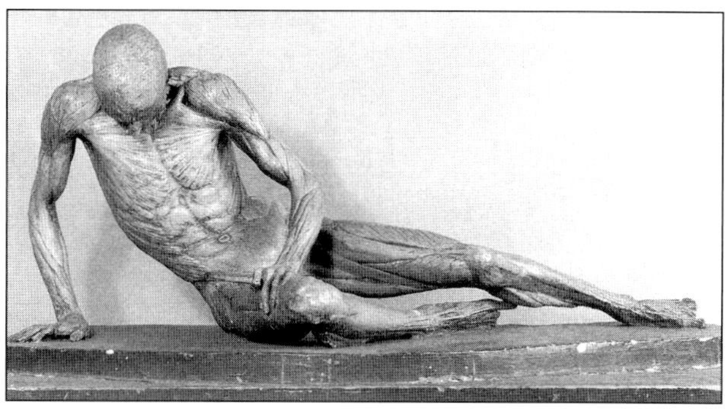

Fig. 5: William Pink's plaster cast of Agostino Carlini's Smugglerius (1775), prepared from the body of a criminal hung for smuggling, flayed by William Hunter and arranged to imitate the position of The Dying Gaul. In the Royal Academy of Arts, London. W. Pink after Agostino Carlini RA, 1834. Copyright: Royal Academy of Arts, London.

Fig. 6: Etching of Fredrik Ruysch's late 17th to early 18th century diorama constructed entirely of foetal and adult human body parts. From National Library of Medicine exhibition, Dream Anatomy, 2002. Image taken from Alle de ontleed- genees- en heelkindige werken...van Fredrik Ruysch.... Vol. 3. (Amsterdam, 1744). Courtesy of the National Library of Medicine.

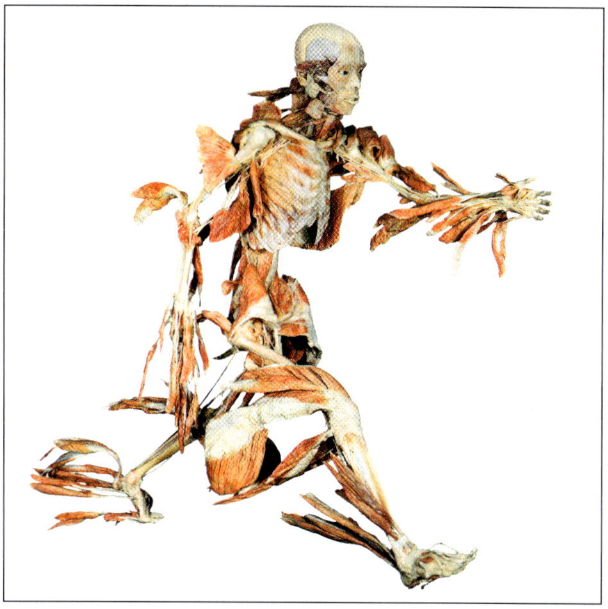

Fig. 8: Gunther von Hagens' plastinated whole body in the form of a runner with the muscles stripped from their origins and extended from the bone in a spirit of movement illustrating the muscles as mediators of the autonomous will as often portrayed by Renaissance anatomical artists. Copyright: Gunther von Hagens, Institut für Plastination, Heidelberg, Germany (www.bodyworlds.com).

Anatomy Act by failing to have a post-mortem license, the latter protested that he was breaking no laws. Metter's attitude, von Hagens added, "reminds me of the times when clergymen reserved the right to read the Bible" (quoted in *Record Searchlight* 2002, Nov. 21). The body is indeed a sacred text of sorts, with metaphysical attributes of its own that have been read in a variety of ways. Like the Bible, the body is subject to a variety of religious and philosophical interpretations, each with its own healing or therapeutic prescriptions and prophetic visions of the good life – both now and in post-mortem existence. In Part 2 we shall explore the priestly, prophetic and Promethean roles of the anatomist in interpreting the humanistic and spiritual meaning of the human body.

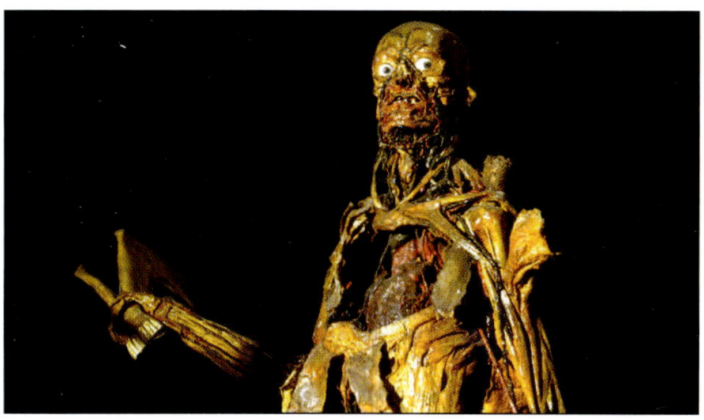

Fig. 7: Honoré Fragonard's 18th century whole body preservation representing Samson holding the jawbone of an ass as described in Judges 15:14-16, in the musée Fragonard de l'École nationale vétérinaire d'Alfort. Copyright: C. Degueurce, musée Fragonard, France.

Charleen M. Moore and C. Mackenzie Brown

Gunther von Hagens and BODY WORLDS Part 2: The Anatomist as Priest and Prophet

Part 1 of this two-part series highlighted tensions between the anatomical quest for scientific knowledge about the human interior and artistic representations of the anatomised body, contrasting the roles of Goethe's scientific Prosektor and humanistic Proplastiker – roles disturbingly fused in Gunther von Hagens. Part 2 first examines religious interpretations of the human body that fuel the tensions manifest in anatomy art. The body in Western cultures is a sacred text amenable to interpretation as handiwork of God, habitation for the soul and vehicle for resurrection. As handiwork of God the body beckons the anatomist's scalpel, helping establish dissection as the hallmark of Western medicine. The body as divinely designed machine encompasses the idea of an indwelling soul expressing its will in actions mediated through the intricate network of muscles – an understanding reflected in the oft occurring muscle men of early anatomical textbooks. Interconnections of body and soul in medieval somatic spirituality are examined with reference to ideas of resurrection and their impact on anatomical illustration. Part 2 concludes with consideration of von Hagens as priest and prophet, culminating in the Promethean impulse that recognises not God but ourselves as proper owners and moulders of our destiny, embodied in the plastinator's visionary quest to create the superhuman. *Anat Rec (Part B: New Anat) 277B:14–20, 2004.* © 2004 Wiley-Liss, Inc.

KEY WORDS: anatomy; art; anatomical exhibitions; medical education; education; plastination; religion

Introduction

In part 1 of this two-part series (Moore and Brown 2004), we examined tensions between the anatomical quest for scientific knowledge about the human interior and artistic representations of the anatomised body, contrasting the roles of Goethe's scientific *Prosektor* and humanistic *Proplastiker*. We saw how the contemporary German anatomist Gunther von Hagens attempts to fuse these roles as creator of the anatomy art that is displayed around the world in his *BODY WORLDS* exhibitions. In Part 2 we turn to the religious interpretations of the human body that have fuelled the tensions manifest in von Hagens' anatomy art and examine his additional – and more disturbing – roles as secular priest and prophet.

Religious Views of the Human Body: The Anatomist as Priest

Human organic material, however modified, is not simply matter; the human body is not simply an object. Culture in general, and the religious imagination in particular, endow our physical embodiment with metaphysical attributes that both reflect and create an understanding of personal, social, and spiritual identity – including one's final destiny. Within the religious perspectives of the Western monotheistic traditions, three such metaphysical attributes of the body are especially relevant to the anatomical enterprise: the body as God's handiwork, as habitation for the indwelling spirit or soul, and as the vehicle for bodily resurrection.

Human organic material, however modified, is not simply matter; the human body is not simply an object.

The notion of the body as divinely designed, according to Shigehisa Kuriyama, was fundamental to the anatomical quest in the West in the monotheistic traditions, a quest largely absent in India and China. "The evidence linking early anatomical inquiry with the belief in a preconceived plan is abundant and explicit.... The presumption of divine design was absolutely critical to the enterprise of anatomy in just this way. It promised that a cadaver held more than frightening, repugnant gore – that its contents displayed visible meaning" (Kuriyama 1999, p. 124–125). Vesalius was merely standing in a long line of Western anatomical Galenic tradition when in the preface to his *De Fabrica* he explained the inclusion of illustrations as providing – for those unable or too delicate in nature to attend dissections of the human body – the opportunity to attain some degree of anatomical knowledge of humankind that "attests the wisdom (if anything does) of the infinite Creator of things" (Vesalius 2003).

Islamic scholars made similar claims for anatomy; thus the acclaimed Aristotelian philosopher Ibn Rushd (Averroës) proclaimed: "He who does dissection increases his faith in Allah" (quoted in Bittar 1955, p. 357). Somewhat more mystically, the Sufi theologian al-Ghazzali effused: "The science of the structure of the body is called anatomy: it is a great science, but most men are heedless of it. If any studies it, it is only for the purpose of acquiring skill in medicine, and not for the sake of becoming acquainted with the perfection of the power of God. The knowledge of the anatomy is the means by which we become acquainted with the animal life; by means of knowledge of animal life, we may acquire a knowledge of the heart and the knowledge of the heart is a key to the knowledge of God" (quoted in Bakar 1999, p. 195).

Within the Christian tradition, the implications of anatomy for religious thought are made explicit by the 19th century natural theologian Thomas Dick: "Adorable Creator! With what wonderful art hast thou formed us! Though the heavens did not exist to proclaim thy glory – though there were no created being upon earth but myself, my own body might suffice to convince me that thou art a God of unlimited power and infinite goodness" (Dick 1860, p. 111). Dick goes on to emphasise the machine-like quality of the body: "In short, when we consider, that health depends upon such a numerous assemblage of moving organs, and that a single spring out of action might derange the whole machine, and put a stop to all its complicated movements, can we refrain from joining with the Psalmist in his pious exclamation and grateful resolution, 'How precious are thy wonderful contrivances concerning me, O God! How great is the sum of them! I will praise thee; for I am fearfully and wonderfully made. Marvellous are thy works, and that my soul knoweth right well'" (Dick 1860, p. 112).

Dick, in a manner reminiscent of al-Ghazzali, also pleas eloquently for Christians to engage in anatomical study: "Yea, how many are there who consider themselves as standing high in the ranks of the Christian profession, who affect to look down with a certain degree of contempt on the study of the material works of God, as if it were too gross a subject for their spiritual attainments! They profess to trace the wisdom of God in the Scriptures, and to feel gratitude for his pardoning mercy; but they seldom feel that gratitude which they ought to do for those admirable arrangements in their own bodies.... They leave it to the genius of infidel philosophers to trace the articulation of the bones, the branching of the veins and arteries.... But surely such astonishing displays of the wisdom and benignity of the Most High, as creation exhibits, were never intended to be treated by his intelligent offspring with apathy or indifference..." (Dick 1860, p. 45).

Von Hagens is hardly a natural theologian in the mould of a Thomas Dick. Yet he clearly understands the fascination and awe before "the admirable arrangements" within our body. And von Hagens shares with Vesalius the desire to provide those without opportunity or desire to attend a dissection the opportunity to see the wondrous working of the human body, although he sees the design aspect as the product of natural processes that plastination can illuminate: "Plastination... represents a shift in value from a useless corpse to a plastinated specimen, which is useful, aesthetically instructive and produced by nature" (von Hagens 2000, p. 37). He says of visitors to *BODY WORLDS*: "They will marvel at the diversity and beauty of human nature" (von Hagens, n.d., "Theme of the Exhibition").

The second metaphysical attribute of the body as habitation for the indwelling spirit or soul, defined as an autonomous agent, may well have played a critical role in the development of scientific anatomy in the West. In Kuriyama's analysis, from Galen on the view of the soul as "a self possessing muscular will" (Kuriyama 1999, p. 146) was essential in focusing attention on the body's musculature: "The life of a person cannot be told, therefore, merely in terms of natural processes like digestion and the pulsing of arteries. Beyond processes that happen of themselves, there are also the actions willed by the soul and carried out by these instruments called muscles" (Kuriyama 1999, p. 145).

The muscles "display the soul's decisions" (Kuriyama 1999, p. 151). Such a viewpoint, for Kuriyama, is reflected in the many flayed muscle men or *écorchés* that are a major motif in Renaissance anatomy books—and perhaps not coincidentally, the covers of von Hagens' *BODY WORLDS* catalogues.

It is not just the muscles, however, that may reflect the state of the soul, especially when the body-soul relationship is viewed outside the perspective of radical Cartesian dualism. Just as contemporary liberal theology rejects a mind-body dualism, so in late mediaeval thinking, the body was seen as an integral aspect of the human being, both before and after death. Katherine Park convincingly documents the "intensely somatic nature of Christian spirituality in the late Middle Ages" (Park 1994, p. 22). Such spirituality was manifested in the importance accorded to body relics, the penitential use of the body, mutilation and dismemberment as a means of spiritual attainment, as well as in the quest to discern the marks of a sanctified life in the physical body of the truly pious.

Thus, the desire to confirm the physical but interior marks of sanctity—such as the scars of divine love on the heart and other organs—inspired the opening and dismembering of bodies. A particularly instructive example noted by Park concerns one Sister Francesca of Foligno and her fellow nuns, who eviscerated their beloved abbess Chiara of Montefalco after her death in 1308. Cutting through the deceased's back to extract the heart, the nuns discovered in the dissected organ an image of Christ crucified, along with "even more miraculous marks of Chiara's sanctity, all formed of flesh: the crown of thorns, the whip and column, the rod and sponge, and tiny nails" (Park 1994, p. 2).

Von Hagens presents an interesting parallel in which mental and emotional states play the role of the soul: "The external face, the human countenance, has always been considered the mirror to the soul. The soul, on the other hand, also has an effect on the body. Happiness and worry have visible effects on the face within – just look at anorexia or stomach ulcers. Does that mean that an entire plastinated body is also an embodiment, a reflection of the soul?" (von Hagens 2000, p. 38). Von Hagens values the uniqueness of each individual specimen – part of his objection to mere models that only express a generalisation of the body – arguing that each plastinate reveals the particular vicissitudes and anomalies of real individuals. "All models look alike and are, essentially, simplified versions of the real thing. The authenticity of the specimen, however, is fascinating and enables the observer to experience the marvel of the real human being. The exhibition is thus dedicated to the individual face within" (von Hagens, n.d., "Aim of the Exhibition").

Such expressed respect for the uniqueness of individuals does not convince some of the visitors to *BODY WORLDS*, however. As one medical student wrote after viewing the plastinates in Brussels: "How can von Hagens expose bodies of real people, for everyone to see or touch, without any respect? We learn, during our studies, to respect the human body; a respect anyone would find natural, even necessary, when lying in bed in a hospital, or standing next to a loved one who had just died. A grave mistake has been made, a limit has been crossed. The body should be considered as a whole: a beautiful machine but also the home for the soul. I think we need this limit to orient our lives" (Vertes 2002, p. 168).

Fig. 1: Matteo di Giovanni's late-15th-century flayed and muscular St. Bartholomew draped in his own skin. © Museum of Fine Arts, Budapest.

Von Hagens values the uniqueness of each individual specimen, arguing that each plastinate reveals the particular vicissitudes and anomalies of real individuals. Such expressed respect for the uniqueness of individuals does not convince some of the visitors to BODY WORLDS, however.

Part of the student's objection was not just that the human body was presented as a "machine without a soul," but also that the specimens were, in her mind, exhibited in the most disrespectful of ways. After commenting on the skillful dissections, the student added: "But the rest was horror disguised: they had no skin, no face, and looked too beautiful to be frightening. The artistic poses were shocking.... If von Hagens had meant the exhibition to be educational, as he claimed, then why did be put the bodies in these shocking, artificial poses?"

Such remonstrances are not uncommon. The pastor Ernst Pulsfort, in an interview on National Public Radio's *All Things Considered*, lashed out through the translator: "I think these ideas are perverse. This man is playing with corpses like they are dolls. It makes no anatomical sense to present a dead person playing chess, riding a horse, swimming or fencing. This has nothing to do with anatomy. It is Play-Doh, and he makes it out of dead human meat" (National Public Radio, *All Things Considered* 2001, p. 12).

Why indeed, we may ask, does von Hagens pose his whole-body specimens as though they are still engaged in the normal activities of living? As noted in Part 1, von Hagens exalts in imitating representations, in reproducing classic works of art in organic material, yet there is more than just an aesthetic, if morbid, nostalgia at work here. This relates directly to the final metaphysical attribute of the body, as the vehicle or means for the psychophysical continuation of the individual via resurrection.

One of the most powerful doctrines affecting the course and practice of anatomy in the late Middle Ages was the idea of bodily resurrection on the Day of Judgement. This doctrine cut in two directions. On one hand, it emphasised the idea that physical or material continuity is essential to personhood and identity, and thus dismemberment could be viewed as a significant threat to eternal salvation. On the other, God in his omnipotence could reconstitute even the most corrupted of bodies, so that at the Last Judgment the scattered remains of a thoroughly pulverised and decomposed body, gathered, for instance, from the stomachs of carnivores if need be, would be divinely reassembled. Bone would be stuck back to bone, skeletons reclothed with muscles and flesh, and the whole body revivified.

Without such hope in eschatological reassemblage and restitution, the fate of martyrs like the flayed (and according to some versions, beheaded) St. Bartholomew would have been grim indeed. Reflecting the mediaeval fascination with mutilation and dismemberment as a means of spiritual exaltation, St. Bartholomew was frequently portrayed carrying his own flayed skin, sometimes fully clothed but also as a nude wiry athlete, his raw muscles exposed, as in Matteo di Giovanni's 1480 painting (Fig. 1). In Michelangelo's *Last Judgment* in the Sistine Chapel (Fig. 2), the martyr's postmortem vindication is graphically validated. Among the many resurrected souls St. Bartholomew appears fully reenfleshed while holding his own excoriated skin—itself in the form of a drooping self-portrait of the artist, suggesting Michelangelo's own hoped-for restitution through the martyr's intercession and Christ's mercy (Partridge 1997, p. 139). Given the connections between art, religion and science, it is hardly surprising that, as A. Hyatt Mayor notes, "The limp features that sag from his [St. Bartholomew's] hand reappear in the frontispieces of several baroque anatomy books" (Mayor 1984, p. 69). A similar theme is found in Andreas Vesalius's *De Humani Corporis Fabrica*, with its famous engravings of flayed but walking muscle men, which appeared in 1543, two years after the unveiling of Michelangelo's *Last Judgment.*

Anatomical art brought dry bones to life on the printed page, resonating with God's promise in Ezekiel's prophesy in the valley of dry bones: "Thus saith the Lord God unto these bones; Behold, I will cause breath to enter into you, and ye shall live: And I will lay sinews upon you, and will bring up flesh upon you, and cover you with skin, and put breath in you, and ye shall live" (Ezekiel 37:5–6). Giorgio Ghisi's *The Vision of Ezekiel* (1554) reveals its own resurrecting *écorchés* (Figure 3), less than a dozen years after Vesalius' *De Fabrica*. It is in this context that we can better appreciate the religious overtones in Valverde's engraved figure of the flayed man holding his own skin (1556) (Fig. 4). The St. Bartholomewlike *écorché*, knife in one hand, sagging skin in the other, is reminiscent of Michelangelo's restituted saint. Valverde's artist was likely Gaspar Becerra, former assistant to Michelangelo at the Sistine Chapel and an anatomist himself (Roberts and Tomlinson 1992, p. 214).

Fig. 2: Detail from Michelangelo's 16th-century Last Judgement portraying the martyred St. Bartholomew fully restored in his resurrected body while holding his own flayed skin. Photo credit: Scala/Art Resource, NY.

Von Hagens' plastinated rendering (Figure 5) of Valverde's *écorché*, with its echoes of much earlier representations of the skin-bearing saint, obviously evokes a number of traditional religious ideals. As Ulrich Fischer noted regarding the Mannheim exhibit, "religious associations were unmistakable in this exhibition, such as when plastination was referred to as an 'act of resurrection' or that plastinated specimens had been 'preserved for all eternity'" (Fischer 2000, p. 235). And von Hagens himself notes: "Whole-body plastination joins the ranks of skeletons and mummies as a new means of determining our postmortem existence for ourselves" (von Hagens 2000, p. 36).

The scientifically dissected body in the mid-16th century clearly revealed to those in the anatomical theatres both human and divine handiwork. It also anticipated a yearning for a new kind of immortality and bodily perfection – under human direction – a yearning explicitly voiced by Goethe's *Proplastiker* some two centuries later, and in von Hagens' most recent visions of a superhuman.

The Plastinator as Promethean Prophet or Frankensteinian Monster

The various controversies surrounding *BODY WORLDS* clearly reflect a number of historical tensions between science and art, art and religion, and religion and science that transcend the two cultures of the sciences and humanities. Underlying all these tensions is one major philosophical schism manifested in the question, "To whom does the body belong?" Those, for instance, who desire von Hagens to plastinate their bodies clearly believe it is their own right, whereas Dean Ulrich Fischer offers a very different perspective. As the handiwork of God, Fischer affirms, we and our bodies belong to our Creator. Death does not terminate this status, for the corpse is still the person. He concludes: "Everything that forms a basis of both human confidence as well as human limitations is lost when human beings become works of art in the hands of artists" (Fischer 2000, p. 235). Thus, violation of the body in the anatomical act, includ-

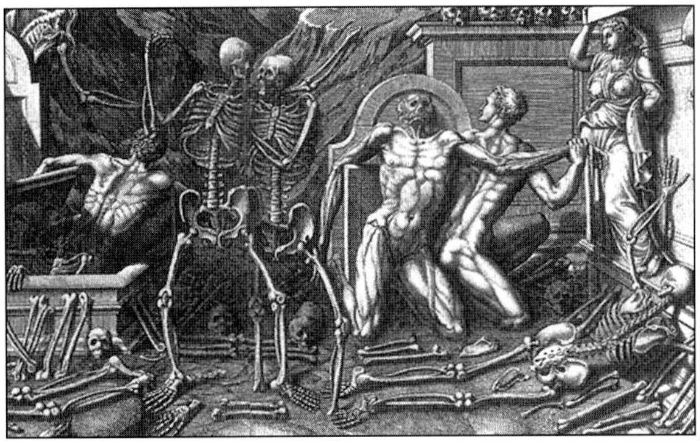

Fig. 3: Detail of Giorgio Ghisi's 16th-century The Vision of Ezekiel representing the reanimation of dry bones through a refleshing of the skeleton as described in Ezekiel 37:1–10. © The Trustees of the British Museum, London. © Copyright The British Museum.

ing von Hagens' hygienic processing of the corpse, inflicts damage on "the human existence of the persons involved" (Fischer 2000, p. 236).

Van Dijck notes the convergence of diverse motivations on the part of those who volunteer to have their bodies plastinated: "To those wishing to donate their own body to science, plastination offers the possibility to unite posthumous altruism and – more egocentrically – eternal 'life.' Since antiquity, people have sought to save their mortal bodies from total decay by having them mummified or embalmed after death" (van Dijck 2001, p. 121–122). And she adds one more motive: "the prospect of having their body transformed into a statue or work of art" (van Dijck 2001, p. 122). The modern quest for plastination seems in one sense not far removed in spirit from the ancient Egyptian funerary prayer to Osiris, that through the embalming process "I shall not decay, I shall not rot, I shall not putrefy, I shall not turn into worms, and I shall not see corruption" (Prayer to Osiris, n.d.).

Individuals intending to be plastinated may be regarded as seeking to fulfill a legitimate quest for an aesthetic postmortem fate, avoiding putrefaction and becoming a beautiful object that perhaps even enhances self-esteem while still living. Alternatively, they may be viewed as deluding themselves by refusing to accept their finitude in a vain attempt to deny divine will. One's view depends in large part on whether we regard ourselves and our bodies as belonging to God, or, ultimately, to ourselves.

Placing these two views in historical perspective, Erwin Panofsky contrasts the mediaeval Christian notion of humankind as being created in the image of God with the later Renaissance ideal of human beings as self-creating. Humankind in the mediaeval perspective was the primary subject of the cosmic drama of salvation, an end in itself, but subservient to God's will. Panofsky notes the great divide between that view of humankind and the one of Pico della Mirandola of the 15th century, who proclaimed: "Thou, man, masterful molder and sculptor of thyself... may'st shape thyself into whichever form thou wantst"

The various controversies surrounding BODY WORLDS clearly reflect a number of historical tensions between science and art, art and religion, and religion and science that transcend the two cultures of the sciences and humanities.

(Panofsky 1953, p. 167). No longer Adam but Prometheus is the symbolic representation of what it means to be human.

Those seeking the supposed benefits of plastination and especially von Hagens himself would seem to subscribe to the Promethean point of view. Once again, van Dijck nicely makes the point: "Although in many ways his work is a continuation of age-old traditions in the material production of anatomical objects, he also adds a commentary on the 'nature' of the human body: humans are no longer subject to divine nature, as science and scientists to a large extent control longevity and quality of life" (van Dijck 2001 p. 111). She elaborates: "The most disturbing aspect of Von [sic] Hagens' plastinates, in my view, is neither the transgression of art-science boundaries that purportedly fuelled the controversy, nor the resuscitation of public spectacle or display. Something that remained virtually untouched in the public debate concerning the exhibition was that plastinated cadavers prompted visitors to reconsider the status and nature of the contemporary body, both dead and alive. This body is neither natural nor artificial, but the result of biochemical engineering: prosthetics, genetics, tissue engineering, and the like have given scientists the ability to modify life and sculpt bodies into organic forms that we once thought of as artistic ideals – models or representations. What Von [sic] Hagens does with dead bodies is very similar to what scientists do with living bodies" (van Dijck 2001, p. 124).

Von Hagens' Promethean proclivities are recently manifested in his plans to create a new sort of plastinate, not one reflecting the actual state of a human cadaver, but an idealised "superhuman" of the future. As one commentator notes: "The Plastinator is on to new and ever-more ghoulish horizons. His web site announces, in bold lettering, that he is 'appealing for a terminally ill patient' to film his death, plastination and reconstruction as a 'superhuman'.... Notwithstanding his inability to draw breath, the 'superhuman' is supposed to be free of all the flaws von Hagens faults evolution with bestowing on us. The Plastinator's dead creation will have extra ribs (to protect the vital organs), knees that swing backwards (an attribute that sounds especially unstable), a backup heart (for when the primary organ fails)

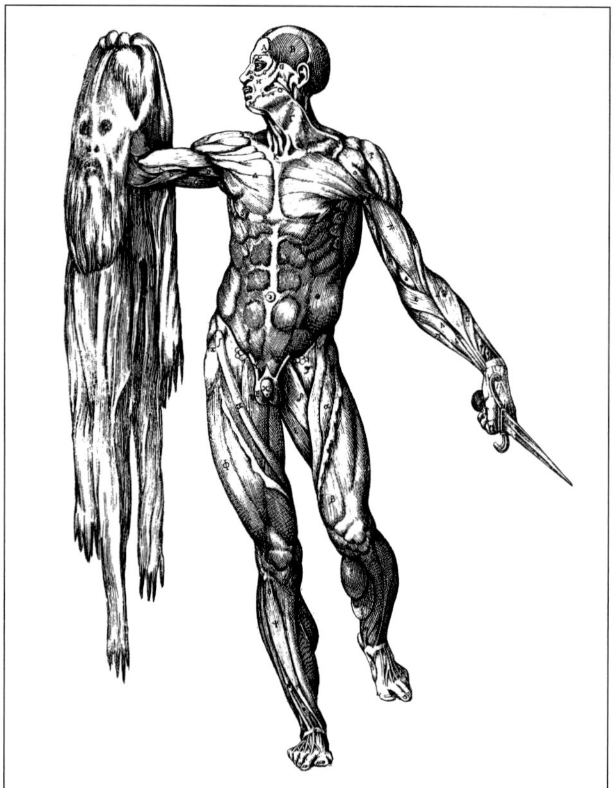

Fig. 4: Sixteenth-century copper engraving of flayed man holding aloft his own skin. From Juan Valverde de Amusco's Anatomia del corpo humano... (Rome, 1559 [first published 1556]). The artist was probably Gaspar Becerra, himself an anatomist, who assisted Michelangelo in painting the Sistine Chapel. Courtesy of the National Library of Medicine.

and a 'retractable penis'" (McGovern 2002). She concludes by quoting the Plastinator's own prophetic vision: "What we do with a real human body today will show what we can achieve in the future using genetic engineering."
Such visions may suggest to many a Frankensteinian nightmare, yet, as one might anticipate from the publicity-seeking plastinator, von Hagens "is quite happy to be compared to Mary Shelley's fictional character, Frankenstein" (Singh 2003, p. 468). As von Hagens himself proclaims, "Hollywood has earned a fortune by blending anatomy with body snatching and playing with ambivalent, gruesome feeling. What can be better than to... put me into this tradition?" (quoted in Singh 2003, p. 468).
For many, von Hagens will ever represent the postmodern Promethean priest, the Frankensteinian promoter of anatomical violence, offending both God and humanity. For others, he is Goethe's idealised anatomist fusing the human urges of the *Prosektor* for scientific knowledge and the aesthetic sensitivities of the ideal *Proplastiker* who delights in celebrating the human power to intervene in nature's processes (and God's designs or evolution's mistakes, depending on one's point of view) and who transforms the perception of postmortem destiny into something bearable.
The science of anatomy in its long interactive history with art has unavoidably been intertwined with religion and the human aspiration for meaning. The desire to know our bodily interior frequently intersects with spiritual longing for self-knowledge and for immortality. The resulting tensions may be inevitable, given the dual nature of human beings. As Ernest Becker succinctly dramatised this duality, we are creators with minds that soar above nature, yet are "worm[s] and food for worms" who live in conscious awareness of this "terrifying dilemma" (Becker 1973, p. 26). The anatomical enterprise as practiced by von Hagens and many of his predecessors has often served, and continues to serve, to highlight that dilemma, and in the process repeatedly brings science and art into collision, with religion as a catalyst.

Literature Cited

Ashraf Aziz A, Mckenzie JC, Wilson JS, Cowie RJ, Ayeni SA, Dunn BK. 2002. The human cadaver in the age of biomedical informatics. Anat Rec (New Anat) 269: 20–32.

Bakar O. 1999. The history and philosophy of Islamic science. Cambridge: Islamic Texts Society.

Becker E. 1973. The denial of death. New York: Free Press.

Bittar EE. 1955. A study of Ibn Nafis. Bull Hist Med 29:352–368;429–447.

Dick T. 1860. The Christian philosopher; or, the connection of science and philosophy with religion. In: The complete works of Thomas Dick, vol. 2. Cincinnati: Applegate & Co.

Fischer U. 2000. When death goes on display. In: Kelly F, translator. Gunther von Hagens' Anatomy Art: Fascination beneath the Surface. Heidelberg: Institute for Plastination. p 233–237.

Goethe, Johann Wolfgang von. 1947. Wilhelm Meister: Apprenticeship and Travels. Trans. by R. O. Moon. London: G. T. Foulis & Co.

Gould SJ, Wolff RP. 2000. crossing over: where art and science meet. New York: Three Rivers Press.

Fig. 5: Gunther von Hagens' late-20th-century plastinated imitation of Valverde's Bartholomew-like écorché. © Gunther von Hagens Institut für Plastination, Heidelberg, Germany (www.bodyworlds.com).

Kuriyama S. 1999. The expressiveness of the body and the divergence of Greek and Chinese medicine. New York: Zone Books.

Mayor AH. 1984. Artists and anatomists. New York: Artist's Limited Edition in association with the Metropolitan Museum of Art.

McGovern C. 2002. The plastinator wants you! well, your body. Report: Canada's Independent Newsmagazine (http://report.ca/archive/report/20021021/p46i021021f.html).

Moore CM, Brown CM. 2004. Gunther von Hagens and *BODY WORLDS*, part 1: the anatomist as Prosektor and Proplastker. Anat Rec (New Anat) 276B:8–14.

National Public Radio, All Things Considered. 2001. Body art. Transcript from Livingston, NJ: Burrelle's Information Services. p 12.

National Public Radio, All Things Considered. 2001. No. 8. "Body Art." April 30. Transcript by Burrelle's Information Services. Livingston, New Jersey.

Panofsky E. 1953. Artist, scientist, genius: notes on the "Renaissance-Dämmerung." In: The Renaissance: six essays. New York: Harper and Row. p 123–182.

Park K. 1994. The criminal and the saintly body: autopsy and dissection in Renaissance Italy. Renaiss Quart 47:1–33.

Partridge L. 1997. Michelangelo's Last Judgment: an interpretation. In: Stainton EB, editor. Michelangelo: The Last Judgment—a glorious restoration. New York: Harry N. Abrams. p 8–154.

Porter R. 1997. The Greatest Benefit to Mankind: A Medical History of Humanity. New York and London: W. W. Norton & Co.

Prayer to Osiris. n.d. From the papyrus of Nu, the chapter of not letting the body perish. In: Wallis Budge EA, translator. The Egyptian book of the dead (http://www.lysator.liu.se/(a1)/_drokk/BoD/tchsta.html).

Purcell RW, Gould SJ. 1992. Finders, Keepers: Eight Collectors. New York and London: W. W. Norton & Co.

Record Searchlight 2002. Nov. 21. (http://www.redding.com/news/world/past/20021121topworld023.shtml) Last accessed 9 Aug 2003.

Roberts KB, Tomlinson JDW. 1992. The fabric of the body: European traditions of anatomical illustration. Oxford: Clarendon Press.

Singh D. 2003. Scientist or showman? Br Med J 326:468.

Smith O. 2003. "The Art of the Oldest Science." Science 299 (7 Feb): 829.

van Dijck, J. 2001. "Bodyworlds: The Art of Plastinated Cadavers." Configurations: A Journal of Literature, Science, and Technology 9 (no. 1): pp. 99–126.

Vertes D. 2002. Körperwelten: the fascination of authenticity. Student Br Med J 10:168.

Vesalius A. 2003. In: Garrison D, Hast M, translators. On the fabric of the human body. Evanston, IL: Northwestern University (http://vesalius.northwestern.edu/noflash.html).

von Hagens G. 2000. "Anatomy and Plastination." In: Gunther von Hagens' Anatomy Art: Fascination beneath the Surface. No editor. Trans. by Francis Kelly. Heidelberg: Institute for Plastination. pp 11–38.

von Hagens, Gunther. No date. "Aim of the Exhibition." In *BODY WORLDS*.(http://www.koerperwelten.de/en/pages/ausstellungsziel.asp) Last visited 25 July 2003.

von Hagens, Gunther. No date. "Theme of the Exhibition." In *BODY WORLDS*. (http://www.koeperwelten.de/en/pages/ausstellungsinhalte.asp) Last visited 10 August 2003.

"The preceeding articles by Moore and Brown were originally published in Anatomical Records (Part B: New Anatomy) 276B: 8-14, 2004, and 277B: 14-20, 2004, resp. They were slightly edited for formatting style for the reprinting on this catalog."

Dr. Moore is a professor in the Department of Cellular and Structural Biology at the University of Texas Health Science Center at San Antonio. She teaches Gross Anatomy and the History of Anatomy. Her current research interests are in the genetics of aging and the history of medicine and anatomical art.

Dr. Brown is a professor and Chairman of Religion at Trinity University, San Antonio, Texas. He teaches courses in Asian Religions and Religion and Science. His current research interests concern contemporary Hindu responses to modern science and medicine.

*Correspondence to: Charleen M. Moore, Ph.D.,
Department of Cellular and Structural Biology,
University of Texas Health Science Center at San Antonio,
7703 Floyd Curl Drive, San Antonio,
TX 78229-3900. Fax: (210) 567-3803;
E-mail: moorec@uthscsa.edu

DOI 10.1002/ar.b.20003
Published online in Wiley InterScience
(www.interscience.wiley.com).

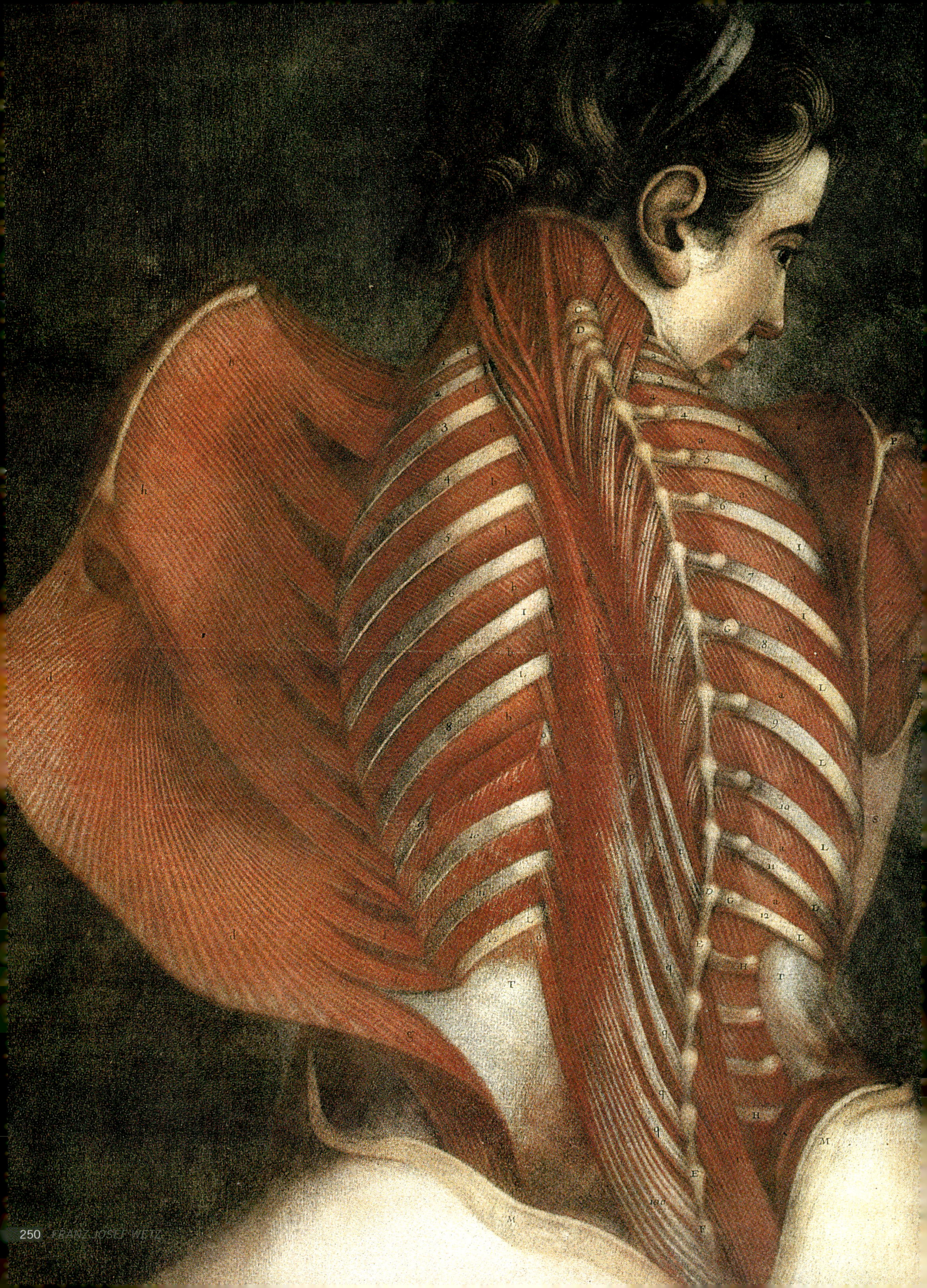

Franz Josef Wetz

Die Würde des Menschen

Der Mensch ist eine Sehenswürdigkeit: Er bietet ein Bild voller Erhabenheit und Würde. Das jedenfalls meinten die Philosophen der Renaissance. Einseitig hoben sie die überragende Bedeutung und Hoheit dieses sprachbegabten Lebewesens hervor, das schon einmal in seiner Geschichte – in Skulpturen der klassischen abendländischen Antike – sich selber als Idealgestalt oder so doch zumindest seine Götter und Heroen dargestellt hatte. Mit solch selbstbewusster Betrachtungsweise bezogen zahlreiche Denker und Künstler zwischen dem 14. und 16. Jahrhundert eindeutig Stellung gegen das düstere Menschenbild des Mittelalters, das häufig im Kontrast zur herrlichen christlichen Jenseitsverheißung das Elend des Daseins hienieden, seine Armseligkeit und Nichtswürdigkeit zeichnete.

Das eigentlich Besondere der humanistischen Aufwertung des Menschen liegt jedoch nicht bloß im Hervorheben seiner Würde, sondern vor allem in der Erkenntnis seiner Schönheit. Es war, als habe erst damals ihr einzigartig aufrechter Gang den Erdenbürgern gleichsam den Blick über sich hinaus ermöglicht. Nicht nur, dass nun wie nie zuvor die Weite der Welt erkundet, erfasst und perspektivisch als schier unendliche Landschaft gemalt wurde – der Körper der sterblichen menschlichen Kreatur selbst, im Altertum häufig Grab der Seele genannt, war für die Meister der Renaissance geradezu ein Gottesbeweis geworden. Jetzt sagte man, der menschliche Leib sei deshalb so vorzüglich geformt, um ein würdiges Gefäß für die unsterbliche Seele zu bilden. Die von der Kirche verhießene himmlische Vollkommenheit bekam ein ästhetisches irdisches Pendant.

Darum ist es kein Zufall, dass in der Renaissance erstmals die Anatomie eine hohe Blüte erreichte und sich mit der damaligen Kunst verband: Der Mensch – unzählige, mitunter bis zum Schmutz unter den Fingernägeln realistische Porträts der Zeit bezeugen es – hatte die Überzeugung gewonnen, sich als Individuum sehen lassen zu können; und er begann, das Innere wie das Äußere seiner Gestalt systematisch zu ergründen.

Allerdings bedeutet gesehen werden auch, eine Angriffsfläche zu bieten. Denn mögen wir noch so hochentwickelt sein – verletzliche Lebewesen bleiben wir allemal und gebrechlich werdende dazu. Gerade unsere Verwundbarkeit in vieler Hinsicht und unsere Empfindlichkeiten

Seit der Renaissance beruhen künstlerische Darstellungen des menschlichen Körpers auf anatomischen Studien, wie auch fortan Darstellungen der damals überhaupt erst als medizinischer Disziplin begründeten Anatomie lange Zeit nach ästhetischen Regeln und nach Motiven der Kunst gestaltet wurden. Die „Sezierte Frau mit geöffnetem Bauch und Fötus" des französischen Medizin-Illustrators Jacques-Fabien Gautier (1711-1785), einem Pionier des Vierfarbdrucks, entstand 1746.

unterschiedlichster Art lassen uns die eigene Sichtbarkeit als Gefährdung empfinden; deshalb bergen wir uns in Kleidung und Behausung und verbergen uns auch, selbst wenn wir das Licht keineswegs zu scheuen bräuchten.

So halten wir uns einerseits für sehenswert, möchten nicht übersehen werden und suchen mitunter sogar die Blicke der Öffentlichkeit, sind uns andererseits aber auch unserer Angreifbarkeit bewusst. Im ganzen ungesichert, stehen die meisten zeitlebens in der Not, ihr mühsames, sorgenvolles Dasein selbst gestalten und behaupten zu müssen. Glückliche erleben allenfalls Episoden eines unbeschwerten, sorglosen Lebens.

Diese Erkenntnis von Größe und Elend des Menschen wirft die grundsätzliche Frage auf, ob dem Einzelnen auch eine aus der Natur herausragende Würde zukomme. Ist er nicht letztlich doch nur ein vergängliches Lebewesen unter anderen – ein nacktes, schmalnasiges Säugetier mit übergewichtigem Kopf auf einer für den aufrechten Gang eher ungeeigneten Wirbelsäule?

Gerade unsere Bedürftigkeit, Unvollkommenheit und Unzulänglichkeit, unsere Unerheblichkeit im unendlichen Weltall und unsere Sterblichkeit rufen heute immer wieder Zweifel an der allgemeinen Menschenwürde hervor, die vor diesem ernüchternden Hintergrund wie eine lächerliche Anmaßung erscheint. Trotzdem ist angeborene Menschenwürde ein Schlagwort unserer Zeit; nur haftet ihm bedauerlicherweise eine unerträgliche Vagheit an. Fast niemand ist imstande, klare Auskunft über die Bedeutung und Begründung dieser großartigen Idee zu geben. Gebraucht wird der Begriff jedoch von jedermann wie selbstverständlich. So hört und liest man oft von würdelosen Zuständen überall auf der Erde, dass dieses oder jenes Regime die Menschenwürde mit Füßen trete, dass etwas unter jemandes Würde sei, ja dass sogar Tote unantastbare Würde besäßen. Nur was das alles genau heißt, das erfährt man in der Regel nicht.

Das Pathos, das in dem Ausdruck noch immer anklingt, verschleiert allzu leicht dessen Unbestimmtheit und Offenheit. Statt unantastbar scheint die Würde vielmehr unfassbar zu sein. Man braucht „Würde" bloß einmal selber laut auszusprechen, um über den hohlen Klang zu erschrecken. Wie viele großen Worte ist auch dieses heute weitgehend verschlissen.

Das ist beunruhigend, bedenkt man, welche Geltung der angeborenen Menschenwürde weltweit zukommen soll. Sämtliche fundamentalen Dokumente der Vereinten

Marcus Tullis Cicero, berühmtester Redner im antiken Rom, proklamierte als erster die Idee der allgemeinen Menschenwürde – zu verstehen sowohl als unverwechselbares Wesensmerkmal von jedermann wie als Gestaltungsauftrag für das individuelle Leben.

Nationen bekennen sich dazu und fordern ihre Achtung von allen Staaten und Bürgern. Dementsprechend beginnt auch Artikel 1 der Allgemeinen Erklärung der Menschenrechte aus dem Jahre 1948 mit dem Satz: „Alle Menschen sind frei und gleich an Würde und Rechten geboren." Doch sagen diese Deklarationen nichts über den Inhalt des Begriffs, ebensowenig wie die zahlreichen Staatsverfassungen, in die er mittlerweile Eingang gefunden hat.

So ist eine Klärung dringlich nötig, zumal viele den Ausdruck Würde nur mehr als leere Phrase, als reine Präambel-Lyrik, als Allerweltswort für Sonntagsreden verstehen, das – tröstlich gemeinten Erbauungsformeln gleich – lediglich dazu beiträgt, das allgemeine Harmoniebedürfnis zu befriedigen. Gerne beruft man sich auf die Würde, weil dieses Wort noch immer schön klingt und seine Einprägsamkeit den Schein begrifflicher Bestimmtheit vermittelt.

Dass es sie in Wahrheit gar nicht besitzt, erwies sich geradezu paradigmatisch in den Debatten über die erste große Ausstellung plastinierter Ganzkörper-Präparate in der Bundesrepublik. Wie eine Allzweckwaffe wurde es selbst gegen jedes vernünftig begründete Argument eingesetzt und zusätzlich noch ideologisiert. Häufig wird in Auseinandersetzungen wie dieser der Hinweis auf Würde – oder vielmehr auf Würdelosigkeit – als rhetorische Floskel missbraucht, entweder um unliebsame Meinungsgegner mundtot zu machen oder um persönlichen Interessen und Idealen, verquickt mit dem traditionell erhabenen Begriff, zur allgemeinen Anerkennung zu verhelfen. Wer möchte dann durch Widerspruch den Verdacht auf sich ziehen, für Verstöße gegen die Menschenwürde zu plädieren? Das erklärt, weshalb sie in den weltanschaulichen Stellungskämpfen unserer Zeit oft als Joker ausgespielt werden kann und warum sich Vertreter unterschiedlichster Geistesrichtungen gern und häufig darauf berufen.

Weil in der Kontroverse über die Ausstellung KÖRPERWELTEN Würde einer der meistbemühten Ausdrücke war, gehe ich ihrer Bedeutung und Begründung hier nun in vier allgemeinen Abschnitten und in einem fünften Kapitel zur Würde der Toten ausführlicher nach.

Kulturgeschichtliche Skizze

Sämtliche Hochkulturen behaupten, die Menschenwürde zu achten und zu schützen. Doch der Begriff, schaut man näher hin, ist hauptsächlich abendländischer Herkunft. In diesem angestammten Umfeld wird er fast durchgehend auf zweierlei Weise verwendet.

Zum einen bezeichnet man damit eine angeborene Eigenschaft. Demnach besitzt der Einzelne schon kraft seines Menschseins, unabhängig von seinem Verhalten und den gesellschaftlichen Verhältnissen, in denen er lebt, eine besondere Würde als ein nur unserer Art eigenes Wesensmerkmal: Man kommt damit ausgestattet zur Welt wie mit Armen und Beinen.

Zum anderen bedeutet Würde einen Gestaltungsauftrag. Demzufolge hängt es insbesondere von uns Menschen selbst, von unserer Lebensweise und unseren Umgangsformen ab, ob und inwiefern wir Würde erwerben und besitzen. In diesem Zusammenhang wird sie mal mehr als individuelles Verdienst, mal mehr als gesellschaftliche Leistung betrachtet.

In der abendländischen Geschichte wurden beide Auffassungen fast immer miteinander verbunden. Man sagte, der Mensch solle seiner angeborenen Würde – dem Wesensmerkmal – in seinem Leben durch sein Denken und Tun genügen, also sich entsprechend dem Gestaltungsauftrag als würdig erweisen. Doch durchzieht lediglich die Vorstellung von Würde als konkreter Aufgabe die gesamte abendländische Kultur, nicht aber ihr Verständnis als natürlicher Grundausstattung und Wesensbestimmung.

Den Athenern und Römern der Antike war der Gedanke noch fremd, dass alle Wesen, die Menschenantlitz tragen, von Geburt an Würde hätten. Sie galt damals allein als das Ergebnis individueller Leistung und sozialer Anerkennung.

Würde war abhängig von der Fähigkeit und Anstrengung, Leidenschaften zu bezwingen und Gefühle zu beherrschen. Eine würdevolle Persönlichkeit wahrte das rechte Maß und lebte nach der Vernunft; sie ertrug ihr Unglück, über das sie sich nicht übermäßig betrübte, genauso ge-

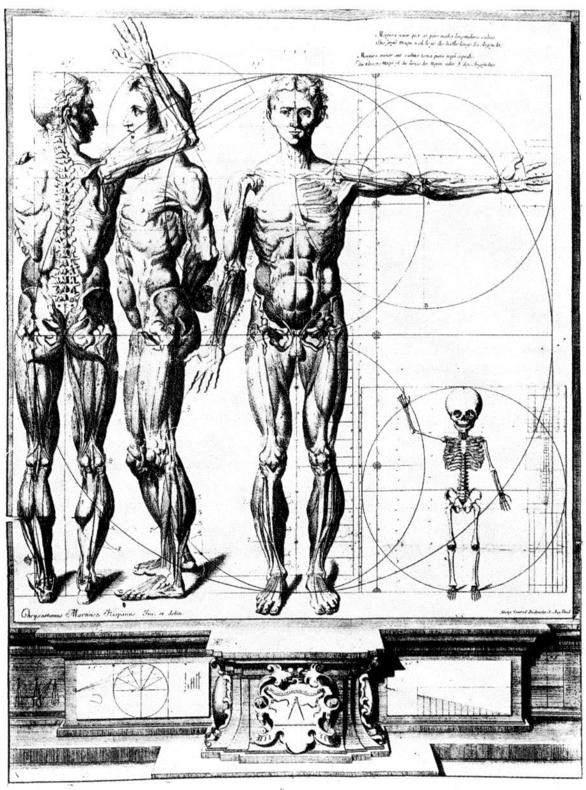

PLATE 67

Mit dem fundamentalen Wandel des abendlänischen Weltbildes zu Beginn der Neuzeit setzte auch eine humanistische Aufwertung des Menschen ein, der nun sein Äußeres und Inneres zusammen zu ergründen begann. Dabei wurde Schönheit nicht als bloße Oberflächenqualität begriffen, sondern auf Binnenstrukturen und harmonische Maßverhältnisse zurückgeführt. Die Darstellung „Skelett und Muskelfiguren zur Illustration der Proportionen" des Spaniers Crisostomo Martinez (1638-1694), aufbauend auf ensprechenden Studien von Renaissance-Künstlern wie Leonardo da Vinci und Albrecht Dürer, erschien 1689 in Fontainebleau sowie 1692 in Frankfurt und Leipzig im Druck.

lassen wie ihr Glück, durch das sie sich nicht zu Übermut hinreißen ließ. Zudem zeigte sie Würde im Verhalten, in Mimik und Gestik, in Körperpflege und Bekleidung sowie in der Ruhe, die sie ausstrahlte. Eine solche Person redete niemals zu laut und schritt stets bedächtig und anmutig. Gesellschaftliche Wertschätzung, aus der Würde gleichfalls erwachsen konnte, brachte die Allgemeinheit damals entweder adeligen Personen oder Menschen mit besonderem sozialen Rang entgegen, die – eben als Würdenträger – in der Regel ein höheres politisches Amt bekleideten.

Soweit bekannt, äußerte hingegen als erster der römische Philosoph und Politiker Marcus Tullius Cicero (106 bis 43 vor Christus) die Idee allgemeiner Menschenwürde. In seinen Schriften tritt Würde außer als Gestaltungsauftrag auch als unverwechselbares Wesensmerkmal hervor, das er allen Menschen zuerkannte; diese Art Würde, an der jeder Einzelne sein Leben ausrichten sollte, gründete er auf die menschliche Vernunftnatur. Allerdings setzte sich Ciceros umfassenderes Verständnis nicht gleich durch; erst das Christentum brachte seine Vorstellungen zu voller Reife.

Fassen wir die entsprechenden Gesichtspunkte der christlichen Lehre und Philosophie zusammen, so ergibt sich folgendes Bild: Demnach gründet die Würde des Menschen schon darauf, dass der biblische Gott ihn als sein Ebenbild formte und teilhaben lässt an seiner Vernunft und Macht. Als Gottes besonderes Geschöpf hat der Mensch absoluten Wert, wodurch er sich von allen übrigen Kreaturen unterscheidet. Aus dem Naturzusammenhang herausragend, wohnt er in der Mitte des Alls, das für ihn und um seinetwillen erschaffen ist. Des weiteren zeigt sich nach christlicher Auffassung die erhabene Würde des Menschen auch an seinem aufrechten Gang, seiner Personalität, dem freien Willen, seiner unsterblichen Seele und an der Vernunft, mit deren Hilfe er sich selbst, die Welt und Gott erkennen kann. Insbesondere aber tritt sie in der Menschwerdung Gottes – dass der Allmächtige selbst Fleisch wurde – und in der Erlösungstat Christi durch dessen Tod und Auferstehung hervor.

Bei alledem wird die Menschenwürde stets als ein Wesensmerkmal gesehen, das jedem Einzelnen zukommt und nicht allein einem gehobenen Stand, einer adeligen Herkunft und einer tadellosen Lebensweise zu verdanken ist. Sie ist von jedermann und den gesellschaftlichen Institutionen bis hin zum Staat zu achten; alle haben sie zu schützen und zu bewahren.

Nach mittelalterlich-christlicher Vorstellung ergab sich die Würde des Menschen aus einer Gott-Ebenbildlichkeit. Immanuel Kant, Philosoph der Aufklärung (hier ein Miniatur-Porträt von 1795), gründete hingegen den von ihm als unvergleichlich erachteten Wert des Menschen auf dessen Geistesgaben.

Aus der allen Menschen angeborenen Wesenswürde in dieser Sicht folgte aber zugleich ein Gestaltungsauftrag, nämlich ehrenhaft und gottesfürchtig zu leben sowie mit sich und anderen schonend umzugehen. Man war überzeugt, dass zwar niemand die allen Menschen innewohnende Würde zu zerstören vermöge, doch dass der Einzelne sie selber beschädigen könne, indem er sich – statt ein besonnenes, tugendhaftes, einsichtsvolles Leben zu führen – in Sünde und Ungehorsam gegen Gott erhebt und von seinen Trieben und ungezügelter Ichsucht hinreißen lässt.

Anders als im Mittelalter wurde seit dem 17. Jahrhundert die Würde des Menschen nicht mehr an seiner Gott-Ebenbildlichkeit und seiner Mittelpunktstellung in der Welt festgemacht. Nach und nach hatte sich die Erkenntnis von der Unermesslichkeit des Universums durchgesetzt, die dem Menschen noch heute auf beunruhigende Weise seine Winzigkeit und Nichtigkeit vor Augen führt. Aufgrund rationaler Einsichten war es zu Beginn der Neuzeit unmöglich geworden, die Besonderheit des Menschen weiter aus seinem Standort in der Welt abzuleiten. In der

Folge wurde das Faktum, dass sich der Sternenhimmel nicht um den Menschen dreht, weniger und weniger erheblich für die Bestimmung seiner Bedeutung. Die alles überragende Würde erblickte man fortan in der menschlichen Fähigkeit, die Natur und das Gute zu erkennen. So konstatierte der französische Philosoph und Mathematiker Blaise Pascal (1623 bis 1662), der Mensch sei zwar ein Lebewesen unter anderen und als solches nur von geringer Bedeutung; er sei aber auch ein Vernunftwesen – und als solches stehe er der Würde und dem Range nach unendlich über allen übrigen Geschöpfen.

Der Mensch allein besitze Selbstbewusstsein, Freiheit, Moralität und Vernunft, meinten auch die Denker der Aufklärung. Deren wichtigster Protagonist Immanuel Kant (1724 bis 1804) gründete die Würde des Menschen ausschließlich auf dessen besondere Geistesgaben: auf die Fähigkeit zu Selbstbetrachtung und moralischer Selbstbestimmung. Einerseits war Kant überzeugt, dass der Mensch ein vergänglicher Teil der Natur sei, andererseits betrachtete er ihn als eine aus der Natur herausgehobene Person mit besonderer, ja absoluter Würde. Darunter verstand Kant einen unbedingten, unvergleichlichen Wert, der über allen Preis erhaben sei; einen Preis zu haben bedeute nämlich, nur einen äußeren Wert zu besitzen und damit käuflich, austauschbar zu sein. Hingegen habe der Mensch als Vernunftwesen einen inneren Wert – eben Würde – und sei darum ebenso unersetzbar wie einmalig. Als geistigsittliches Vernunftwesen erhebe er mit Recht Anspruch auf Achtung von seinesgleichen, wie er umgekehrt die Pflicht habe, andere zu achten. Überdies habe der Einzelne auch ebensolche Verpflichtungen sich selbst gegenüber, wozu etwa gehöre, niemals freiwillig vor anderen zu kriechen. Wer um Gunst buhlend das Rückgrat beuge, beleidige sich selbst. Wer sich zum Wurm mache, dürfe sich nicht wundern, wenn man ihn mit Füßen trete. Erst ein Leben in gegenseitiger Anerkennung und aufrichtiger Selbstachtung ermögliche den aufrechten Gang als die dem Menschen einzig angemessene Körper- und Geisteshaltung.

Die Fähigkeit zu moralischer Selbstbestimmung äußert sich Kant zufolge vor allem in der Möglichkeit des Einzelnen, sich von den eigenen Begierden, Trieben und Instinkten zu befreien und sich zu sittlichem Handeln zu bestimmen. Stets solle man sich fragen, was geschehen würde, wenn alle so handelten wie man selbst, und sich dann mit moralischer Gesinnung so verhalten, dass tatsächlich jeder wie man selbst handeln könnte, ohne dass dadurch Chaos, Ungerechtigkeit und Leid entstünden.

Nun war der Mensch für Kant zwar Herr, nicht aber Eigentümer seiner selbst: Als moralisches Vernunftwesen besitze der Einzelne wohl Macht über sich, doch solle er sie nicht dazu missbrauchen, sich ihrer zu entledigen (deswegen plädierte der nüchterne Denker auch gegen Rauschmittel). Wie der achtungswürdige Wert des freien Menschen verbiete, ihn wie ein bloßes Objekt oder Werkzeug zu behandeln, dürfe er als Person – das heißt als sittlich gebundenes Vernunftwesen – sich auch nie selbst nur als Mittel zum Zweck oder als Sache benutzen; deshalb verbiete seine Würde ihm, sich selbst zu misshandeln, zu verkaufen oder gar zu töten. Auch für Kant ist Menschenwürde als Inbegriff sittlicher Freiheit mithin zugleich Wesensmerkmal und Gestaltungsauftrag.

Man erkennt: In der Neuzeit löste sich die Idee der Menschenwürde aus alten religiösen Einbindungen, hatte jedoch als die einer angeborenen Eigenschaft weiterhin Bestand und fand nun ihren letzten Grund in Vernunft und Moralität.

Im Labyrinth der Rechtsgeschichte

So reich die Kulturgeschichte an Auffassungen über diese Idee auch ist – bemerkenswerterweise spielte der Begriff Menschenwürde noch in allen europäischen Erklärungen und Verfassungen des 18. und 19. Jahrhunderts keine Rolle. Ihr Rechtswert hat also eine recht kurze Geschichte.

Heute werden Menschenwürde und Menschenrechte für gewöhnlich in einem Atemzug genannt und stets aufeinander bezogen. Man sagt, die Menschenrechte fußten auf der Idee der Menschenwürde, die ihr höchster Bestimmungsgrund sei. Dabei wird oft übersehen, dass die beiden Begriffe ursprünglich gar nicht zusammengehörten.

Ein staatliches Bekenntnis zur Menschenwürde findet sich erstmals, wenn auch eher beiläufig, in Artikel 151 der 1919 von der Weimarer Nationalversammlung geschaffenen demokratischen Verfassung Deutschlands, danach erst wieder seltsamerweise in der ständestaatlich-faschistischen Verfassung Portugals von 1933 und anschließend 1937 in derjenigen Irlands, dann vor allem in der UN-Charta von 1945 und des weiteren in der Allgemeinen Erklärung der Menschenrechte von 1948, schließlich im Grundgesetz der Bundesrepublik 1949, in zahlreichen späteren Erklärungen und Konventionen sowie in den Verfassungen Griechenlands, Italiens, Spaniens, Schwedens, Kanadas, der Schweiz und der ehemaligen DDR, jedoch nicht in der Verfassung der Vereinigten Staaten.

Der Parlamentarische Rat hat das vorstehende Grundgesetz für die Bundesrepublik Deutschland in öffentlicher Sitzung am 8. Mai des Jahres Eintausendneunhundertneunundvierzig mit dreiundfünfzig gegen zwölf Stimmen beschlossen. Zu Urkunde dessen haben sämtliche Mitglieder des Parlamentarischen Rates die vorliegende Urschrift des Grundgesetzes eigenhändig unterzeichnet.

BONN AM RHEIN, den 23. Mai des Jahres Eintausendneunhundertneunundvierzig.

Konrad Adenauer

PRÄSIDENT DES PARLAMENTARISCHEN RATES

Adolph Schönfelder

I. VIZEPRÄSIDENT DES PARLAMENTARISCHEN RATES

Hermann Schäfer

II. VIZEPRÄSIDENT DES PARLAMENTARISCHEN RATES

Der Begriff Menschenwürde steht an erster Stelle in der Verfassung der Bundesrepublik. Sowohl der Verfassungskonvent wie der Parlamentarische Rat hatten allerdings mehrfach diskutiert, ob er überhaut aufgenommen werden sollte – und wenn, in welcher Formulierung und in welchem Kontext. Die Aufnahme oben zeigt Ernst Reuter, den damaligen Oberbürgermeister von Berlin, bei der Unterzeichnung des Grundgesetzes, dessen Beschluss und Beurkundung das Präsidium des Parlamentarischen Rates dokumentierte (unten).

Das macht die Frage unabweislich, warum die Würde des Menschen ausgerechnet im 20. Jahrhundert oberstes Richtmaß wurde. Die Antwort ist einfach: Der Grund liegt hauptsächlich in den furchtbaren Greueltaten des Zweiten Weltkrieges. Aber weder die Allgemeine Erklärung der Menschenrechte noch das deutsche Grundgesetz gibt eine klare Definition, was Menschenwürde eigentlich sei und worauf sie letztlich gründe – obgleich der Begriff während der Beratungen über eine Verfassung für die Bundesrepublik (immerhin die Rechtsnachfolgerin des sogenannten Dritten Reiches) mehrfach unter verschiedenen Aspekten diskutiert worden war.

Am 10. August 1948 kamen auf der Insel Herrenchiemsee 32 Staatsrechtler und Verfassungsexperten zusammen (Frauen waren nicht vertreten), um in der Abgeschiedenheit des Prunkschlosses Königs Ludwig II. von Bayern einen ersten Entwurf des Grundgesetzes zu erarbeiten. In der Debatte, welche Grundrechte in Betracht zu ziehen seien, schlug am 18. August Hans Nawiasky auch die "Würde der menschlichen Persönlichkeit" vor, nachdem er diese Wendung schon bei den Beratungen über die Bayerische Verfassung durchgesetzt hatte, die am 8. Dezember 1946 in Kraft getreten war; darin fordert bereits die Präambel "Achtung vor der Würde des Menschen", und Artikel 100 lautet: "Die Würde der menschlichen Persönlichkeit ist in Gesetzgebung, Verwaltung und Rechtspflege zu achten." Die Formulierung knüpft an die Charta der Vereinten Nationen vom 26. Juni 1945 an, in der sich gleich zu Beginn die damalige Weltgemeinschaft zu "Würde und Wert der menschlichen Persönlichkeit" bekannt hatte.

Gleichwohl sah der Verfassungskonvent als Anfang für das Grundgesetz zunächst eine religiöse Klausel vor: „Der Mensch ist von Gott erschaffen, aber der Staat ist von Menschen gemacht." Der Staatsrechtler und SPD-Politiker Carlo Schmid erreichte jedoch, dass jeder Bezug auf Gott in Artikel 1 vermieden wurde. Dessen letzte Herrenchiemseer Fassung lautete: „(1) Der Staat ist um des Menschen willen da, nicht der Mensch um des Staates willen. (2) Die Würde der menschlichen Persönlichkeit ist unantastbar. Die öffentliche Gewalt ist in allen ihren Erscheinungsformen verpflichtet, die Menschenwürde zu achten und zu schützen." Das in diesen Entwurf aufgenommene Wörtchen „unantastbar" stand bereits in Artikel 3 der Hessischen Verfassung vom 1. Dezember 1946; darin heißt es: „Leben und Gesundheit, Ehre und Würde des Menschen sind unantastbar." Der Verfassungskonvent beschloss seine Arbeit am 24. August 1948.

Bereits eine Woche später, am 1. September 1948, fand die Eröffnungssitzung der Parlamentarischen Rates – der eigentlichen verfassunggebenden Versammlung der Bundesrepublik Deutschland – in Bonn statt. Seine 65 Mitglieder, darunter vier Frauen, erarbeiteten bis zum 8. Mai 1949 unter Leitung des künftigen Bundeskanzlers Konrad Adenauer das Grundgesetz, das am 24. Mai 1949 in Kraft trat.

Besonders lebhaft diskutierte der Parlamentarische Rat über die Menschenwürde. Mehrmals befasste er sich mit der Frage, ob die Worte "von Gott gegeben" der Würde-Formel hinzugefügt werden sollten. Aber alle entsprechenden Anträge wurden aufgrund zahlreicher Einwände, insbesondere von dem späteren Bundespräsidenten Theodor Heuss, mit einer – wohlgemerkt knappen – Mehrheit abgelehnt: Sein Vorschlag, dem ranghöchsten Wert zwar absolute Geltung zu geben, ihn aber vorerst uninterpretiert zu lassen, setzte sich durch. Heuss vertrat die Auffassung, dass es nicht so wichtig sei, die Würde theologisch, philosophisch oder irgendwie ethisch zu begründen; Hauptsache sei vielmehr, sie zu achten. Die endgültige Formulierung von Artikel 1 Absatz 1 des deutschen Grundgesetzes "Die Würde des Menschen ist unantastbar. Sie zu achten und zu schützen ist Verpflichtung aller staatlichen Gewalt" wurde bereits am 13. Dezember 1948 gefunden; es dauerte aber noch Wochen, bis sie im Parlamentarischen Rat allgemeine Zustimmung fand.

Nach Artikel 79 Absatz 3 des Grundgesetzes hat die Menschenwürde größtmögliche Verbindlichkeit und bleibt jeder demokratischen Beschlussfassung entzogen – sie darf, wie es in Artikel 79 heißt, von keiner Verfassungsänderung berührt werden. Was jedoch diese großartige Idee beinhalte und worauf sie sich stütze, das wurde – wie erwähnt – eigenartigerweise nicht ausgeführt. Offenbar vertrauten die deutschen Verfassungsgründer gerade nach der Zeit des Nationalsozialismus besonders auf die Plausibilität der Vorstellung, unabhängig von der Stärke und Schwäche des Einzelnen müsse es Respekt vor dem Menschen als solchem geben: vor seinem ideellen Kern, der weder von der Staatsgewalt noch von anderen zerstört werden dürfe und darum rechtlich gesetzt sein sollte.

Dennoch hat das deutsche Bundesverfassungsgericht nicht auf jede nähere Beschreibung und Begründung von Würde verzichten können. Das ist auch nicht verwunderlich, weil jede Verurteilung eines Vorgangs als würdeverletzend ein bestimmtes Menschenbild und damit ein klares Verständnis von Würde als Maßstab voraussetzt.

Besonderen Einfluss darauf nahm 1952 der Rechtswissenschaftler Hans Dürig mit einer Abhandlung über die Menschenauffassung des Grundgesetzes, wonach der Einzelne „Person kraft seines Geistes" sei, der ihn abhebe von der unpersönlichen Natur und ihn aus eigener Entscheidung dazu befähige, sich selbst bewusst zu werden und sich selbst zu gestalten. Diese Interpretation legte das Bundesverfassungsgericht fortan zugrunde, indem es die Menschenwürde im Personsein des Einzelnen erblickte, also schon wegen seiner Zugehörigkeit zur Spezies Mensch, das heißt aufgrund seiner Vernunftnatur. Damit übereinstimmend betonen seither verschiedene Grundsatzurteile des Bundesverfassungsgerichts, dass der Idee der Würde die Vorstellung vom Menschen als geistig-sittlichem Wesen zugrunde liege, das darauf angelegt sei, in Freiheit sich selbst zu bestimmen und sich zu entfalten, aber nicht als isoliertes und selbstherrliches, sondern als gemeinschaftsbezogenes Individuum.

Daraus folgt, dass weder der Staat noch irgendeine sonstige Instanz dem Menschen seine Würde gewähren kann; dem Staat kommt lediglich die Aufgabe zu, deren Achtung und Schutz zu gewährleisten. Der Satz „Die Würde des Menschen ist unantastbar" besagt genaugenommen zweierlei: sowohl, dass sie als natürliche Anlage nicht angetastet – nicht zerstört – werden kann, als auch, dass sie als ethisches Anliegen nicht angetastet – nicht verletzt – werden darf. Der Ausdruck Unantastbarkeit enthält also die traditionelle Doppelbestimmung von Würde als Wesensmerkmal und Gestaltungsauftrag.

Verletzungen der Menschenwürde liegen nach höchstrichterlicher Meinung dann vor, wenn der Einzelne zu einem bloßen Mittel, auf die Ebene einer Sache erniedrigt beziehungsweise wenn seine ureigenste Intimsphäre missachtet, seine Ehre in demütigender Weise gekränkt oder sein Leben zum bloßen Vegetieren verurteilt wird: Es widerspreche der menschlichen Würde, jemanden zum bloßen Objekt zu machen, heißt es immer wieder. Diese sogenannte Objektformel verbietet zwar nicht, Menschen überhaupt zu einem Mittel zum Zweck zu machen, was in der modernen Gesellschaft auch völlig unrealistisch wäre: Der Busfahrer etwa ist es für den Fahrgast, die Kassiererin für den Einkäufer, der Lehrer für den Schüler. Die Würde des Einzelnen wird indes nicht verletzt, solange seine Mitbürger und der Staat in ihm noch den Menschen sehen und achten. Allerdings gehen die Meinungen darüber, wann ein Mensch für andere zu einem bloßes Objekt geworden sei, weit auseinander.

Bei näherem Hinsehen erkennt man hinter der Bestimmung und Begründung von Würde des Bundesverfassungsgerichts die Vernunftphilosophie Kants; sie ist deren eigentliche geistesgeschichtliche Quelle. In Urteilen anderer Gerichte scheint dagegen noch das christliche Menschenbild deutlicher auf. Jedenfalls gilt die Menschenwürde heute als das höchste irdische Gut und als der oberste Wert der Gesellschaftsordnung.

Unsichere weltanschauliche Standpunkte

Mittlerweile sind aber starke Zweifel am ebenso traditionellen wie offiziellen Verständnis des Begriffs entstanden: daran, dass dem Menschen – ob nun aufgrund seiner Gott-Ebenbildlichkeit oder seiner Vernunft – in der Natur eine Sonderstellung zukomme. Viele lehnen diese Selbsterhöhung über die Tier- und Pflanzenwelt wie die damit einhergehende Entwertung aller anderen Lebewesen als

Die Himmelskunde, eine der ältesten Wissenschaften, entwickelte sich seit dem 15. Jahrhundert zur modernen Astronomie und brach mit tradierten mystischen Vorstellungen. Insbesondere die erst vor 80 Jahren gewonnene Erkenntnis, dass selbst unser heimisches Milchstraßensystem mit seinen Abermilliarden Sonnen nur eine von unzähligen Galaxien im unermesslichen Raum ist, machte den Planeten Erde und damit den Menschen vollends zu einer flüchtigen kosmischen Randerscheinung. Die Aufnahme zeigt ein hochaktives Sternentstehungsgebiet im Rosettanebel, dessen dunkle Wolken sich wahrscheinlich ebenfalls verdichten und schließlich zu neuen Sternen kollabieren werden.

fragwürdig, wenn nicht als anmaßend oder geradezu würdelos ab. Schwerer noch wiegen freilich Bedenken gänzlich anderer Art.

Verschiedentlich wird nach wie vor behauptet, die politisch-rechtliche Idee der Menschenwürde sei ohne religiöse Annahmen undenkbar. Dem steht aber nicht nur entgegen, dass in der säkularen, pluralistischen Gesellschaft der christliche Glaube für viele Menschen unverständlich geworden ist; eine religiöse Verankerung der Menschenwürde steht auch im Widerspruch zu der verfassungsmäßig garantierten Neutralität liberaler Gemeinwesen wie zu der weltanschaulichen Offenheit der Vereinten Nationen. Weder der einzelne Staat noch die Weltgemeinschaft darf demnach Menschen auf eine Weltanschauung festlegen – was jedoch eben dann der Fall wäre, wenn man etwa das christliche Menschenbild auf allgemein verbindliche Weise der Idee der Menschenwürde unterlegte. Der liberale Verfassungsstaat und die Weltgemeinschaft sollten deshalb nicht nur den Entscheidungen der Menschen, sich einer Religion anzuschließen oder ihr fernzubleiben, neutral gegenüberstehen, sondern sich auch auf die Vermittlung allein weltanschaulich neutraler Werte beschränken, die für das Wohl des Einzelnen und das friedliche Zusammenleben aller unentbehrlich sind. Die Idee angeborener Würde aufgrund der Vorstellung vom Menschen als einem Ebenbild Gottes gehört nicht dazu.

Damit sei nicht gesagt, dass es angeborene Menschenwürde nicht gebe. Staat und Recht sollten lediglich so verfahren, als gebe es sie nicht, weil niemand einem anderen die Anerkennung einer bestimmten Weltanschauung aufzwingen darf. Wohlgemerkt betrifft das Neutralitätsgebot nur den Staat und die Bürger in ihrer politisch-rechtlichen Rolle; niemandem soll es hingegen verwehrt sein, im privaten und gesellschaftlichen Bereich für sein religiös-weltanschauliches Bekenntnis einzutreten und nach diesem zu leben.

Die gleichen Einwände, die gegen eine christliche Interpretation der Menschenwürde sprechen, können auch gegen die vernunftphilosophische Auslegung vorgebracht werden: Das ihr zugrundeliegende Menschenbild ist ebensowenig universal gültig. Die Vorstellung vom Menschen als einem der Natur entrückten Vernunftwesen mit absolutem Eigenwert ist fast ebenso weltanschaulich ausgerichtet wie ein religiöses Bekenntnis. Somit widerspricht auch die vernunftphilosophische Interpretation von Würde der verfassungsmäßig garantierten Neutralität unseres Staates und der weltanschaulichen Offenheit der Vereinten Nationen; sie ist mit einem liberalen Gemeinwesen und einer pluralistischen Weltöffentlichkeit unvereinbar, sobald sie für alle gelten und verbindlich werden soll.

Das schließt zwar nicht aus, dass der Einzelne für sich gute Gründe haben kann, von der Wahrheit einer bestimmten Weltanschauung überzeugt zu sein. Nur sollte er dann nicht seinen Nachbarn, der Staat nicht seinen Bürgern und die Weltgemeinschaft nicht ihren Mitgliedstaaten eine solche aufzwingen wollen. Lediglich weltanschaulich neutrale Wertvorstellungen können jedermann zugemutet und von allen anerkannt werden.

Allerdings ist eine weltanschaulich völlig neutrale Auslegung des Begriffs angeborener Menschenwürde überhaupt nicht möglich; jeder derartige Versuch muss an weltanschaulichen Kontroversen scheitern, weil die dabei vertretenen Ideen gerade nicht verallgemeinerungsfähig sind. Infolgedessen kann es grundsätzlich keine allgemeingültige Interpretation geben: Entweder wäre sie

Der biologisch moderne Mensch erschien spät in der Evolution der Organismen und ist der letzte Hominide. Anatomisch sind wir großenteils Erben früherer Arten unserer Gattung; zum Beispiel belegen in Tansania entdeckte, versteinerte Fußspuren, dass dort bereits vor rund 3,5 Millionen Jahren menschenähnliche Wesen aufrecht gingen. Wie ihre Ahnformen wird auch die Menschheit trotz aller zivilisatorischen Leistungen nicht auf Dauer existieren: Das Ende allen Lebens wie wir es kennen, kommt spätestens, wenn sich die Sonne zum Roten Riesen aufbläht und damit unser Planetensystem untergeht.

weltanschaulich bestimmt oder inhaltlich unbestimmt, denn ohne weltanschauliche Hintergrundannahmen bleibt wiederum die Annahme von Würde als angeborenem Wesensmerkmal unverständlich und leer.

Nun kann man freilich noch einen Schritt weitergehen. Wie dargelegt, fordert das Gebot weltanschaulicher Neutralität die politischen Institutionen lediglich dazu auf, so zu tun, als ob es angeborene Menschenwürde nicht gäbe; die modernen Naturwissenschaften legen jedoch die Vermutung nahe, dass es sie tatsächlich nicht gibt.

So kann die neuzeitliche Kosmologie die Erdenbürger zumindest Bescheidenheit lehren: Unser Planet ist lediglich einer von neun im Sonnensystem, unser Zentralgestirn nur ein durchschnittlicher von wohl zweihundert Milliarden Sternen in der Galaxis und diese nur eine von mehr als hundert Milliarden solcher Welteninseln, die wiederum Gruppen und Superhaufen mit immensen leeren Räumen dazwischen bilden. Ähnlich vermag die Erkenntnis, dass die Menschheit ein Zufallsergebnis der ungerichteten und oft krisenhaften biologischen Evolution ist, unsere stolze Selbsteinschätzung zu relativieren. Beispielsweise waren während rund 150 Jahrmillionen des Erdmittelalters Reptilien – die Dinosaurier – die dominierenden Landlebewesen; den anatomisch modernen Homo sapiens gibt es erst seit etwa 100.000 Jahren. Zudem wird der modernen Genetik und den Neurowissenschaften zufolge unser Verhalten und Geistesleben stärker als bisher angenommen von Erbanlagen und unbewussten Hirnprozessen bestimmt.

Anscheinend gibt es in der Natur kein Zeichen, dass der Mensch als Indiz für seine Wesenswürde auf sich beziehen könnte. Im Gegenteil, er ist ein vergänglicher, um sich selbst bekümmerter Teil der Natur in einer um ihn unbekümmerten Welt. Die bisher frühesten bekannten Spuren von aufrecht gehenden Hominiden fanden sich in einem bewaldeten Gebiet Tansanias, dem Laetoli. Diese Fußabdrücke sind mehr als 3,5 Millionen Jahre alt. Wie die bereits recht menschenähnlichen Primaten, die sie hinterlassen haben, werden auch wir Zweibeiner – die letzten Vertreter der Gattung Homo – irgendwann von der Erdoberfläche verschwunden sein.

Es gibt keinen Sieg über die Flüchtigkeit der Zeit. Das erweisen schon auf höchst anschauliche Weise die vielen zerfallenen Gemäuer, die verwitterten Säulen und die Skulpturentorsi vergangener Phasen der – gemessen an geologischen Epochen – sehr kurzen Ära der Zivilisation. Existentiell bedeutsam ist nicht, was das Forum Romanum und die Akropolis einmal waren, sondern was sie heute sind: Ruinen und Trümmerhaufen, die uns eindrucksvoll daran gemahnen, von welch vorübergehendem Belang alles Menschliche ist. In näherer oder fernerer Zukunft wird nichts und niemand mehr mit dem Wissen existieren, dass es einst Lebewesen auf der Erde gab, die eine besondere Würde für sich beanspruchten. Es bedarf keines überzogenen Pessimismus, eher schon eines nüchternen Realismus, um zu erkennen, dass der Mensch und alle Werke geistiger Kultur letztlich zu spurloser Vergänglichkeit verurteilt sind.

Selbstbehauptung der Würde

Mit dem völligen Verwerfen der Idee angeborener Würde werden wir uns gleichwohl weder anfreunden wollen noch abfinden können, selbst wenn sie nicht verallgemeinerungsfähig ist und sich möglicherweise sogar als ein bloßes Hirngespinst entpuppt. Das Übermaß an Leid, Unterdrückung und Ungerechtigkeit in der Welt lässt einen solchen Verzicht geradezu als verantwortungslos erscheinen; es ruft vielmehr zur Achtung dieser Idee in der alltäglichen Praxis und zu ihrer Bewahrung in der philosophischen Theorie auf. Darum können wir der Frage nicht entkommen, wie sie trotz aller Vorbehalte doch noch zu retten sei.

Unüberhörbar stellt sich diese Frage stets, wenn humanitäre Prinzipien verletzt werden. Das heißt, unsere Verwundbarkeit und Empfindlichkeit in vieler Hinsicht, aber auch unsere Sehnsucht nach gelingender Lebensführung, freiheitlicher Selbstbestimmung und ungestörter Selbstentfaltung machen in auffälliger Weise eine Hilfs- und Schutzbedürftigkeit sichtbar, in der sich ein weltanschaulich neutraler Anspruch auf würdevolle Behandlung Geltung verschafft. Folglich behält der Ausdruck Würde so lange Bedeutung, wie wir uns unter menschlicher Erniedrigung und Demütigung noch etwas vorstellen können. Der zitternde Leib – seit je Sinnbild elementarer Verletzlichkeit und Schutzbedürftigkeit – steht für solch ein Verlangen nach Achtung, Anerkennung und Hilfe. Man kann dies die Selbstbehauptung der Menschenwürde durch das Bewusstwerden ihrer möglichen und wirklichen Missachtung nennen.

Dieser Erkenntnis widerspricht keineswegs der Einsicht, dass der Mensch nur ein Teil der vergänglichen Natur, ein Lebewesen unter anderen ist. Denn gerade unter der existentialistischen Prämisse, dass jeder von uns dazu verurteilt ist, seine not- und sorgenvolle Existenz selbst zu gestalten, empfindet man Unterdrückung und Ungerechtigkeit als empörend grausam; die Natur hebt keineswegs die Unterscheidung zwischen gelingender und misslingender Lebensführung auf.

Eines ist dann allerdings nicht mehr möglich – an der Idee der angeborenen Menschenwürde festzuhalten. Sie ist nicht nur mit dem naturwissenschaftlichen Weltbild unserer Zeit schwer vereinbar, sondern steht bereits im Widerspruch zu den Grundlagen unseres liberalen Gemeinwesens wie zu denen der multikulturellen Weltgemeinschaft.

Wirklich verallgemeinerungsfähig ist lediglich die Würde als Gestaltungsziel. So verstanden, ist sie uns weniger vor- als vielmehr aufgegeben, kein allgemeines Adelszeichen, sondern ein besonderer Ausweis des Mängelwesens Mensch. Dabei bezeichnet sie ein ethisches Ideal und den konkreten Auftrag, geistige Unterdrückung, materielle Not und soziale Ungerechtigkeit zu verhindern und zu beseitigen. Die Grundlage dafür ist wechselseitige Achtung der Menschen als verletzlichen, um sich und andere besorgten Lebewesen. Weltanschauungsneutral – das heißt vom radikal säkularen Standpunkt aus – betrachtet, kommt uns Würde also nicht von selbst zu, sondern ergibt sich erst aus dem Umgang des Einzelnen mit sich und seinesgleichen sowie des Staates mit seinen Bürgern.

Ist aber Würde nur noch ein Gestaltungsauftrag, so wird es möglich zu denken, dass Menschen keine haben. Wo immer jemand brutal erniedrigt wird oder seine Selbstachtung verliert, schwindet seine Würde – wenngleich nicht der ethische Anspruch darauf.

Um Missverständnisse zu vermeiden: Niemandem soll seine Würde aberkannt werden; doch vom Dasein dessen, der ein kümmerliches Leben ohne Selbstachtung führt oder zu führen gezwungen ist, kann man nicht mehr sinnvollerweise sagen, dass es Würde habe, falls es die angeborene Wesenswürde nicht gibt. Aber selbst wenn es diese gäbe, wäre das für die Betroffenen keine Hilfe, denn über ihre würdelosen Verhältnisse könnte ein solcher Wesensadel sie ohnehin nicht hinwegtrösten. Wenn es also Würde im religiösen oder vernunftphilosophischen Sinne nicht gibt, bedeutet das keineswegs, dass man sie auch nicht mehr als Gestaltungsauftrag achten müsste. Das Gegenteil ist der Fall: Man sollte die Menschenwürde gerade dann achten, wenn es sie als das eine nicht gibt, damit es sie als das andere gibt.

In dieser weltanschauungsneutralen Feststellung bleibt der vernunftphilosophische Grundsatz, den heute auch die Anhänger des religiösen Standpunktes teilen, weiter erhalten, dass nämlich niemand bloß als Mittel zum Zweck oder Objekt missbraucht werden darf. Eine solche Forderung ist selbst dann sinnvoll und ethisch gerechtfertigt, wenn wir uns den Menschen nicht mehr als Gott-Ebenbild oder als der Natur entrücktes Geistwesen, sondern lediglich als ein vergängliches Stück um sich besorgte Natur vorstellen.

Nun ist die Würde als ethischer Anspruch eines, etwas anderes aber ihre rechtliche Sicherung. Angesichts der allgemeinen Neigung der Menschen zu Gleichgültigkeit, Egoismus und Gewalt, angesichts der Tatsache, dass wir nicht Vollkommenheit und allgemeines Glück schaffende Götter, wohl aber Bestien sein können, erscheint der besondere Schutz der Menschenwürde im jeweiligen Gemeinwesen – wie in Deutschland durch Artikel 1 Absatz 1 des Grundgesetzes – als absolut gerechtfertigt. Diese Festsetzung ist auch ohne weltanschauliche Hintergrundannahmen sinnvoll.

Zur Würde der Toten

Nach herkömmlicher Auffassung gilt der Anspruch auf Schutz der Würde auch für gestorbene Menschen. Man spricht in diesem Zusammenhang von ihrer Fortgeltung und Fortwirkung über den Tod hinaus. In der Diskussion über KÖRPERWELTEN ist die Würde der Toten ein Schlüsselbegriff geworden, in dem sich wie in einem Brennpunkt die Fragen, Meinungen, Behauptungen und Argumente zur Zulässigkeit und Verantwortbarkeit der öffentlichen Ausstellung plastinierter Ganzkörper-Präparate sammeln.

Die Selbstverständlichkeit des Todes

Leblosigkeit ist kein Sonder-, sondern der Normalfall im Kosmos; hingegen ist das Leben ein Grenzfall. Gerade das Selbstverständlichste für uns Menschen – das eigene Dasein – bildet eine große Ausnahme, zu welcher der Tod die Regel gibt.

Wäre die gesamte Wirklichkeit voller Leben, müsste der Tod ein Rätsel bleiben, weil er dann nicht in die Welt passte. So aber ist das eigentliche Rätsel das Leben, weil das Universum seit dem Urknall hauptsächlich aus einem Feld unbeseelter Teilchen und Kräfte besteht. Gemessen an den Raum- und Zeitdimensionen des Alls, ist sogar die gesamte Geschichte uns bekannter Organismen eine flüchtige, auf eine winzige Materieballung – eben die Erde – beschränkte Episode.

Das gilt erst recht für die Phase des Homo sapiens: So zufällig unsere Spezies in der von erratischen Mutationen und von der Selektion (auch durch katastrophale Massensterben) geprägten biotischen Evolution erschien, so gewiss ist der Untergang der Menschheit; und er wird nicht erst mit der Vernichtung unseres Planeten beim Aufblähen der Sonne zu einem Roten Riesen in etwa fünf Milliarden Jahren zusammenfallen.

Wie der Tod des Lebens allgemein, ist auch der Tod des einzelnen Menschen weder geheimnisvoll noch tiefgründig, sondern das Ende eines natürlichen Ablaufs. Diese biologische Gegebenheit können wir zwar mit Hilfe der modernen Medizin und einer gesunden Lebensweise hinauszuschieben suchen, nicht aber abwenden. Unser Tod ist so natürlich wie das Altern und der Verfall des menschlichen Organismus, wobei Nerven- und Muskelzellen absterben, das Skelett brüchiger und das Haar pigmentärmer wird, die Sehkraft und die Leistungsfähigkeit von Herz und Hirn nachlassen und sich dunkle Flecken auf der welkenden Haut bilden. Zum einen beruhen all diese Prozesse auf dem Verschleiß, dem die Gewebe und Zellen bei der alltäglichen Verrichtung ihrer Aufgaben unterliegen; zum anderen folgt das Altern einem genetischen Programm, das die Lebenszeit der einzelnen Zellen, der Organe und des ganzen Körpers bestimmt. Vorboten des Lebensendes sind altersbedingte Krankheiten, welche die Lebensqualität häufig erheblich vermindern. Bricht schließlich die Versorgung des Organismus mit Sauerstoff zusammen, ist aus dem soeben noch Lebenden ein Toter geworden.

Die Zweideutigkeit des Toten

Doch was ist ein Toter? Ohne dass man auf die medizinische Fachfrage nach sicheren Todeszeichen näher eingehen müsste, erweist sich schon der Begriff bei näherem Hinsehen als zweideutig: Zum einen verstehen wir unter einem Toten den Leichnam, zum anderen den Verstorbenen.

Des Verstorbenen wird gedacht, der Leichnam wird bestattet. Entweder wird er – heutzutage und hierzulande jedenfalls – in einem Sarg begraben oder verbrannt und seine Asche in einer Urne beigesetzt beziehungsweise im Meer versenkt. Gräber können anonym oder mit Namen gekennzeichnet sein. Die teils sehr alten und sorgsam tradierten Funeralpraktiken sind allerdings so vielfältig wie die Kulturen. Die Ägypter der Antike, die einigen Pharaonen nachmals als Weltwunder erachtete Pyramiden bauten und sie mit kostbaren Beigaben für das Jenseits versahen, wurden nach ihrem Ableben gemeinhin in einem Leinentuch verscharrt. Die Parsen setzen ihre Toten auf den Türmen des Schweigens nackt den Geiern aus. Bei manchen Völkerschaften kam ritueller Kannibalismus bis in die Gegenwart vor. Die atheistische Kommunistische Partei der Sowjetunion stellte ihren ersten Machthaber Lenin einbalsamiert zur Schau, die Katholische Kirche lässt Gebeine und sonstige körperliche Relikte ihrer Märtyrer und Heiligen als Reliquien verehren. Indes haben nicht nur Seuchen, sondern vor allem Kriege und systematisches Morden wie der faschistische Genozid an den europäischen Juden auch zahllose Massengräber gefüllt.

Der kulturelle Umgang mit Leichen ist die eine Ausprägung instinktiver Abwehr der Vorstellung, dass mit dem Tod das definitive Ende des Lebens gekommen sei. Die andere äußert sich darin, dass der Wille des Verstorbenen nach allgemeiner Auffassung auch postmortal gültig bleiben soll; so sind rechtsgültige Testamente von den überlebenden Erben unbedingt zu befolgen. Auch die persönlichen Anordnungen eines Menschen über das Schicksal seines Körpers nach dem Ableben – etwa wie dieser zu bestatten und die Grabstätte zu gestalten sei oder ob er vielmehr der Anatomie, der Plastination oder der Transplantationschirurgie zugeführt werden soll – sind immer Verfügungen eines Verstorbenen, unmöglich solche des Leichnams. Obwohl wir den Begriff des Toten auf den Verstorbenen wie auf den Leichnam beziehen, meinen beide Ausdrücke doch nicht dasselbe. Wie könnte sonst sinnvoll vom "Leichnam eines Verstorbenen" gesprochen werden?

Begriffsgeschichtlich bedeutet Leichnam soviel wie (tote) leibliche Hülle. Der als schonend empfundene Ausdruck wird häufig statt "Leiche" gebraucht; und dieses Wort hatte seinerseits bereits die alt- und mittelhochdeutschen Bezeichnungen hreo und re mit der unverblümten Bedeutung "Kadaver" verdrängt. Doch spricht man auch von sterblichen Überresten, von dem verweslichen Teil eines Menschen. Der Körper, der nach dem Ableben des Individuums noch eine Weile in stummer Reglosigkeit seine Gestalt bewahrt und Züge seiner Persönlichkeit zeigt, wird so lange Leiche genannt, bis das Fleisch von dem Gerippe verschwunden und der Zusammenhang des ehedem unverwechselbar Ganzen durch natürliche Verwesung oder eine andere Auflösungsart aufgehoben ist.

Der Leichnam ist keine Person mehr; deren Ich hat spätestens nach dem Hirntod aufgehört zu existieren. Dem vorurteilslosen Blick auf das, was tatsächlich ist, offenbart sich die Leiche als ein Körperding oder eine Sache – als möglicher Gegenstand der Verwesung oder Einäscherung, der Organentnahme, Anatomie oder Plastination. Mit dem Tode erlischt die Person, ist sie nicht mehr in dieser Welt; sie hat damit ihre Subjektqualität verloren und ist Objekt geworden.

Der nicht nur der Belehrung über die Wirklichkeit, sondern auch der Beruhigung über sie bedürftige Mensch hat von jeher Symbole und Geschichten erfunden, um mit dem Tode fertigzuwerden. Diese machen deutlich, dass unser Bedarf an Realismus begrenzt ist. Die Härte des Realen beschönigend, spricht man bis heute gern vom friedlichen Schlaf oder vom Ruhen des Toten und bezieht in dieses Bild den Leichnam mit ein, der auf dem Rücken mit geschlossenen Augen und gefalteten Händen aufgebahrt und in den Sarg gelegt wird. Dabei sagen die Begriffe Ruhe, Friede und Schlaf, auf den Leichnam bezogen, weniger über den Tod selbst als vielmehr über das Leben aus – über dessen Ruhelosigkeit, rastlose Mühe und erschöpfende Plage. Doch verbindet sich das volkstümliche Bild der Totenruhe auch mit religiösen Vorstellungen, insbesondere der Christen, weil sie die Wiedererweckung und Auferstehung erwarten. Dieses Bild wurde oft auf den Leichnam übertragen, weshalb die katholische Kirche über viele Jahrhunderte die Feuerbestattung untersagte; das Verbot wurde erst 1963 aufgehoben.

Sind aber solche religiösen Erwartungen nicht oder nicht mehr überzeugend, erleiden viele ein existentielles Trauma oder fürchten ein solches. Freilich kann selbst ein religiös eingestellter Mensch nicht ernsthaft glauben, dass ein Leichnam ruhe und schlafe. Selbst wenn man es gewöhnlich gar nicht so genau wissen möchte: Ein Toter ruht nicht, ein Toter verfault; er schläft auch nicht, er verwest und zerfällt in Staub oder wird zu Asche verbrannt. Die Auflösung seines Körpers in organische und anorganische Moleküle ist unaufhaltsam, bis dem alten lateinischen Spruch terra tegit terram gemäß die Erde wieder einzig Erde bedeckt.

Möglicherweise bleibt der Tote die ganze Zeit über Objekt der Trauer. Doch auch sie bezieht sich wie der Respekt vor dem letzten Willen nicht auf den Leichnam, sondern allein auf den Verstorbenen. Der Leichnam ist ein lebloses Objekt in der Erscheinung, der Verstorbene dagegen ein lebendiges Subjekt in der Erinnerung. Sogar das sichtbare Grab, in das der Leichnam versenkt wurde und das die Hinterbliebenen als Stätte besonders intensiven Gedenkens aufsuchen, pflegen und schmücken, ruft in ihnen wohl fast stets nur das Bild des einst gewesenen Menschen wach, wie sie ihn kannten, nicht aber das Bild faulenden Fleisches und zerfallender Knochen. Nicht zuletzt, weil diese Vorstellung schwer erträglich ist, entscheiden sich gegenwärtig immer mehr Menschen für die Feuerbestattung, manche hingegen dafür, ihren Körper noch postmortal durch Transplantationschirurgie, Anatomie oder Plastination für die Lebenden nutzen zu lassen.

Namenlose Urnenfelder und Aschegemeinschaftsgräber sind ein weiteres Anzeichen von Illusionslosigkeit in unserer Gesellschaft. Auf solchen Grasflächen vieler Friedhöfe wächst keine Geschichte mehr. Sie sind – wie schon die in früheren Phasen der europäischen Geschichte übli-

Leichen zu begraben oder zu verbrennen und die Asche in einer Urne beizusetzen ist lediglich eine kulturelle Konvention – keineswegs die einzige, und nicht einmal die im neuzeitlichen Europa stets eingehaltene. Die Kapuzinergruft von Palermo beispielsweise ist der größte Mumienkeller der Welt. Die linke Aufnahme zeigt die Mumie einer jungen Frau und ihres Patenonkels, die rechte den sogenannten Korridor der Gelehrten.

Im volkstümlichen Bild der Totenruhe konkretisieren sich christlich-religiöse Vorstellungen der Auferstehung. Entsprechend hat die Katholische Kirche Reliquien und ganze Leichname von Heiligen ausstaffiert – hier Marie-Bernarde Soubirous (1844-1879) in der Kapelle St. Gildard in Nevers, genannt Bernadette. Die frommen Visionen, die sie im Alter von 14 Jahren hatte, begründeten die Wallfahrten nach Lourdes; heiliggesprochen wurde sie 1933 von Papst Pius XI.

chen Grabgelege ohne individuelle Kennzeichnung – ihrer Zeit voraus, denn alle Gräber werden einmal diesen Zustand der Anonymität und Unauffälligkeit erreichen und die darin beigesetzten Leichname spurlos verschwunden sein. Selbst die steinernen Monumente und Mausoleen verfallen, wenn man sie nicht vorher abräumt.

Von noch kürzerer Dauer ist das Gedenken. Die Trauer über den Tod eines Menschen kann nicht anhaltend schmerzen, die Erinnerung an sein Leben verblasst, und schließlich sterben die einst untröstlichen Hinterbliebenen selber; das Hinübergleiten des Vergangenen ins Nichts können wir nicht aufhalten. Schließlich legt sich ein Schleier des Vergessens über uns alle, und sogar dieses Vergessen wird am Ende vergessen sein.

Zur Würde des Plastinats

Stets sollte offengelegt werden, in welchem Sinne – religiös, vernunftphilosophisch oder weltanschaulich neutral – man das unterschiedlich auslegbare Wort Würde gebraucht. Unbedingt muss, wenn man überhaupt den Begriff auf Tote überträgt, nach allem bisher Ausgeführten streng zwischen der Würde eines Leichnams und der eines Verstorbenen unterschieden werden.

Das ist nicht leicht. So könnte man meinen, dass sich der Begriff allein auf den Leichnam beziehe, nicht aber auf den Verstorbenen, da ein Nichtexistierendes, das nur noch in der Erinnerung lebt, die zudem nach und nach verblasst, logischerweise nicht Träger eines Höchstwertes sein kann. Aber ebenso ist denkbar, dass allein dem Verstorbenen noch Würde zukomme, nicht aber dem Leichnam oder gar dessen Asche und dem Staub, in den er sich auflöst, da mit dem Tode die Person erloschen ist und ihre Subjektqualität verloren hat.

In der Debatte über die Plastination und die Ausstellung von Plastinaten war vielfach von Verletzung der Menschenwürde die Rede – davon, dass die Würde von Toten, die ihrer nächsten Angehörigen, sogar die der allgemeinen Öffentlichkeit, wenn nicht überhaupt der gesamten Menschheit missachtet werde. Solche Kritik äußerten Vertreter der beiden christlichen Kirchen, die Politiker unterschiedlicher Lager hinter sich wussten, wie auch Mediziner; und manche Journalisten haben sich zum Sprachrohr dieser Vorwürfe gemacht.

Auffälligerweise war aber meistens bloß zu hören oder zu lesen, dass die menschliche Würde verletzt sei, nur selten, inwiefern das geschehen sein soll. Offenbar vertraute man darauf, dass derjenige, der sich auf den Begriff Würde beruft, von vornherein ohne präzise Begründung und nähere Bestimmung des damit Gemeinten recht habe. So blieben die sehr unterschiedlichen Fragen, die sich in diesem Zusammenhang stellen und die ich im folgenden diskutiere, weithin unbedacht:

- Verletzt der Einzelne selbst die eigene Würde, wenn er seinen toten Körper für die Plastination zur Verfügung stellt?
- Verstößt diese Art anatomischer Präparation und Konservierung des gespendeten Körpers ihrerseits gegen die menschliche Würde?
- Gefährdet im besonderen die ästhetische Gestaltung eines plastinierten Körpers, womöglich gar dessen Verwandlung in ein Kunstwerk, die Würde des Toten?
- Vermag die öffentliche Ausstellung von anerkanntermaßen ästhetisch reizvollen Plastinaten die Menschenwür de anzutasten?
- Und wieweit sind das Erheben von Eintrittsgebühren für den Besuch solcher Ausstellungen und die entgeltliche Weitergabe von Plastinaten mit der Würde des Menschen vereinbar?

Grenzen der Selbstbestimmung

Die Anhänger der unterschiedlichsten Vorstellungen von Würde sind sich weitgehend darin einig, dass Selbstbestimmung eines ihrer wesentlichen Merkmale sei. Ob sie nun einen religiösen, vernunftphilosophischen oder radikal säkularen Standpunkt vertreten – sie alle sind auch davon überzeugt, dass es zur Freiheit des Menschen gehöre, verbindliche Anordnungen über seinen Nachlass für die Zeit nach dem Tode zu treffen. Häufig wird dann des weiteren einfach behauptet, dass die Würde eines Menschen nach dem Tode fortwirke und sogar auf den Toten ausstrahle.

Dieses durchaus geläufige Argument erweist sich allerdings bei genauerer Prüfung als äußerst problematisch. Damit wird nämlich der Eindruck erweckt, die Würde eines Menschen könne diesen selbst überdauern. Das ist jedoch unsinnig, gewissermaßen ein logisches Missverständnis: Ein solcher Sprachgebrauch setzt voraus, dass der Verstorbene, obwohl er nicht mehr existiert, trotzdem weiter als existent anzusehen sei; denn nur etwas, das existiert, vermag Träger von Eigenschaften wie der Menschenwürde zu sein. Ein existentes Nichtexistierendes ist aber ein Widerspruch in sich.
Darum kann mit Achtung vor der Würde eines Verstorbenen nur gemeint sein: Achtung vor der Würde, die der Verstorbene besaß, als er noch lebte. Das bedeutet also nicht Achtung vor etwas Gegenwärtigem, sondern lediglich vor etwas Vergangenem. Diesen Respekt zu zollen ist selbstverständlich möglich, wie auch die von einem Verstorbenen einst getroffenen Anordnungen über seine Hinterlassenschaft nach seinem Tode für die Überlebenden verbindlich bleiben können.

Nur, woher stammt diese Verbindlichkeit? Sie ist hauptsächlich eine gesellschaftliche Vereinbarung, die sich rechtfertigen lässt sowohl mit dem Interesse der Bürger, verbindliche Entscheidungen über den Tod hinaus zu treffen, als auch mit ihrem Selbstbestimmungsrecht und mit der Würde, die sie normalerweise für sich zu Lebzeiten beanspruchen dürfen.

Für die freie Entfaltung der individuellen Persönlichkeit gibt es gleichwohl allgemein anerkannte Grenzen. Allen voran steht die Freiheit der jeweiligen Mitbürger. Bildhaft formuliert endet das Recht, seinen Arm zu schwingen, genau dort, wo die Nase eines anderen beginnt. Aus ähnlichem Grunde muss unter Umständen der eigene Körper – trotz des Rechts auf Selbstbestimmung – der persönlichen Verfügung entzogen werden.

Nun darf der Mensch schon nach religiöser Auffassung nicht über seinen Leib nach Belieben verfügen, weil dieser als Gott-Ebenbild auch Gottes Eigentum sei; selbst der Leichnam habe Würde. Der vernunftphilosophischen Geistesrichtung zufolge ist der Mensch zwar Herr über sich, nicht aber Eigentümer von sich; dementsprechend dürfte der Einzelne möglicherweise nicht gänzlich frei über seinen toten Körper bestimmen, weil dem als ehemaligem Träger von Vernunft eine besondere Würde zukomme. Hingegen haben nach dem radikal säkularen Verständnis die sterblichen Überreste eines Menschen für sich betrachtet keinerlei Würde; erst in dem Maße, wie der Leichnam geachtet und geehrt wird, erhält er eine gewisse Würde.

Folgt aus diesen drei Vorstellungen, dass der Einzelne zu Lebzeiten nicht über seinen später toten Körper selbst bestimmen darf? Wäre dem wirklich so, stünde der Würde des Verstorbenen – seinem ehemaligem Selbstbestimmungsrecht – die Würde seines Leichnams uneingeschränkt entgegen.

Sehen wir davon ab, dass bei großen Naturkatastrophen und Epidemien wie in Kriegen, wenn die Lebenden schon fast nicht zählen, die in Massengräbern verscharrten Leichen erst recht nichts gelten; und sehen wir auch von den zahllosen anonymen Gemeinschaftsgräbern früherer Zeiten ab, die eine besondere Achtung der Leichenwürde ebenfalls vermissen lassen. Ob davon beeinflusst oder nicht – mittlerweile hat man sich dazu durchgerungen, die Würde des Verstorbenen, also dessen Selbstbestimmungsrecht zu Lebzeiten, der Würde seines Leichnams überzuordnen. Zur Freiheit des Menschen gehöre, sagt man, dass er auch Anordnungen über das Schicksal seiner sterblichen Überreste treffen darf. Damit wird die behauptete Unverfügbarkeit des Leichnams bereits teilweise aufgehoben.

Überdies muss sich, wer zwischen verschiedenen Bestattungsarten wählen kann, für eine Möglichkeit entscheiden, und durch diesen Umstand wird er geradezu unvermeidlich Herr über die eigene Leiche. Dann kann er aber auch statt des Erdbegräbnisses oder der Einäscherung seines toten Körpers dessen Übergabe an ein anatomisches Institut zu Ausbildungs- und Forschungszwecken oder an die Transplantationschirurgie zwecks Entnahme bestimmter Organe, Organteile und Gewebe zur Rettung fremden Lebens verfügen; und es wäre widersinnig und inkonsequent, dem Einzelnen angesichts dieser längst in Anspruch genommenen Möglichkeiten zu verbieten, den eigenen Körper für das relativ neue Verfahren der Plastination zu spenden.

Hinzu kommt noch ein anderer Aspekt. Gewöhnlich darf die zuständige Behörde eine Feuerbestattung erst genehmigen, wenn sich jeder Verdacht auf Mord oder Totschlag aus-schließen lässt. Um in dieser Frage sicherzugehen, ist es manchmal unumgänglich, eine Leichenöffnung vorzunehmen, wie überhaupt die Justizbehörden zur Aufklärung einer Straftat – ohne Einwilligung des Verstorbenen und seiner Angehörigen – eine Obduktion sowie dafür das Ausgraben einer bereits beerdigten Leiche verfügen dürfen. Mit diesen Regelungen sind nicht nur die Befürworter des radikal säkularen Verständnisses von Würde einverstanden, sondern gewöhnlich auch Anhänger religiöser und vernunftphilosophischer Auffassungen. Allerdings geben sie dabei alle die Idee der Unverfügbarkeit des menschlichen Leichnams preis. Dass dieser als Gottes Eigentum oder als einstiger Träger von Vernunft angesehen wird, dass Angehörige, Freunde und die Allgemeinheit ihn so ehren möchten, wie er sich ihnen zum Zeitpunkt seines Ablebens darbot, wiegt offenbar weniger als das Selbstbestimmungsrecht des Verstorbenen und die öffentliche Sicherheit.

Das hindert nicht, der verwesenden Leiche, der Asche eines verbrannten Körpers, dem anatomischen Präparat, den transplantationschirurgischen Relikten oder dem Plastinat religiöse oder vernunftphilosophische Würde zuzuerkennen. Nur dürfen eben – wie oben ausgeführt – weltanschauliche Auffassungen, die nicht verallgemeinerungsfähig sind, niemand anderem aufgezwungen werden. Deshalb hat der liberale Staat den Begriff Leichnam nur nach neutralen, allgemeingültigen und nicht nach konfessionell gebundenen oder geistesgeschichtlich tradierten Gesichtspunkten zu bewerten. Eine von allen religiösen und vernunftphilosophischen Überzeugungen unabhängige Würde des Leichnams an sich gibt es aber nicht. Weltanschauungsneutral betrachtet, entsteht die Würde einer Leiche erst im Umgang der lebenden Menschen damit; dazu gehört auch die Achtung vor dem letzten Willen des Verstorbenen bezüglich seiner sterblichen Überreste, solange durch diese Verfügung nicht die öffentliche Ordnung und Gesundheit beeinträchtigt wird.

Demnach ist in Bezug auf die Kritik an der Plastination und an KÖRPERWELTEN zu schließen: Wer zu Lebzeiten im Vollbesitz seiner geistigen Kräfte, freiwillig und umfassend informiert seinen toten Körper für dieses Verfahren zur Verfügung stellt und sich mit der Ausstellung des dadurch denaturierten und transformierten Präparats einverstanden erklärt, beleidigt nicht die Würde seines Leichnams. Hingegen verletzt derjenige die Würde des Verstorbenen, der eine solche Körperspende untersagt – es sei denn, die öffentliche Ordnung und Gesundheit seien gefährdet.

Verdinglichung eines toten Körpers durch Plastination?
Die im Zusammenhang mit der höchstrichterlichen Bestimmung und Begründung der menschlichen Würde vorgestellte Objektformel wurde neuerdings manchmal auch auf die Plastination angewandt. Man sprach von würdeverletzender Verdinglichung der Toten zu Organ- und Ganzkörper-Präparaten, der Entwürdigung ihrer Leichname zu bloßen Objekten oder Sachen.

Dieser Vorwurf ist unhaltbar. Er ist es nicht allein deswegen, weil die Spender bereits zu Lebzeiten der Plastination ihres Köpers nach ihrem Hinscheiden vertraglich zugestimmt haben und weil die Plastination keine Verachtung des Toten ausdrückt. Der Vorwurf ist vor allem deshalb unberechtigt, weil ein Leichnam als der verwesliche Rückstand eines Verstorbenen an sich schon ein Objekt oder eine Sache darstellt. Er wird nicht erst unter den Händen des Plastinators zu einem Ding. Mithin lässt sich die Objektformel lediglich auf lebende Menschen beziehen, nicht auf tote Körper, da diese keine Subjektqualität mehr haben.

Im Recht hat sich zwar eingebürgert, den Leichnam als eine Ausnahmeerscheinung zwischen Person und Sache zu bezeichnen. Damit kann aber nicht ernsthaft gemeint sein, dass die Leiche noch irgendwie eine Person darstelle, sondern nur, dass sie als die sterblichen Überreste einer gewesenen Person möglicherweise nicht wie andere leblose Objekte behandelt werden sollte. Sie kann Objekt der Achtung und Trauer sein; und aus religiösen und weltanschaulichen Gründen, aus Rücksicht auf den Willen des Verstorbenen wie auf unser eigenes sittliches Empfinden, aber auch mit Blick auf die öffentliche Ordnung sind wir gehalten, respektvoll damit umzugehen. Das alles ändert jedoch nichts an der Dingqualität des Leichnams, sonst dürfte er grundsätzlich nicht zur Entnahme transplantierbarer Organe und Gewebe genutzt oder der Anatomie zugeführt, ja nicht einmal verbrannt oder der Verwesung unter der Erde überlassen werden.

Nach Gunther von Hagens, dem Erfinder der Plastination, durchläuft eine Leiche bei ihrer Verwandlung in ein Ganzkörper-Plastinat drei Stadien: Zunächst wird sie anonymisiert, dann zu einem nicht mehr mit der ehemaligen Person identifizierbaren dauerhaften, physikalisch und chemisch durch und durch denaturierten Präparat und schließlich ein Objekt der wissenschaftlichen Aufklärung. Nun ist es schlichtweg unsinnig, in der Anonymisierung eines toten Körpers (dadurch, dass ihm nicht der Name des Verstorbenen zugeordnet wird) wie in der anschließenden Auflösung seiner physiognomischen Individualität (durch die anatomische Präparation) eine Entwürdigung zu sehen. Wohl hatte der den Namen tragende Mensch seine individuelle Lebens- und Krankheitsgeschichte; die aber wird dem Verstorbenen als solchem nicht genommen und damit auch nicht dessen Würde, während der Leichnam schon vor der Plastination eine Sache war.

An dem ansonsten geradezu revolutionären Verfahren ist in dieser Hinsicht lediglich neu und somit ungewohnt, dass seine Resultate (statt der bloßen Hinfälligkeit und Vergänglichkeit des Lebens wie herkömmlich konservierte anatomische Präparate) den menschlichen Organismus für praktisch unbegrenzte Dauer in einem Zustand des Nicht-mehr-Lebens und Noch-nicht-Verwesens zeigen. Außer der staunenswerten Funktionalität unseres Körpers kann dabei zugleich seine innere Schönheit hervortreten, wenn der Plastinator dafür sensibel ist und geschickt genug vorgeht.

Schon früh in der Neuzeit verbanden sich Anatomie und bildende Kunst, wurde das medizinisch Erforschte in ästhetische Darstellungen des menschlichen Körpers umgesetzt. Die Skulptur „Scorticato" (Der Enthäutete) von Lodovici Cigali (1559-1613) steht im italienischen Nationalmuseum im Bargello-Palast von Florenz, einer der bedeutensten Sammlungen von Werken toskanischer Bildhauer des 14. bis 16. Jahrhunderts.

Unzulässige Ästhetisierung von Plastinaten?

Wie eingangs geschildert, kam in der Renaissance die Anatomie zu erster Blüte und ging mit der Kunst ein Bündnis ein. Damals und fortan für lange Zeit hingen die Wiedergabe des medizinisch Erforschten und die ästhetische Darstellung des menschlichen Körpers in Bild und Skulptur aufs engste zusammen.

Die Plastination, wie Gunther von Hagens sie ausübt, steht in dieser Tradition. Ohnehin muss ein Plastinat, wenn es die angestrebte Aufgabe allgemeiner Aufklärung erfüllen soll, in eine angemessene Form gebracht werden, wie sie mit den traditionellen Präparier- und Konservierungsmethoden gar nicht zu erzielen war. Soll dabei außer dem Verstand auch die sinnliche Wahrnehmung auf eingängige Weise angesprochen werden, ergeben sich beinahe zwangsläufig ästhetisch reizvolle Lösungen des Gestaltungsproblems.

Doch scheint von Hagens noch einen Schritt weiter zu gehen, wenn er sich in der Formgebung bei manchen Ganzkörper-Plastinaten an Gemälden und Plastiken orientiert. Man könnte meinen, große Kunstwerke hätten ihm als Vorbilder gedient: für den Läufer die "Urformen der Bewegung im Raum" des italienischen Futuristen Umberto Boccioni (1882 bis 1916), für den Schubladenmann der "Anthropomorphe Schrank" des spanischen Surrealisten Salvador Dali (1904 bis 1989), für den Muskelmann mit seiner Haut über dem Arm die Bartholomäusfigur in der Sixtinischen Kapelle von dem Renaissance-Genie Michelangelo Buonarroti (1475 bis 1564) und für den Fechter die "Puppe" des deutsch-französischen Graphikers und Plastikers Hans Bellmer (1902 bis 1975). Allerdings bestehen diese Ähnlichkeiten rein zufällig, da Gunther von Hagens bei der Konzeption dieser Plastinate die besagten Kunstwerke noch überhaupt nicht kannte. Das ist zwar wirklich verblüffend, lässt aber dennoch keinerlei Zweifel an der ästhetischen, nahezu künstlerischen Darbietung seiner anatomischen Themen aufkommen.

Gegen diese ambitioniert gestalterische Transformation anatomischer Präparate haben verschiedene Kreise heftigen Protest erhoben. Insbesondere behaupten sie, dass der Plastinator sich gewissermaßen gotteslästerlich selbst zum Schöpfer mache; in Wahrheit gehe es ihm gar nicht um Wissensvermittlung, sondern um Selbstverwirklichung. Dabei degradiere er den Körper Verstorbener auf würdeverletzende Weise zu bloßen Kunstgegenständen, die gänzlich vergessen ließen, dass sie aus echten Leichenteilen bestünden. Der Tote diene ihm nur noch als Mittel für einen ästhetischen Zweck.

Außerdem malt diese Kritik Folgen aus, die nach dem vermeintlichen Tabubruch zu erwarten seien: In diesem Zusammenhang stelle sich nämlich die Frage, wie weit man mit der Bearbeitung toter Körper überhaupt noch gehen wolle. Denn würde es erst einmal erlaubt, Leichen so zu gestalten, dass sie in Kunstmuseen und Galerien ausgestellt werden können, sei es bloß noch ein kleiner Schritt bis zur Verwandlung von gestorbenen Frauen und Männern in Sessel, von Skeletten in Garderobenständer, von Schädeln in Suppenschüsseln – sicherlich eine menschenverachtende Würdeverletzung.

Nun ist der religiös gefärbte Vorwurf, der Plastinator spiele sich mit Ganzkörper-Gestaltpräparaten als Schöpfer auf, ebensowenig überzeugend, wie es die Verdächtigung wäre, die Arbeiter in einem Krematorium spielten die Erfüllungsgehilfen des alttestamentarischen Rachegottes oder mythischer Götzen, wenn sie Tote in große Verbrennungsanlagen schieben. Nach dem Muster dieser Argumentation wäre sogar zu fragen, ob nicht jeder operative Eingriff am Menschen – sei es aus gesundheitlichen oder ästhetischen Gründen – als Hochmut und als Verletzung der göttlichen Allmacht verurteilt werden müsste. Außer Mitgliedern bestimmter Sekten hält dies die weit überwiegende Mehrheit offenbar für unsinnig.

Des weiteren ist die Kritik der Ästhetik von Plastinaten insofern verfehlt, als sie vorgibt, diese seien eindeutig als Kunstobjekte zu identifizieren. Grundsätzlich schreibt aber kein Gegenstand vor, wie das menschliche Gemüt ihn zu erleben hat; ob er als Kunstwerk wahrgenommen wird, das hängt hauptsächlich vom Auge und Urteil des Betrachters ab (wobei die schwierige Frage, was überhaupt Kunst oder Schönheit an sich sei, hier ausgeklammert bleiben kann).

Eigenen Angaben zufolge erhebt Gunther von Hagens auch keinen genuin künstlerischen Anspruch. Allerdings streitet er eine beabsichtigte Affinität seiner Arbeiten zu Skulpturen – wie erstmals anatomische Darstellungen der Renaissance sie angestrebt hatten und später berühmt gewordene dreidimensionale anatomische Modelle sie verwirklichten – keineswegs ab. Er hat deshalb sogar den Begriff "Anatomiekunst" geprägt. Dafür vermag er freilich Gründe anzuführen: Zum einen schulde er den Körperspendern eine ästhetische Gestaltung ihres toten Leibes. Des weiteren gelte es, außer der Funktionalität die natürliche Schönheit innerer Strukturen des menschlichen Organismus zur Geltung zu bringen. Schließlich sollten seine Plastinate, nachdem sich die traditionelle Anatomie immer mehr gegen die Öffentlichkeit abgeschirmt hat, der allgemeinen Aufklärung dienen; deshalb suche er bei medizinischen Laien die kreatürliche Angst vor dem Tode sowie Grauen und Ekel, wie herkömmliche anatomische Präparate sie erregen können, gar nicht erst aufkommen zu lassen.

Nach Meinung fast aller Besucher der bisherigen KÖRPERWELTEN-Ausstellungen im In- und Ausland ist ihm dies tatsächlich gelungen. Offenbar lässt sich mit seinen Gestalt-Plastinaten vielen Menschen auch existentiell Beklemmendes und Aufrührendes zeigen, was sie in ungestaltet realistischer, also aus Achtlosigkeit oder Absicht unästhetisch belassener Form nicht wahrzunehmen bereit wären, selbst wenn es sie interessieren sollte.

Die kritische Feststellung, dass diese Ästhetisierung bloßes Mittel zu einem der Leiche äußerlichen, fremden Zweck sei, ist zweifellos richtig. Aber die Deutung der Ästhetisierung als Würdeverletzung ist trotzdem falsch. Erstens greift dieser Vorwurf nicht, weil die verfolgten Absichten – Verdrängen von Abscheu sowie Herausbilden von Schönheit – an sich nicht anstößig sind und gänzlich im Interesse der Körperspender liegen, die eine präparatorisch möglichst perfekte und gerade für medizinische Laien ansehnliche Darstellung ihres toten Leibes erwarten; dessen Entwürdigung hätten sie sicherlich niemals zugestimmt. Zweitens verfehlt dieser Angriff sein Ziel auch deshalb, weil er unausgesprochen unterstellt, der einer Leiche innewohnende wahre Zweck sei es, verbrannt zu werden oder zu verwesen, auf ästhetische Weise plastiniert zu werden hingegen eine Verfehlung ihrer eigentlichen Bestimmung. Wäre das triftig, müsste man folgern, dass jede anatomische und gerichtlich angeordnete Sektion, ja sogar die Entnahme von Organen zu Transplantationszwecken bloßes Mittel zu einem der Leiche äußerlichen, fremden Zweck sei und somit ihre Würde verletze. Um es auf die Spitze zu treiben: Mit dem gleichen Argument ließe sich jede Art von Bestattung beanstanden; denn mit der hygienisch einwandfreien Beseitigung von Leichen verfolgt man den ihnen auch äußerlich bleibenden Zweck, gesundheitlichen Gefahren vorzubeugen, die sich bei ihrer Verwesung im Umfeld der Lebenden ergäben – von der Unerträglichkeit des Anblicks und des Gestanks ganz zu schweigen. All diese Formen der Leichenbehandlung können eben grundsätzlich nicht als Würdeverletzung gelten, weil eine Leiche nicht mehr Subjekt ist und ihr kein Zweck innewohnt, den man verfehlen könnte.

Ist dies ein Freibrief, Tote zu beliebigen Zwecken zu benutzen? Wenn es erlaubt ist, sie in ästhetische Objekte zu verwandeln, warum dann nicht auch in Gebrauchsgegenstände – in Sessel, Garderobenständer oder Schüsseln? Immerhin nahm man im 17. und 18. Jahrhundert in Frankreich und Deutschland Leichen als Grundstoff für angeblich sehr wirksame Heilmittel; Soldaten meinten, es bringe ihnen Glück, den Finger eines gefallenen Kameraden als Talisman bei sich zu tragen, und Kerzen aus menschlichem Talg galten als hilfreich bei der Suche nach einem Schatz. Überdies kann man zum Beispiel in der Kapuzinerkirche von Rom noch heute Säulen aus Schädeln, Gewölbestützen aus Schienbeinen und Lüster aus Wirbeln bewundern, hergestellt von einem alten Mönch.

Inwiefern unterscheidet sich ein Plastinat davon? Das tut es prinzipiell: Zum einen waren diese Produkte aus menschlichen Relikten tatsächlich nur noch Mittel zum Zweck (selbst wenn sie keinen rational nachvollziehbaren erfüllten). Vor allem aber stellten sie etwas Nichtmenschliches dar. Um sich über dieses Attribut wirklich klarzuwerden, ist es erforderlich, zwischen relativer Verfremdung und absoluter Entfremdung eines Leichnams zu unterscheiden: Gestalt-Plastinate, wie Gunther von Hagens sie der Öffentlichkeit darbietet, stellen Menschliches als solches dar, um den einzelnen Betrachter über das Innere des eigenen Organismus aufzuklären. Dabei verfremdet er zwar das haltbar gemachte anatomische Präparat – aber nur relativ, weil es weiter das Bild des Menschen trägt. Dagegen hieße, Leichen oder Leichenteile mittels Plastination in Schüsseln oder Kleiderständer zu verwandeln, den toten Körper absolut zu entfremden, weil er dann nicht mehr als etwas Menschliches erschiene.

In gar nicht ferner Vergangenheit war der Umgang mit Toten weit unbefangener als heute, wie vielerorts Ossuarien bezeugen, in denen man Schädel und Gebeine aus aufgelassenen Gräbern stapelte. Mitunter wurden dabei freilich die Grenzen der Pietät erheblich überschritten, so in der Kapuzinerkirche von Rom in der Via Veneto, wo ein Mönch menschliche Knochen zu abstrusem Raumschmuck verarbeitete.

Heutzutage widerspräche ein entfremdender Umgang mit Leichen oder Leichenteilen nicht nur weltanschaulich gebundenen Auffassungen von Würde. Vielmehr ist man fast einhellig der Meinung, dass damit die Bedeutung eines Leichnams als des Überrests eines Verstorbenen sowie die Achtung seines Andenkens unvereinbar wären. Selbst wenn der Verstorbene zu Lebzeiten der Verarbeitung seines toten Körpers zu Nutzgegenständen testamentarisch zugestimmt oder sie gar gefordert hätte, dürfte man dem nach Überzeugung der meisten Menschen aus Gründen der öffentlichen Ordnung und wegen allgemeiner Unzumutbarkeit nicht entsprechen.

Hingegen gilt die relative Verfremdung einer Leiche zu lebensdienlichen, ordnungsbewahrenden und aufklärerischen Zwecken – so die transplantationschirurgische Entnahme von Organen und Geweben, die gerichtsmedizinische Sektion, die Obduktion zur pathologischen Klärung der Todesursache sowie die Präparation zur anatomischen Forschung und Lehre – als grundsätzlich vereinbar mit allen Vorstellungen von Würde. Die Plastination ist, wie eben dargelegt, eine relative Verfremdung im gleichen Sinne; weshalb entzündet sich dann Kritik an der öffentlichen Ausstellung von Plastinaten?

Anstößige Sichtbarkeit von Plastinaten?

Die Verhüllung des Leichnams ist ein kulturgeschichtliches Phänomen von besonderer Bedeutung. Viele Menschen können es nur schwer ertragen oder weigern sich gar, ihn anzuschauen. Darin drückt sich ein Widerstreben gegen den eigenen und den fremden Tod aus, aber auch das Verlangen, das physische Bild eines Verstorbenen, den man geliebt oder gekannt hat, unversehrt im Gedächtnis zu erhalten – und womöglich die Furcht, an die dereinstige eigene Verwesung gemahnt zu werden.

Besonders ausgeprägt ist diese Abwehrhaltung in den hochzivilisierten Gesellschaften. Über das Gesicht eines Gestorbenen wird alsbald ein Laken gezogen. Den Katafalk lässt man unter Blumen und Kränzen verschwinden. Eine Aufbahrung im offenen Sarg bedarf in der Bundesrepublik sogar behördlicher Genehmigung.

Es ist allerdings nicht lange her, dass der Tod gemeinhin weitaus stärker als natürlich empfunden wurde und der Umgang mit Toten unbefangener war. In Ossuarien liegen noch immer Gebeine und Schädel stapelweise zur Schau, und nach wie vor sind Mumienfriedhöfe – so in Rom und Palermo – zu besichtigen. Anders als im nördlichen Europa hat sich vielerorts in den Mittelmeerländern auch der Brauch erhalten, den Sarg bis zum Begräbnis halb geöffnet zu lassen, so dass außer den nächsten Angehörigen weither anreisende Verwandte und Freunde sowie alle übrigen Bürger der Gemeinde den Verstorbenen ein letztes Mal sehen können.

In unserer artifiziellen Welt sind wir eher und mehr geneigt, die kreatürlichen Gegebenheiten – das unausweichliche Lebensende und den unmittelbar danach einsetzenden biochemischen und physischen Verfall des Leibes – zu verdrängen. Um so verwirrender ist für manche die Konfrontation mit anatomisch präparierten und konservierten Körpern. Manch andere aber wollen diese gleichsam in die Unsichtbarkeit verbannen: So wurde versucht, die Ausstellung KÖRPERWELTEN mit dem Monitum Würdelosigkeit zu verhindern; und als das misslang, bezichtigte man das Publikum des puren Voyeurismus, der Sensationsgier und eines geschmackslosen Gruselbedürfnisses, um weitere Interessierte von einem Besuch abzuhalten. Wie einst Jesuiten die Verurteilung Galileo Galileis betrieben, weil seine Erkenntnisse aufgrund des Blicks in den Himmel durch eines der ersten Teleskope ihr tradiertes Weltbild ins Wanken brachten, sollten nun den Zeitgenossen Einblicke in den menschlichen Organismus verwehrt werden, wie sie vor der Erfindung und Entwicklung der Plastination nicht möglich oder auf andere, weitaus weniger ansprechende Weise Medizinern vorbehalten waren.

Zweifellos liegt ein besonderer Reiz in der Authentizität und Originalität der Plastinate. Eine Ausstellung selbst täuschend echt aussehender anatomischer Modelle hätte sicherlich keinen so großen Erfolg und keine so nachhaltige Wirkung gehabt wie KÖRPERWELTEN. Sicherlich kamen auch viele Besucher schlichtweg aus Neugier und in der Erwartung ambivalenter Gefühle – fassungsloser Beklemmung ebenso wie erregter Faszination. Doch vor den Exponaten, ergab eine repräsentative Befragung, stellte sich statt dieser Empfindungen bei fast allen sachliches Interesse und betroffene Nachdenklichkeit ein. Die meisten zeigten sich nur noch interessiert am Bau des menschlichen Organismus und erkannten zugleich dessen Größe und Elend, die physische Besonderheit und die Zerbrechlichkeit ihres eigenen Leibesinneren.
Da wurde zum Ereignis, was schon im Artikel "Anatomie" der von Denis Diderot und Jean le Rond d'Alembert herausgegebenen, 1751 bis 1780 erschienenen großen französischen "Encyclopédie" konstatiert worden war: "Die Kenntnis seiner selbst setzt die Kenntnis seines Körpers voraus, und die Kenntnis des Körpers setzt die einer so wunderbaren Verkettung von Ursachen und Wirkungen voraus, dass man sagen kann, dass keine direkter zum Begriff eines allweisen und allmächtigen Gottes führt; sie ist sozusagen die Grundlage der natürlichen Theologie." Und weiter: "Zu diesem so wichtigen Motiv kommt ein Interesse hinzu, das nicht zu vernachlässigen ist, nämlich das, über die Mittel unterrichtet zu sein, wie man sich wohl fühlt, sein Leben verlängert, die Stellen, die Symptome seiner Krankheit erklärt, wenn es einem schlecht geht. ... Die Kenntnis der Anatomie ist für jedermann wichtig."

Dennoch bleibt die Frage, ob die Verwendung von Plastinaten in einer Weise, die Anlass für emotionale Erlebnisse und sachliche Erkenntnisse bietet, überhaupt mit der Würde des Menschen vereinbar sei. Das wäre sicherlich nicht der Fall, wenn die öffentliche Zurschaustellung anatomischer Objekte einer herabsetzenden Fremdbestimmung des Toten gleichkäme. Jedoch kann bei KÖRPERWELTEN davon keine Rede sein. Niemand wird herabgesetzt; und eine Fremdbestimmung liegt auch nicht vor, da ein Leichnam keine eigene Zweckbestimmung besitzt. Trotzdem sind sich die Vertreter der unterschiedlichsten Vorstellungen von Würde darin einig, dass eine Leiche als Rückstand eines Verstorbenen niemals nur als Mittel zum Zweck gebraucht werden dürfe. Das heißt jedoch lediglich, dass man sich den Präparaten mit einer gewissen Achtung nähern sollte, nicht aber, dass ihr Anblick ausschließlich Medizinern vorbehalten bleiben müsse und nicht auch medizinischen Laien gewährt werden dürfe.

Anrüchige Verwertung von Plastinaten?
Wer die Würde des Menschen respektiert, der achtet seinen Nächsten um seiner selbst willen und hält ihn nicht bloß für eine austauschbare Ware. Diesem vernunftphilosophischen Grundsatz Immanuel Kants stimmen Anhänger des religiösen und des radikal säkularen Standpunktes ebenfalls zu. Lässt er sich auch auf Plastinate anwenden.

Manche behaupten, dass ihr Verkauf (in Frage kommen für den Erwerb ausschließlich Forschungs- und Lehrinstitutionen sowie naturkundliche Museen) oder das Erheben von Eintrittsgeld für den Besuch ihrer Ausstellung ein Würdeverstoß sei. Aber selbst wenn man konzediert, dass dem Leichnam als bloßer Sache eine gewisse Achtung zukommen soll, weil er der tote Körper eines Verstorbenen ist, trifft das auf die Vergütung eines Plastinats – gemessen an Kants Warenformel – nicht zu.

Die Praktiken des Instituts für Plastination lassen keinerlei Zweifel in diese Richtung zu, weil sie bereits die stärksten Auflagen erfüllen: Erstens verlangt das Institut, dass die Körperspende unentgeltlich ist; und zweitens verpflichtet es sich, niemals das Plastinat selbst, sondern lediglich die Herstellungskosten – von Präparation und Konservierung – in Rechnung zu stellen.

Somit ist das Institut eindeutig Dienstleister wie der Bestattungsunternehmer, der Tote in die Leichenhalle überführt und den Hinterbliebenen einen Sarg oder eine Urne verkauft, die Zeitung, die Todesanzeigen aufnimmt, der Gärtner, der Kränze liefert, der Gastwirt, der den sogenannten Leichenschmaus zubereitet, die Gemeindebehörde, die den Friedhof verwaltet, der nicht-kirchliche Grabredner und die Kirchen, denen man mit der Kirchensteuer auch den geistlichen Beistand am Grab bezahlt.

Fazit

Alles in allem sollte deutlich geworden sein, dass die Plastination und alle damit in Verbindung stehenden Tätigkeiten nicht gegen die Menschenwürde verstoßen. Diese sind nicht nur vereinbar mit dem radikal säkularen Verständnis des Begriffs, das aufgrund seiner weltanschaulichen Neutralität verallgemeinerungsfähig ist; auch wer eine weltanschaulich gebundene – religiöse oder vernunftphilosophische – Auffassung vertritt, die allerdings hauptsächlich in die Privatsphäre der Bürger gehört, muss in dem Verfahren und im Ausstellen von Plastinaten nicht unbedingt eine Verletzung der Würde sehen.

Das Wort Menschenwürde wiegt schwer, so leicht es sich hinsagt. Gerade deshalb sollte es in jeder Beziehung und darum auch in Bezug auf die Plastination künftig mit mehr Umsicht und größerer Besonnenheit gebraucht werden.

Franz Josef Wetz ist seit 1994 Professor für Philosophie an der Pädagogischen Hochschule in Schwäbisch Gmünd. Er hat Philosophie, Germanistik und Theologie studiert und 1989 an der Universität Gießen promoviert, deren Dissertationspreis er erhielt. Am dortigen Zentrum für Philosophie und Grundlagen der Wissenschaft war er von 1981 bis 1993 tätig, zuletzt als wissenschaftlicher Mitarbeiter von Prof. Dr. Odo Marquard. Wetz übernahm Lehrstuhlvertretungen in Erfurt und Gießen sowie eine Gastprofessur in Warschau. Seit seiner Habilitation 1992 ist er auch freier Mitarbeiter am Thüringer Institut für Lehrerfortbildung und Lehrplanentwicklung. Seine Hauptarbeitsgebiete sind Hermeneutik, Ethik sowie Kultur- und Naturphilosophie. Er hat bislang fünfzehn Fachbücher veröffentlicht und drei weitere herausgegeben, mehrere Funk- und Fernsehbeiträge erarbeitet und zahlreiche wissenschaftliche Artikel verfasst.

Eine detaillierte Behandlung der Geistes-, Politik- und Rechtsgeschichte des Würdebegriffs und eine systematische Auseinandersetzung mit dem Würdebild der modernen Kultur findet der eingehender interessierte Leser in dem Buch von Franz Josef Wetz „Illusion Menschenwürde“ (Klett-Cotta, Stuttgart 2005).

Bazon Brock

Bildende Wissenschaft

Das Glück der Dauer

Der englische Goethe-Zeitgenosse Jeremy Bentham (1748 bis 1832) verfügte in seinem Testament zum einen, sein Leichnam solle in Anwesenheit der Freunde seziert werden, und zum anderen, die Fakultätsgenossen dürften so lange sein Vermögen genießen, wie er leibhaftig unter ihnen bliebe. Diese hintersinnige Herausforderung des radikal reformerischen Philosophen, Ökonomen und Juristen meisterten die Professoren glänzend – getreu seiner utilitaristischen Lehre, dass im Nützlichen die Grundlage des sittlichen Verhaltens liege und jedermann selber am besten seinen Vorteil kenne: Nachdem der Kollege gestorben war, ließen sie sein Skelett mit einer Porträtbüste versehen und dafür eine verglaste Vitrine anfertigen. So ist es, ausstaffiert mit originalem Hut, Stock und Anzug, bis auf den heutigen Tag im Londoner University College anwesend, das auch den mumifizierten echten Kopf aufbewahrt.

Jeremy Bentham, die „Auto-Ikone" im University College London.

Benthams Generalmaxime als Sozialethiker lautete: "Das größtmögliche Glück der größtmöglichen Zahl!" Sofern dieser exzentrische Gentleman sein persönlich größtes Glück in dem Wissen fand, dass zumindest seine kaum mehr verweslichen Relikte lange unter den Lebenden weilen würden, hätte er sicherlich heutzutage Gunther von Hagens als zeitgemäßen Helfer begrüßt. Denn dessen Verfahren der Plastination ermöglicht (potentiell) immer mehr selbstbewussten Individuen, dem Beispiel Benthams zu folgen.

Erzkatholische Klosterbrüder plazierten noch bis Ende des 19. Jahrhunderts die von ihnen aus dem Leben geführten Einwohner von Palermo in den Katakomben der seit der Antike bedeutenden sizilianischen Stadt. Die klimatischen Besonderheiten, die dort herrschen, ließen die Toten auf natürliche Weise zu Mumien werden. So stehen, sitzen und liegen die frommen Wesen in jenem Wartezimmer der Ewigkeit, und jährlich führen Tausende seelenruhiger Touristen mit ihnen stille und – so ist jedenfalls zu hoffen – anregende Zwiesprache.

Bentham, die Katakombenbürger von Palermo und die Körperspender des Heidelberger Instituts für Plastination geben Zeugnis, dass nicht nur Angehörige früher und uns ferner Hochkulturen wie der altägyptischen oder der präkolumbianisch-amerikanischen, sondern nebst vielen anderen sowohl radikale Materialisten wie gläubige Christen im modernen Europa bereit waren und sind, eine zentrale Intention jeder Kultur leibhaftig zu repräsentieren: nämlich das Dasein auf Dauer zu stellen.

Alle uns vertrauten Kulturtechniken dienen vorrangig diesem Ziel des Tradierens. Sie sollen es ermöglichen, die Welt der Gewesenen, der Lebenden und der Zukünftigen als die eine und einzige Welt zu begreifen. Die große Kluft, die wir naiverweise zwischen Leben und Tod, Diesseits und Jenseits, Vergangenheiten und Zukünften wahrzunehmen glauben, wird von mentalen, teils materiell konkretisierten Leistungen überbrückt, die tragfähig sind, weil sie zu überdauern vermögen.

Kulturen sind Beziehungsgeflechte zwischen Menschen. Diese Beziehungen sind um so verbindlicher, je weniger sie ins Belieben der Individuen gestellt bleiben. Dieses Belieben resultiert aus den persönlichen Zeithorizonten, die natürlicherweise vorläufig und eng sind. Sie zu öffnen und zu erweitern heißt, die Zeiten zu bannen, sie stillzustellen; es bedeutet, der Zeit und ihren Furien des spurlosen Vergehens zu entkommen.

Kulturen ermöglichen das ihren Mitgliedern durch die Garantie der Wiederholbarkeit, der beständigen Möglichkeit also, immer wieder beginnen und beenden zu können, was prinzipiell ohne Beginn und Ende ist. Diese kulturelle Garantie der Wiederholbarkeit definiert, was wir Dauer nennen: die fortwährende Anwesenheit der Toten und ihrer Vergangenheiten in der Gegenwart der Lebenden. Friedhöfe, Monumente und Memoriale, Museen, Bibliotheken und Archive, Handelswege, Stadtgrundrisse und Architekturen, Flur- und Ortsnamen verkörpern und repräsentieren solche Dauer als Möglichkeit der Wiederholung, des Nachvollzugs, der Vergegenwärtigung – gewissermaßen der Auferstehung.

Nicht nur Historiker, Archäologen, Theologen oder Philologen, die gelernt haben, mit Toten sachgemäß zu kommunizieren, handhaben die Techniken, Dauer durch Wieder-Holen, Zurück-Holen zu erreichen; heute bedienen sich fast schon alle Zeitgenossen der Technik des recording in Bild und Ton: Sie lassen Marilyn Monroe oder Adolf Hitler per Video, Enrico Caruso oder Elvis Presley per CD auferstehen; sie halten eine eigene Lebensszene per Photo permanent verfügbar und collagieren bei Familienfesten Lebensläufe zu Biographien, in denen Zeiten und Räume ineinander verschachtelt und auseinandergenommen werden – so souverän, wie erst vor kurzem bestenfalls Kulturprofis es zu tun vermochten. Die Zeitgenossen lernten das vor allem am Beispiel der Künste und der Massenmedien. Inzwischen beklagt das TV-Volk nicht mehr die "ewigen Wiederholungen alter Filme", sondern partizipiert an den Warholschen Freuden der ständigen Wiederkehr desselben im Serienglück. Und Friedrich Nietzsche segnet die Sportschau-Gucker, denen die Slow-motion-Repetition als wichtig erachteter Szenen (dreimal, viermal, immer wieder) zur Qualifikation MT verhilft: Master of Time – Kulturgröße.

Das ist technische Theologie: Das christliche Wiederauferstehungsversprechen kann jedermann erfüllen, ohne Apokalypse, ohne Jüngstes Gericht. Die Massenmedien beweisen täglich, dass wir das Ende schon hinter uns haben. Das ist ihre frohe Botschaft.

Die Plastination des Gunther von Hagens ist schon auf den ersten Blick als genuine Kulturtechnik zu erkennen. Sie stellt organismische Substrate auf Dauer – jenseits der natürlichen Weisen, das sicherzustellen, indem genetische Informationen von Organismen erhalten bleiben.

Die bisherigen Techniken, diese natürlichen Prozesse selektiv zu optimieren, waren sehr erfolgreich. Das Schützen des Hinfälligen sowie das Sammeln, Auslesen und gezielte Wiederverwenden der Samen von Pflanzen und Tieren hat sich als so leistungsfähig erwiesen, dass es zum eigentlichen Muster aller kulturellen Arbeit geworden ist: vom Erhalten der Nahrung durch verschiedenste Formen des Konservierens bis zur Überformung der Natur durch Züchtung, welche die nutzbaren Ressourcen vergrößert. Voraussetzung für diesen Erfolg ist das kulturelle Gewinnen und Bewahren von Kenntnissen der natürlichen Prozesse, in denen sich Leben generiert. Über diese Kenntnisse zu verfügen, also sie anwenden und lehrend an andere weitergeben zu können, verschafft Macht. Wer an dieser Macht partizipieren will, muss sich Regeln unterwerfen, wie sie für Priester und Ärzte, Wissenschaftler und Künstler galten und gelten. Aber die historische Erfahrung zeigt: Regeln zu durchbrechen wird ebenfalls als kulturelle Leistung anerkannt, da der Regelbruch schließlich die Kodifizierung neuer Regeln erfordert.

Von Hagens demonstriert gegenwärtig solch einen Bruch der Regeln, nach denen Kenntnisse und Anwendungstechniken des kulturellen Aufdauerstellens unter Anatomen, Medizinern, Theologen und Sozialethikern gewonnen werden; und von Hagens zeigt zugleich, welche neuen veränderten Regeln sich aus diesem Regelbruch ergeben werden. Er folgt dabei einer Tendenz, die seit gut 250 Jahren in unserer Kultur (der sogenannten westlichen) offensichtlich ist: der Tendenz zur weitestgehenden Professionalisierung des Publikums, der Klientel von Priestern, Ärzten, Technikern, Künstlern, Warenproduzenten und Inhabern demokratischer Machtrollen.

Seit eine große Gruppe von Kultivateuren um die französischen Kulturpraktiker Denis Diderot (1713 bis 1784) und Jean le Rond d'Alembert (1717 bis 1783) alle praktischen und theoretischen Kenntnisse ihrer Zeit als "Enzyklopädie" veröffentlichte, sind die Adressaten solcher Vermittlung nicht mehr in erster Linie Spezialisten, sondern generell alle Bürger. Selbstverständlich sollten diese durch die Vermittlung kulturellen Wissens nicht selbst zu Ärzten oder Ingenieuren werden; sie sollten nicht selber wie Künstler malen oder bildhauern oder wie Handwerker Waren herstellen. Aber sie sollten in den Stand gesetzt werden, die Leistungen von Künstlern, Ärzten oder Güterproduzenten zu beurteilen, indem sie befähigt werden zu unterscheiden: das Vernünftige (das Begründbare) vom weniger Vernünftigen, das gut Gemachte vom schludrig Hingehauenen, das Brauchbare vom Tand, die wirksame bittere Medizin von der süßen Trostscharlatanerie. Denn was nützt es, brauchbare Waren anzubieten, wenn die potentiellen Käufer die Brauchbarkeit nicht zu erkennen vermögen? Was nützt es, nach allen Regeln der Kunst zu verarzten, zu malen, zu regieren, wenn Kranke oder Bildbetrachter oder Wähler die geltenden Regeln nicht kennen oder neue nicht zu schätzen vermögen? Rege Kaufleute benötigen kenntnisreiche Abnehmer, seriöse Ärzte verständige Ratsuchende, einfallsreiche Künstler ein ästhetisch aufnahmebereites und urteilsfähiges Publikum – sonst können Kaufleute, Ärzte oder Künstler gleich darauf verzichten, sich um Leistungen zu bemühen, die tatsächlich ihren Preis wert sind.

Die herausragende Leistungsfähigkeit der Plastination erweist sich nun darin, dass von Hagens mit seinen Werken nicht nur das allgemeine Publikum zu bilden (also unterscheidungsfähig und erkenntnisfähig zu machen) weiß vor Sachverhalten, die bisher der anschauenden Betrachtung nur an mehr oder weniger brauchbaren Modellen zugänglich waren. Auch Spezialisten, also Anatomen und Chirurgen, werden dadurch veranlasst, ihre Wahrnehmung auf völlig neue Weise mit gewohnten Vorstellungen und Begriffen zu verbinden.

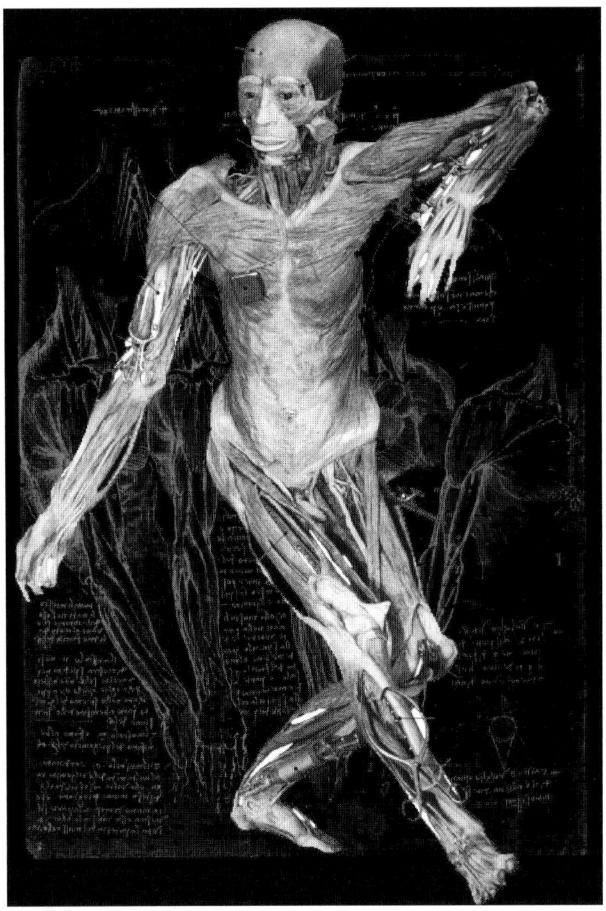

Gestalt-Plastinat von Gunther von Hagens vor einer anatomischen Zeichnung von Leonardo da Vinci.

Folgen wir diesem Angebot, dürfte sich unser Vertrauen auf das kulturell versprochene Glück der Dauer erheblich stärken. Viele bisherige Betrachter von Plastinaten, der präparatorisch und konservatorisch transformierten Körper gestorbener Menschen, haben mit ihren Bemerkungen im Besucherbuch der Mannheimer Ausstellung KÖRPERWELTEN bekundet, dass ihnen erst angesichts dieser Verewigten möglich wurde, wieder Ehrfurcht vor dem höchsten aller kulturellen Ziele zu empfinden.
Das mag pathetische Beschwichtigung der Gefühle von Irritation, ja von Erschrecken, Angst und Todesahnung sein. Aber Ehrfurcht entsteht nun einmal aus der Bewältigung solcher Selbstergriffenheit vor übermächtigen Eindrücken; und die mächtigsten Eindrücke erfahren Zeitgenossen vor jenen Kulturzeugnissen, die den Anspruch auf Dauer verkörpern und repräsentieren. Entsprechend bewerten sie alt-ägyptische Pharaonengräber, gotische Kathedralen oder impressionistische Gemälde in Museen einerseits und das Verschwinden der Regenwälder, das Verblassen ihrer Familienphotos oder den Verlust der Heimat andererseits. Mit den Substraten der Plastination wird die zentrale Bedeutung, die das Aufdauerstellen für alle Kulturen hat, in gegenwärtig auffälligster Weise wieder in das Bewusstsein der Zeitgenossen gerückt.

Reale Virtualität

Brücken verkörpern (statisch geprüft) den Gedanken des beliebigen Wechsels vom einen zum anderen Ufer und wieder zurück; und Brücken repräsentieren diesen Gedanken metaphorisch, wo immer es gilt, einen mentalen Schritt oder Sprung zu vollbringen, zum Beispiel als Eselsbrücke oder Brücke der Verständigung. Alle tatsächlich leistungsfähigen Kulturschöpfungen sind durch diese Einheit von Verkörperung/Animation und Repräsentation/Symbolisierung gekennzeichnet und zu erkennen.

Heinrich Lübke repräsentierte zwar die Funktion des Staatsoberhaupts, verkörperte sie aber nicht. Gustav Heinemann verkörperte sie, schien aber mit der Repräsentation Schwierigkeiten zu haben. Roman Herzog indes! Er hat jene Aura, die spürbar werden lässt, dass er verkörpert, was er repräsentiert – und dass er repräsentiert, was er verkörpert: diesen Leib uns zum Zeichen seiner Bedeutung. Das Wandlungssignal geben in seinem Falle die Sirenen der Polizeieskorte.

In anderen Fällen großer Kulturleistungen wird die Wandlung von Inkorporation zu symbolischer Repräsentation und vice versa durch Läuten eines Glöckchens markiert ("dies ist mein Leib, ... dies ist mein Blut") oder durch Akklamation ("dies ist ein Kunstwerk und nicht nur ein Material, das ein gedachtes Werk repräsentiert"). Und übertönt der vielstimmige Jubel über einen Nobelpreis nicht auch böse Zweifel, ob etwa die Dokumentation einer subatomaren Zerfallskaskade tatsächlich die Verkörperung eines neuartigen Teilchens nachweist, oder ob sie lediglich seine experimentalphysikalisch formulierte theoretische Annahme repräsentiert?

Gedanken gesteht man den Modus der Virtualität zu als bloßen Möglichkeiten; Verkörperungen/Materialisierungen hingegen bewerten wir als etwas Reales. Große Kulturleistungen sind darauf gerichtet, Gedanken zu verwirklichen – aber nicht so, dass der Gedanke in der Tat ausgelöscht würde. Vielmehr sollen gerade in der Einheit von Verkörperung und Repräsentation beide Ebenen – das Virtuelle und das Reale – erst deutlich unterscheidbar werden. Ein Zeichen ist die Einheit, in der man sinnvoll das Bezeichnete und das Bezeichnende, das Repräsentierte und seine Verkörperung unterscheiden kann. Das Kulturprodukt ist also eine reale Virtualität.

Allerdings gibt es verschiedenste Kriterien, anhand deren wir die Realitätshaltigkeit einer Verkörperung von Virtuellem, zum Beispiel von Gedanken, bewerten. Das offensichtlich allgemein am höchsten geschätzte Kriterium ist das der Authentizität. Der Tourist klopft bei der Schloßbesichtigung an eine Säule, um zu prüfen, ob das Material, in dem das Architekturkonzept verkörpert wurde, tatsächlich Marmor oder nur bemalter Stuck ist, der täuschend den Eindruck von Marmor erweckt. Ist der Gesang auf der Show-Bühne authentisch, oder mimt da jemand mit synchronen Lippenbewegungen den Sänger, indem er sich der im Tonstudio manipulierten eigenen oder gar einer fremden Stimme per Playback bedient?

Trotz aller postmodernen Vergnügen an der Simulation, am Fake, am Ersatzstoff, an der Reproduktion, am Stilzitat haben wir den Anspruch aufs Authentische nicht aufgegeben – im Gegenteil: Eine Imitation zu genießen ist gerade nur dann möglich, wenn man sie vom Authentischen zu unterscheiden weiß.

Generell hängt unsere Wertschätzung von Dingen in der Welt an der nachvollziehbaren Behauptung, sie seien tatsächlich das, als was sie behauptet werden – also authentisch. Ist dieser van Gogh tatsächlich von Vincent gemalt worden, oder stammt er von einem Nachahmer (Kopist oder Fälscher), der uns aber eben deshalb diesen van Gogh bisher als echten empfinden lassen konnte, weil er die authentischen Arbeiten Vincents sehr genau kannte und schätzte? Ist dieser Zahn Buddhas tatsächlich ein authentischer Teil der irdischen Verkörperung des verehrungswürdigen Mannes? Und wird der Zahn Buddhas deshalb zu Recht aufbewahrt und verehrt? Verkörpert dieser Schauspieler auch die vom Dramatiker erdachte Figur, deren Rolle er gerade spielt? Oder redet er nur einen Text herunter, obwohl er nicht Literatur rezitieren, sondern authentisch spielen soll?

Die Einwände gegen solches in allen Kulturen selbstverständliche Verlangen nach Authentizität gehen ins Leere; sie stützen vielmehr das Verlangen nachhaltig. Denn erweist sich beispielsweise eine Reliquie als Fälschung, werden die echten nur für um so wertvoller gehalten. Verzichten Künstler oder Architekten oder Warenhersteller bewusst auf den Anspruch einer authentischen Verkörperung ihrer Ideen, dann werden sie als Billig-Imitatoren, als Plagiatoren oder Kitsch- und Schundproduzenten qualifiziert, die eben nicht imstande sind zu halten, was sie zu versprechen scheinen.

Plastinierte Körper sind reale Virtualitäten, deren Realitätsgehalt im höchst denkbaren Maße durch ihre Authentizität ausgewiesen ist. Sie erfüllen, so könnte man sagen, die Funktion von Reliquien der wissenschaftlichen Anatomie und des konzeptuellen Arbeitens von Künstlern, etwa von Skulpteuren. Erinnert man sich an die Figur eines Laufenden des italienischen Futuristen Umberto Boccioni (1882 bis 1916) oder an surrealistisch-abstrahierende Arbeiten der Französin Germaine Richier (1904 bis 1959) oder an solche des spanischen Eisenplastik-Pioniers Julio Gonzáles (1876 bis 1942), erkennt man die konzeptuelle Genauigkeit, mit der Gunther von Hagens seine Präparate modelliert. Ihre gedoppelte Begründung von Authentizität – einerseits das organismische Substrat, andererseits genuine künstlerische Konzepte der Figuration – überzeugt vor allem die Betrachter der Ganzkörper-Plastinate; Besucher der KÖRPERWELTEN-Ausstellung hoben in Gesprächen über ihre Erfahrungen mit solchen Exponaten immer wieder hervor, dass besonderes deren Authentizität sie beeindruckt habe.

Von Hagens arbeitet in der Tat als Skulpteur: Er formt Modelle seiner Objekte, um herauszufinden, wie ein Körper figuriert werden muss, damit genau das sichtbar werde, was es zu zeigen gilt: nämlich das faszinierende Verhältnis von dem äußeren Eindruck, den ein Körper hervorruft, und seinem inneren Aufbau. Das Verhältnis von Oberfläche zur Funktionslogik menschlicher Körper hat seit dem 4. vorchristlichen Jahrhundert (beispielsweise im griechisch-römischen Kulturkreis) das konzeptuelle Arbeiten gerade von Bildhauern und Malern bestimmt. Dabei ging es immer um zuziehen. Aber auch die sehr viel weitergehenden Öffnungen zwei Ebenen, auf denen das Verhältnis von Innen und Außen dargestellt wurde. Zum einen

Gestalt-Plastinat des Bewegungsapparates (Der Läufer) von Gunther von Hagens;
Einzigartige Formen der Kontinuität im Raum, 1913, von Umberto Boccioni (1882 bis 1916).

wollte man sichtbar werden lassen, wie sich eine seelisch geistige Anstrengung (etwa der Wille, eine Bewegung auszuführen) im Körper manifestiert; es ging also darum, wie psychische Aktivität oder Verfassung (Traurigkeit oder stoischer Gleichmut, Enthusiasmus oder Angst) verkörpert werden kann. Zum anderen sollte verstanden und wahrnehmbar gemacht werden, wie die einzelnen Bestandteile des Körpers (Haut, Muskeln, Sehnen und Bänder, Glieder und innere Organe) zusammenspielen, um seine Einheit in jedem seiner Zustände unter dem Einfluss von äußeren Kräften – vor allem der Schwerkraft – zu erhalten.

Diesem Wahrnehmbarmachen des am lebenden Körper unsichtbaren Inneren galt die Aufmerksamkeit der frühen Anatomen und Ärzte, die eine Zeichenlesekunst – die Symptomatologie – entwickelten, um vom Äußeren des Leibes auf das Geschehen in seinem Inneren rückschließen zu können. Das gelang mehr oder weniger und diente recht eingeschränkten Zwecken wie der Geburtshilfe oder dem Kurieren von Brüchen und offenen Wunden, wie Krieger sie sich zuziehen. Aber auch die sehr viel weitergehenden Öffnungen von Körpern, mit denen Chirurgen sich Zugang zum Inneren des Bauches oder der Brust verschafften, blieben auf die bloße Möglichkeit angewiesen, sich vorzustellen, was man nie gesehen hatte; denn die durch Sektion, durch das Aufschneiden Toter gewonnenem Kenntnisse sind nur sehr beschränkt auf die Wahrnehmungen an Lebenden zu übertragen. Tote Körper wie lebende wahrzunehmen, das eben gelingt erst nun mit der Methode der Plastination und vor allem durch die Konzepte der Visualisierung, die Gunther von Hagens aus dem Erfordernis, seinen unverweslichen anatomischen Präparaten angemessene Gestalt zu geben, entwickelt hat.

Tote Körper wie Lebende authentisch wahrnehmen zu können, war indes auch ein altes Ziel von Künstlern. Das belegen nicht nur Erzählungen wie die von dem sagenhaften zyprischen König Pygmalion, der sich in ein von ihm selbst geschaffenes weibliches Standbild verliebte; das belegen vor allem die zahllosen realen historischen Zeugnisse der Anstrengungen, in der Mimesis – der Darstellung natürlicher Wirklichkeit – über die rein formale Nachahmung von Konturen und Oberflächen hinauszugelangen: Michelangelo Buonarotti (1474 bis 1564) wäre nicht auch einer der überragenden Renaissance-Bildhauer, wenn er nicht als Schöpfer von Menschenfiguren in Marmor versucht hätte, diese Geschöpfe zu beseeltem Leben zu bringen, sie zu animieren. Selbst noch das „laufende Bild" war ein aufregendes Merkmal des frühen Stummfilms, das "sprechende Bild" dann eines des Tonfilms.

Generell gilt Animation, also Verlebendigung, als höchste zu erstrebende Leistung des Umgangs mit totem Material. Diesseits des Anspruchs von Künstlern und Wissenschaftlern, künstliches Leben zu erzeugen (artificial life ist gerade gegenwärtig ein vorrangiges Ziel vieler Kulturschöpfer), sind Methode und Konzepte der Plastination die weitestgehenden und gelungensten Versuche der Kunst- und Wissenschaftsgeschichte, tote Körper wie lebende – also authentisch – wahrnehmen zu können.

Wohl sind beispielsweise auch Maschinen tote Körper, die unter Umständen von Ingenieuren mit einigen Aspekten des Lebendigen ausgestattet werden. Vor allem nicht triviale Maschinen wie sich selbst programmierende Computersysteme und lernende Roboter zeigen staunenswerte Formen der Verlebendigung. Aber in ihnen ist Leben nur repräsentiert, nämlich mittels Programmen simuliert, nicht verkörpert. Das für diese Funktionen wesentliche Substrat (in der Regel das chemische Element Silicium) mag in noch so leistungsfähige elektronische Schaltkreise umgewandelt worden sein, es bleibt doch weit unterhalb des Grades von Komplexität, der selbst einen einzelligen Organismus auszeichnet. Der Leib der Maschine, auch der nichttrivialen, ist niemandem ein Zeichen, nicht einmal dann, wenn sich Designer bemühen, ihm Gestalt zu geben.

Gestalt ist der nur im Deutschen gebräuchliche Begriff, der die Einheit von Verkörperung und Repräsentation umfasst. Gunther von Hagens ist ein Künstler/Wissenschaftler, der toter Materie die Gestalt von belebter zu geben vermag: die Gestalt einer authentisch realen Virtualität.

Imaging Science

Auf authentische Weise einem Gedankengefüge, einer Vorstellung reale Gestalt des Lebendigen geben zu können, das galt bisher weitgehend als Privileg der Künste. Sie bewegen sich, so formulierte es der Arzt und Dichter Gottfried Benn (1886 bis 1956), im Reich gestaltenschaffender Möglichkeiten (also in der Virtualität).

Das nannte man seit den Zeiten Johann Wolfgang von Goethes (1749 bis 1832) die bildende Kraft der Künste. Bildung erwirbt man durch die Aneignung der virtuellen Konstrukte anderer, seien es Erkenntnisse, Vorstellungen oder Weltbilder. Wenn man das Angeeignete auch selber verkörpern kann, wenn es gänzlich zu eigen wird, so dass es – wie man sagt – einem in Fleisch und Blut übergeht, mithin zum Ausdruck der eigenen Person wird, dann hat man nicht nur Bildung, sondern ist gebildet. Man ist so gleichsam eine Gestalt der bildenden Kräfte selbst geworden.

Nun hat es zweifellos auch zahllose gebildete Wissenschaftler und Vertreter anderer Arbeitsformen gegeben. Wieso betonte man dann das Privileg der gestaltenschaffenden, der bildenden Künste? Hatte ein Künstler zudem noch wissenschaftliche Bildung, sprach man vom poeta doctus, vom gelehrten Künstler, wie der Schriftsteller Thomas Mann (1875 bis 1955; Nobelpreis 1929) ihn repräsentierte und verkörperte. Hingegen sind die Beispiele von Wissenschaftlern, die auch künstlerisch zu gestalten wussten, rar. Am ehesten gelingt anscheinend die Verbindung von einem anspruchsvollen Beruf, der ein Studium erfordert, und literarischem Schaffen – wie Benn praktizierten zumindest zeitweilig als Mediziner etwa Arthur Schnitzler, Alfred Döblin und Hans Carossa; Theodor Storm war wie Franz Kafka Jurist, Robert Walser Ingenieur und Max Frisch Architekt.

Wissenschaftler, die nicht nur feierabends oder im Nebenberuf bildende Kunst betreiben, sondern Wert darauf legen, auch darin Profis zu sein, treten erst in jüngster Zeit ins Bewusstsein der Öffentlichkeit. So nahmen die Neuro- und Biowissenschaftler Carsten Höller und Detlef Linke an der documenta X teil ("Haus der Schweine und Menschen"). Eine ganze Reihe von Artificial-life-Wissenschaftlern präsentiert ihre Arbeitsresultate in institutionellen und sachlichen Kontexten der Kunst. Viele exzellente Forscher am Computer sehen ihre Bildschirmpräsentationen als Form der Bildgebung (imaging) an, als Resultat von Gestaltung wissenschaftlicher Konzepte (woher der Begriff Imaging Science rührt).

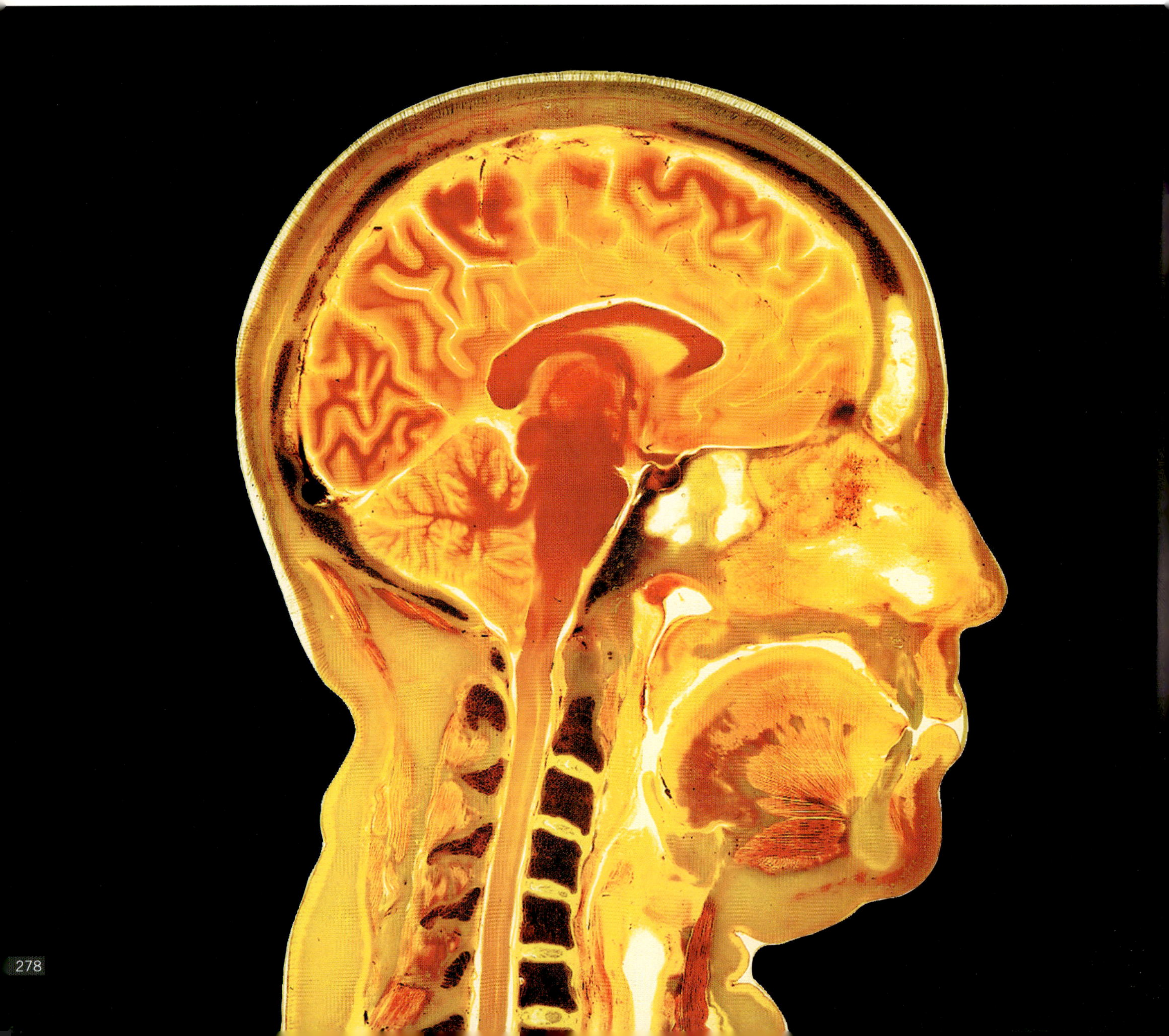

Im engeren Sinne kennzeichnet man Methoden und Technologien als Imaging Science, die wie die Positronenemissionstomographie (PET) Bilder aus dem Inneren lebender Körper produzieren; diese können allerdings nur von Spezialisten gelesen, also verstanden und interpretiert werden. Genereller versteht man darunter Verfahren, die solche Sachverhalte der Welt der menschlichen Wahrnehmung erschließen, die unserem natürlichen Wahrnehmungsorganen entzogen sind ("das Unsichtbare sichtbar zu machen" war bezeichnenderweise schon ein Postulat von Malern wie Paul Klee, Wassily Kandinsky, Willi Baumeister und vielen anderen, die auch kunsttheoretisch etwas zu sagen hatten).
Die imaging betreibenden Wissenschaftler gestalten mit ihren Computern überdies neue Sprachen, die seit alters als besonders leistungsfähige bildende Kräfte angesehen werden. Sprachen kennzeichnet das von ihnen aufgebaute Verhältnis zwischen psychischer Innenwelt und sozialer Außenwelt der Menschen. Die Schöpfer solcher Sprachen sind im eigentlichen Sinne bildende Wissenschaftler. Einer unter ihnen, einer der interessantesten, ist eben Gunther von Hagens mit seiner Konservierungstechnologie und seinen Imaging-Konzepten der Plastination. Wer den häufig erhobenen Einwand vorbringt, dieses Verfahren werde gerade wegen der Erfolge von Imaging Science gar nicht mehr gebraucht, und die damit zu erzielende darstellende Anatomie sei bereits historisch überholt, verkennt die fundamentale Leistung: Selbst die besten Resultate von Imaging Science werden nur sinnvoll nutzbar, wenn sie im Zusammenspiel mit der darstellenden Anatomie von toten Körpern als lebenden angewandt werden.

Die bildende Kraft dieser Wissenschaft darstellender Anatomie ist erst annähernd zu würdigen, wenn man sie – wie ich das hier angedeutet habe – als Kulturtechnik versteht, mit der es gelingt, in neuer Weise der alten kulturellen Zielsetzung zu entsprechen, die Einheit von Verkörperung und Repräsentation als reale Virtualität auf Dauer zu stellen im äußerst erreichbaren Grad der Authentizität. Plastination vermittelt ein bisher so authentisch nicht gegebenes Verhältnis von Innen und Außen des Körpers, von lebendigem Organismus und toter Materie, von Wahrnehmung und Wahrnehmbarmachen, von Anschauung und Begriff. Plastination ist demnach als sprachliche Operation aufzufassen, mit der wissenschaftliche Begriffsbildungen durch künstlerische Konzepte zur Gestalt gebracht werden – zur Gestalt des kulturell lebenden Menschen in seinem Anspruch auf Dauer.

Bazon Brock war in der Zeit von 1981 bis 2001 Professor für Ästhetik/Gestaltungstheorie an der Bergischen Universität – Gesamthochschule Wuppertal. Er studierte Germanistik, Philosphie, Kunstgeschichte und Poliktikwissenschaften an den Universitäten Hamburg, Frankfurt am Main und Zürich und wurde 1965 lehrbeauftragter Professor für nicht-normative Ästhetik an der Hochschule für Bildende Künste Hamburg, dann 1978 Professor für Gestaltungslehre an der Hochschule für angewandte Kunst in Wien. Schon während des Studiums hatte er eine Dramaturgie-Ausbildung absolviert und wirkte 1960/61 als Erster Dramaturg am Stadttheater Luzern. In den siebziger Jahren arbeitete er am Aufbau des Internationalen Designzentrums in Berlin mit. Brock hat zahlreiche Happenings, Action teachings und Ausstellungen (letzthin "Wa(h)re Kunst. Der Museumsshop als Wunderkammer" und "Die Macht des Alters. Strategien der Meisterschaft") veranstaltet, des weiteren Filme, Hörspiele, Fernseh-Beiträge und Videos produziert sowie zahlreiche Fachbücher und Artikel publiziert; er ist auch als Herausgeber tätig. Seine gegenwärtigen Forschungsschwerpunkte sind neuronale Ästhetik und Imaging Sciences. Die Eidgenössische Technische Hochschule Zürich hat ihm 1992 die Ehrendoktorwürde verliehen.

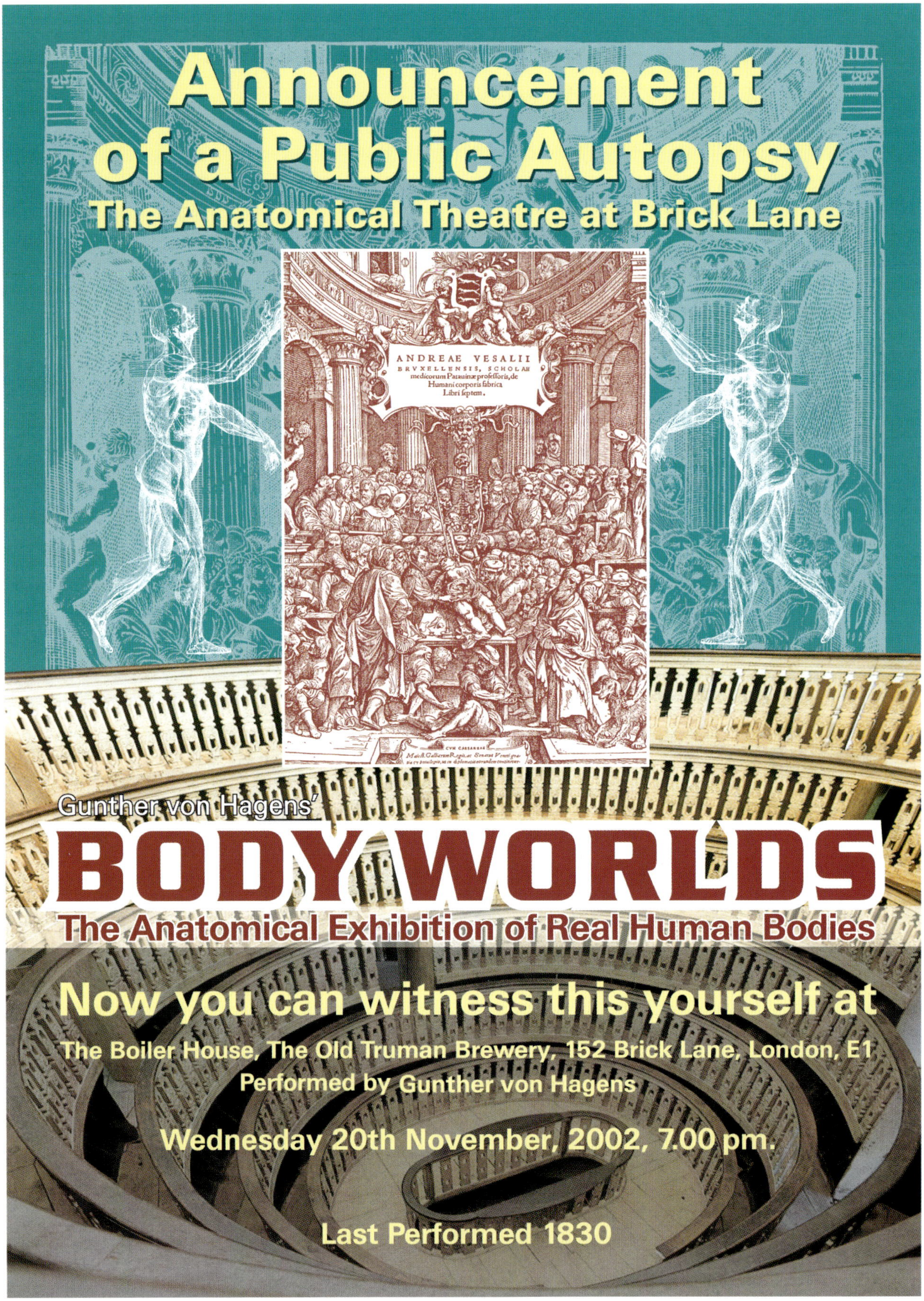

Ankündigung der ersten öffentlichen Autopsie seit 1830, durchgeführt von Gunther von Hagens in London am 20. November 2002

Franz Josef Wetz

Das Anatomische Theater der Moderne – Die erste öffentliche Autopsie seit 200 Jahren

»Am Ende eines jeden Problems sitzt ein Deutscher«, schrieb im 18. Jahrhundert der französische Aufklärer Voltaire. Hieran hat sich bis heute nur wenig geändert, was damit zusammenhängt, dass Deutschland seit jeher eine äußerst aufgeregte und sehr grundsätzliche Nation ist, die sich als solche leicht irritieren lässt, um anschließend die hierbei aufgetretenen Streitfragen bis ins letzte zu erörtern.

Dies beweisen einmal mehr die heftigen Reaktionen und hitzigen Diskussionen um ein »anatomisches Schauspiel« in London. Dort fand am 20. November 2002 zwischen 19 und 22 Uhr die erste öffentliche Autopsie seit ungefähr 200 Jahren statt. Tatort dieses umstrittenen Ereignisses war *The Boiler House, The Old Truman Brewery* in der Brick Lane. Gemeinsam mit zwei Anatomen und zwei Pathologen enthüllte der Plastinator Gunther von Hagens die Geheimnisse der Leiche eines 72-jährigen Deutschen. Rund 500 Zuschauer vor Ort und Tausende Menschen an den Bildschirmen verfolgten dieses ungewöhnliche Spektakel. Wie nicht anders zu erwarten, löste die öffentliche Autopsie heftige Debatten in der Bevölkerung Großbritanniens und noch mehr in Deutschland aus, obgleich hierbei nach allen Regeln ärztlicher Kunst verfahren wurde.

So verständlich solche Aufregungen auf den ersten Blick zu sein scheinen, befremdlich wirken sie doch. Denn was ist eigentlich so schlimm daran, wenn medizinisch interessierte Laien einmal Anatomen und Pathologen bei der Arbeit über die Schultern schauen, um sich auf diese Weise über die Innenseite ihres Körpers authentisch zu informieren? Es ist doch überaus menschlich, ein Interesse an dem Leib zu haben, der wir sind, und eine kulturelle Antwort auf diese Frage ist nun eben die Anatomie. Jedenfalls lässt sich medizinischen Laien nur schwer begreiflich machen, warum ihnen die Teilnahme an einer Autopsie verwehrt bleiben soll, während medizinhistorische Museen und die Ausstellung KÖRPERWELTEN für ihren Besuch offen stehen.

Richtig ist, dass heute die Möglichkeit zur Teilnahme an einer öffentlichen Sektion normalerweise nicht besteht. Aber wie schnell schreiben wir Menschen zeit- und ortgebundenen Wahrheiten eine Allgemeingültigkeit zu, die sie als solche gar nicht haben. Manch geschichtlich Entstandenes und inzwischen längst wieder Vergangenes wurde einst als ewig gültig angesehen. Dazu gehört die weit verbreitete, wiewohl irrtümliche Auffassung vom Verbot öffentlicher Sektionen. Seit Ausgang des 16. Jahrhunderts bis zum Ende des 18. und beginnenden 19. Jahrhundert gab es jedoch europaweit eine große Tradition öffentlicher Anatomie, die sich beim Laienpublikum einiger Beliebtheit erfreute.

Anatomische Theater

Außer Naturforschern und Medizinern zeigten in der Renaissance insbesondere bildende Künstler großes Interesse an der Anatomie. So wohnten Leonardo da Vinci und Michelangelo nicht nur Sektionen befreundeter Mediziner bei, sie führten selbst auch anatomische Studien durch – mit dem Ziel, Menschen noch naturgetreuer in der Kunst darzustellen. Leonardo soll mehr als dreißig Leichen in Florenz obduziert haben, um durch bessere Kenntnis der Knochenlage, Muskeln und Sehnen wie aller übrigen Organe seine Figuren auf den Gemälden vollkommener inszenieren zu können. Den Körper, der Jahrhunderte lang als »Grab der Seele« entwertet worden war, adelte die Renaissance als »Tempel des Geistes«.

Seit dieser Aufwertung des Körpers als schöne Ausdrucksform der menschlichen Seele nahm die Öffentlichkeit großen Anteil an der Anatomie, was die Errichtung zahlreicher Anatomischer Theater in ganz Europa aufs deutlichste beweist.
Allerdings fanden öffentliche Sektionen zunächst erst unter freiem Himmel oder in eigens hierfür gezimmerten Holzprovisorien statt, die sich leicht wieder abbauen ließen. Solche sogenannten »temporaria theatra« konnten als Einbauten in bestehende Gebäude je nach Bedarf ebenso schnell auf- wie auch wieder abgeschlagen werden. Sogar in leerstehenden Kirchen und Kapellen ehemaliger Klöster wie San Francesco von Bologna, der Elisabethenkirche zu Basel oder Jacobskapelle in Tübingen wurden öffentliche Sektionen durchgeführt. Jedoch folgte bald die Errichtung fester »Theatra anatomica« – 1530 in Montpellier, 1594 in Padua, 1595 in Bologna, 1597 in Leiden, 1622 in Uppsala, 1643 in Kopenhagen, 1694 in Paris, 1720 in Berlin und 1727 in Halle, um bloß einige Orte zu nennen. Im 18. Jahrhundert hatte fast jede medizinische Bildungsstätte ein Anatomisches Theater.

Fast alle Sektionen waren öffentlich und somit einem breiteren Publikum zugänglich. Sie waren nicht bloß für ein medizinisches Forum bestimmt. Dies beweist schon

Gunther von Hagens´ öffentliche Autopsie, London 2002

das Titelblatt von Andreas Vesals illustriertem Lehrbuch De Humani Corporis Fabrica aus dem Jahre 1543. Es zeigt Vesal am Seziertisch, dicht umringt von Menschen der unterschiedlichsten Stände. Das gleiche ist zu sehen auf Rembrandts berühmtem Gemälde »Die Anatomie des Dr. Tulp« aus dem Jahre 1632, auf dem der Amsterdamer Anatom und Bürgermeister Nicolaas Tulp in einer offenbar privaten Anatomiestunde eine Leiche vor angesehenen Bürgern der Stadt seziert. Nach und nach entwickelten sich damals solche Veranstaltungen zu gesellschaftlichen Ereignissen – einer neuen Form der Geselligkeit und Mode, die bald sogar zur feinen Lebensart gehören sollte. Außer Professoren und Studiosi nahmen hohe Bürger, Adlige sowie zahlreiche Geistliche und Mönche daran teil. Hinzu kamen Barber, Hebammen, Wundärzte, Chirurgen und Apotheker, die noch keine akademischen Berufsstände, sondern bloße Handwerksberufe waren. Außerdem gehörten zum medizinisch interessierten Fach- und Laienpublikum viele Künstler, Gelehrte wie die Brüder Wilhelm und Alexander von Humboldt oder Schriftsteller wie Johann Wolfgang von Goethe. Diesen verband eine enge Freundschaft mit dem berühmten Jenaer Anatomen Justus Christian Loder, unter dessen Anleitung der Weimarer Geheimrat seine Kenntnisse über den inneren Aufbau des menschlichen Körpers vertiefen konnte. Doch durfte jeder, der es wollte und sich leisten konnte, anatomischen Schauveranstaltungen beiwohnen; für die Teilnahme an anatomischen Lehr- und Schauveranstaltungen wurden schon damals Eintrittsgelder verlangt.

Nur für Fakultätsmitglieder war der Eintritt zu diesen Vorführungen frei, nicht aber für Studenten und das medizinische Laienpublikum. Überhaupt glichen Anatomiestunden mehr aufregenden Theatervorstellungen als aufklärerischen Lehrveranstaltungen. Nicht bloß, dass sie wie Theateraufführungen durch gedruckte Einladungen öffentlich angekündigt und teilweise sogar mit Musik begleitet wurden, schon der Name »Theater« weist auf den feierlichen und unterhaltsamen Rahmen anatomischer Demonstrationen hin, die sich immer mehr zu gesellschaftlichen Höhepunkten auswuchsen. Diese dauerten gewöhnlich mehrere Tage, wobei am ersten beispielsweise die Organe des Bauchraums, am zweiten der Brustinhalt, am dritten der Schädel und am vierten die Gliedmaßen samt Muskeln, Nerven und Adern untersucht wurden. Die Attraktivität solcher Schauspiele war groß, aber nicht bloß aufgrund der außeralltäglichen Öffnung und Zerlegung einer normalerweise geschlossenen Leiche, sondern auch bestimmter außermedizinischer Aspekte wegen.

Zusammenfassend kann man sagen, bewirkte der Blick in das bis dahin verborgene Körperinnere bei den damaligen Besuchern von Anatomischen Theatern

- belehrende Aufklärung (wissenschaftlich),
- befriedigte Neugierde (philosophisch),
- angenehm schaudernden Nervenkitzel (ästhetisch),
- andächtig bewundernde Ehrfurcht vor der göttlichen Schöpfung (theologisch),
- demütige Selbsterkenntnis des Einzelnen als verwundbaren, sterblichen und unerheblichen Teils der Natur (existenziell).

William Hogarth, aus: „The Four Stages of Cruelty", 1750 - 1751

Nachdem die Anatomie sich dann als wissenschaftliche Disziplin zu Beginn des 19. Jahrhunderts in die Universitäten zurückgezogen hatte, blieb in der Folge von diesen verschiedenen Sichtweisen auf die Tiefenstrukturen des menschlichen Leibes nur noch das wissenschaftliche Experteninteresse an der Körperinnenseite zulässig. Die anderen Wahrnehmungsformen wurden entweder als unwissenschaftlich abgelehnt oder als unmoralisch verworfen. Aber auch das Nichtwissenschaftliche hat eine gewisse Berechtigung, und was einst als moralisch fragwürdig galt, hätte schon damals als ethisch zulässig gerechtfertigt werden können.

Renaissance der Renaissance

Das ist Aufklärung: ein Denken mit der Sonne im Zenit, was soviel wie maximales Licht bei minimalem Schatten bedeutet. Ein Denken solcher Art stellt sich Tabus und Dunkelzonen mit Nachdruck entgegen, in denen sich das scheinbar Geheimnisvolle dem zergliedernden Zugriff entzieht. In diesem Sinne heißt anatomische Zergliederung eines Leichnams mit dem Licht des Todes das Dunkel des Lebens zu erhellen.

Indem nun Gunther von Hagens erstmals nach knapp zwei Jahrhunderten wieder eine öffentliche Sektion durchführte, erweckt das Institut für Plastination nicht bloß eine alte Tradition zu neuem Leben, sondern hebt – außer dem angestrebten Ziel der anatomischen Aufklärung vorrangig medizinischer Laien – auch deren durchaus zulässiges Bedürfnis nach anatomischer Neugierde, wohligem Schauder, kreatürlicher Ehrfurcht und körperlicher Selbsterkenntnis wieder in sein Recht. Einen Blick in einen fremden Körper hineinzuwagen bedeutet soviel wie den eigenen darin zu entdecken. Dazu ist es notwendig, den Leichnam zu öffnen und zu zerlegen. Denn nur was enthüllt und auseinandergelegt wird, kann auch begriffen werden. Hieran ist ethisch nichts verwerflich.

Der Vorwurf, solche öffentlichen Spektakel bildeten einen Teil unserer erlebnisorientierten Unterhaltungskultur, bleibt nichtssagend, da er sich letztlich gegen jede Kulturveranstaltung erheben ließe. Die sogenannte hohe Kultur gehört schon seit Jahren zur allgemeinen Freizeitwelt, die trotz aller Bedenken eine Berechtigung hat. Davon abgesehen hängt hoher Anspruch seit jeher immer auch von der Einstellung des Betrachters ab. Die Anstößigkeit öffentlicher Sektionen ist auch und vor allem eine Frage des Blickpunktes. Denn ein Anatomisches Theater kann durchaus ein Raum der Kontemplation sowie ein Schauplatz der Imagination werden – ein Ort der sinnenden Betrachtung, der den neugierigen, faszinierten und existenziell betroffenen Zuschauer zur Versenkung einlädt und ihm eine außergewöhnliche Art der Selbstbegegnung bietet. Wer sich hierauf ernsthaft einlässt, wird verändert aus dieser Erfahrung hervorgehen. Darum sollten die Moraltherapeuten unserer Zeit aufhören, alle an öffentlichen Sektionen interessierten Bürger durch fürsorgliche Entmündigung zu kulturpolitischen Pflegefällen machen zu wollen.

Es ist überaus menschlich und moralisch vertretbar, ein Interesse an dem Leib zu haben, der wir sind, und die Kultur dieses Interesse ist nun einmal die Anatomie. Ist aber die Anschauung anatomischer Präparate dem medizinischen Laien gestattet, so ist nicht einzusehen, warum die Beobachtung von Leichenöffnungen ihm verwehrt werden sollte. Wie stark die bange Lust und das angenehme Grauen auch sein mögen, die Autopsien bei ihren Betrachtern hervorrufen, sicherlich werden die meisten mit ernster Miene diesen Vorgängen beiwohnen. Dies ist nicht deshalb der Fall, weil deren Anblick für sie schockierend wäre, sondern weil es für uns alle nahezu unmöglich ist, die zerbrechlichen Voraussetzungen unserer eigenen Existenz frivol in Augenschein zu nehmen.

Die Anatomievorlesung von Dr. Nicolaas Tulp, Rembrandt Harmenzoon van Rijn (1606-1669)

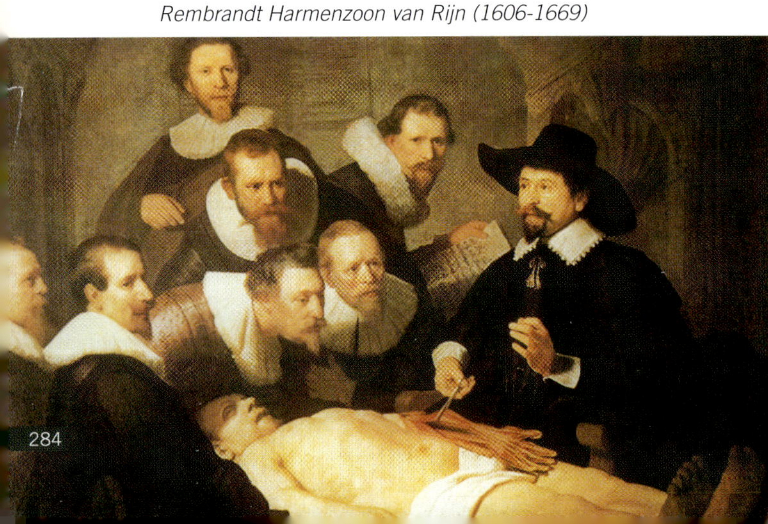

Gunther von Hagens´ öffentliche Autopsie, London 2002

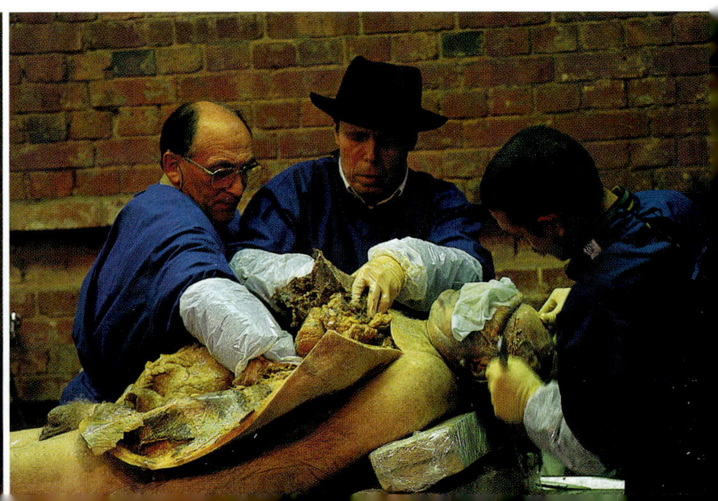

Es gibt keinen vernünftigen Grund, warum anatomische Sektionen, wie sie Medizinstudenten während ihres Studiums regelmäßig erleben, weiter ein Vorbehaltsgut medizinischer Experten bleiben sollte. In einer liberalen Demokratie mit offener Gesellschaft sind Ausschlüsse der medizinischen Laien aus der Anatomie nicht mehr zu rechtfertigen. Die Möglichkeit zum Besuch von der Öffentlichkeit zugänglichen Sektionen sollte ein Erlaubnisrecht aller mündigen Bürger sein, wenn es die räumlichen und personellen Ausstattungen gestatten würden.

Selbstbetrachtung ohne Spiegel – Ein Augenzeugenbericht

Machen heutzutage die in hoher Anzahl verfügbaren Farbfoto-Atlanten der Anatomie sowie die vielfältigen Bild- und Datenangebote der neuen bildgebenden Verfahren wie Röntgen, Ultraschall, Computertomographie und Kernspin-Resonanz-Tomographie, die lebensechte Bilder des Körperinneren hervorbringen können, nicht aber die unmittelbare Anschauung präparierter Leichenorgane beim Studium der makroskopischen Humananatomie überflüssig? Gibt es nicht bereits genug Bücher, Bildbände und CD-Rom, in denen sich die medizinischen Laien über den inneren Aufbau ihres Körpers hinreichend informieren können? Mittlerweile ist es ihnen sogar schon möglich, wirklichkeitsgetreue Körpermodelle am Bildschirm selbst Schnitt für Schnitt zu sezieren. So kann der medizinische Laie mit einem virtuellen Skalpell durch die Abtragung der oberen Gewebeschichten darunter liegende Strukturen selbst sichtbar machen. Wozu da noch anatomische Theater?

Ich selbst war Augenzeuge der öffentlichen Sektion in London. Zugegebenermaßen reiste ich damals mit großer Skepsis an. Der Medienrummel um diesen »Event« erschreckte mich, aber die eigene morbide Neugierde überwog. Auf dem Weg zum eigentlichen Schauplatz verspürte ich einen prickelnden Nervenkitzel und angenehmen Spannungsreiz, eben eine große Angstlust, so sehr ich mir auch immer wieder vergegenwärtigte, dort nur die Körperinnenseite eines Menschen zu sehen zu bekommen – also weder etwas Heiliges noch Dämonisches, sondern einfach etwas Natürliches. Da es tatsächlich nicht mehr war, verflogen die voyeuristische Sensationslust und der wohlige Schauder gleich zu Beginn der Veranstaltung. Wie alle Besucher verfolgte ich mit großem Ernst die Arbeit dreier Anatomen und zweier Pathologen. Auffällig waren deren nüchterne Vorgehensweise, ihre sachlichen Erläuterungen und die gespannte Ruhe im Saal – gleichsam als Kontrast zu den hitzigen, oft emotional und verbissen geführten Diskussionen über diese Veranstaltung zuvor und danach in den Medien und der Öffentlichkeit. Hierbei wiederholte sich, was bereits von der Ausstellung KÖRPERWELTEN bekannt ist: die Selbstdisziplinierung des Publikums, das nicht erst zur Ruhe und Besinnung gebracht werden muss. Dieses Phänomen finde ich überaus bemerkenswert, gerade heute keineswegs selbstverständlich und trotzdem nicht weiter verwunderlich, wenn man bedenkt, dass sowohl die Ausstellung als auch die Autopsie dem nach sich selbst fragenden Menschen eine nahe, völlig neue Sicht auf die eigene Existenz eröffnen. Hier wie dort wirft der Betrachter einen Blick in einen fremden Körper, um darin den eigenen zu entdecken, weshalb sogar von »Entdeckender Anatomie« gesprochen werden könnte. Wie das fertige Plastinat legt die sezierte Leiche gleichsam optische Brücken zur eigenen verwundbaren, sterblichen Existenz. Dabei kommt es nahezu zwangsläufig zu einer Art »Selbstbetrachtung ohne Spiegel«, die den Ernst der Ausstellungsbesucher wie auch des Autopsiepublikums hinreichend zu erklären vermag. Dieser Ernst rührt demnach nicht daher, dass die Menschen etwas Gruseliges zu sehen bekämen, das ihnen die Sprache verschlüge, wie man leicht annehmen könnte, sondern von der einfachen Tatsache, dass es für uns alle offenbar unmöglich ist, den sterblichen Bedingungen des eigenen Lebens auf laute oder gar unanständige Weise zu begegnen.

Die Ausstellung KÖRPERWELTEN ist genauso wenig ein barockes Kuriositätenkabinett wie eine öffentliche Sektion ein mittelalterlicher Jahrmarkt, sondern beide sind ein Ort, um über sich selbst nachzudenken - ein Raum, der den neugierigen, faszinierten und existenziell betroffenen Zuschauer zur Versenkung einlädt. Dennoch bleibt die Frage, wie das Wissen um die Echtheit der präparierten Plastinate und sezierten Leiche den Betrachter sich selbst besonders nahe bringen kann. Zwar besteht keinerlei Zweifel daran, dass die Echtheit der Exponate solchen Veranstaltungen höheren Erlebniswert, größere Intensität und stärkere Glaubhaftigkeit verleiht, aber es fällt schwer, den Grund hierfür zu benennen. Zunächst drängt sich ein Vergleich mit dem Unterschied von Original und Kopie in der Kunst auf. Ersterem wird für gewöhnlich ein höherer Wert zuerkannt als letzterem, wie überdies ein leibhaftiger Prominenter, dem die Passanten auf der Straße begegnen, größere Aufmerksamkeit auf sich zieht als eine lebensgroße Fotografie von ihm in einem Schaufenster. Aber dieser Glaube an den Mehrwert von Original und Leibhaftigkeit gründet auf einem überholten Aberglaube, weshalb diese Spur hier nicht weiter verfolgt sei.

Aufschlussreicher ist dagegen der Vergleich mit dem Unterschied zwischen einer Wanderung durch die Natur und dem Durchblättern eines Naturbildbandes, dem Besuch in Theater oder Oper und dem Lesen eines Theaterstücks oder Hören einer Oper vom CD-Player. Auch hierzu könnte man sagen: Da wir Bücher und CDs haben, brauchen wir keine Natur, Opern- und Schauspielhäuser mehr. Aber so denkt man gewöhnlich nicht, vom Mehrwert des letzteren überzeugt. Ähnlich verhält es sich mit dem Unterschied zwischen dem Besuch der Ausstellung KÖRPERWELTEN oder einer öffentlichen Sektion und dem bloßen Bücherstudium oder dem Anblick computergenererierter Präparate der Virtuellen Anatomie auf einem Bildschirm. Beides ist so verschieden wie ein Spaziergang durch die freie Natur und deren bloße Betrachtung in einem Bildband. Die Erlebnistiefe ist hierbei eine andere; um sie angemessen zu verstehen, muss man beides kennen.

Freilich ist selbst jetzt die Notwendigkeit der Ausstellung und einer öffentlichen Sektion noch immer nicht aufgezeigt. Aber im Bereich der Kultur gibt es solche Notwendigkeiten überhaupt nicht. Hier lautet die Frage weniger: »Muss es denn sein?« als vielmehr »Darf es denn sein?« In einem liberalen Staat mit offener Gesellschaft hat die Beweislast für die Zulässigkeit einer Veranstaltung nicht der Organisator zu erbringen, sondern wer sie verbieten möchte. Ein solcher muss triftige Gründe gegen öffentliche Sektionen angeben können. Doch genau solche gibt es nicht. Deshalb ist den hieran Interessierten schwer begreiflich zu machen, warum anatomische Sektionen, wie sie Medizinstudenten während ihres Studiums regelmäßig erleben, weiter ein Vorbehaltsgut medizinischer Experten bleiben sollten. In einer liberalen Demokratie mit offener Gesellschaft sind Ausschlüsse der medizinischen Laien aus der Anatomie nicht mehr zu rechtfertigen. Die Möglichkeit zum Besuch von der Öffentlichkeit zugänglichen Sektionen sollte daher wieder ein Erlaubnisrecht aller mündigen Bürger werden, wenn es die räumlichen und personellen Ausstattungen gestatteten.

Londoner Autopsie Körper (2003)

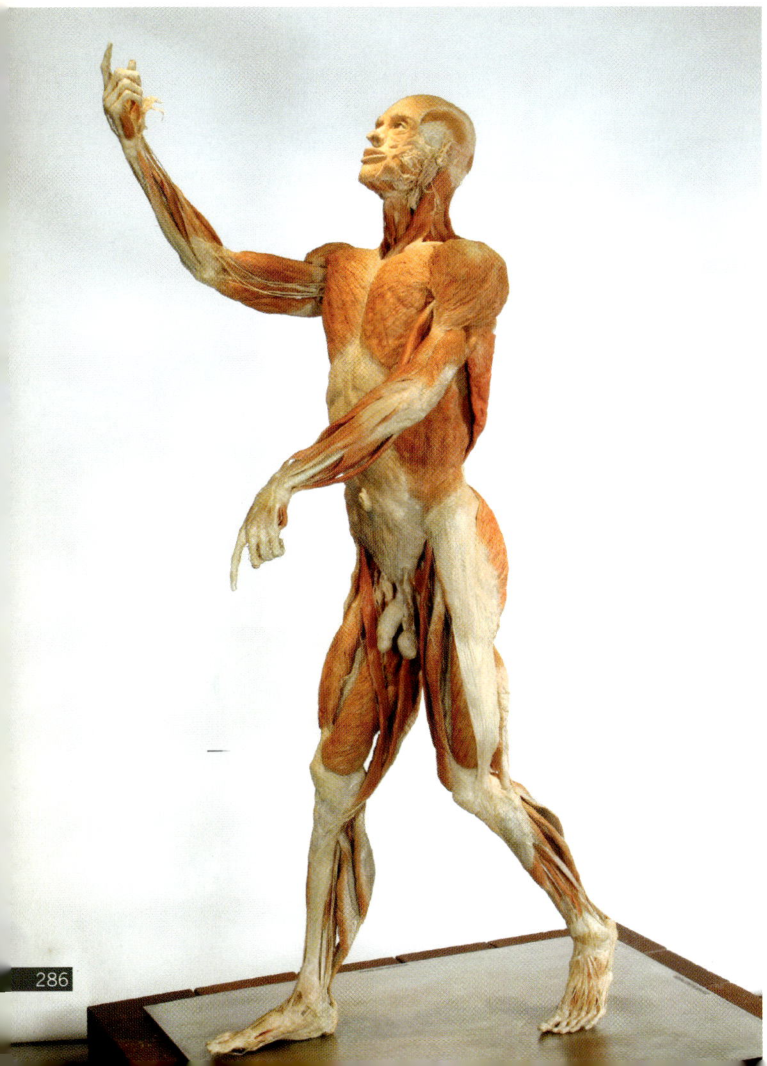

Impressum

Katalog
KÖRPERWELTEN – Das Original
Gunther von Hagens
Angelina Whalley

Herausgeber
Angelina Whalley

Wissenschaftliche Beratung
Eduard Borzyak
Marius Oancea
Volodja Chereminsky
(Institut für Plastination)

Design/Layout
www.die-werbeaktivisten.de, mArc schumacher, Weinheim

17. Auflage

ISBN 978-3-937256-05-4

www.koerperwelten.de